计算机组成原理与汇编语言

田民格　秦彩杰
林观俊　田佳琪　●编著

清华大学出版社

北京

内 容 简 介

本书是应用型教材，有配套的教学视频、绿色的考试系统、按项目驱动教学理念组建的题库、智能的编程语法错误和逻辑错误提示插件等。本书采用理论知识与编程实践或验证相结合的方式编写，让学生理解理论知识、掌握编程方法，通过考试系统和智能插件提高教与学的效率与质量。

本书是编者 30 年教学与软件开发经验的总结，所有理论知识都可以通过编程得到验证或应用于编程实践，所有编程实践中发现的问题都可以用理论知识进行解析，所有案例都经过编者的精心设计和选编。通过学习本书，读者不仅能真正理解理论知识，更能提高编程实践能力和综合应用能力，真正掌握计算机组成原理和汇编语言程序设计的方法，同时能通过二者的结合窥探编译原理。另外，本书通过课程设计，培养学生的创新能力和团队协作精神；将爱国元素融入理论知识，并注重增强学生的法律意识和道德素养。本书按项目组建了 14 个单元的题库和 1 个单元的课程设计，每个单元都有对应的教学视频；与考试系统配套的课外练习能方便读者自学；课堂测试功能为随堂考试或期末考试提供了方便。考试系统支持 8 种题型，教师可以按要求随机抽题组卷或统考，可以实现"黑盒+白盒"自动测试评分或手工评分，提供了预警和生成成绩成长曲线功能。

本书可以作为应用型本科和高职高专教学用书，也可以作为读者自学用书。

图书在版编目（CIP）数据

计算机组成原理与汇编语言 / 田民格等编著. —北京：清华大学出版社，2023.7
ISBN 978-7-302-64046-2

Ⅰ. ①计… Ⅱ. ①田… Ⅲ. ①计算机体系结构-高等学校-教材 ②汇编语言-程序设计-高等学校-教材
Ⅳ. ①TP303 ②TP313

中国国家版本馆 CIP 数据核字（2023）第 126750 号

责任编辑：邓　艳
封面设计：刘　超
版式设计：文森时代
责任校对：马军令
责任印制：沈　露

出版发行：清华大学出版社
　　　　　网　　址：http://www.tup.com.cn，http://www.wqbook.com
　　　　　地　　址：北京清华大学学研大厦A座　　　　　邮　　编：100084
　　　　　社 总 机：010-83470000　　　　　　　　　　邮　　购：010-62786544
　　　　　投稿与读者服务：010-62776969，c-service@tup.tsinghua.edu.cn
　　　　　质量反馈：010-62772015，zhiliang@tup.tsinghua.edu.cn
印 装 者：三河市龙大印装有限公司
经　　销：全国新华书店
开　　本：185mm×260mm　　　印　　张：26.75　　　字　　数：628 千字
版　　次：2023 年 9 月第 1 版　　　　　　　　　　印　　次：2023 年 9 月第 1 次印刷
定　　价：99.80 元

产品编号：098409-01

前 言
Foreword

　　计算机技术一直在发展，在党的二十大精神的指引下，为了让计算机组成原理和汇编语言与时俱进，让计算机的基础理论知识和底层编程知识反映最新的计算机技术，为全面建设社会主义现代化国家添砖加瓦，为实现中华民族伟大复兴贡献力量，我们结合多年的教学经验与软件开发经验，编写了本书。

　　本书介绍了计算机的基础理论知识，并用汇编语言源程序或高级语言源程序验证相关理论；介绍了计算机的组成原理，并与 IA-32 的实现原理相结合；介绍了 32/64 位汇编指令与程序设计的方法，并用 MASM32、VC++ 6.0、VS 2022 等开发工具实现；通过反汇编、逆向工程、混合编程，为窥探编译原理和网络攻防奠定基础。

　　这里需要特别强调的是，为了使读者能更快地掌握汇编语言的程序设计，本书所有汇编程序都调用 C 语言的 scanf 函数和 printf 函数进行输入、输出，这样，初学者几分钟就能实现汇编语言程序设计的输入和输出。通过在 C 语言源程序中嵌入汇编指令，读者也能快速验证汇编指令的功能。本书解决了以上调用在 32/64 位环境中遇到的所有技术问题，在使用上以 32 位为主。

　　本书按知识上的逻辑关系，分成 10 个章节，简单介绍如下。

　　第 1 章 数据表示与数值运算，介绍数值与字符的表示、校验码、数值运算及运算器的设计方法。

　　第 2 章 汇编语言基本组成，介绍汇编程序结构、数据类型及调用 scanf 函数和 printf 函数进行输入、输出的方法。

　　第 3 章 汇编语言的编译运行，介绍 MASM32、VC++ 6.0、VS 2022 等开发工具的安装、配置、运行方法，还介绍了 C 语言嵌入汇编指令和反汇编的方法。

　　第 4 章 CPU 指令系统及控制器，介绍 CPU 的组成与存储器访问、机器指令的设计与执行流程、控制器的设计、CPU 指令系统（数据传送、算术逻辑运算、串操作、CPU 控制）。

　　第 5 章 FPU 指令系统，介绍 FPU 的组成、实数传送、算术运算、浮点超越函数、FPU控制。

　　第 6 章 选择结构程序设计，介绍.IF 伪指令和 Jcc 指令实现分支选择，同时介绍了整数与浮点数的大小比较。

　　第 7 章 循环结构程序设计，介绍.WHILE、.REPEAT、LOOP、JECXZ 指令实现循环程序设计、汇编数组功能。

　　第 8 章 模块化程序设计，介绍子程序（函数）不同调用方式的调用和返回、不同数据类型的参数传递、递归程序设计、C 语言与汇编语言的混合编程及混合编程时数组的相互调用、综合案例设计。

第 9 章 调试器使用简介，介绍 32 位程序调试器 Ollydbg 的使用与逆向工程方法、64 位程序调试器 x64dbg 和 32/64 位程序调试器 IDA 的使用方法。

第 10 章 I/O 系统，介绍 I/O 接口的功能与 I/O 数据传输控制方式。

编者建议，本书按 14 个主题和 1 个课程设计进行教与学，每个主题讲练完成后进行一次课堂测试与讲评，"理论+实验"合计最少要有 32+16 学时，最好达到 64 学时。

序 号	主题/课程设计	主 要 内 容	学 时
1	数据类型	各种数据类型的定义与输入、输出	1+1
2	整数+、−、*、/、%	用 MOV 与整数的加、减、乘、除、余指令实现整数表达式的计算	1+1
3	实数+、−、*、/	用 FLD、FSTP 与实数的加、减、乘、除指令实现实数表达式的计算	1+1
4	超越函数	用汇编超越函数实现带三角函数、指数、对数等的复杂公式的计算	1+1
5	选择结构	用.IF 和 Jcc 指令实现带整数、实数比较和逻辑运算的选择程序设计	3+1
6	循环结构	用.WHILE 和.REPEAT 循环及 LOOP 循环指令实现各种循环程序设计	3+1
7	C 语言嵌入汇编	串操作指令结合 C 语言嵌入汇编，在 C 语言中实现各种字符串功能	2+1
8	子程序（函数）	子程序（函数）的定义与调用，实现模块化程序设计	2+1
9	递归程序设计	用汇编语言实现递归程序设计、C 语言与汇编语言相互调用、函数重载	2+1
10	逆向工程	OD 实现逆向工程，破解其他开发工具生成的.exe 文件的登录密码	1+1
11	数值与字符表示	计算机整数、浮点数、中西字符与字形的表示等	3+1
12	CPU 与存储访问	32 位 CPU 体系结构、存储器组织、存储器对齐与非对齐访问等	3+1
13	CPU 设计与 I/O 系统	机器指令的设计与执行流程、控制器的设计、I/O 系统	3+1
14	校验码与数值运算	奇偶校验码，海明码，CRC 码，整数与浮点数加、减、乘、除运算的实现	2+1
15	课程设计	C 语言与汇编语言混合编程、函数不同调用方式的调用和返回	4+2

通过以上 15 个单元的教学，学生在 48 学时下就能基本掌握计算机组成原理的理论知识并具有比较强的汇编编程能力；若侧重汇编语言，11~14 单元可以不讲，因此，本书也可作为汇编语言程序设计课程的教材。

本书由田民格、秦彩杰、林观俊、田佳琪担任主编，其中秦彩杰编写第 1 章，田民格编写第 2、4、6、7、8、10 章，林观俊编写第 5 章，田佳琪编写第 3、9 章和附录 A。

在学习过程中，读者可以扫描各章节中的二维码获得相关资源，也可以联系编者获取相关资源，编者 E-mail 为 TmgDelphi@163.com。

对于考试系统（ksxt.exe），本课程网络版默认连接服务器为"36.134.53.109,53000"，数据库为 MASM；单机版连接数据库文件 MASM.MDB，网络版直接双击 ksxt.exe。单机版用鼠标拖曳 MASM.MDB 到 ksxt.exe 打开，或双击资源中提供的"例?-??.bat"打开 MASM.MDB。考试系统第一次运行后会自动创建 D:\KSTemp 文件夹，然后自动从服务器或数据库中下载编译软件（含 VC++ 6.0 和 MASM32，约 2.8 MB）并解压到 D:\KSTemp，重新运行后环境才能生效。考试系统运行于 Windows 环境，只有安装 WinRAR、好压、360、Bandizip、PeaZip 5 种解压软件中的一种，考试系统才会调用并自动解压。考试维护系统（kswh.exe）用于题库和考试管理，同时也支持网络版和单机版。

本书在编写过程中力求全面、深入，但由于编者水平有限，书中难免存在不足，欢迎广大读者朋友批评指正。

感谢三明学院信息工程学院、福建省农业物联网应用重点实验室、物联网应用福建省高校工程研究中心为本书的顺利完成提供的各方面的大力支持。感谢 2023 年福建省技术创新重点攻关及产业化项目（校企联合类）——优质盘条智能制造关键技术研发及产业化（闽教科〔2023〕16 号，2023XQ009）、三明市产学研协同创新重点科技项目（明科〔2022〕32 号，2022-G-12）、福建省现代产业学院"三明学院-中兴通讯 ICT 学院"、物联网工程省级一流本科专业建设点（教高厅函〔2022〕14 号）、2021 年省级虚拟仿真实验教学一流课程——基于物联网的种猪繁育智慧养殖虚拟仿真实验教学项目（闽教高〔2021〕52 号）、2019 年省级虚拟仿真实验教学项目——智能农业 3D 虚拟仿真实验教学项目（闽教高〔2019〕13 号）的支持。

编 者

目　录
Contents

第 **1** 章
数据表示与数值运算

本章主要介绍数值数据和字符数据在计算机内部的表示方法及数值运算的实现方法，包括各种进制数和相互转换方法及计算机的性能指标。数值数据详细介绍了整数和浮点数（实数）的表示方法及显示方法；字符数据详细介绍了 ASCII 码、机内码、Unicode、UTF-8、点阵字形码、矢量字形码的表示方法及显示方法；校验码详细介绍了奇偶校验码、海明校验码、循环冗余校验码；数值运算详细介绍了定点整数的加减运算和溢出判断方法及硬件实现方法、定点整数的乘除运算和浮点数的加减乘除运算。通过本章的学习，读者应该能完成以下学习任务。

（1）掌握十进制、二进制、十六进制的表示方法及其相互转换方法。

（2）了解八进制，掌握二进制口算方法。

（3）了解计算机的主要性能指标。

（4）掌握无符号整数、有符号整数和移码的表示方法，了解 BCD 码的表示方法。

（5）掌握浮点数（实数）的表示方法。

（6）了解 ASCII 码常用字符的编码规律。

（7）了解机内码和区位码的编码规律，掌握其相互转换方法。

（8）了解 Unicode 和 UTF-8 的编码规律，掌握其相互转换方法。

（9）了解点阵字形码和矢量字形码表示字形的相关原理。

（10）了解码距概念，掌握奇偶校验码、海明校验码、循环冗余校验码的编码方法。

（11）掌握定点整数的加减运算和溢出判断方法，理解硬件实现方法。

（12）掌握定点整数的乘除运算。

（13）掌握浮点数的加减乘除运算。

（14）了解相关理论知识在编程语言中的使用和验证方法。

1.1 计 数 制

第 11 讲 1

计数制是计算机中用来表示数值的方法，有十进制、二进制、八进制、十六进制等。

1.1.1 十进制（decimal）

十进制用 0~9 共 10 个数码表示，基数为 10，运算规则为逢十进一，各位位权是 10^i（整数部分最低位位权为 10^0，其余各位位权从右至左指数依次增大；小数部分最高位位权为 10^{-1}，其余各位位权从左至右指数依次减小）。十进制数后缀字母为 D，一般省略。n 位整

数 m 位小数的十进制数 N 表示如下。

$$N = a_{n-1}a_{n-2}\cdots a_0.a_{-1}\cdots a_{-m}\text{D}$$
$$= a_{n-1}\times 10^{n-1} + a_{n-2}\times 10^{n-2} + \cdots + a_0\times 10^0 + a_{-1}\times 10^{-1} + \cdots + a_{-m}\times 10^{-m}$$

例如：

$$N = 325.46\text{D}$$
$$= 3\times 10^2 + 2\times 10^1 + 5\times 10^0 + 4\times 10^{-1} + 6\times 10^{-2}$$
$$= 325.46$$

1.1.2 二进制（binary）

二进制用 0 和 1 两个数码表示，基数为 2，运算规则为逢二进一，各位位权是 2^i。二进制数后缀字母为 B。n 位整数 m 位小数的二进制数 N 表示如下。

$$N = a_{n-1}a_{n-2}\cdots a_0.a_{-1}\cdots a_{-m}\text{B}$$
$$= a_{n-1}\times 2^{n-1} + a_{n-2}\times 2^{n-2} + \cdots + a_0\times 2^0 + a_{-1}\times 2^{-1} + \cdots + a_{-m}\times 2^{-m}$$

例如：

$$N = 10111101.11\text{B}$$
$$= 1\times 2^7 + 0\times 2^6 + 1\times 2^5 + 1\times 2^4 + 1\times 2^3 + 1\times 2^2 + 0\times 2^1 + 1\times 2^0 + 1\times 2^{-1} + 1\times 2^{-2}$$
$$= 1\times 128 + 0\times 64 + 1\times 32 + 1\times 16 + 1\times 8 + 1\times 4 + 0\times 2 + 1\times 1 + 1\times 0.5 + 1\times 0.25$$
$$= 189.75$$

注意

（1）二进制整数部分各位的位权，特别是末 4 位，分别是 8、4、2、1，这是二进制数口算时常用的数值。例如，1111B=8+4+2+1=15。

（2）非十进制数不能读成几百几十，例如 111B 不能读成"一百一十一"，只能读成"一一一B"，其他非十进制数读法类似。

（3）很多教材用下标数字 2 表示二进制，例如$(10111101.11)_2$，该表示方式不能用在任何源程序中，因此，建议不要使用该表示方式，其他进制也有类似情况。

（4）计算机底层无论是数值还是字符，甚至是音频、视频等信息，最终都是用二进制表示和存储的，只是为了阅读或使用方便，应用软件把它们转换为十进制或十六进制进行表示和显示，因此，我们使用计算机时一般看不到二进制数。

1.1.3 八进制（octal）

八进制用 0~7 共 8 个数码表示，基数为 8，运算规则为逢八进一，各位位权是 8^i。八进制数后缀字母为 O 或 Q。n 位整数 m 位小数的八进制数 N 表示如下。

$$N = a_{n-1}a_{n-2}\cdots a_0.a_{-1}\cdots a_{-m}\text{Q}$$
$$= a_{n-1}\times 8^{n-1} + a_{n-2}\times 8^{n-2} + \cdots + a_0\times 8^0 + a_{-1}\times 8^{-1} + \cdots + a_{-m}\times 8^{-m}$$

例如：

$$N = 377.34\text{Q}$$
$$= 3\times 8^2 + 7\times 8^1 + 7\times 8^0 + 3\times 8^{-1} + 4\times 8^{-2}$$
$$= 255.4375$$

注意

（1）在 C 语言（本书所提到的 C 语言多数指 VC 或 VS 下的 C++）中，八进制数用前缀 0（数字零）表示，例如 0175。

（2）八进制比较少用。

1.1.4　十六进制（hexadecimal）

十六进制用 0~9、A、B、C、D、E、F 共 16 个数码（字母一般不区分大小写）表示。A~F 相当于十进制数的 10~15，十六进制基数为 16，运算规则为逢十六进一，各位位权是 16^i。十六进制数后缀字母为 H。n 位整数 m 位小数的十六进制数 N 表示如下。

$$N = a_{n-1}a_{n-2}\cdots a_0.a_{-1}\cdots a_{-m}\text{H}$$
$$= a_{n-1}\times 16^{n-1} + a_{n-2}\times 16^{n-2} + \cdots + a_0\times 16^0 + a_{-1}\times 16^{-1} + \cdots + a_{-m}\times 16^{-m}$$

例如：
$$N = \text{FA.8H}$$
$$= 15\times 16^1 + 10\times 16^0 + 8\times 16^{-1}$$
$$= 250.5$$

注意

（1）在汇编指令中，若十六进制数的第一个数码是字母，则必须加前缀 0（数字零），以区别于标识符（变量名等）。例如，将常量 FAH 赋值给寄存器 EAX 的指令应写成：MOV EAX,0FAH。平时书写时可不加前缀 0。

（2）在 C 语言和调试器等软件中，十六进制数用前缀 0x（数字零和字母 x）表示，例如 0xFA。

（3）计算机内部数据经常用十六进制表示，且经常没有前缀 0x 或后缀 H。

1.2　进制数间的转换

第 11 讲 2

1.2.1　十进制转二进制

十进制转换为二进制时，若数据包含整数和小数，则整数部分和小数部分要分别转换，再合并。

整数和小数转换规则如下。

（1）整数部分：除 2 取余，先低（位）后高（位）。

（2）小数部分：乘 2 取整，先高（位）后低（位）。

例 1-01　将十进制数 123.6875 转换为二进制数。

首先将十进制数 123.6875 分成整数 123 和小数 0.6875,然后分别将其转换为二进制数，转换过程如下。

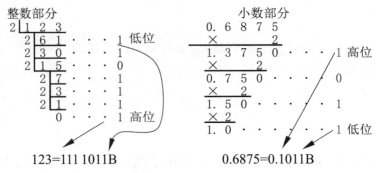

$$123 = 111\ 1011B$$
$$0.6875 = 0.1011B$$
$$123.6875 = 111\ 1011.1011B$$

例 1-02 将十进制数 1020.6 转换为二进制数。

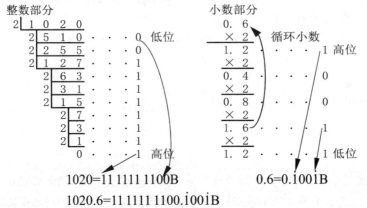

$$1020 = 11\ 1111\ 1100B$$
$$0.6 = 0.1001B$$
$$1020.6 = 11\ 1111\ 1100.\dot{1}00\dot{1}B$$

 说明

将十进制数 0.6 转换为二进制数，其结果是无限循环小数，默认按就近舍入（round to nearest）的方法处理其尾数，具体规定详见浮点控制寄存器（rounding control，RC）字段的说明。

1.2.2 十进制转八进制和十六进制

十进制转换为八进制或十六进制的规则如下。

（1）整数部分：除八或十六取余，先低后高。

（2）小数部分：乘八或十六取整，先高后低。

由于数字太大，十进制转八进制或十六进制时经常先转换为二进制再转换为八进制或十六进制，规则如下。

整数部分：

（1）将二进制整数从右往左每 3 位一组（不够时左边补 0）分别转换为八进制数。

（2）将二进制整数从右往左每 4 位一组（不够时左边补 0）分别转换为十六进制数。

小数部分：

（1）将二进制小数从左往右每 3 位一组（不够时右边补 0）分别转换为八进制数。

（2）将二进制小数从左往右每 4 位一组（不够时右边补 0）分别转换为十六进制数。

例 1-03 将 1111111100.1001B 转换为八进制数和十六进制数。

1111111100.1001B=001 111 111 100.100 100B

　　　　　　　　=1774.44Q

1111111100.1001B=0011 1111 1100.1001B

　　　　　　　　=3FC.9H

 说明

> 　　相传上古伏羲用 8 个符号来表示先天八卦，对应 8 种特定意义，卦序、卦名、卦象分别为：一乾☰、二兑☱、三离☲、四震☳、五巽☴、六坎☵、七艮☶、八坤☷。卦象中"—"代表阳爻，类似二进制数 0；"--"代表阴爻，类似二进制数 1。每一个卦象的三爻类似一组三位二进制数。例如，震卦☳从下往上对应二进制 011B，其他类似。1679 年莱布尼茨提出二进制，1951 年二进制电子计算机 EDVAC 诞生。

1.2.3 十进制转二进制加法口算

首先，二进制数各位的位权 2^n 与十进制数的对应关系如下。

$2^0=1$	$2^4=16$	$2^8=256$	$2^{12}=4096$	$2^{16}=65536$
$2^1=2$	$2^5=32$	$2^9=512$	$2^{13}=8192$	
$2^2=4$	$2^6=64$	$2^{10}=1024$	$2^{14}=16384$	
$2^3=8$	$2^7=128$	$2^{11}=2048$	$2^{15}=32768$	

其次，观察以下两种进制数的规律。

$$10^1=10 \qquad\qquad 2^1=10B$$
$$10^2=100 \qquad\qquad 2^2=100B$$
$$10^3=1000 \qquad\qquad 2^3=1000B$$
$$\cdots \qquad\qquad\qquad \cdots$$
$$10^n=10\cdots0（n 个 0） \qquad 2^n=10\cdots0B（n 个 0）$$

由此可得二进制加法口算方法：2^n 由 1 个 1 和 n 个 0 构成的二进制数组成，即：

$$2^n=1\overbrace{0\cdots0}^{n}B$$

因此，比该数略大的数只要将若干相应位权的 0 改为 1 即可。例如：

$$\because 128=2^7=1\overbrace{000\ 0000}^{7}B$$

$$\therefore 130=128+2=2^7+2=1000\ 0000B+10B=1000\ 0010B$$

相当于将 1000 0000B 倒数第 2 位的 0 改为 1。

$$\because 256=2^8=1\overbrace{0000\ 0000}^{8}B$$

$$\therefore 261=256+5=2^8+(4+1)=1\ 0000\ 0000B+101B=1\ 0000\ 0101B$$

相当于将 1 0000 0000B 倒数第 1、3 位的 0 改为 1。

同理：

$$525=512+13=2^9+(8+4+1)=10\ 0000\ 0000B+1101B=10\ 0000\ 1101B$$

$$1030=1024+6=2^{10}+(4+2)=100\ 0000\ 0000B+110B=100\ 0000\ 0110B$$

1.2.4 十进制转二进制减法口算

首先，观察以下两种进制数的规律。

$$10^1-1=9 \qquad 2^1-1=1B$$
$$10^2-1=99 \qquad 2^2-1=11B$$
$$10^3-1=999 \qquad 2^3-1=111B$$
$$\cdots \qquad \cdots$$
$$10^n-1=9\cdots9（n 个 9） \qquad 2^n-1=1\cdots1B（n 个 1）$$

由此可得二进制减法口算方法：2^n-1 由 n 个 1 构成的二进制数组成，即：

$$2^n-1=\overbrace{1\cdots1}^{n}B$$

因此，比该数略小的数只要将若干相应位权的 1 改为 0 即可。例如：

$$\because 127=2^7-1=\overbrace{111\ 1111}^{7}B$$

$$\therefore 120=127-7=(2^7-1)-(4+2+1)=111\ 1111B-111B=111\ 1000B$$

$$\because 255=2^8-1=\overbrace{1111\ 1111}^{8}B$$

$$\therefore 250=255-5=(2^8-1)-(4+1)=1111\ 1111B-101B=1111\ 1010B$$

同理：

$$505=511-6=(2^9-1)-(4+2)=1\ 1111\ 1111B-110B=1\ 1111\ 1001B$$
$$1020=1023-3=(2^{10}-1)-(2+1)=11\ 1111\ 1111B-11B=11\ 1111\ 1100B$$

1.2.5 十进制转二进制其他口算

（1）乘法口算方法。类似数学的科学记数法，若一个大整数 N 和一个小整数 a 可以表示成 $N=a\times2^n$，要将 N 转换成二进制数，则可先将小整数 a 转换成二进制数，然后在右边补 n 个 0 即可，相当于将其左移 n 位或将小数点右移 n 位。例如：

$$40=10\times2^2=(8+2)\times2^2=1010B\times2^2=1010\ 00B$$
$$88=11\times2^3=(8+2+1)\times2^3=1011B\times2^3=1011\ 000B$$

（2）除法口算方法。若一个分数 F 和一个整数 a 可以表示成 $F=a/2^n$，要将 F 转换成二进制数，则可先将整数 a 转换成二进制数，然后将其右移 n 位或将小数点左移 n 位。例如：

$$11/16=(8+2+1)/2^4=1011B\times2^{-4}=0.1011B$$
$$23/64=(16+4+2+1)/2^6=10111B\times2^{-6}=0.010111B$$

（3）其他口算。若整数 $N=a\times16+b$，即 16 的整数 a 倍加零头 b，则可先将其转换成十六进制数再转换成二进制数。例如：

$$161=10\times16^1+1\times16^0=0A1H=1010\ 0001B$$
$$176=11\times16^1+0\times16^0=0B0H=1011\ 0000B$$

1.3　计算机的性能指标

第 11 讲 3

要衡量一台计算机的性能，需要考虑多项不同的指标，主要有字长、存储容量、主频、运算速度、可靠性、系统可维护性等。

1.3.1 字长

计算机 CPU 在同一时刻最多能实现的算术逻辑运算的二进制位数称为字长，例如 80386/80486 CPU 的字长为 32 位，80586 CPU 的字长为 64 位。32 位系统对应的寄存器、数据总线一般是 32 位的，而 64 位系统对应的寄存器、数据总线一般是 64 位的。字长影响着计算机的运算精度。

原则上，32 位系统的一个字指 32 位，但习惯上，一个字（WORD）指 16 位，双字（DWORD）指 32 位。

1.3.2 存储容量

影响计算机性能的存储容量主要指主（内）存容量。计算机中当前正在运行的程序和数据都要存放在内存中，因此，存储容量决定着计算机在同一时间内所能运行的程序的数量和大小。

存储容量常用单位及其换算关系如下。

1 字节（Byte）=8 比特（二进制位，bit）

$1024B=2^{10}B=1KB\approx10^3B$ （K-Kilo） $\qquad$ $1024TB=2^{50}B=1PB\approx10^{15}B$ （P-Peta）

$1024KB=2^{20}B=1MB\approx10^6B$ （M-Mega） $\qquad$ $1024PB=2^{60}B=1EB\approx10^{18}B$ （E-Exa）

$1024MB=2^{30}B=1GB\approx10^9B$ （G-Giga） $\qquad$ $1024EB=2^{70}B=1ZB\approx10^{21}B$ （Z-Zetta）

$1024GB=2^{40}B=1TB\approx10^{12}B$ （T-Tera） $\qquad$ $1024ZB=2^{80}B=1YB\approx10^{24}B$ （Y-Yotta）

现在个人计算机的主（内）存容量一般为 8~32GB，辅存容量则可达到 TB 级，而有些大数据公司，其每天的数据处理量就达到 100PB。

1.3.3 主频

主频是计算机 CPU 在单位时间内输出的脉冲数。主频决定着计算机在单位时间内所能产生的操作数量或所能运行的指令数量，因此，早期计算机的主频是决定计算机运算速度的一个重要指标。其最小单位为赫兹（Hz），早期单位为 MHz，现在常用单位为 GHz。

主频一个脉冲的时间称为时钟周期，常用单位及其换算关系如下。

$1ms=10^{-3}s$ $\qquad$ （m-mili） $\qquad$ $1ps=10^{-3}ns=10^{-12}s$ $\qquad$ （p-pico）

$1\mu s=10^{-3}ms=10^{-6}s$ $\qquad$ （μ-micro） $\qquad$ $1fs=10^{-3}ps=10^{-15}s$ $\qquad$ （f-femto）

$1ns=10^{-3}\mu s=10^{-9}s$ $\qquad$ （n-nano） $\qquad$ $1as=10^{-3}fs=10^{-18}s$ $\qquad$ （a-atto）

现在一般个人计算机的时钟周期为 ns 级，即 CPU 主频一般为 GHz。

1.3.4 运算速度

运算速度一般指 CPU 在单位时间内执行的指令条数，常用单位为 MIPS（million instructions per second，每秒百万条指令）或 MFLOPS（million floating-point operations per second，每秒百万个浮点操作）。

1.3.5 可靠性

可靠性指标主要指平均无故障时间（MTBF）。若 t_i 为第 i 次无故障间隔时间，N 为故障数，则：

$$MTBF = \sum_{i=1}^{N} t_i / N$$

因此，MTBF 越大越好。

1.3.6 系统可维护性

系统可维护性是指发生故障后能尽快恢复正常的程度，常用平均修复时间（MTTR）表示。

$$MTTR = \sum_{i=1}^{M} T_i / M$$

其中，T_i 为从第 i 次故障开始至投入运行的时间，M 为修复总次数。

因此，MTTR 越小越好。

其他指标还有兼容性、性价比等。

第11讲4

1.4　数值的表示

计算机中所表示的数值数据有整数和浮点数（实数），整数包括无符号整数和有符号整数，浮点数包括单精度、双精度、扩展精度 3 种。无论是何种类型数据，最终都用二进制表示和存储，但为了方便阅读，一般用十进制显示其真值，用十六进制表示其机器数。

1.4.1 无符号整数的表示

无符号整数本质上就是机器数，因为不存在符号占用一位或两位二进制数，所以存储的内容就是整数本身，只需将其数值直接转换为二进制数即可。当然，为了方便阅读，也可以用十进制或十六进制表示，只是使用时要注意可表示数的范围，超出范围时权值高的二进制位将被舍去，或者编译时出错并提示数据太大。n 位二进制数可表示的无符号整数的范围是 $0 \sim 2^n-1$，n 的取值由数据类型决定。例如 BYTE 类型为 8 位，不同数据类型表示范围如表 1-1 所示。

表 1-1　无符号整数表示范围

类　　型	位　　数	表　示　范　围	备　　注
BYTE（或 DB）	8	$0 \sim 255$（2^8-1）	用于字符（串），类似 C 程序中的 unsigned char
WORD（或 DW）	16	$0 \sim 65535$（$2^{16}-1$）	常用于汉字，类似 C 程序中的 unsigned short= wchar_t
DWORD（或 DD）	32	$0 \sim 4294967295$（$2^{32}-1$）	用于整数，类似 C 程序中的 unsigned int
QWORD（或 DQ）	64	$0 \sim 18446744073709551615$（$2^{64}-1$）或 $-1.79 \times 10^{308} \sim 1.79 \times 10^{308}$	用于大整数或浮点数，类似 C 程序中的 __int64 或 double，做大整数时用%I64u 输入输出，做浮点数时用%lf 输入输出

注意

> 表 1-1 中的各数据类型一般只决定数据的位数，至于是否按无符号数处理由具体的汇编指令决定。例如，若.IF、.WHILE 等伪指令条件表达式中出现无符号类型变量，则表达式按无符号比较；若无符号变量比较之后用 Jcc 指令判断，则是否按无符号处理要看所用的转移指令。

在 C 程序中，无符号整数可以用任意进制数给无符号变量赋值，甚至用有符号数给无符号变量赋值，编译器会自动将其转换成相应的机器数再存入变量，具体所表示的十进制数值可以用%u 输出。

例 1-04　用 C 程序输出 250、−6、0FAH、11111010B、372Q 对应的 8 位无符号数的值。这里用 C 程序嵌入汇编指令 MOV 对变量进行赋值，相关知识见后续章节。

源程序如下：

```
#include "stdio.h"
void main(int argc, char* argv[])
{
    unsigned char a,b,c,d,e;
    __asm
    {
        MOV    a,250
        MOV    b,-6
        MOV    c,0FAH
        MOV    d,11111010B
        MOV    e,372Q
    }
    printf("250、−6、0FAH、11111010B、372Q 对应无符号数为%u、%u、%u、%u、%u\n",a,b,c,d,e);
}
```

输出结果为：

250、−6、0FAH、11111010B、372Q 对应无符号数为 250、250、250、250、250

8 位无符号数按 32 位整数输出过程如图 1-1 所示。

unsigned char b=−6;//8 位无符号整数[0,255]
真值−6+256=250→ 机器数 1111 1010B

调用 printf("%u",b)时，取出 b 的值
并转换为 32 位无符号数后再进行参数
传递。因为是无符号数，故高 24 位补 0，
相当于执行 MOVZX 指令

机器数 0000 0000 0000 0000 0000 0000 1111 1010B

按无符号格式"%u"输出：250
按有符号格式"%d"输出：250

图 1-1　8 位无符号数按 32 位整数输出过程

由以上运行结果可知，若机器数对应的 8 位无符号整数的数值不在[0,255]区间中，则可通过加或减 2^8（=256）进行调整，即可得到相应的无符号整数。

1.4.2 有符号整数的表示（补码等）

计算机为表示整数的符号，约定最高位为 0 表示正数，最高位为 1 表示负数。

有符号整数的常用编码有原码、反码、补码，一般用补码。例如，C 语言、Python 等编程语言都用补码表示有符号整数。

n 位补码的取值范围是$-2^{n-1}\sim+2^{n-1}-1$，n 的取值由数据类型决定。例如，SBYTE 类型为 8 位，不同数据类型表示范围如表 1-2 所示。

表 1-2　有符号整数表示范围

类　型	位　数	表 示 范 围	备　注
SBYTE（或 DB）	8	$-128\sim+127$，即$-2^7\sim+2^7-1$	用于字符（串），类似 C 程序中的 char
SWORD（或 DW）	16	$-32768\sim+32767$，即$-2^{15}\sim+2^{15}-1$	用于汉字，类似 C 程序中的 short
SDWORD（或 DD）	32	$-2147483648\sim+2147483647$，即$-2^{31}\sim+2^{31}-1$	用于整数，类似 C 程序中的 int
QWORD（或 DQ）	64	$-9223372036854775808\sim9223372036854775807$，即$-2^{63}\sim+2^{63}-1$ 或$-1.79\times10^{308}\sim1.79\times10^{308}$	作用同表 1-1，只是做大整数时用%I64d 输入输出

有符号整数 X 用 n 位二进制数表示的补码的计算公式如下。

$$[X]_{补码}=2^n+X$$

例如，求-6 用 8 位二进制数表示的补码的计算过程如下。

$$[-6]_{补码}=2^8+(-6)=250$$

这里，真值-6 的补码在数值上等于机器数 250，至于 250 要表示成什么进制、以什么形式表示，可根据需要和使用环境决定。例如，在汇编语言中可以表示成 0FAH、11111010B 等。

下面观察±1 在不同二进制位数时的补码表示。

当 n=8 时，即 SBYTE 类型 ±1 的补码表示如下（超过 8 位部分即高位 1 被舍去）。

$$[+1]_{补码}=2^8+(+1)=256+1=0\ 000\ 0001B$$
$$[-1]_{补码}=2^8+(-1)=256-1=1\ 111\ 1111B$$

当 n=16 时，即 SWORD 类型 ±1 的补码表示如下。

$$[+1]_{补码}=2^{16}+(+1)=65536+1=0\ 000\ 0000\ 0000\ 0001B$$
$$[-1]_{补码}=2^{16}+(-1)=65536-1=1\ 111\ 1111\ 1111\ 1111B$$

当 n=32 时，即 SDWORD 类型 ±1 的补码表示如下。

$$[+1]_{补码}=2^{32}+(+1)=4294967296+1=0\ 000\ 0000\ 0000\ 0000\ 0000\ 0000\ 0000\ 0001B$$
$$[-1]_{补码}=2^{32}+(-1)=4294967296-1=1\ 111\ 1111\ 1111\ 1111\ 1111\ 1111\ 1111\ 1111B$$

对于十进制数，左边补多少个 0，其数值都不变；对于补码，左边补多少个符号，其数值都不变，这就是符号扩展，即补码在不改变其符号的前提下，其符号位可以任意增删而不改变其真值。

在使用有符号整数除法指令 IDIV 时，用 CDQ 指令实现将 EAX 寄存器中 32 位有符号数扩展为 64 位有符号数并存于 EDX 和 EAX 两个寄存器中（CDQ: Convert DWORD(EAX)→QWORD(EDX|EAX)），详见后续章节。

由于补码计算公式不方便计算负数，因此常用原码和反码推出补码。

原码、反码、补码都用最高位表示符号，0 表示正数，1 表示负数，其余 $n-1$ 位表示数值。

n 位原码直接用 $n-1$ 位表示数值。8 位原码表示的范围如下。

最小正数[+0]$_{原码}$=0000 0000B=00H=0

最大正数[+127]$_{原码}$=0111 1111B=7FH=127 　　　　正数 128 个编码　　256 个编码表示 255 个数

最大负数[−0]$_{原码}$=1000 0000B=80H=128 　　　　负数 128 个编码　　+0 和−0 各占一个编码

最小负数[−127]$_{原码}$=1111 1111B=FFH=255 　　　　　　　　　　　　真值范围是[−127,+127]

n 位反码的正数同原码，负数将原码的数值位按位取反（符号位不变）。8 位反码表示的范围如下。

最小正数[+0]$_{反码}$=0000 0000B=00H=0

最大正数[+127]$_{反码}$=0111 1111B=7FH=127 　　　　正数 128 个编码　　256 个编码表示 255 个数

最大负数[−0]$_{反码}$=1111 1111B=FFH=255 　　　　负数 128 个编码　　+0 和−0 各占一个编码

最小负数[−127]$_{反码}$=1000 0000B=80H=128 　　　　　　　　　　　　真值范围是[−127,+127]

n 位补码的正数同原码，负数由相应的反码末位加 1 得到。8 位补码表示的范围如下。

最小正数[+0]$_{补码}$=0000 0000B=00H=0

最大正数[+127]$_{补码}$=0111 1111B=7FH=127 　　　　正数 128 个编码　　256 个编码表示 256 个数

最小正数[−0]$_{补码}$=0000 0000B=00H=0 　　　　　　　　　　　　　　+0 和−0 只占一个编码

最大负数[−1]$_{补码}$=1111 1111B=FFH=255 　　　　　　　　　　　　真值范围是[−128,+127]

[−127]$_{补码}$=1000 0001B=81H=129 　　　　负数 128 个编码

最小负数[−128]$_{补码}$=1000 0000B=80H=128

用补码计算公式[X]$_{补码}$=2^n+X 求−128 的补码，可以验证如下。结果与上面的计算结果相同。

[−128]$_{补码}$=2^8+(−128)=256−128=128=1000 0000B

由于正数的最高位为 0，负数的最高位为 1，所以各类型的取值范围如下。

SBYTE（或 DB）类型：正数为 00H~7FH，负数为 80H~FFH。

SWORD（或 DW）类型：正数为 0000H~7FFFH，负数为 8000H~FFFFH。

SDWORD（或 DD）类型：正数为 00000000H~7FFFFFFFH，负数为 80000000H~FFFFFFFFH。

在 C 程序中，有符号整数同样可以用任意进制数给有符号变量赋值，甚至用无符号数给有符号变量赋值，编译器会自动将其转换成相应的机器数再存入变量，具体所表示的十进制数值可以用%d 输出。

例 1-05　用 C 程序输出 250、−6、0FAH、11111010B、372Q 对应的 8 位有符号数的值。
源程序如下：

```
#include "stdio.h"
void main(int argc, char* argv[])
{
    char a,b,c,d,e;
    __asm
    {
```

```
        MOV    a,250
        MOV    b,-6
        MOV    c,0FAH
        MOV    d,11111010B
        MOV    e,372Q
    }
    printf("250、-6、0FAH、11111010B、372Q 对应有符号数为%d、%d、%d、%d、%d\n",a,b,c,d,e);
}
```

输出结果为：

250、-6、0FAH、11111010B、372Q 对应有符号数为-6、-6、-6、-6、-6

8 位有符号数按 32 位整数输出过程如图 1-2 所示。

char b=-6;//8 位有符号整数[-128,+127]
真值-6→ 机器数 1111 1010B

调用 printf("%d",b)时，取出 8 位有符号变量 b
的值并转换为 32 位有符号数再进行参数传递，
因为 b 是有符号数，故转换时进行符号扩展（高
24 位补符号），相当于执行 MOVSX 指令

机器数 1111 1111 1111 1111 1111 1111 1111 1010B

按有符号格式"%d"输出：-6
按无符号格式"%u"输出：4294967290

图 1-2   8 位有符号数按 32 位整数输出过程

由以上运行结果可知，若机器数对应的 8 位有符号数的数值不在[-128,127]区间中，则可通过加或减 2^8（=256）进行调整，即可得到相应的有符号数。

1.4.3   移码

用补码表示整数，可以很好地实现有符号整数的加减运算（可通过后续章节进行学习），但也存在一个问题——整数的真值不是随着机器数（即补码）的增大而增大。当机器数最小时，其对应的真值不是最小值；当机器数最大时，其对应的真值不是最大值。如图 1-3 所示，用补码表示 SBYTE 类型整数，当机器数最小时是 00000000B，其对应的真值是 0，不是最小值；当机器数最大时是 11111111B，其对应的真值是-1，不是最大值。

用原码表示整数也有类似问题。

在浮点数的指数表示中，希望能够得到一种编码，让真值随机器数单调递增，这样，可以直接通过机器数的大小关系确定真值的大小关系，以便于比较浮点数的大小。虽然无符号整数是随机器数单调递增的，但是无符号整数真值=机器数$\in[0,2^n-1]$，没有负数，不能作为指数。为了得到负数，可以将该函数关系向下平移一个偏置量，得到：

真值=机器数-偏置量

这样，真值随机器数单调递增，同时又有正负数。由上式可得：

机器数=真值+偏置量

8 位补码、移码机器数与真值关系如图 1-3 所示。

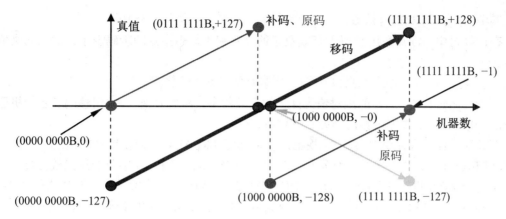

图 1-3　8 位补码、移码机器数与真值关系示意图

若真值为 X，则机器数=X+偏置量，由于这个编码（即机器数）是通过真值平移产生的，所以称为移码，即：

$$[X]_{移码}=X+偏置值$$

IEEE 754 用作浮点数指数的移码偏置值为 $2^{n-1}-1$，其中 n 为移码的位数。例如，单精度浮点数使用 8 位移码，偏置值为 $2^{n-1}-1=2^{8-1}-1=127$，其计算公式如下：

$$[X]_{移码}=X+(2^{8-1}-1)=X+127$$

例如：

$$[-127]_{移码}=-127+127=0=0000\ 0000B$$

$$[+128]_{移码}=+128+127=255=1111\ 1111B$$

由此可见，对于 8 位移码，当真值最小（-127）时，对应移码机器数最小（0000 0000B）；当真值最大（+128）时，对应移码机器数最大（1111 1111B）。

双精度浮点数使用 11 位移码，偏置值为 $2^{n-1}-1=2^{11-1}-1=1023$；扩展精度浮点数使用 15 位移码，偏置值为 $2^{n-1}-1=2^{15-1}-1=16383$。

1.4.4　BCD 码

BCD 码（binary-coded decimal）又称二-十进制编码，即用 4 位二进制数来表示 1 位十进制数的编码。4 位二进制数各位的位权分别为 8、4、2、1 的 BCD 码称为 8421BCD 码。

两位 BCD 码存于一个字节的称为压缩 BCD 码。例如，十进制数 23 的压缩 BCD 码为 0010 0011B，即 23H。

每位 BCD 码存于一个字节的称为非压缩 BCD 码（每字节高 4 位补 0）。例如，十进制数 23 的非压缩 BCD 码为 0000 0010 0000 0011B，即 0203H。

BCD 码与二进制数编码不同。例如，十进制数 23 的二进制数编码为 0001 0111B，即 17H，汇编指令 AAM 可以实现将此二进制数编码转换为 BCD 码。

1.4.5　浮点数

在数学中，一个浮点数 N 可以用科学记数法表示如下。

$$N=a\times10^{n}$$

其中，|a|为[1,10)的有效数字，n为整数表示的指数，例如$2.5×10^{13}$。

在计算机中，浮点数用类似于有效数字的尾数和类似于指数的阶码表示，对应的真值如下。

$$浮点数真值（N）=尾数真值（m）×2^{阶码真值(e)}$$

一般，尾数真值（m）的绝对值为[1,2)的有效数字，阶码真值（e）用移码表示的机器数（E）减去偏置量作为指数，例如$+12.0=+1.5×2^{+3}$。

汇编语言浮点数使用 IEEE 754 规范，有单精度（REAL4）、双精度（REAL8）和扩展精度（REAL10）共 3 种类型，分别用于定义 4 字节、8 字节和 10 字节的浮点数变量（同DWORD、QWORD、TBYTE 或 DD、DQ、DT 3 种类型）。浮点数的机器数格式如图 1-4所示，其中尾数分为尾数符号（S）和尾数数值（M）两部分。S 用 1 表示负数，用 0 表示正数；M 用原码表示；阶码（E）用移码表示。

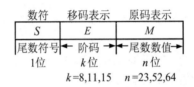

图 1-4　IEEE 754 规范中浮点数的机器数格式

单精度时，用 8 位表示阶码，23 位表示尾数数值；双精度时，用 11 位表示阶码，52位表示尾数数值；扩展精度时，用 15 位表示阶码，64 位表示尾数数值。具体格式如图 1-5所示。

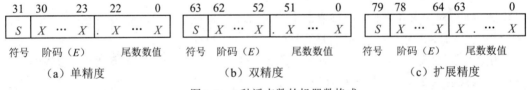

图 1-5　3 种浮点数的机器数格式

📝 注意

其中小数点是隐含的，实际机器数中是不存在的，一般不标注，这里仅用于提醒数值各位的位权。

对于单、双精度，因尾数真值 m 即有效数字的整数部分固定为 1，所以表示成机器数时将其隐含（因此称为尾数）。例如，若尾数真值 m 即有效数字为+1.5，则尾数符号 S 为 0，表示正数，尾数数值 M 为.5 表示实际存储的内容，小数点左边的 1 不保存。因此，浮点数的真值表示为：

$$浮点数真值=(-1)^{S}×1.M×2^{移码表示的阶码（E）-偏置量}$$

例如，若单精度浮点数的机器数为 1 1000 0000.110 0000 0000 0000 0000 0000B，则根据图 1-5（a）单精度的格式可知，该机器数对应的尾数符号 S=1，M 的实际存储为.110 0000 0000 0000 0000 0000B=0.75，故尾数真值 $m=(-1)^{S}×1.M=(-1)^{1}×1.75=-1.75$；阶码 E=1000 0000B=128，单精度浮点数的偏置量为 127，指数即阶码真值 e=阶码（E）-偏置量

=128–127=1。因此，该浮点数的真值为：

$$(-1)^1 \times 1.75 \times 2^{128-127} = -1.75 \times 2^1 = -3.5$$

若单精度浮点数的机器数为 0 0000 0000 .000 0000 0000 0000 0000 0000B，则该机器数对应的尾数符号 $S=0$，尾数数值 M 的实际存储为 .000 0000 0000 0000 0000 0000B=0，阶码 E=0000 0000B=0，单精度浮点数的偏置量为 127，指数即阶码真值 e=阶码（E）–偏置量 =0–127=–127。因此，该浮点数理论上的真值为：

$$(-1)^0 \times 1.0 \times 2^{0-127} = 2^{-127}$$

这是浮点数所能表示的最小正数，因为没有比这更小的正数可以表示浮点数 0。因此，IEEE 754 规定，当尾数数值和阶码全为 0 时表示机器零。其他特殊浮点数详见 5.5.6 节。

例 1-06　将+12.0 表示成浮点数对应的单精度机器数。

要将浮点数表示成机器数，须将该浮点数表示成尾数真值×2^{阶码真值}，当浮点数的绝对值大于 2 时，可用 2^{+n} 去除，直到结果为[1,2)的有效数字即尾数真值，则小数部分作为尾数数值（M），而+n 作为阶码的真值；当浮点数的绝对值小于 1 时，可用 2^{+n} 去乘，直到结果为 [1,2)的有效数字，则小数部分作为尾数数值（M），而–n 作为阶码的真值。因此，+12.0=+12/2^{+3}×2^{+3}=+1.5×2^{+3}，有效数字为+1.5，尾数符号 S=0，对应尾数实际存储的数值 M=0.5（小数点左边的整数 1 隐含），M 用 23 位原码表示为：

$$[0.5]_{原码}=.100\ 0000\ 0000\ 0000\ 0000\ 0000B$$

阶码真值为+3，用 8 位移码表示为：

$$[+3]_{移码}=+3+127=130=128+2=1000\ 0010\ B$$

所以，+12.0 对应机器数为 0 1000 0010 .100 0000 0000 0000 0000 0000B=4140 0000H

计算过程如图 1-6 所示。

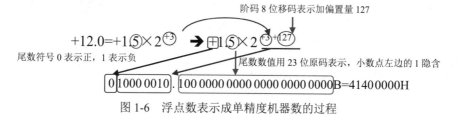

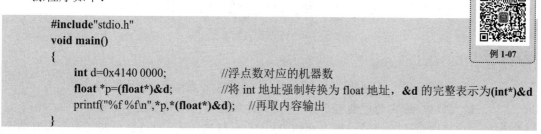

图 1-6　浮点数表示成单精度机器数的过程

机器数 4140 0000H 所表示的浮点数可用以下 C 程序进行验证。

例 1-07　将机器数 0x4140 0000 转换为浮点数并输出。

源程序如下：

```c
#include"stdio.h"
void main()
{
    int d=0x4140 0000;           //浮点数对应的机器数
    float *p=(float*)&d;         //将 int 地址强制转换为 float 地址，&d 的完整表示为(int*)&d
    printf("%f %f\n",*p,*(float*)&d);   //再取内容输出
}
```

输出结果为：

```
12.000000 12.000000
```

类似地，浮点数 12.0 对应的十六进制机器数可通过以下 C 程序运行输出。

例 1-08 将浮点数 12.0 转换为机器数并输出。

源程序如下：

```
#include"stdio.h"
void main()
{
    float   d=12.0;
    int *p=(int*)&d;          //将 float 地址强制转换为 int 地址，&d 的完整表示为(float*)&d
    printf("%XH   %XH\n",*p,*(int*)&d);   //再取内容输出
}
```

输出结果为：

41400000H   41400000H

本书所有源程序（含 VC++、MASM32 等源程序）均可在本书配套的考试系统（KSXT.exe）上运行。考试系统能自动识别当前题目可用的语言，在答题区编辑好源程序，并在输入区输入运行所需的数据，单击"运行"按钮后即可在输出区获得相应的运行结果，界面如图 1-7 所示。

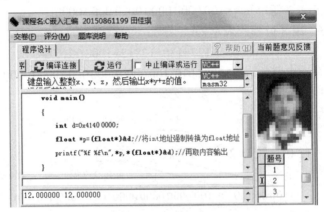

图 1-7　考试系统运行界面

浮点数表示范围如图 1-8 所示。

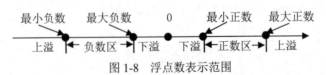

图 1-8　浮点数表示范围

其中：

$$最大正数=最大正尾数\times2^{最大阶码} \qquad 最小正数=最小正尾数\times2^{最小阶码}$$
$$最大负数=最大负尾数\times2^{最小阶码} \qquad 最小负数=最小负尾数\times2^{最大阶码}$$

例如，单精度阶码的值域一般为 0000 0001B~1111 1110B，即−126~127（不全为 0 或全为 1、偏置值为 127），尾数数值的值域为 000 0000 0000 0000 0000 0000B~111 1111 1111 1111 1111 1111B，即 1.0~（$2-2^{-23}$）（尾数隐含位为 1），故单精度取值范围如下。

最大正数：0 1111 1110 111 1111 1111 1111 1111 1111B，真值为$+(2-2^{-23})\times2^{127}=3.4e38$

最小正数：0 0000 0001 000 0000 0000 0000 0000 0000B，真值为$+1.0\times2^{-126}=1.18e-38$

最大负数：1 0000 0001 000 0000 0000 0000 0000 0000B，真值为$-1.0\times2^{-126}=-1.18e-38$

最小负数：1 1111 1110 111 1111 1111 1111 1111 1111B，真值为$-(2-2^{-23})\times2^{127}=-3.4e38$

因此，对于单精度实数x，若$|x|>3.4e38$，则上溢出；若$0<|x|<1.18e-38$，则下溢出。

1.4.6* 浮点数按整数比较大小

有符号整数（即补码）在数值比较时，按一般的思路，要分成两个步骤。

（1）先看符号，符号不同时，直接给出大小关系，即正整数大于负整数。

（2）符号相同时再看数值位大小，数值位大的则整数大，即单调递增。

从以下这组编码可以看出补码具有以上两个特点，当然，真正两个整数比较大小是通过两个整数相减的结果状态（标志寄存器标志位的值）来判断的。

$[+0]_{补码}=0000\ 0000B=00H=0$
$[+127]_{补码}=0111\ 1111B=7FH=127$ }正数机器数 0~127，对应真值 0~127

$[-128]_{补码}=1000\ 0000B=80H=128$
$[-1]_{补码}=1111\ 1111B=FFH=255$ }负数机器数 128~255，对应真值−128~−1

浮点数在数值比较时，按一般的思路，要分别比较尾数和阶码，若每一部分都要分成两个步骤，则至少分成 4 个步骤。

（1）先看尾数符号，符号不同时，直接给出大小关系，即正浮点数大于负浮点数。

（2）尾数符号相同时再看阶码符号。若尾数符号为正，则阶码符号为正的浮点数大，即单调递增；若尾数符号为负，则阶码符号为正的浮点数小，即单调递减。

（3）若尾数符号相同且阶码符号相同，则再看阶码大小。若尾数符号为正，则阶码数值大的浮点数大，即单调递增；若尾数符号为负，则阶码数值大的浮点数小，即单调递减。

（4）若尾数符号相同、阶码符号相同且阶码相等，则再看尾数大小。若尾数符号为正，则尾数数值大的浮点数大，即单调递增；若尾数符号为负，则尾数数值大的浮点数小，即单调递减。

由此可见，对于浮点数的比较，若依次比较尾数符号→阶码符号→阶码数值→尾数数值，则效率很低。而 IEEE 754 的阶码采用移码表示后，阶码符号与阶码数值完全融合，也就是将符号数值化，真值随机器数单调递增，所以无须考虑阶码符号，比较大小时可以直接按机器数比较大小。另外，尾数数值不含符号，也可以直接按机器数比较大小，所以可将阶码与尾数数值合并比较大小，由于阶码的位权比尾数数值大，因此阶码可以作为尾数数值高位，这样阶码符号、阶码数值、尾数数值这 3 部分就可以拼接成一个机器数再比较大小。所以，浮点数就从 4 个组成部分变成两个组成部分，相当于尾数符号和数值两个部分，与补码不同的是：当尾数符号为正时，浮点数为单调递增；当尾数符号为负时，浮点数为单调递减（而补码仍是单调递增），如图 1-9 所示。浮点数正负数真值对机器数的单调性同原码。

综上所述，当两个浮点数比较大小时，可以按以下步骤进行：若两个数都是正数或一正一负，则按补码比较大小；若两个数都是负数，则取反后按补码比较大小。

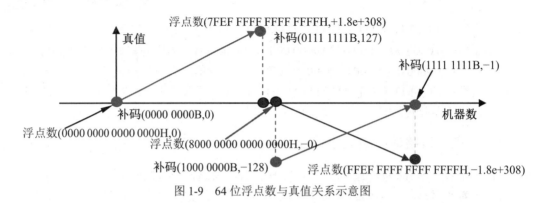

图 1-9　64 位浮点数与真值关系示意图

　　例 1-09　输入两个双精度浮点数，然后按 64 位整数比较大小，并输出比较结果和相应的机器数。

　　源程序如下：

```
#include"stdio.h"
void main()
{
    double f1,f2;
    __int64 *p1=(__int64*)&f1,*p2=(__int64*)&f2,a1,a2;
    scanf("%lf %lf",&f1,&f2);
    if(*p1<0 && *p2<0)
        a1=-*p1,a2=-*p2;//都为负数，取反
    else
        a1=*p1,a2=*p2;

    if(a1>a2)
        printf("真值%+g>%+g,机器数%I64x>%I64x",f1,f2,*p1,*p2);
    else
        printf("真值%+g<%+g,机器数%I64x<%I64x",f1,f2,*p1,*p2);
}
/*
测试数据结果：
真值+1<+12345,机器数 3ff0000000000000<40c81c8000000000
真值+12345>+1,机器数 40c81c8000000000>3ff0000000000000
真值-1<+12345,机器数 bff0000000000000<40c81c8000000000
真值-12345<+1,机器数 c0c81c8000000000<3ff0000000000000
真值+1>-12345,机器数 3ff0000000000000>c0c81c8000000000
真值+12345>-1,机器数 40c81c8000000000>bff0000000000000
真值-1>-12345,机器数 bff0000000000000>c0c81c8000000000
真值-12345<-1,机器数 c0c81c8000000000<bff0000000000000
*/
```

　　运行后输入：

```
1    12345
```

　　则输出结果为：

```
真值 1<12345,机器数 3ff0000000000000<40c81c8000000000
```

第 11 讲 5

1.5　字符的表示

不同的软件开发工具使用的字符编码可能不同。例如 VC、汇编语言使用 GBK 编码(西文用单字节 ASCII 码、汉字用两字节机内码),而 Java、Python 用 Unicode 编码（西文和汉字都用两字节表示）,Symbian 则用 Unicode 或 UTF-8 编码。

1.5.1　ASCII 码

计算机中西文字符(包括大小写字母和标点符号等)的表示和存储采用 ASCII 码,ASCII 码由 7 位二进制编码组成,共 128 个编码,对应 128 个字符。其中 00H~1FH 的 32 个字符为控制字符,如表 1-3 所示,详见附录 A.1;20H~7EH 的 95 个字符为可打印字符,主要字符如表 1-4 所示,详见附录 A.2。

表 1-3　00H~1FH 的部分控制字符

ASCII	缩写	解释及 C 转义字符	ASCII	缩写	解释及 C 转义字符	ASCII	缩写	解释
00H	NUL	串结束标志, '\0'	09H	HT	Tab 键, '\t'	1AH	SUB	文件结束标志
07H	BEL	响铃, '\a'	0AH	LF	换行, '\n'	1BH	ESC	Esc 键
08H	BS	退格键, '\b'	0DH	CR	Enter 键, '\r'	7FH	Del	Delete 键

表 1-4　主要西文字符对应的 ASCII 值

字符	空格	'0'~'9'	'A'~'Z'	'a'~'z'
ASCII 值	20H	30H~39H	41H~5AH	61H~7AH

一般要记住主要字符的排列顺序和关键字符对应的 ASCII 值。例如,数字字符<大写字母<小写字母,字符'0'、'A'、'a'的 ASCII 值分别为 30H、41H、61H,由此可知:

$$'0'<'O'<'o'$$

ASCII 码字符实际存储时是以字节为单位进行存储的,一个字节有 8 位,ASCII 码字符只占用了低 7 位,最高位常用补 0 来处理,正好用作与汉字字符的区别,因为一个汉字的两个字符中,至少第一个字符最高位为 1。

1.5.2　机内码

1980 年发布的 GB 2312 共收录常用汉字 6763 个。其中一级常用汉字 3755 个,按拼音排列;二级常用汉字 3008 个,按偏旁排列。所有汉字与特殊符号分布于一张二维表中,该表共 87 行 94 列,构成 87 区 94 位,每个汉字对应一个 4 位数字构成的区位码,例如 "啊"字在 16 区 01 位,对应的区位码为 1601。其中,01 区到 09 区的 846 个编码收录了 682 个特殊符号,例如全角的标点符号、数字序号、数学符号、希腊字母、全角字母、日文平假名和片假名等;16 区到 55 区的 3760 个编码收录了 3755 个一级常用汉字（末 5 个编码未用）;56 区到 87 区的 3008 个编码收录了 3008 个二级常用汉字。部分常用汉字如表 1-5 所示,显示所有汉字的方法详见附录 A.3。

表 1-5　GB 2312 中部分常用的一级、二级汉字列表

0102030405060708091011121314151617181920……7576777879808182838485868788899091929394
16 啊阿埃挨哎唉哀皑癌蔼矮艾碍爱隘鞍氨安俺按……半办绊邦帮梆榜膀绑棒磅蚌镑傍谤苞胞包褒剥
17 薄雹保堡饱宝抱报暴豹鲍爆杯碑悲卑北辈背贝……彪膘表鳖憋别瘪彬斌濒滨宾摈兵冰柄丙秉饼炳
18 病并玻菠播拨钵波博勃搏铂箔伯帛舶脖膊渤泊……搽察岔差诧拆柴豺搀掺蝉馋谗缠铲产阐颤昌猖
19 场尝常长偿肠厂敞畅唱倡超抄钞朝嘲潮巢吵炒……畴踌稠愁筹仇绸瞅丑臭初出橱厨躇锄雏滁除楚
20 础储矗搐触处揣川穿椽传船喘串疮窗幢床闯创……措挫错搭达答瘩打大呆歹傣戴带殆代贷袋待逮
21 怠耽担丹单郸掸胆旦氮但惮淡诞弹蛋当挡党荡……惦奠淀殿碉叼雕凋刁掉吊钓调跌爹碟蝶迭谍叠
……
51 印英樱婴鹰应缨莹萤营荧蝇迎赢盈影颖硬映哟……与屿禹宇语羽玉域芋郁吁遇喻峪御愈欲狱育誉
52 浴寓裕预豫驭鸳渊冤元垣袁原援辕园员圆猿源……噪造皂灶燥责择则泽贼怎增憎曾赠扎喳渣札轧
53 铡闸眨栅榨咋乍炸诈摘斋宅窄债寨瞻毡詹粘沾……针侦枕疹诊震振镇阵蒸挣睁征狰争怔整拯正政
54 帧症郑证芝枝支吱蜘知肢脂汁之织职直植殖执……蛛朱猪诸诛逐竹烛煮拄瞩嘱主著柱助蛀贮铸筑
55 住注祝驻抓爪拽专砖转撰赚篆桩庄装妆撞壮状……纂嘴醉最罪尊遵昨左佐柞做作坐座
56 亍丌兀丐廿卅丕亘丞鬲孬噩丨禺丿匕乇夭爻卮……仉仂仨仡仫仞伛仳伢佤仵伥伧伉伫佞佧攸佚佝
57 佟佗伲伽佶佴侑侉侃侏佾佻侪佼侬侔俦俨俪俅……匐黪夙兕亠兖亳衮袤亵脔裒禀嬴蠃羸冫冱冽冼
58 凇冖冢冥讠讦讧讪讴讵讷诂诃诋诏诎诒诓诔诖……陔陟陧陬陲陴隈隍隗隰邗邛邝邙邬邡邴邳邶邺
……
85 酢酡酰酩酯酽酾酲酴酹醌醅醐醍醑醢醣醪醭醮……蹼蹯蹴躅躏躔躐躜躞豸貂貊貅貘貔斛觖觞觚觜
86 觥觫觯訾謦靓雩雳雯霆霁霈霏霎霪霭霰霾龀龃……鲭鲮鲰鲱鲲鲳鲴鲵鲶鲷鲺鲻鲼鲽鳄鳅鳆鳇鳊鳋
87 鳌鳍鳎鳏鳐鳓鳔鳕鳗鳘鳙鳜鳝鳟鳢靼鞅鞑鞒鞔……麟黛黜黝黠黟黢黩黧黥黪黯鼢鼬鼯鼹鼷鼽鼾齄

因区位码取值范围与 ASCII 码有重叠，为此专门构造了一种有别于 ASCII 码的两个字节字符编码，即机内码，简称内码。内码的编码规则为对应区码和位码分别加上 160。例如，16 区 01 位的“啊”字，其区码和位码分别加上 160 得到的机内码为 176 和 161，即十六进制数 B0A1H，如图 1-10 所示。

	区码	位码
区位码：	16	01
	+160	160
机内码：	176	161
	B0H	A1H

图 1-10　区位码转换成机内码

在汇编程序中定义字符串时，若要赋值汉字“啊”，可以直接按字符串'啊'表示，也可以按机内码表示，先写低地址的 B0H，再写高地址的 A1H，即按字符串顺序存储，两种方式代码如下。在调试器软件中显示效果如图 1-11 所示。

```
Str1 db '09AZaz 啊祎镕莘永',0      ;直接按字符串表示
Str2 db 30H,39H,41H,5AH,61H,7AH,0B0H,0A1H,0B5H,74H,0E9H,46H,0DDH,0B7H,0D3H,0C0H,0
```

图 1-11　通过调试器软件看到的 ASCII 码和机内码及其字符

用调试器软件打开任意一个可执行文件（*.exe），右击左下角数据段区域，在弹出的快捷菜单中选择 Hex/ASCII 命令，然后直接输入十六进制的机内码，就会在 ASCII 区域显示

相应的汉字字符。有关调试器软件的使用方法见后续章节。

　　这里需要注意的是，非常用汉字编码有所不同，例如"祎"字两个字节机内码为 B574H，其中 74H 也是小写字母 t 的 ASCII 码；又如"镕"字机内码为 E946H，其中 46H 也是大写字母 F 的 ASCII 码。因此，判断两个字符是否为全角字符或汉字的标准是：两个字符中的首字符是否大于 160（按 unsigned char 即无符号字符型比较）。

 注意

　　要判断字符是否大于 160，在 C 程序定义变量时必须用无符号类型（unsigned char），该类型取值范围为 0~255，不能用有符号类型（char），因为该类型取值范围为−128~127。

　　下面通过 C 程序验证区位码与汉字之间的关系。

　　例 1-10　输入一个汉字的区位码，然后转换为机内码并输出相应的汉字。

例 1-10

　　源程序如下：

```
#include"stdio.h"
void main()
{
    char c1,c2;
    scanf("%2d%2d",&c1,&c2);
    c1+=160;
    c2+=160;
    printf("%c%c",c1,c2);
}
```

　　运行后输入：

```
1601
```

　　则输出结果为：

```
啊
```

　　同样，也可以验证汉字与区位码之间的关系。

　　例 1-11　输入两个字符对应的一个汉字，然后转换为区位码并输出。

　　源程序如下：

例 1-11

```
#include"stdio.h"
void main()
{
    char c1,c2;
    scanf("%c%c",&c1,&c2);
    c1-=160;
    c2-=160;
    printf("%02d%02d",c1,c2);
}
```

运行后输入：

啊

则输出结果为：

1601

通过以上程序可知，在 VC 或 VS 中，汉字默认都是以机内码保存的。因此，汉字的大小关系也是按机内码的大小进行比较的，以下通过 C 程序进行验证。

例 1-12 输入两个汉字，再按机内码比较大小，最后输出比较结果。

源程序如下：

例 1-12

```c
#include"stdio.h"
#include"string.h"
void main()
{
    char    s1[80],s2[80];
    scanf("%s %s",s1,s2);
    if(strcmp(s1,s2)>0)
        printf("%s>%s",s1,s2);
    else
        printf("%s<%s",s1,s2);
}
```

运行后输入：

俺   丑

则输出结果为：

俺<丑

在 Windows 环境中，双击 Word 图标并打开 Word 空白文档后，在 Word 编辑界面中，输入 x 和 4 位十六进制机内码，例如 xB0A1，然后选中该编码，接着按 Alt+X 组合键，被选中的编码就转换成相应的 GBK 汉字。

另外，在 Word 编辑界面中，还可以通过"插入"菜单中"符号"工具按钮下的"其他符号"按钮打开"符号"对话框，在左上角"字体"组合框中选择任意一种中文字体，在右下角"来自"组合框中选择"简体中文 GB(十六进制)"，在"字符代码"文本框中输入四位十六进制机内码，例如 B0A1，则在符号区域会选中相应的汉字或符号（若无相应汉字或符号，可在左上角"字体"组合框中选择相应的字体）。相反地，若在符号区域选中一个汉字或符号，则在"字符代码"文本框中会显示相应的机内码或 ASCII 码。

在 Python 的 IDLE Shell 中，输入 bytes('啊', 'GBK')，按 Enter 键后显示 b'\xb0\xa1'；输入 str(b'\xb0\xa1','GBK')，按 Enter 键后显示'啊'。

在 SQL Server 查询窗口中，执行 Select Cast(0xB0A1 as char)命令后，显示"啊"；执行 Select Cast('啊' as binary(2))命令后，显示 0xB0A1。

按 GB 2312 编码显示所有特殊符号详见附录 A.4。

　　1995 年发布的 GBK 共收录了 21003 个汉字，GBK 向下兼容 GB 2312；2000 年发布的 GB 18030—2000 共收录了 27533 个汉字，在 GBK 的基础上进行了扩充；2005 年发布的 GB 18030—2005 共收录了 70244 个汉字，在 GB 18030—2000 的基础上进行了扩充；2022 年发布的 GB 18030—2022 共收录了 87887 个汉字，于 2023 年 8 月 1 日正式实施。

1.5.3　Unicode

　　Unicode 字符即宽字符，用两个字节整数（C++用 wchar_t 即 unsigned short 类型）表示一个汉字（4E00H~9FA5H）或西文字符（0000H~007FH），部分汉字列表如表 1-6 所示。其中汉字"一"的编码为 4E00H，在程序中先写低地址的 00H，再写高地址的 4EH，即小端对齐，如图 1-12 所示。

表 1-6　Unicode 部分汉字列表

00 0102030405060708090a0b0c0d0e0f10111213……ecedeeef f0 f1 f2 f3 f4 f5 f6 f7 f8 f9 fa fb fc fd fe ff
4e 一丁丂七丄丅丆万丈三上下丌不与丏丐丑丮专……们伣仮仯仰伶仲仳仴件价伫伭伬仼份仾仿
4f 伀企伂伃伄伅伆伇伈伉伊伋伌伍伎伏伐休伒伓……伔伕伖传伜伝伞伟传似佄伣伤估伦估伨伩伪伫
50 伬伭伮伯估伱伲份伵伶伷伸伹伺伻似伽伾伿佀……佂佃佄佅但佇佈佉佊佋佌位低住佐佑佒体佔何
51 佖佗佘余佚佛作佝佞佟你佡佢佣佤佥佦佧佨佩……凡凭凮凯凰凱凲凳凴凵凶凷凸凹出击凼函凾凿
52 刀刁刂刃刄刅分切刈刉刊刋刌刍刎刏刐刑划刓……勤勥勦勧勨勩勪勫勬勭勮勯勰勱勲勳勴勵勶勷
53 勹匀匁匂匃包包匆匇匈匉匊匋匌匍匎匏匐匑匒……召叭叮可台叱史右叴叵叶号司叹叺叻叼叽另叿
……
9e 鸞鸟鸠鸡鸢鸣鸤鸥鸦鸧鸨鸩鸪鸫鸬鸭鸮鸯鸰鸱……騘騙騚騛騜騝騞騟騠騡騢騣騤騥騦騧騨騩騪騫
9f 龟龠龡龢龣龤龥龦龧龨龩龪龫龬龭龮龯鼎鼏鼐鼑鼒鼓……

图 1-12　通过调试器软件看到的 Unicode 编码及其字符

　　用调试器软件打开任意一个可执行文件（*.exe），右击左下角数据段区域，在弹出的快捷菜单中选择 Hex/Unicode 命令，然后直接输入十六进制的 Unicode 编码，在 Unicode 区域就会显示相应的汉字字符。有关调试器软件的使用方法见后续章节。

　　Unicode 西文字符的编码在数值上与 ASCII 相同，只是用两个字节来表示，高字节补 0，例如大写字母 A 的 Unicode 编码为 0041H。按 Unicode 编码显示所有汉字的方法详见附录 A.5。

　　下面通过 C 程序验证汉字转换为 Unicode 编码的方法。

　　例 1-13　按宽字符输入一个 Unicode 汉字，然后按十六进制输出 Unicode 编码。

　　源程序如下：

```
#include "stdio.h"
#include <locale.h>
void main()
{
    wchar_t a;                      /*声明宽字符变量 a*/
    setlocale(LC_ALL,"chinese");    /*配置地域化信息并指定为中文*/
    wscanf(L"%c",&a);               /*按宽字符输入一个 Unicode 汉字*/
    wprintf(L"%4X",a);              /*按十六进制输出 Unicode 编码*/
}
```

例 1-13

运行后输入：

> 一

则输出结果为：

> 4E00

同样，也可以验证 Unicode 编码转换为相应汉字的方法。

例 1-14 输入一个汉字的 4 位十六进制 Unicode 编码，然后按宽字符输出对应的汉字。

源程序如下：

```
#include "stdio.h"
#include <locale.h>
void main()
{
    wchar_t a;                          /*声明宽字符变量 a*/
    setlocale(LC_ALL,"chinese");        /*配置地域化信息并指定为中文*/
    wscanf(L"%4X",&a);                  /*输入一个汉字的 4 位十六进制 Unicode 编码*/
    wprintf(L"%c",a);                   /*按宽字符输出对应的汉字*/
}
```

运行后输入：

> 4E00

则输出结果为：

> 一

通过以上程序可知，在 VC 或 VS 中，汉字若要以 Unicode 编码保存，则数据类型要改为 wchar_t，字符串还要加前缀字母 L，同时要添加头文件 locale.h，以便配置地域化信息并指定为中文，并且要在输入/输出函数前加小写字母 w。

汉字以 Unicode 编码保存后，汉字的大小关系也是按 Unicode 编码值的大小进行比较的。

例 1-15 按宽字符输入两个汉字，再比较大小，最后输出比较结果。

源程序如下：

```
#include "stdio.h"
#include <locale.h>
#include"string.h"
void main()
{
    wchar_t s1[80]=L"俺",s2[80]=L"丑";
    setlocale(LC_ALL,"chinese");         /*配置地域化信息并指定为中文*/
    wscanf(L"%c %c",&s1[0],&s2[0]);      //按宽字符输入两个汉字
    if(s1[0]>s2[0])
        wprintf(L"%c>%c",s1[0],s2[0]);
    else
        wprintf(L"%c<%c",s1[0],s2[0]);
}
```

运行后输入：

俺　　丑

则输出结果为：

俺>丑	//这个比较结果与机内码的比较结果正好相反

在 Word 编辑界面中输入 4 位十六进制 Unicode 编码，例如 4E00，然后选中该编码，接着按 Alt+X 组合键，被选中的编码就转换成相应的汉字"一"。类似地，若选中一个汉字，然后按 Alt+X 组合键，则可以将该汉字转换成相应的 Unicode 编码。因此，Alt+X 组合键可实现汉字与 Unicode 编码之间的相互转换。

另外，在 Word 编辑界面中还可以通过"插入"菜单中"符号"工具按钮下的"其他符号"按钮打开"符号"对话框，在左上角"字体"组合框中选择任意一种中文字体，在右下角"来自"组合框中选择"Unicode(十六进制)"，在"字符代码"文本框中输入 4 位十六进制 Unicode 编码，例如 4e00，则在符号区域会选中相应的汉字或符号（若无相应汉字或符号，可在左上角"字体"组合框中选择相应的字体）。相反地，若在符号区域选中一个汉字或符号，则在"字符代码"文本框中会显示相应的 Unicode 编码。

在 Python 的 IDLE Shell 中，输入 hex(ord('一'))，按 Enter 键后显示'0x4e00'；输入 chr(0x4e00)，按 Enter 键后显示'一'。

在 Python 的 IDLE Shell 中，输入 bytes('一', 'UTF-16-le')，按 Enter 键后显示 b'\x00N'；输入 str(b'\x00\x4e','UTF-16-LE')，按 Enter 键后显示'一'。

在 SQL Server 查询窗口中，执行 Select Cast(0x004e as nchar)命令后，显示"一"；执行 Select Cast(N'一' as binary(2))命令后，显示 0x004E。

1.5.4 UTF-8

UTF-8 是 Unicode 的一种变长字符编码，根据 Unicode 编码取值范围的不同，对应使用表 1-7 中的 4 种模板之一进行转换。

表 1-7 不同取值范围的 Unicode 编码转换为 UTF-8 编码使用的模板

Unicode 编码范围	UTF-8 字节流模板（二进制）
000000H~00007FH	0xxxxxxx
000080H~0007FFH	110xxxxx 10yyyyyy
000800H~00FFFFH	1110xxxx 10yyyyyy 10zzzzzz
010000H~10FFFFH	11110xxx 10yyyyyy 10zzzzzz 10tttttt

转换方法是：先将 Unicode 编码转换为二进制数，然后从左到右分成若干组，最后将各组填入模板中的字母位置。

由表 1-7 可知，对于 000000H~00007FH 的西文字符，将其有效的低 7 位填入单字节模板"0xxxxxxx"中的"xxxxxxx"位置（即低 7 位）后，其值不变，因此，西文字符的 UTF-8 编码与其对应的 ASCII 码完全相同。对于 Unicode 编码的汉字，其取值范围是 4E00H~9FA5H，落入 000800H~00FFFFH，因此，使用 3 字节模板"1110xxxx 10yyyyyy 10zzzzzz"，将 16 位 Unicode 编码从左到右划分成"aaaa bbbbbb cccccc"3 组，第一组 4 位

"aaaa"填入模板中的"xxxx"位置，第二组6位"bbbbbb"填入模板中的"yyyyyy"位置，第三组6位"cccccc"填入模板中的"zzzzzz"位置。例如，"汉"字的Unicode编码是6C49H，对应的16位二进制数是0110 1100 0100 1001，将其并分成3组，第一组"aaaa"为"0110"，第二组"bbbbbb"为"110001"、第三组"cccccc"为"001001"，再分别将其填入模板中的"xxxx""yyyyyy""zzzzzz"3个位置，得到11100110 10110001 1000 1001，即E6B189H。其过程如图1-13所示。

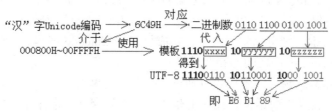

图1-13 "汉"字由Unicode编码转换为UTF-8编码的过程

在Python的IDLE Shell中，输入bytes('汉', 'UTF-8')，按Enter键后显示b'\xe6\xb1\x89'；输入str(b'\xe6\xb1\x89','UTF-8')，按Enter键后显示'汉'。

用Java程序容易实现Unicode编码到UTF-8编码的转换，详见附录A.6。

1.5.5 点阵字形码

字形码是表示字符形状的编码，主要用于字符的显示和打印。常用的表示方法有点阵法和矢量法两种。早期的DOS操作系统和现在的嵌入式系统多使用点阵法，现在的操作系统多使用矢量法。

点阵法用n行、每行m个点的矩阵表示，该矩阵称为$n×m$点阵；其中的每个点若有显示则用1表示，否则用0表示，由此构成的数据称为点阵字形码，所有字符的字形码构成字库。屏幕显示的西文字符一般采用16×8点阵，汉字一般采用16×16点阵（简称16点阵），字符"A"与"汉"字的字形与字形码如图1-14所示。

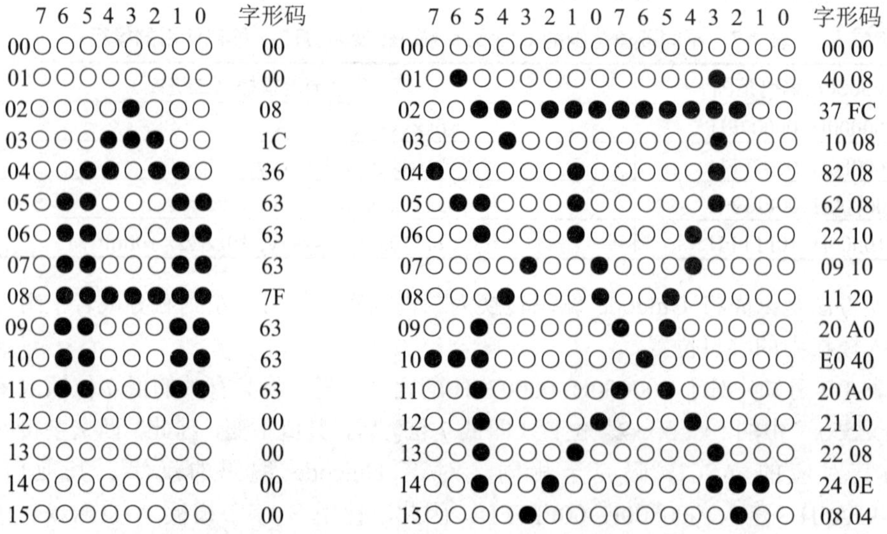

图1-14 "A"与"汉"用点阵法表示的字形与字形码

打印的汉字一般采用 24×24 点阵，大字还有 32×32、48×48 点阵等。16 点阵字库一般从 01 区 01 位的汉字开始存储字形码，其他点阵字库都是从 16 区 01 位的汉字（"啊"）开始存储字形码的；24 点阵每个汉字的字形码按列优先顺序存储，其他点阵字库都是按行优先顺序存储的。可以通过以下 C 程序验证汉字与字形码之间的关系。

例 1-16 输入一个汉字，然后分别实现从 16、24、48 点阵字库中读取该汉字的字形码。字形码相应位是 1，则显示"●"，否则显示"○"，以展示该汉字的字形。

 说明

（1）可以下载 UCDOS 的 16、24、48 点阵汉字库，它们的文件名分别为 HZK16、HZK24S、HZK48S。

（2）UCDOS 汉字库可以通过百度搜索下载或从本书相关资源网站下载。

源程序如下：

```
#include <stdio.h>
#define   DM   16                    //字形码点阵数有 16、24、48 共 3 种
#define   DSize   DM*DM/8            //每个字字形码字节数
void main()
{
    FILE* FP= NULL;
    int r,c,offset,flag;
    unsigned char buf[DSize],w[3]="啊";       //buf[ ]存字形码，w[ ]存汉字内码
    unsigned char key[8]={0x80,0x40,0x20,0x10,0x08,0x04,0x02,0x01};//一个字节的 7~0 位的位权
    scanf("%2s",w);                        //输入一个汉字
    FP=fopen(DM==16?"HZK16":(DM==24?"HZK24S":"HZK48S"),"rb");//二进制打开汉字库
    if(FP==NULL){printf("打开字库失败!\n");return;}
    //求字形码位置，16 点阵从 01 区 01 位开始，其他点阵从 16 区 01 位开始
    offset=(94*(w[0]-160-(DM==16?1:16))+(w[1]-160-1))*DSize;
    fseek(FP,offset,SEEK_SET);            //将文件指针移到字形码位置
    fread(buf,1,DSize,FP);               //读取 DSize 个字节的字形码到 buf
    for(r=0;r<DM;r++){                   //按 DM 行显示；24 点阵时改为 for(c=0;c<DM;c++){
        for(c=0;c<DM;c++){               //每行 DM 列；24 点阵时改为 for(r=0;r<DM;r++){
            flag=buf[r*DM/8+c/8]&key[c%8];    //取从左到右第 c 列的值
            printf("%s", flag!=0?"●":"○"); //1 显示"●"，0 显示"○"
        }
        printf("\n");
    }
    fclose(FP);
}
```

运行后输入：

啊

则输出结果为：

若将本程序第 2 行 DM 的值由 16 改为 24，则读取的是 24 点阵字库，输入"啊"后输出如下：

由此可见，24 点阵字形码按列优先顺序存储，要正确显示可将两个 for 循环的循环变量进行交换。代码如下：

```
for(c=0;c<DM;c++){              //按 DM 行显示；24 点阵时改为 for(c=0;c<DM;c++){
    for(r=0;r<DM;r++){         //每行 DM 列；24 点阵时改为 for(r=0;r<DM;r++){
```

若将本程序第 2 行 DM 的值由 16 改为 48，则读取的是 48 点阵字库，输入"啊"后输出如下：

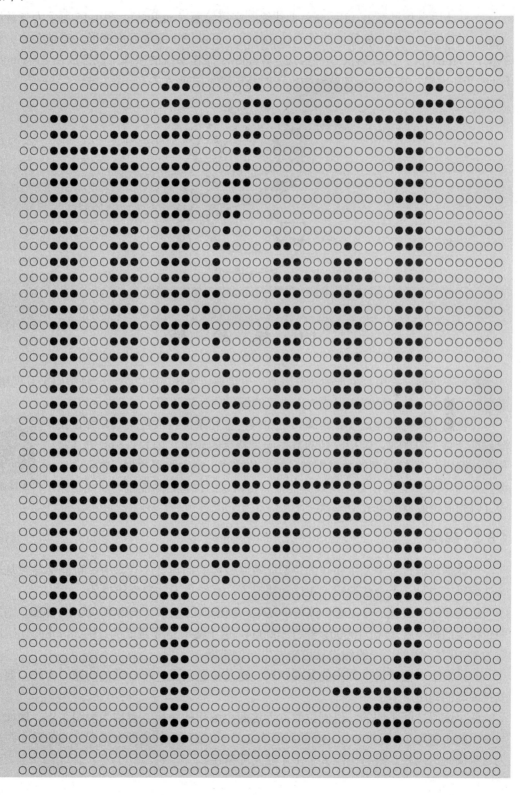

1.5.6 矢量字形码

矢量法用点和贝塞尔（Bezier）曲线绘制字符轮廓（outline），图 1-15 所示为矢量法表示的字形轮廓示意图。矢量法的优点是字体尺寸可以任意缩放而不变形。矢量字体主要有 Type1、TrueType、OpenType 3 种格式。Windows 操作系统的字体一般都放在 C:\Windows\Fonts 文件夹中。将矢量字体解析为位图的源程序见附录 A.7。

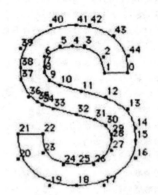

图 1-15　矢量法表示的字形轮廓示意图

1.6　校　验　码

数据在传输过程中，由于种种原因而产生错误，为此，可以设计一种编码来发现错误，甚至纠正错误。具有检测错误或纠正错误的编码称为校验码。

校验码的实现原理是在正常编码中加入一些冗余位构成校验码，并使校验码符合特定的规律。若接收到的数据满足特定的规律，则为正确数据（常称合法编码）；若接收到的数据不满足特定的规律，则为错误数据（常称非法编码）。若错误数据按该特定的规律能推算出错误的位置，则能进一步纠正错误（将相应位取反即可）。

第 14 讲 1

1.6.1 码距

当数据传输过程中发生错误的位数比较多或校验码设计不合理时，可能会导致从一个合法编码变成另一个合法编码，在这种情况下，系统是无法发现错误的。

这里有一个假设，若在通信过程中发生一位错误的概率（误码率）为 1/10000，则发生两位错误的概率就是（1/10000）×（1/10000），这个概率是非常低的。例如，光纤误码率一般为 $1×10^{-12}$。因此，一般假设只可能发生一位错误。

若只发生一位错误，却不能发现错误，这是校验码设计不合理的问题。为此，要合理安排编码的码距。

两个编码之间不同的二进制位数称为这两个编码的距离，也称为海明距离。例如 000 与 001 的距离为 1，而 001 与 010 的距离为 2。一组编码中任意两个编码之间的最小距离称为这组编码的码距。只有码距大于 1 才能发现错误。

例如，用二进制编码 000~111 表示 0~7，都是合法编码，则这组编码的码距为 1，任何一个合法编码出现传输错误，都会变成另一个合法编码，所以这组编码无法发现错误。

若用编码 0000、0011、0101、0110、1001、1010、1100、1111 表示 0~7，则码距为 2，任何一个合法编码出错一位，只会变成非法编码（例如 0001），所以这组编码能发现错误。

通过增大编码的码距可以实现查错和纠错。要查 1 位错，码距至少为 2；要查 e 位错，码距至少为 $e+1$。类似地，纠正 1 位错，码距至少为 3；纠正 t 位错，码距至少为 $2t+1$，这是因为 t 位错的概率比 $t+1$ 位错的概率高。

例如，用编码 00000 00000、00000 11111、11111 00000、11111 11111 表示 0~3，码距为 5，若接收到的数据为 00000 00001，则比较可能正确的是 00000 00000 或 00000 11111。显然，错 1 位的概率远大于错 4 位的概率，所以可以按 1 位错处理并进行纠正；若接收到的数据为 00000 00011，则比较可能正确的是 00000 00000 或 00000 11111。显然，错 2 位的概率远大于错 3 位的概率，所以可以按 2 位错处理并进行纠正。

增大码距意味着要增加冗余位，会增大传输、存储、数据处理等的开销。例如，要纠正 2 位错，使用 10 位编码表示 0~3，与使用没有查错功能的 2 位编码表示 0~3 相比，显然开销增大很多。

若合法编码是 n 位，则合法编码有 2^n 种；若为了实现校验，加入了 k 位的冗余位，则有 2^{n+k} 种编码，其合法编码仍是 2^n 种，而非法编码有 $2^{n+k}-2^n$ 种；因此，只要加入 1 位冗余位，就有一半的编码是非法的；若加入两位冗余位，就有 3/4 的编码是非法的，更多位冗余位以此类推。

1.6.2 奇偶校验码

奇偶校验就是加入校验位（冗余位）后使数据中 1 的个数为奇数个或偶数个，一般用于 ASCII 码的校验。由于 ASCII 码只用一个字节的低 7 位 $A_6A_5A_4A_3A_2A_1A_0$，所以通常用最高位 A_7 作为校验位 P。

若采用偶校验，则校验位 P 可由式（1-1）确定：

$$P_{even}=A_6 \oplus A_5 \oplus A_4 \oplus A_3 \oplus A_2 \oplus A_1 \oplus A_0 \tag{1-1}$$

若采用奇校验，则校验位 P 可由式（1-2）确定：

$$P_{odd}=\overline{P_{even}} \tag{1-2}$$

例如，字符"A"=65=41H=X100 0001B，由式（1-1）可得，$P_{even}=A_6 \oplus A_5 \oplus A_4 \oplus A_3 \oplus A_2 \oplus A_1 \oplus A_0=1 \oplus 0 \oplus 0 \oplus 0 \oplus 0 \oplus 0 \oplus 1=0$，由此可知，有偶数个 1，若要生成偶校验码，则应将最高位 A_7 改为 $P_{even}=0$，得到 0100 0001B，最终 1 的个数为偶数；若要生成奇校验码，则应将最高位 A_7 改为 $P_{odd}=\overline{P_{even}}=1$，得到 1100 0001B，最终 1 的个数为奇数。

若采用偶校验，收到数据后，所有位中 1 的个数仍为偶数，即偶校验错误位 $E_{even}=P_{even} \oplus A_6 \oplus A_5 \oplus A_4 \oplus A_3 \oplus A_2 \oplus A_1 \oplus A_0$ 为 0，则为正确数据；若采用奇校验，收到数据后，所有位中 1 的个数仍为奇数，即奇校验错误位 $E_{odd}=\overline{P_{odd} \oplus A_6 \oplus A_5 \oplus A_4 \oplus A_3 \oplus A_2 \oplus A_1 \oplus A_0}$ 为 0，则为正确数据。

例如，若奇校验收到的数据为 0111 0010B，则 $E_{odd}=\overline{P_{odd} \oplus A_6 \oplus A_5 \oplus A_4 \oplus A_3 \oplus A_2 \oplus A_1 \oplus A_0}=\overline{0 \oplus 1 \oplus 1 \oplus 1 \oplus 0 \oplus 0 \oplus 1 \oplus 0}=1$，说明这是一个有错的数据，因为奇校验只能收到奇数个 1 的数据。

第14讲3

1.6.3 海明校验码

通过增加校验位的位数，可以实现查错和纠错。海明校验码就是通过增加奇偶校验位实现查错和纠错的。

设有 n 位有效信息位、k 位校验位，则校验码的码长为 $n+k$ 位。k 位有 2^k 个状态，用状态全为 0 表示正确数据，则其他 2^k-1 个状态表示有错，并刚好用来指示 $1\sim n+k$ 位的第几位是错的。例如，若 $k=3$，则 $2^k=2^3=8$，有 8 个状态，用状态 000 表示正确数据，状态 $001\sim111$ 表示有错，并恰好用来指示第 $1\sim7$ 位中的相应位有错。

因此，k 位校验位最多能纠正的有效信息的位数为：

$$n=2^k-1-k \qquad\qquad (1-3)$$

即扣除一个正确状态和校验位自身的 k 位，剩余的状态才能用来指示有效信息位的状态。例如，当 $k=3$ 时，最多能纠正的有效信息的位数为 $n=2^k-1-k=2^3-1-3=4$；当 $k=4$ 时，最多能纠正的有效信息的位数为 $n=2^k-1-k=2^4-1-4=11$，所以，7 位 ASCII 码的海明校验码至少要有 4 位校验位，码长至少为 $n+k=7+4=11$。

一个具有 n 位有效信息的海明校验码可以按下面的步骤进行编码。

（1）将 n 位有效信息和 k 位校验位构成 $n+k$ 位的海明校验码。设校验码各位编码的位号从左到右（或从右到左）依次为 $1\sim n+k$，第 i 个校验位的位号为 2^i（$i=0\sim k-1$），有效信息位按原编码的顺序依次填入其他位号的编码位置。

以 7 位 ASCII 码生成海明校验码为例，设 7 位有效信息位为 $A_6A_5A_4A_3A_2A_1A_0$。根据式（1-3）可知，校验位位数 $k=4$，码长 $n+k=7+4=11$ 位，则校验码的位号为 $1\sim11$，第 i 个校验位的位号为 2^i（$i=0\sim3$），即 $2^0=1$、$2^1=2$、$2^2=4$、$2^3=8$，按位号分别命名为 P_1、P_2、P_4、P_8。将有效信息位 $A_6A_5A_4A_3A_2A_1A_0$ 依次填入其他位号的编码位置，如图 1-16 所示。

```
位号： 1    2    3    4    5    6    7    8    9    10   11
编码： P₁   P₂   A₆   P₄   A₅   A₄   A₃   P₈   A₂   A₁   A₀
```

图 1-16 海明校验码编码的位置

（2）将 k 个校验位构成 k 组校验，恰好有效信息位的位号由 k 位二进制数组成，若该二进制数的第 i 位为 1（$i=0\sim k-1$），则要被第 i 个校验位（位号为 2^i 的位）校验。

例如，有效信息 A_6 的位号为 $3=0011B$，其中第 0 位和第 1 位为 1，则由位号为 $2^0=1$ 和 $2^1=2$ 的第 0 个和第 1 个校验位校验，即由 P_1 和 P_2 校验；又如，有效信息 A_0 的位号为 $11=1011B$，其中第 0、1、3 位为 1，则由位号为 $2^0=1$、$2^1=2$、$2^3=8$ 的第 0、1、3 个校验位校验，即由 P_1、P_2、P_8 校验；有效信息位与检验位的对应关系如图 1-17 所示。

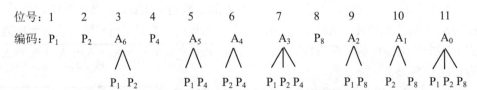

图 1-17 海明校验码有效信息位与校验位的对应关系

反过来，k 个校验位与所校验的有效信息位的对应关系如下。

第 0 个校验位 P_1：A_6、A_5、A_3、A_2、A_0。

第 1 个校验位 P_2：A_6、A_4、A_3、A_1、A_0。

第 2 个校验位 P_4：A_5、A_4、A_3。

第 3 个校验位 P_8：A_2、A_1、A_0。

（3）根据各个校验位与所校验的有效信息位的对应关系和奇偶校验规则，求出各个校验位的值，再填入相应的位置，即可得到海明校验码。

例如，按偶校验求各个校验位值的公式如下。

$$
\left.
\begin{aligned}
P_{1even} &= A_6 \oplus A_5 \oplus A_3 \oplus A_2 \oplus A_0 \\
P_{2even} &= A_6 \oplus A_4 \oplus A_3 \oplus A_1 \oplus A_0 \\
P_{4even} &= A_5 \oplus A_4 \oplus A_3 \\
P_{8even} &= A_2 \oplus A_1 \oplus A_0
\end{aligned}
\right\}
\tag{1-4}
$$

将以上 4 个偶校验位的值填入相应的位置，即可得到偶校验的海明校验码。

按奇校验求各个校验位值的公式如下。

$$P_{1odd}=\overline{P_{1even}} \qquad P_{2odd}=\overline{P_{2even}} \qquad P_{4odd}=\overline{P_{4even}} \qquad P_{8odd}=\overline{P_{8even}}$$

采用偶校验收到数据后，根据校验位和相应的有效信息位求偶校验错误位，公式如下。

$$
\left.
\begin{aligned}
（0）&\ E_1 = P_{1even} \oplus A_6 \oplus A_5 \oplus A_3 \oplus A_2 \oplus A_0 \\
（1）&\ E_2 = P_{2even} \oplus A_6 \oplus A_4 \oplus A_3 \oplus A_1 \oplus A_0 \\
（2）&\ E_4 = P_{4even} \oplus A_5 \oplus A_4 \oplus A_3 \\
（3）&\ E_8 = P_{8even} \oplus A_2 \oplus A_1 \oplus A_0
\end{aligned}
\right\}
\tag{1-5}
$$

若第 i 个算式不为 0，则位号二进制数第 i 位有错；若错误码 $E_8E_4E_2E_1$ 为 0000B，则表示位号二进制数 4 位的数据都正确，否则表示位号为 $E_8E_4E_2E_1$ 的位有错。例如，若 $E_8E_4E_2E_1$=0111B，则表示位号为 0111B=7 的位有错，即位号为 7 的有效信息位 A_3 有错。

采用奇校验收到数据后，根据校验位和相应的有效信息位求奇校验错误位，公式如下。

$$
\left.
\begin{aligned}
（0）&\ E_1 = \overline{P_{1odd} \oplus A_6 \oplus A_5 \oplus A_3 \oplus A_2 \oplus A_0} \\
（1）&\ E_2 = \overline{P_{2odd} \oplus A_6 \oplus A_4 \oplus A_3 \oplus A_1 \oplus A_0} \\
（2）&\ E_4 = \overline{P_{4odd} \oplus A_5 \oplus A_4 \oplus A_3} \\
（3）&\ E_8 = \overline{P_{8odd} \oplus A_2 \oplus A_1 \oplus A_0}
\end{aligned}
\right\}
\tag{1-6}
$$

同样，若错误码 $E_8E_4E_2E_1$ 为 0000B，则表示数据正确，否则表示位号为 $E_8E_4E_2E_1$ 的位有错。

例 1-17　已知字符"A"的 ASCII 码为 100 0001B，求偶校验的海明校验码。

首先，由式（1-3）可知，当有效信息位的位数 n=7 时，校验位的位数 k=4，位号为 2^i（i=0~3）的校验位先用"?"填入表示待定，其他位依次填入有效信息 100 0001B，结果如下。

1	2	3	4	5	6	7	8	9	10	11
P_1	P_2	A_6	P_4	A_5	A_4	A_3	P_8	A_2	A_1	A_0
?	?	1	?	0	0	0	?	0	0	1

然后，由式（1-4）求得 4 个校验位的值如下。

$P_1 = A_6 \oplus A_5 \oplus A_3 \oplus A_2 \oplus A_0 = 1 \oplus 0 \oplus 0 \oplus 0 \oplus 1 = 0$

$P_2 = A_6 \oplus A_4 \oplus A_3 \oplus A_1 \oplus A_0 = 1 \oplus 0 \oplus 0 \oplus 0 \oplus 1 = 0$

$P_4 = A_5 \oplus A_4 \oplus A_3 = 0 \oplus 0 \oplus 0 = 0$

$P_8 = A_2 \oplus A_1 \oplus A_0 = 0 \oplus 0 \oplus 1 = 1$

最后，将 4 个校验位的值填入待定位置，得到偶校验的海明校验码如下。

1	2	3	4	5	6	7	8	9	10	11
P_1	P_2	A_6	P_4	A_5	A_4	A_3	P_8	A_2	A_1	A_0
0	0	1	0	0	0	0	1	0	0	1

例 1-18 已知接收到的偶校验的海明校验码为 00100011001B，判断其是否有错，若有错，则判断第几位有错。

首先，按图 1-16 将接收到的海明校验码的各位填入相应位号的编码位置，结果如下。

1	2	3	4	5	6	7	8	9	10	11
P_1	P_2	A_6	P_4	A_5	A_4	A_3	P_8	A_2	A_1	A_0
0	0	1	0	0	0	1	1	0	0	1

然后，按式（1-5）求偶校验错误位，即求校验位和相应的有效信息位的异或，结果如下。

$E_1 = P_{1even} \oplus A_6 \oplus A_5 \oplus A_3 \oplus A_2 \oplus A_0 = 0 \oplus 1 \oplus 0 \oplus 1 \oplus 0 \oplus 1 = 1$

$E_2 = P_{2even} \oplus A_6 \oplus A_4 \oplus A_3 \oplus A_1 \oplus A_0 = 0 \oplus 1 \oplus 0 \oplus 1 \oplus 0 \oplus 1 = 1$

$E_4 = P_{4even} \oplus A_5 \oplus A_4 \oplus A_3 = 0 \oplus 0 \oplus 0 \oplus 1 = 1$

$E_8 = P_{8even} \oplus A_2 \oplus A_1 \oplus A_0 = 1 \oplus 0 \oplus 0 \oplus 1 = 0$

根据以上计算结果可知，$E_1 = 1$、$E_2 = 1$、$E_4 = 1$，表示位号二进制数中权值为 1、2、4 的位有错，也就是位号为 $E_8E_4E_2E_1 = 0111B$ 的位有错，即位号为 7 的有效信息位 $A_3 = 1$ 有错，所以正确的海明校验码为 00100001001B，正确的有效信息为 1000001B。

1.6.4　循环冗余校验码

循环冗余校验（cyclic redundancy check，CRC）码，简称循环码或 CRC 码，是由 n 位有效信息位与 k 位校验位拼接构成的。它通过模 2 除法运算来建立有效信息和校验位之间的约定关系，也是一种能查错和纠错的校验码。

第14讲 4

1. CRC 码的编码思想

CRC 码的设计思想是将有效信息 M 用事先约定的除数 G 去除，得到商 Q 和余数 R，即 $M/G = Q$ 余 R，该式两边乘以 G，得到 $M = Q \cdot G + R$，然后将 Q 和 G 的乘积 $Q \cdot G = M - R$ 作为校验码并进行数据传输，接收到数据后再用 G 去除，若能整除则表示传输正确，否则表示传输有误，并根据不同的余数确定不同的有错位。问题的关键是，接收到 $Q \cdot G$ 后，如何还原出有效信息 M，或者先还原出余数 R，再由公式 $M = Q \cdot G + R$ 求出 M，这就需要对编码或运算进行精心设计。

CRC 码用多项式进行编码，用模 2 运算实现加减乘除。

多项式编码的方法是将 m 位二进制数看作 m 阶多项式 $M(x)$，其中第 i 位对应 x^i 项，第

i 位数码作为 x^i 项的系数。

例如，7 位二进制数 1101000 对应多项式 $M(x)=1x^6+1x^5+0x^4+1x^3+0x^2+0x^1+0x^0=x^6+x^5+x^3$，则各位二进制数对应关系如下。

$$1\quad 1\quad 0\quad 1\quad 0\quad 0\quad 0\quad \text{B}$$
$$=1\times2^6+1\times2^5+0\times2^4+1\times2^3+0\times2^2+0\times2^1+0\times2^0$$
$$=1\cdot x^6+1\cdot x^5+0\cdot x^4+1\cdot x^3+0\cdot x^2+0\cdot x^1+0\cdot x^0$$

2．模 2 运算

模 2 运算是指按位进行加减乘除的运算，运算时不向相邻位进位和借位。

（1）模 2 加减。

模 2 加减运算其实就是按位异或运算，因为不会产生进位或借位，所以加减等价。具体运算规则如下。

$$0\pm0=0\qquad 0\pm1=1\pm0=1\qquad 1\pm1=0$$

例 1-19　按模 2 加减规则，计算 0011+0101，1010−0111。

根据模 2 加减规则可得：0011+0101=0110，0110−0011=0101。具体计算如下。

```
    0011              0110
  + 0101            − 0011
    0110              0101
```

（2）模 2 乘。

模 2 乘就是在进行乘法运算时按模 2 加的规则实现求部分积之和，所以不会产生进位。

例 1-20　按模 2 乘规则，计算 1110×1101。

根据模 2 乘规则可得 1110×1101=1000110，具体计算如下。

```
         1110
       × 1101
         1110
        0000
       1110
      1110
      1000110
```

（3）模 2 除。

模 2 除就是在进行除法运算时按模 2 减的规则求部分余数，所以不会产生借位。若部分余数（首次被除数）最高位为 1，则上商为 1；若部分余数最高位为 0，则上商为 0。每求一位商之后，使部分余数减少一位，即去掉部分余数的最高位，同时，下移一位被除数作为新的余数，再继续求下一位商。当部分余数的位数小于除数时，该余数就是最后的余数。

例 1-21　按模 2 除规则，计算 0011000÷1011。

根据模 2 除规则可得 0011000÷1011=0011，余数为 101，具体计算如下。

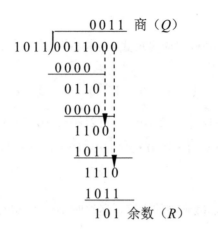

3. CRC 码生成步骤

（1）二进制与多项式的转换。

将 n 位有效信息表示为多项式 $M(x)=C_{n-1}x^{n-1}+C_{n-2}x^{n-2}+\cdots+C_1x^1+C_0$，其中 x^i 项系数 C_i 对应 n 位有效信息第 i 位的数码（0 或 1），i=0~n-1。

选择一个 k+1 位的生成多项式 $G(x)=G_kx^k+G_{k-1}x^{k-1}+\cdots+G_1x^1+G_0$ 作为约定的除数，其中 x^i 项系数 G_i 对应 k+1 位二进制数第 i 位的数码（0 或 1），i=0~k。

（2）求校验位。

将 $M(x)$ 左移 k 位，得到 n+k 位的多项式 $M(x)\cdot x^k$，然后用 k+1 位的 $G(x)$ 去除，得到 k 位的余数 $R(x)$ 和 n 位的商 $Q(x)$，即：

$$\frac{M(x)\cdot x^k}{G(x)}=Q(x)+\frac{R(x)}{G(x)} \qquad (1\text{-}7)$$

其中，k 位的余数 $R(x)$ 即校验位。

（3）产生 CRC 码。

由式（1-6）可得：

$$M(x)\cdot x^k+R(x)=Q(x)\cdot G(x)+R(x)+R(x)=Q(x)\cdot G(x) \qquad (1\text{-}8)$$

因为是模 2 加运算，所以 $R(x)+R(x)=0$。

最后将 $M(x)\cdot x^k+R(x)$（或 $Q(x)\cdot G(x)$）对应的二进制数作为 CRC 码，由于 $M(x)\cdot x^k$ 的右边 k 位全为 0，加 k 位的 $R(x)$，相当于 $M(x)\cdot x^k$ 的右边 k 位被 k 位的 $R(x)$ 替代，也相当于高 n 位的有效信息位 $M(x)$ 与低 k 位的余数 $R(x)$ 做简单拼接，所以很容易还原出有效信息位 $M(x)$，同时，这个数还能被 $G(x)$ 整除。

例 1-22 设 4 位生成多项式 $G(x)=x^3+x^1+1$，4 位有效信息为 0011，求 7 位 CRC 码。

生成多项式 $G(x)=x^3+x^1+1=1x^3+0x^2+1x^1+1x^0=1011$，有效信息 $M(x)=0011=x^1+1$，将 $M(x)$ 左移 3 位，得 $M(x)\cdot x^3=0011000$。

将 $M(x)\cdot x^3$ 模 2 除以 $G(x)$ 得到余数，即校验位 $R(x)=101$，详见例 1-21。

将 $M(x)$ 与 $R(x)$ 拼接成 7 位 CRC 码，即 $M(x)\cdot x^3+R(x)=0011000+101=0011101$。

最后得到有效信息 0011 的 7 位 CRC 码为 0011101。

CRC 码中，n 位有效信息位和 k 位校验位构成的 n+k 位编码，称为（n+k,n）码。在例 1-22 中，n=4，n+k=7，故称（7,4）码。

4．CRC 码纠错

将接收到的 CRC 码用多项式 $G(x)$ 去除，若能够整除，则表示传输正确，否则表示传输错误，并根据不同的余数确定不同的有错位。

在例 1-22 中，不同的余数对应不同的出错位，如表 1-8 所示。若余数分别为 001、010、100、011、110、111、101（1、2、4、3、6、7、5），则出错位分别对应为 1、2、3、4、5、6、7（A_0、A_1、A_2、A_3、A_4、A_5、A_6），而且在相同的生成多项式 $G(x)$ 的情况下，不同的有效信息位，其余数与出错位的对应关系仍不变。

表 1-8　生成多项式 $G(x)$=1011 的（7,4）码对应的出错位

	A_6	A_5	A_4	A_3	A_2	A_1	A_0	余数（B）	余数（D）	出错位号	出错位
传输正确 CRC 码	0	0	1	1	1	0	1	000	0	无	无
传输错误 CRC 码	0	0	1	1	1	0	0	001	1	1	A_0
	0	0	1	1	1	1	1	010	2	2	A_1
	0	0	1	1	0	0	1	100	4	3	A_2
	0	0	1	0	1	0	1	011	3	4	A_3
	0	0	0	1	1	0	1	110	6	5	A_4
	0	1	1	1	1	0	1	111	7	6	A_5
	1	0	1	1	1	0	1	101	5	7	A_6

以表 1-8 中有错的第一行 CRC 码为例，若对余数 001 继续进行模 2 除运算，可以发现，其余数 001、010、100、011、110、111、101（1、2、4、3、6、7、5）循环出现，如图 1-18 所示。

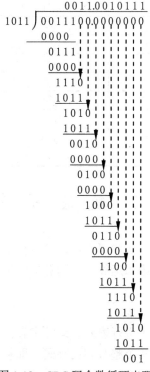

图 1-18　CRC 码余数循环出现

根据 CRC 码的这一特点，当接收到的 CRC 码与 $G(x)$ 进行模 2 除运算后得到的余数不为 0 时，可以一边对余数继续进行模 2 除运算，一边对传输有错的 CRC 码循环左移，直到出现余数 101 时，出错位恰好移到 A_6 的位置。对该位取反进行纠错，然后对编码继续循环左移，直到移满一个循环（对(7,4)码共移 7 次）后，即可得到纠正后的 CRC 码。

例如，设生成多项式 $G(x)=1011$，若接收到的 CRC 码为 0010101，用 $G(x)$ 进行模 2 除运算，得到的余数为 011，说明传输有错。对余数继续进行模 2 除运算，同时让 CRC 码循环左移。进行模 2 除运算 3 次后，得到余数为 101，这时 CRC 码也左移了 3 位，变成 0101001，此时出错位恰好移到 A_6 的位置，将其取反后变成 1101001，将它再循环左移 4 位（移满一个循环，即共移 7 次），出错位回到 A_3 位，得到正确的 CRC 码为 0011101。

5. CRC 码的生成多项式

在 CRC 码中，并非任何一个 $k+1$ 位的多项式都可作为生成多项式。不同的生成多项式，余数与出错位的对应关系不同，查错和纠错的能力也不同。因此，生成多项式应满足下列要求。

（1）任何一位发生错误时余数都不全为 0。

（2）不同位发生错误对应的余数不同。

（3）对余数进行模 2 除运算，应能使余数循环。

表 1-9 列出了常用的生成多项式。

表 1-9 常用的生成多项式

CRC 码长	有效信息位	码　　距	$G(x)$ 多项式	$G(x)$ 二进制
7	4	3	x^3+x+1	1011
7	4	3	x^3+x^2+1	1101
7	3	4	$x^4+x^3+x^2+1$	11101
7	3	4	x^4+x^2+x+1	10111
15	11	3	x^4+x+1	10011
15	7	5	$x^8+x^7+x^6+x^4+1$	11101 0001
15	5	7	$x^{10}+x^8+x^5+x^4+1$	101 00110 0111
31	26	3	x^5+x^2+1	10 0101
31	21	5	$x^{10}+x^9+x^8+x^6+x^5+x^3+1$	111 0110 1001
63	57	3	x^6+x+1	100 0011
63	51	5	$x^{12}+x^{10}+x^5+x^4+x^2+1$	10100 0011 0101

1.7 数 值 运 算

计算机中的数值主要有定点整数和浮点数，其运算主要包括加、减、乘、除等算术运算和与或非、移位等逻辑运算，由运算器实现。

第 14 讲 5

1.7.1 定点整数加法运算

计算机中的整数一般采用补码进行表示、运算和存储，可以证明（略），任意两个整数的补码之和等于这两个整数和的补码，即补码加法公式为：

$$[X]_补+[Y]_补=[X+Y]_补 \quad (\bmod M)$$

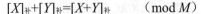

其中整数 X 和 Y 用 n 位补码表示（模 $M=2^n$），然后直接对两个补码进行相加运算，得到的结果为 $X+Y$ 的补码；运算时符号位当作数值进行运算，符号位相加产生的进位舍去（相当于以 M 为模）。

进行加法运算时，如果操作数 X 的各位二进制数表示为 $X_{n-1}\cdots X_1X_0$，操作数 Y 的各位二进制数表示为 $Y_{n-1}\cdots Y_1Y_0$，X_i 加 Y_i 和 C_i 产生的和为 S_i，进位为 C_{i+1}（$i=0\sim n-1$），操作数 X 与操作数 Y 相加之和 S 的各位二进制数表示为 $S_{n-1}\cdots S_1S_0$，运算过程的各位进位表示为 $C_nC_{n-1}\cdots C_1C_0$，C_0 为运算前或更低字节的进位，C_n 为 $X_{n-1}+Y_{n-1}+C_{n-1}$ 产生的进位，即符号位的进位。C_n 一般为标志寄存器的进位标志位 C_F，那么 8 位补码运算过程可表示如下。

$$[X]_{补}=X_7X_6X_5X_4\ X_3X_2X_1X_0$$
$$+[Y]_{补}=Y_7Y_6Y_5Y_4\ Y_3Y_2Y_1Y_0$$
$$\underline{\qquad C_FC_7C_6C_5C_4\ C_3C_2C_1C_0}$$
$$[X+Y]_{补}=S_7S_6S_5S_4\ S_3S_2S_1S_0$$

例 1-23　已知 $X=-1$，$Y=-2$，求 $X+Y$。（假设用 8 位补码表示。）

$[X]_{补}=(-1)+2^8=1111\ 1111\text{B}$，$[Y]_{补}=(-2)+2^8=1111\ 1110\text{B}$。

$$[X]_{补}=1111\ 1111$$
$$+[Y]_{补}=1111\ 1110$$
$$\overline{\cdots\cdots\ \cdot\cdot}$$
$$[X+Y]_{补}=\mathbin{\not1}1111\ 1101$$

得 $[X+Y]_{补}=1111\ 1101\text{B}=253$，超出 8 位的部分舍去；因为 8 位补码表示范围为 $[-128,+127]$，所以 $[X+Y]_{补}=253-2^8=253-256=-3$。

 注意

> 式中的"."表示低位向高位的进位。

1.7.2　定点整数减法运算

在计算机中，整数的减法运算是通过加法运算实现的。由补码加法公式可得：

$$[X-Y]_{补}=[X+(-Y)]_{补}=[X]_{补}+[-Y]_{补}\qquad(\bmod M)$$

由以上公式可知，求 $X-Y$ 变成求 $X+(-Y)$，由减法运算变成加法运算，使得减法运算可以用加法器实现，简化硬件电路设计，但也增加了一个由 $[Y]_{补}$ 求 $[-Y]_{补}$ 的步骤。

已知 $[Y]_{补}$ 求 $[-Y]_{补}$ 的方法是将 $[Y]_{补}$ 所有位取反然后在末位加 1，即可得到 $[-Y]_{补}$；这里的所有位含符号位。

例 1-24　已知 $X=-1$，$Y=-2$，求 $X-Y$。（假设用 8 位补码表示。）

$[X]_{补}=(-1)+2^8=1111\ 1111\text{B}$，$[Y]_{补}=(-2)+2^8=1111\ 1110\text{B}$，则 $[-Y]_{补}=0000\ 0010\text{B}$。

$$[X]_{补}=1111\ 1111$$
$$+[-Y]_{补}=0000\ 0010$$
$$\overline{\cdots\cdots\ \cdot\cdot}$$
$$[X-Y]_{补}=\mathbin{\not1}0000\ 0001$$

得 $[X-Y]_{补}=0000\ 0001\text{B}=1$，因为 8 位补码表示范围为 $[-128,+127]$，所以 $X-Y=1$。

1.7.3　溢出与检测方法

定点整数做加减运算时，若运算结果超出整数所能表示的范围，就会产生溢出。检测溢出的方法有以下几种。

1. 单符号位判断溢出方法

两个异号数相加或两个同号数相减不会产生溢出，两个同号数相加或两个异号数相减则可能产生溢出。当两个同号数相加时，若结果符号变反，则产生溢出；当两个异号数相减时，若结果符号与被减数符号不同，则产生溢出。因减法运算最终都转换为加法运算，所以溢出可根据最终操作数符号与结果符号进行判断：当两个同号数相加时，若结果符号变反，则产生溢出，即两个正数相加变负数或两个负数相加变正数，则产生溢出。

做加法运算时，如果操作数 X 的各位二进制数表示为 $X_{n-1} \cdots X_1 X_0$，操作数 Y 的各位二进制数表示为 $Y_{n-1} \cdots Y_1 Y_0$，操作数 X 与操作数 Y 相加之和 S 的各位二进制数表示为 $S_{n-1} \cdots S_1 S_0$，那么判断 $X+Y$ 是否溢出的逻辑表达式如下。

$$V = \overline{X_{n-1}}\,\overline{Y_{n-1}}\,S_{n-1} + X_{n-1} Y_{n-1} \overline{S_{n-1}}$$

其中，V 表示溢出，X_{n-1}、Y_{n-1}、S_{n-1} 分别表示两个操作数的符号和相加结果的符号，该逻辑表达式很容易用组合逻辑电路实现。

例 1-25 已知 $X=-127$，$Y=-2$，求 $S=X+Y$ 并用单符号位判断是否溢出。（假设用 8 位补码表示。）

$[X]_{补}=(-127)+2^8=1000\ 0001\text{B}$，$[Y]_{补}=(-2)+2^8=1111\ 1110\text{B}$。

$$
\begin{array}{r}
[X]_{补}=1000\ 0001 \\
+[Y]_{补}=1111\ 1110 \\
\hline
[X+Y]_{补}=\cancel{1}0111\ 1111
\end{array}
$$

得 $[X+Y]_{补}=0111\ 1111\text{B}=127$，因为 $X_{n-1}=Y_{n-1}=1$，即两个操作数都是负的，但运算结果符号却是正的（$S_{n-1}=0$），故根据单符号位判断 $X+Y$ 是否溢出的逻辑表达式可得：

$$
\begin{aligned}
V &= \overline{X_{n-1}}\,\overline{Y_{n-1}}\,S_{n-1} + X_{n-1} Y_{n-1} \overline{S_{n-1}} \\
&= \overline{1} \cdot \overline{1} \cdot 0 + 1 \cdot 1 \cdot \overline{0} \\
&= 1
\end{aligned}
$$

故 $X+Y$ 溢出。

2. 双符号位判断溢出方法

将操作数的符号位用两位二进制数表示，即用 00 表示正数，用 11 表示负数。做加法运算时，两个符号位与数值位一样参加运算，若运算结果的两个符号位不同，则表示产生溢出。若运算结果双符号位为 10，则表示原本结果应该为负（双符号位左边第一位为 1），但现在结果符号却为正（双符号位右边第一位为 0），说明运算结果负溢出；若运算结果双符号位为 01，则表示原本结果应该为正（双符号位左边第一位为 0），但现在结果符号却为负（双符号位右边第一位为 1），说明运算结果正溢出。

综上所述，不论是否溢出，双符号位左边第一位始终能表示正确运算结果的符号。

本质上，双符号位是补码对符号位的扩展。若操作数是 8 位补码，则符号扩展一位后，取值范围就由[-128,+127]扩展到[-256,+255]，而若参加运算的操作数的取值范围仍是[-128,+127]，则无论如何运算，其运算结果的取值范围都不可能超出[-256,+255]，即 8 位补码操作数的运算结果不可能超出 9 位补码的取值范围，所以 9 位补码的符号位（即双符号位左边第一位）始终都能正确表示运算结果的符号。

双符号位表示的操作数 X 与 Y 做加法运算时，如果相加结果 S 的各位二进制数表示为 $S_n S_{n-1} \cdots S_1 S_0$（其中 $S_n S_{n-1}$ 为双符号位，其余位为数值位），那么判断 $X+Y$ 是否溢出的逻辑表达式如下：

$$V = \overline{S_n} S_{n-1} + S_n \overline{S_{n-1}} = S_n \oplus S_{n-1}$$

其中，V 表示溢出，S_n、S_{n-1} 分别表示运算结果的两个符号位，该逻辑表达式很容易用异或门实现。

例 1-26　已知 X=+127，Y=+2，求 $S=X+Y$ 并用双符号位判断是否溢出。（假设用 8 位补码表示。）

$[X]_{补}$=(+127)+2^8=00111 1111B，$[Y]_{补}$=(+2)+2^8=00000 0010B。

$$
\begin{aligned}
& [X]_{补}\text{=00111 1111} \\
+\ & [Y]_{补}\text{=00000 0010} \\
\hline
& [X+Y]_{补}\text{= 01000 0001}
\end{aligned}
$$

得$[X+Y]_{补}$=01000 0001B，因为 S_n=0，S_{n-1}=1，表示原本结果应该为正（双符号位左边第一位 S_n 为 0），但现在结果符号却为负（双符号位右边第一位 S_{n-1} 为 1），所以根据双符号位判断 $X+Y$ 是否溢出的逻辑表达式可得：

$$
\begin{aligned}
V &= \overline{S_n} S_{n-1} + S_n \overline{S_{n-1}} = S_n \oplus S_{n-1} \\
&= 0 \oplus 1 \\
&= 1
\end{aligned}
$$

故 $X+Y$ 溢出。

3. 进位位判断溢出方法

进位位判断溢出的方法是：两个补码操作数做加法运算时（减法运算要转换成加法运算），若最高数值位产生向符号位的进位而符号位不产生进位，则产生正溢出；若最高数值位不产生向符号位的进位而符号位产生进位，则产生负溢出。

做加法运算时，如果操作数 X 的各位二进制数表示为 $X_{n-1} \cdots X_1 X_0$，操作数 Y 的各位二进制数表示为 $Y_{n-1} \cdots Y_1 Y_0$，X_i 加 Y_i 和 C_i 产生的和为 S_i，进位为 C_{i+1}，操作数 X 与操作数 Y 相加之和 S 的各位二进制数表示为 $S_{n-1} \cdots S_1 S_0$，运算过程的各位进位表示为 $C_n C_{n-1} \cdots C_1 C_0$，$C_0$ 为运算前或更低字节的进位，C_{n-1} 为 $X_{n-2}+Y_{n-2}+C_{n-2}$ 产生的进位，即最高数值位向符号位产生的进位，C_n 为 $X_{n-1}+Y_{n-1}+C_{n-1}$ 产生的进位，即符号位的进位，C_n 一般为标志寄存器的进位标志位 C_F，那么判断 $X+Y$ 是否溢出的逻辑表达式如下。

$$V = \overline{C_n} C_{n-1} + C_n \overline{C_{n-1}} = C_n \oplus C_{n-1} = C_F \oplus C_{n-1}$$

其中，V 表示溢出，C_n 表示符号位的进位，C_{n-1} 表示最高数值位向符号位产生的进位，该逻辑表达式很容易用异或门实现。

1.7.4　定点整数加减法的逻辑实现

在计算机中，算术运算主要以加法运算为基础，如补码减法可以转换为加法，所以可以用加法器来实现减法运算。加法器可用全加器（FA）实现。

1. 全加器

对两个操作数 X、Y 的第 i 位 X_i 和 Y_i 以及第 $i-1$ 位的进位 C_i 进行求和,产生的和 S_i 与进位 C_{i+1} 可用全加器(FA)实现,如图 1-19 所示。

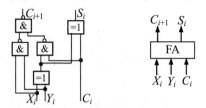

(a)全加器内部线路　　(b)全加器外部框图

图 1-19　一位全加器示意图

全加器逻辑表达式如下。

$$S_i = X_i \oplus Y_i \oplus C_i$$
$$C_{i+1} = X_i \cdot Y_i + (X_i \oplus Y_i) \cdot C_i = \overline{\overline{X_i \cdot Y_i} \cdot \overline{(X_i \oplus Y_i) \cdot C_i}}$$

2. 串行进位并行加法器

实现 n 位加法,可由 1 个全加器和两个 n 位的移位寄存器组成,通过移位 n 次,实现 n 位依次相加,这种方式称为串行加法器,效率比较低。

实现 n 位加法,若由 n 个全加器组成,实现 n 位同时相加,这种方式称为并行加法器,效率比较高。图 1-20 所示为 4 位并行加法器,其中第 i 位产生的进位 C_{i+1} 作为第 $i+1$ 位进位 C_{i+1} 的输入。

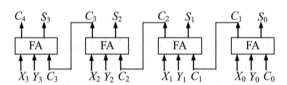

图 1-20　4 位并行加法器示意图

在这种并行加法器中,虽然操作数 X 和 Y 的所有位同时相加,但是最低位相加产生的进位 C_1 可能会影响最高位的相加。例如,如果图 1-20 中 $X=1111B$,$Y=0001B$,$C_0=0$,那么 C_1 的进位将导致 C_2、C_3、C_4 依次产生进位。因此,这种加法器又称为串行进位并行加法器或行波进位并行加法器。

3. 并行进位并行加法器

为了提高加法器的运算速度,必须让各位的进位信号同时产生,而不是串行产生,这种加法器又称为并行进位并行加法器或先行进位并行加法器。实现措施是利用先行进位线路,其设计思想是:使各位进位 C_{i+1} 的产生不直接依赖于前一位的进位 C_i,而是只与参加运算的两个操作数 X 和 Y 及运算前或更低字节的进位 C_0 有关,实现 C_i 与 X_i、Y_i 同时运算,可大大提高加法器的运算速度。当然,实现的难度也大大提高。

4. 加法/减法器

由 1.7.2 节可知，$[X-Y]_补=[X]_补+[-Y]_补$，由$[Y]_补$求$[-Y]_补$的方法是将$[Y]_补$所有位取反然后末位加 1，因此，可由加法器通过简单改进得到加法/减法器，如图 1-21 所示。

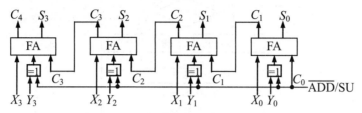

图 1-21　4 位加法/减法器示意图

做加法运算时，$\overline{ADD}/SUB=0$，同 Y_i 做异或运算后仍为 Y_i，然后与 X_i、C_i 做加法运算；做减法运算时，$\overline{ADD}/SUB=1$，同 Y_i 做异或运算后变为 $\overline{Y_i}$，且此时 $C_0=1$，相当于将 Y 所有位取反且末位加 1，然后分别与 X_i、C_i 做加法运算。

1.7.5 定点整数乘法运算

1. 运算方法

在计算机中，乘法运算的方法有多种，本节只介绍原码一位乘法运算方法。

用原码表示的两个定点数相乘时，一般将符号和数值分别处理。乘积的符号由两个数的符号位按位加（异或）得到，而乘积的数值则为两个数的绝对值的乘积。因此，做乘法运算时，操作数一般用原码表示。

做 n 位数乘法运算时，若被乘数$[X]_原=X_fX_{n-2}\cdots X_1X_0$，乘数$[Y]_原=Y_fY_{n-2}\cdots Y_1Y_0$，则乘积$[Z]_原$ $=Z_fZ_{2n-2}\cdots Z_1Z_0$，其中 X、Y 可以是定点整数，也可以是定点小数，X_f、Y_f 为两个数的符号位，Z_f 为乘积的符号位，则有：乘积符号 $Z_f=X_f \oplus Y_f$，乘积数值 $Z_{2n-2}\cdots Z_1Z_0=(X_{n-2}\cdots X_1X_0)\cdot(Y_{n-2}\cdots Y_1Y_0)$。

一般情况下，若被乘数和乘数含符号 n 位，则乘积含符号 $2n$ 位。例如，在 Win32 汇编语言中，乘法指令为 IMUL r/m32，两个操作数为 32 位，则运算结果的乘积为 64 位。

2. 运算规则与流程图

计算机乘法规则与手算方法类似，主要区别是：手算是乘数的每一位与被乘数相乘后集中进行求和，而计算机不可能同时保存那么多个中间结果再集中求和，所以采用边乘边累加和移位的方法。

计算机采用原码一位乘法的数值部分的运算规则是：从最低位 Y_0 开始，若乘数 Y_i 为 1（$i=0\sim n-1$），则将部分积 PP_i（初值为 0）加被乘数的绝对值$|X|$即数值部分，然后右移一位，得到新的部分积；若 Y_i 为 0，则将 PP_i 加 0 后再右移一位，得到新的部分积。重复以上操作，完成 n 次部分积的相加和移位，得到最终的乘积。具体过程如图 1-22 所示。

进行数值部分运算时，$X\times Y$ 若作为有符号乘法，则 X_f、Y_f、Z_f 都为 0（符号单独运算）；若作为无符号乘法，则 X_f、Y_f、Z_f 都为数值位。

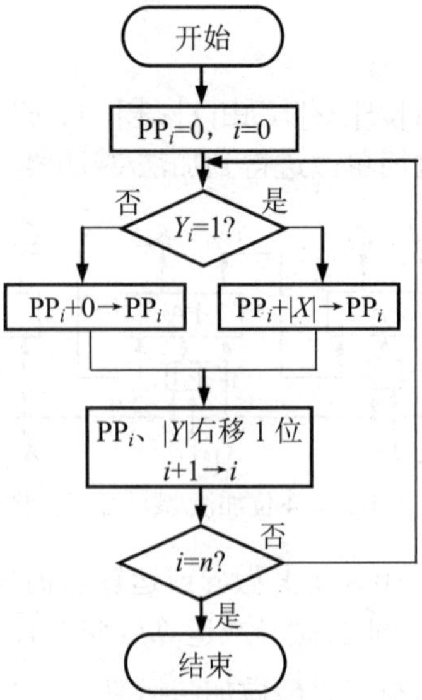

图 1-22　原码一位乘法流程图

3. 逻辑原理图

实现原码一位乘法的硬件逻辑原理如图 1-23 所示。

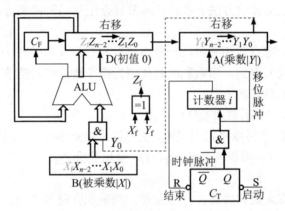

图 1-23　原码一位乘法逻辑原理图

开始时，n 位乘数 $|Y|$（相当于符号位 $Y_f=0$）装入寄存器 A，而 n 位被乘数 $|X|$（相当于符号位 $X_f=0$）装入寄存器 B，寄存器 D 保存部分积 PP_i 的高 n 位，初值为 0，标志寄存器进位位 C_F 初值也为 0，D 和 A 具有右移功能且相互连通（D 右移出的最低位进入 A 的最高位），共同构成一个 $2n$ 位长的寄存器。计数器 i（$i=0\sim n-1$）控制相加与移位的次数。若 Y_0 为 1，则 D 中部分积 PP_i 加 B 中被乘数 $|X|$，然后带进位 D|A 右移一位（C_F 进入 D 最高位，C_F 补 0，D 中的每位右移一位，最低位进入 A 的最高位，A 中的每位右移一位，最低位移出寄存器舍去，下同），得到新的部分积 PP_{i+1} 和 $Y_0(Y_{i+1})$。若 Y_0 为 0，则带进位 D|A 右移一位，得到新的部分积 PP_{i+1} 和 $Y_0(Y_{i+1})$。重复以上操作，完成 n 次部分积的相加和移位，得到最终的乘积，其中 D 为乘积的高 n 位，A 为乘积的低 n 位。

汇编指令 MUL EBX 用于实现 EBX×EAX，结果中的高 32 位存于 EDX 中、低 32 位存于 EAX 中。

例 1-27 已知 $X=+1110\text{B}$，$Y=-1101\text{B}$，分别按传统乘法运算规则和计算机原码一位乘法运算规则求 $Z=X\times Y$。

按传统乘法运算规则可得 $Z=+1110\text{B}\times-1101\text{B}=-10110110\text{B}$，数值计算如下。

$$
\begin{array}{r}
1110 \\
\times\ 1101 \\
\hline
1110 \\
0000 \\
1110 \\
1110 \\
\hline
10110110
\end{array}
$$

按原码一位乘法运算规则可得 $Z=+1110\text{B}\times-1101\text{B}=-101\ 10110\text{B}$，数值计算如下。

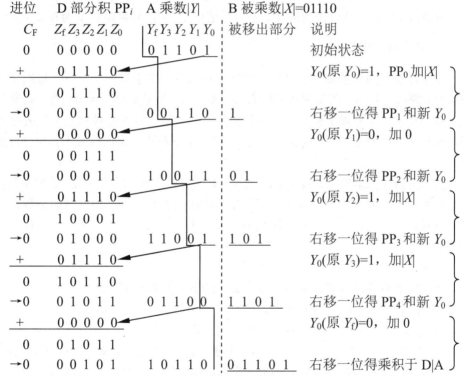

两个 5 位数相乘得到的 10 位数值部分的结果为 00101 10110B。

乘积符号位 $Z_f=X_f\oplus Y_f=0\oplus 1=1$，覆盖数值部分计算结果的最高位，可得乘积原码为 10101 10110B。

以上算式中，给出的是定点整数的乘法运算，定点小数的乘法与此类似，只是小数点在符号位之后。

1.7.6 定点整数除法运算

在计算机中，除法运算的方法有多种，本节介绍原码一位除法运算方法。原码一位除法又分为恢复余数法和加减交替法（又称不恢复余数法）。

1. 运算方法

用原码表示的两个定点数相除时，一般将符号和数值分别处理。商的符号由两个数的符号位按位加（异或）得到，而商的数值则由两个数的绝对值相除即$|X| \div |Y|$求得。

做 n 位数除法运算时，若 $2n$ 位被除数$[X]_原 = X_f X_{2n-2} \cdots X_1 X_0$，$n$ 位除数$[Y]_原 = Y_f Y_{n-2} \cdots Y_1 Y_0$，则 n 位商$[Z]_原 = Z_f Z_{n-2} \cdots Z_1 Z_0$。其中，$X$、$Y$ 可以是定点整数（简称整数），也可以是定点小数（简称小数），X_f、Y_f 为两个数的符号位，Z_f 为商的符号位，则有：商符号 $Z_f = X_f \oplus Y_f$，商数值 $Z_{n-2} \cdots Z_1 Z_0 = (X_{2n-2} \cdots X_1 X_0) / (Y_{n-2} \cdots Y_1 Y_0)$。

一般情况下，若除数和商含符号 n 位，则被除数含符号 $2n$ 位。例如，在 Win32 汇编语言中，除法指令 IDIV r/m32 的除数和商是 32 位的，被除数是 64 位的，隐含 EDX 和 EAX。一般是通过执行 CDQ 指令将 32 位的 EAX 符号扩展到 EDX，形成 64 位被除数。

与乘法不同的是，除法可能会出现溢出情况。对于小数，不允许出现$|X| \geq |Y|$，否则商 $|Z| \geq 1$ 溢出；对于整数，商 Z 含符号不允许出现超出 n 位的可表示数值范围，否则商会溢出。一般情况下，n 位整数作为被除数符号扩展成 $2n$ 位，只要除数不为 0 都不会溢出。

2. 运算规则与流程图

计算机除法规则与手算方法类似，主要区别如下：在手算的情况下，每次余数（首次是被除数）减去除数时，若够减则减除数并上商 1，否则减 0 并上商 0，然后余数不移位而除数右移一位，再重复以上操作；而计算机是每次余数（首次是被除数）减去除数时，若够减则减除数并上商 1，否则减 0 并上商 0，然后余数左移一位而除数不移位，再重复以上操作。

数值部分做除法运算时，首先要将余数（首次是被除数）减去除数，若产生的结果（新的余数）为正，则表示够减，可进入下一步的操作；若产生的结果（新的余数）为负，则表示不够减，要加回除数以恢复成原来的余数，才能进入下一步的操作，这种方法称为恢复余数法。

（1）恢复余数法。

对于 n 位整数除法运算，采用恢复余数法的运算规则如下。

① 首先将被除数$|X|$扩展成 $2n$ 位，即高位补 n 个 0，作为余数 R_0。

② 将余数 R_i（首次，$i=0$）减去除数得到新的余数 R_{i+1}。

③ 若新余数 R_{i+1} 为负，表示不够减，则加回除数$|Y|$以恢复成原来的余数，并上商 0；若新余数 R_{i+1} 为正（若是首次且是小数，则商溢出，终止运算），表示够减，并上商 1。

④ $i=i+1$，若 $i \leq n$，则余数左移一位并将第③步所产生的商移入 X_0，然后重复第②~④步的操作，否则将余数 R_n 的低 n 位左移一位，将第③步所产生的商移入 X_0 且将符号位 X_{n-1} 移出。这样，余数 R_n 的高 n 位为 $X \div Y$ 的余数（若是小数，则 R_n 的高 n 位$\times 2^{-n}$ 为最终结果的余数，因为余数左移了 n 次），余数 R_n 的低 n 位为 $X \div Y$ 数值部分的商。

具体过程如图 1-24 所示。

数值部分运算时，$X \div Y$ 若作为有符号除法，则让 X_f、Y_f、Z_f 都为 0（因为符号单独运算）；若作为无符号除法，则 X_f、Y_f、Z_f 都为数值位。

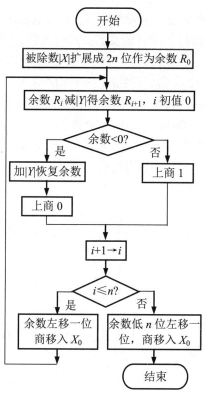

图 1-24 除数流程图——恢复余数法

例 1-28 已知 $X=+111B$，$Y=-011B$，按传统除法求 $X \div Y$。

为使手算计算过程更接近计算机计算过程，做传统除法运算时，将 n（=4）位被除数扩展为 $2n$（=8）位，且令符号位 $X_f=0$，得被除数绝对值 $|X|=X_fX_{2n-2}\cdots X_1X_0 =00000111B$，同样，可得除数绝对值 $|Y|=Y_fY_{n-2}\cdots X_1X_0=0011B$，得 $|X|\div|Y| =00000111\div0011=00010$，余数为 001，具体计算过程如下：

$$
\begin{array}{r}
00010 \qquad \leftarrow商\downarrow \qquad \text{说明} \\
0011\overline{)\,00000111} \\
\end{array}
$$

	00010	←商↓	说明
0011〕	00000111		
	0000		不够减则减 0 并上商 0
余数和商	00000111	0	
除数右移一位→	0000		不够减则减 0 并上商 0
余数和商	0000111	00	
除数右移一位→	0000		不够减则减 0 并上商 0
余数和商	000111	000	
除数右移一位→	0011		够减则减除数并上商 1
余数和商	00001	0001	
除数右移一位→	0000		不够减则减 0 并上商 0
余数和商	0001	00010	

由以上计算过程可知，$2n$ 位被除数除以 n 位除数，得余数为 $n-1$ 位，商为 $n+1$ 位，且商的最高 2 位其实是被除数扩展的符号位相除得到的，可将其舍去或保留一位作为真正的

一位符号，因此，得到的商为 n 位。若除数为 1，则得到的 n 位商就是 n 位的被除数（含一位符号）；若除数大于 1，则得到的有意义的商的位数将会更少。

例 1-29 已知 $X=+111B$，$Y=-011B$，按恢复余数法求 $X\div Y$。

4 位被除数绝对值扩展为 2×4 位，得到 $[|X|]_原=[|X|]_补=X_fX_{2n-2}\cdots X_1X_0=00000111B$，除数绝对值 $[|Y|]_原=[|Y|]_补=Y_fY_{n-2}\cdots Y_1Y_0=0011B$（$n=4$），除数绝对值负数 $[-|Y|]_补=1101B$，按恢复余数法可得 $[|X|]_原\div[|Y|]_原=00000111\div0011=0010B$，余数为 001B，具体计算过程如下。

	进位	D 被除数/余数	A 商/被除数	B 除数$[|Y|]_原=0011$
R_i	C_F	$X_fX_6X_5X_4$	$X_3X_2X_1X_0$	说明
$R_0=$	0	0 0 0 0	0 1 1 1	
$i=0$	$+[-|Y|]_补$	1 1 0 1		
$R_1=$	0	1 1 0 1	0 1 1 1　　0	不够减则加$[|Y|]_原$并上商 0
	$+[|Y|]_补$	0 0 1 1		
	1	0 0 0 0	0 1 1 1　　0	
$i+1$	←0	0 0 0 0	1 1 1 0	左移一位
$i=1$	$+[-|Y|]_补$	1 1 0 1		
$R_2=$	0	1 1 0 1	1 1 1 0　　0	不够减则加$[|Y|]_原$并上商 0
	$+[|Y|]_原$	0 0 1 1		
	1	0 0 0 0	1 1 1 0　　0	
$i+1$	←0	0 0 0 1	1 1 0 0	左移一位
$i=2$	$+[-|Y|]_补$	1 1 0 1		
$R_3=$	0	1 1 1 0	1 1 0 0　　0	不够减则加$[|Y|]_原$并上商 0
	$+[|Y|]_补$	0 0 1 1		
	1	0 0 0 1	1 1 0 0　　0	
$i+1$	←0	0 0 1 1	1 0 0 0	左移一位
$i=3$	$+[-|Y|]_补$	1 1 0 1		
$R_4=$	1	0 0 0 0	1 0 0 0　　1	够减则上商 1
$i+1$	←0	0 0 0 1	0 0 0 1	左移一位
$i=4$	$+[-|Y|]_补$	1 1 0 1		
$R_5=$	0	1 1 1 0	0 0 0 1　　0	不够减则加$[|Y|]_原$并上商 0
	$+[|Y|]_补$	0 0 1 1		
	1	0 0 0 1	0 0 0 1　　0	
	←0	0 0 0 1	0 0 1 0	余数的高 n 位不移，低 n 位左移

由此可以看到，商的数值部分（余数的低 4 位）为 0010B，余数（余数的高 4 位）为 001B；商符号 $Z_f=X_f\oplus Y_f=0\oplus1=1$，因此，$X\div Y$ 的商为 1010B，余数为 001B。

（2）加减交替法。

恢复余数法要求余数为负时要恢复余数，导致除法相加（加$[|Y|]_补$或$[-|Y|]_补$）的次数不固定，电路实现比较复杂，因此常用加减交替法。加减交替法的特点是当余数不够减（即余数为负）时，不做恢复余数运算，而把紧接下来的一次减除数绝对值（即加$[-|Y|]_补$）操作改成加除数绝对值（即加$[|Y|]_补$）操作。

当余数 R_i 为负时，两种方法的区别如下。

恢复余数法是 R_i 加回$[|Y|]_{补}$，然后左移一位（相当于乘以 2），接着再减$[|Y|]_{补}$（即加$[-|Y|]_{补}$），相当于执行$(R_i+[|Y|]_{补})\times2+[-|Y|]_{补}=R_i\times2+[|Y|]_{补}\times2+[-|Y|]_{补}=R_i\times2+[|Y|]_{补}$。

加减交替法是将 R_i 直接左移一位（相当于乘 2），然后再加$[|Y|]_{补}$，相当于执行 $R_i\times2+[|Y|]_{补}$。

因此，以上两种方法得到的结果是一样的，而加减交替法相加的次数少了，运算次数固定，便于实现。

对于 n 位整数除法运算，采用加减交替法的运算规则如下。

① 将被除数$|X|$扩展成 $2n$ 位，即高 n 位补 0，作为余数 R_0。

② 若余数 R_i（首次，$i=0$）为负则加除数$|Y|$，否则减除数（即加$-|Y|$），得到新余数 R_{i+1}。

③ 若新余数 R_{i+1} 为负，表示不够减，则上商 0；若新余数 R_{i+1} 为正（若是首次且是小数，则商溢出，终止运算），表示够减，则上商 1。

④ $i=i+1$,若 $i\leq n$，则余数 R_i 左移一位并将第③步所产生的商移入 X_0，然后重复第②~④步的操作。否则，若余数 R_n 的高 n 位为负数，则要加除数$|Y|$以恢复余数，这样，余数 R_n 的高 n 位即 $X\div Y$ 的余数（若是小数，则 R_n 的高 n 位$\times2^{-n}$为最终结果的余数，因为余数左移了 n 次）；将余数 R_n 的低 n 位左移一位，将第③步所产生的商移入 X_0 并将符号位 X_{n-1} 移出，这样，余数 R_n 的低 n 位为 $X\div Y$ 数值部分的商。

具体过程如图 1-25 所示。

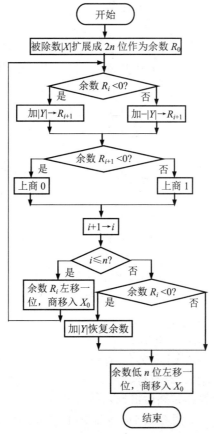

图 1-25　除数流程图——加减交替法

例 1-30 已知 $X=+111B$，$Y=-011B$，按加减交替法求 $X \div Y$。

4 位被除数绝对值扩展为 2×4 位，得到：

$$[|X|]_原=[|X|]_补=X_fX_{2n-2}\cdots X_1X_0= 00000111B$$

除数绝对值为：

$$[|Y|]_原=[|Y|]_补=Y_fY_{n-2}\cdots Y_1Y_0=0011B（n=4）$$

除数绝对值负数 $[-|Y|]_补=1101B$，按加减交替法可得到：

$$[|X|]_原 \div [|Y|]_原=00000111 \div 0011=0010B$$

余数为 001B。

具体计算过程如下。

R_i	进位 C_F	D 被除数/余数 $X_fX_6X_5X_4$	A 商/被除数 $X_3X_2X_1X_0$	B 除数$[|Y|]_原=0011$ 说明
$R_0=$	0	0 0 0 0	0 1 1 1	
$i=0$	$+[-|Y|]_补$	1 1 0 1		
$R_1=$	0	1 1 0 1	0 1 1 1　0	不够减则上商 0
$i+1$	←1	1 0 1 0	1 1 1 0	左移一位
$i=1$	$+[|Y|]_补$	0 0 1 1		
$R_2=$	0	1 1 0 1	1 1 1 0　0	不够减则上商 0
$i+1$	←1	1 0 1 1	1 1 0 0	左移一位
$i=2$	$+[|Y|]_补$	0 0 1 1		
$R_3=$	0	1 1 1 0	1 1 0 0　0	不够减则上商 0
$i+1$	←1	1 1 0 1	1 0 0 0	左移一位
$i=3$	$+[|Y|]_补$	0 0 1 1		
$R_4=$	1	0 0 0 0	1 0 0 0　1	够减则上商 1
$i+1$	←0	0 0 0 1	0 0 0 0	左移一位
$i=4$	$+[-|Y|]_补$	1 1 0 1		
$R_5=$	0	1 1 1 0	0 0 0 1　0	不够减则上商 0
	$+[|Y|]_补$	0 0 1 1		若为负则要加$[|Y|]_原$以恢复余数
	1	0 0 0 1	0 0 0 1	
	←0	0 0 0 1	0 0 1 0	余数的高 n 位不移，低 n 位左移

由此可以看到，商的数值部分（余数的低 4 位）为 0010B，余数（余数的高 4 位）为 001B；商符号 $Z_f=X_f \oplus Y_f=0 \oplus 1=1$，因此，$X \div Y$ 的商为 1010B，余数为 001B。

3. 逻辑原理图

原码加减交替法的原理如图 1-26 所示。

开始时，n 位被除数 $|X|$（相当于符号位 $X_f=0$）装入寄存器 A，符号扩展成 $2n$ 位填充到寄存器 D（无符号数高 n 位补 0，有符号数高 n 位补符号；若被除数是小数，n 位被除数填入 D，A 清 0），作为初始余数 R_0；然后根据余数 R_i 的负或正，决定加寄存器 B 中的 $\pm|Y|$，再根据新余数 R_{i+1} 的负或正，上商 0 或 1；重复 $n+1$ 次加 $\pm|Y|$、上商、余数左移后，余数 R_i 的高 n 位（若为负数，则要加除数 $|Y|$ 进行恢复）作为最终余数存于 D 中，余数 R_i 的低

n 位再左移一位为最终的商存于 A 中。

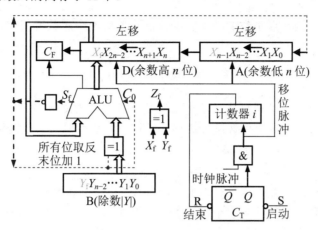

图 1-26　原码加减交替法原理图

汇编指令 DIV EBX 用于实现 EDX|EAX÷EBX，最终余数存于 EDX 中，最终的商存于 EAX 中。

1.7.7　浮点数加减运算

由 1.4.5 节可知，浮点数由尾数和阶码两部分组成，尾数用小数表示，阶码用整数表示。要实现浮点数的加减运算，就要统一阶码，然后尾数相加减，接着对浮点数进行规格化和判断溢出等。

设有两个浮点数 X 和 Y，它们分别为：

$$X = 2^{e_x} \cdot m_x$$
$$Y = 2^{e_y} \cdot m_y$$

其中，e_x、e_y 分别为 X、Y 的阶码真值，m_x、m_y 分别为 X、Y 的尾数真值。

两个浮点数进行加减运算的规则是：

$$X \pm Y = \begin{cases} (m_x \cdot 2^{e_x-e_y} \pm m_y) \cdot 2^{e_y}, e_x \leqslant e_y \\ (m_x \pm m_y \cdot 2^{e_y-e_x}) \cdot 2^{e_x}, e_x \geqslant e_y \end{cases}$$

两个浮点数要进行加减运算，首先要看两个数的阶码是否相同，即小数点位置是否对齐。若两个数阶码相等，表示小数点是对齐的，就可以进行尾数真值的加减运算。若两个数阶码不相等，表示小数点位置没有对齐，此时必须使两个数的阶码相等，这称为对阶。对阶后就可以进行尾数的加减运算；加减运算后尾数真值可能不在[1,2)中，为非规格化数，因此要对该结果进行规格化；在对阶和规格化过程中，可能要对尾数进行舍入。

1.　对阶

对阶就是小阶向大阶看齐，即将阶码比较小的浮点数的尾数右移，每右移一位，其阶码加 1，直到两个数的阶码相等为止，右移的位数等于阶差 $\Delta E = |E_x - E_y|$。

2. 尾数相加减

阶码对阶后，可按定点小数加减运算的方法直接对两个尾数真值进行加减运算，并得到结果的符号。

3. 规格化

两个尾数真值进行加减运算后，若结果尾数真值不在规定范围内，将影响有效数字的表示精度，因此必须对非规格化数进行规格化处理。多数教材认为规格化的尾数真值 m 应满足如下关系。

$$0.5 \leq |m| < 1$$

例如，$0.1000B \times 2^{001B}$ 是规格化数，而 $0.0100B \times 2^{010B}$、$0.0010B \times 2^{011B}$、$0.0001B \times 2^{100B}$ 是非规格化数。这与科学记数法的表示方法类似，例如，7.5×10^3 是规范表示，而 0.75×10^4、0.075×10^5、0.0075×10^6 是非规范表示。

以上规格化理论编者未见实际应用，实际应用的是 IEEE 754 规范，非零浮点数规格化的尾数真值 m 应满足如下关系。

$$1.0 \leq |m| < 2$$

浮点运算后需要规格化的两种情况如下。

（1）运算结果尾数真值 m 溢出，即运算结果尾数真值 $|m| \geq 2$。处理方法是，只要将尾数右移（即右规）一位，同时将阶码加 1，就可以使结果变为规格化数。

（2）运算结果尾数真值 m 没有溢出，但运算结果尾数真值 $|m| < 1$。处理方法是，将尾数数值 M 左移（即左规），每左移一位，阶码同时减 1，一直到尾数数值 M 最高位是 1 为止（扩展精度尾数数值 M 最高位显式显示为 1，对于单双精度，尾数数值最高位隐含为 1）。

4. 舍入

在对阶或向右规格化时，因尾数数值 M 右移，可能导致尾数的最低几位被移出而产生误差。为减少误差，通常要进行舍入处理。多数教材介绍恒舍、恒置 1、0 舍 1 入 3 种方法，但这 3 种方法编者未见实际应用，故这里不做介绍。实际应用的是就近舍入取偶、向下舍入、向上舍入、向零舍入 4 种方法，相关设置详见 5.1.4 节浮点控制寄存器中的舍入控制（rounding control）。下面以单精度浮点数为例介绍各种舍入类型。由 1.4.5 节可知，单精度浮点数的尾数数值 M 有 23 位，因此，在对阶或向右规格化时，超过 23 位的部分将被移出并做舍入处理，为了方便叙述，这里把被移出的几位当作小数，其实是比小数还小的小数，而把保留的 23 位尾数数值当作整数，其实是真正存储的小数，同时用十进制表示，实际存储中是二进制表示。

（1）就近舍入取偶是默认的舍入方法，类似四舍五入。当小数小于 0.5 时，准确值更接近比准确值小的最大整数，故舍去小数。例如，2.4 的小数.4 更接近整数 2，故舍去.4 得整数 2。当小数大于 0.5 时，准确值更接近比准确值大的最小整数，故进入。例如，2.6 的小数.6 更接近整数 3，故进入得整数 3。当小数等于 0.5 时，准确值跟相邻的两个整数一样接近，则取两个整数中的偶数。例如，2.5 跟相邻的两个整数 2 和 3 一样接近，故取这两个整数中的偶数 2；又如，3.5 跟相邻的两个整数 3 和 4 一样接近，故取这两个整数中的偶数 4。

（2）向下舍入用于得到运算结果的上界，就是取比准确值小的最大整数，类似取地板函数。当尾数是正数时，就是截尾，例如尾数+2.9 向下舍入后为+2；当尾数是负数时，只要小数部分不为零，则都进上去，例如尾数−2.1 向下舍入后为−3。

（3）向上舍入用于得到运算结果的下界，就是取比准确值大的最小整数，类似取天花板函数。当尾数是负数时，就是截尾，例如尾数−2.9 向上舍入后为−2；当尾数是正数时，只要小数部分不为零，则都进上去，例如尾数+2.1 向上舍入后为+3。

（4）向零舍入就是向数轴原点舍入，即在与准确值接近的两个整数中取更接近 0 的一个整数，类似 C 语言的浮点数强制转换成整数或恒舍。向零舍入不论尾数正负，都是截尾。例如尾数+2.9，向零舍入后为+2；又如尾数−2.9，向零舍入后为−2。

5. 判断有无上、下溢出

在规格化过程中可能导致阶码溢出。

当运算结果进行左规时，阶码要减小，有可能产生下溢出，即阶码比可以表示的最小移码还要小。例如，单精度表示阶码的移码取值范围为−127~+128，当阶码小于−127 时，就产生下溢出，它表示浮点数更进一步趋近于 0，在当前精度浮点数的分辨率下不能表示，可用机器 0 表示。

当运算结果进行右规时，阶码要增加，有可能产生上溢出，即阶码比可以表示的最大移码还要大。例如，单精度当阶码大于+128 时，就产生上溢出，它表示浮点数更进一步趋近于无穷大，在当前精度浮点数的表示范围不能满足需要，将引起错误，应当由硬件发出溢出中断请求。

例 1-31　已知单精度浮点数 X=+1.100B×2^{011B}，Y=+1.110B×2^{010B}，求 Z=X+Y。

浮点数 X 的阶码 E_x=011B+127（单精度偏置量）=130=1000 0010B，尾数真值 m_x=1.100B=1.100 0000 0000 0000 0000 0000B；浮点数 Y 的阶码 E_y=010B+127=129 = 1000 0001B，尾数真值 m_y=1.110B=1.110 0000 0000 0000 0000 0000B。

这里需要强调的一点是，根据 IEEE 754 规范，阶码是含偏置量的，尾数真值固定包含整数部分 1，但表示时要隐含。

（1）对阶：阶差 ΔE=|E_x−E_y|=|130−129|=1，且 E_x>E_y，所以 Y 的尾数右移 1 位，得 m_y= 0.111 0000 0000 0000 0000 0000B，且结果阶码 E=E_x=130。

（2）尾数真值相加：m=m_{x}+m_{y}=1.100 0000 0000 0000 0000 0000B+0.111 0000 0000 0000 0000 0000B=10.011 0000 0000 0000 0000 0000B=10.011B，运算过程如下。

m_x =1.100 0000 0000 0000 0000 0000B

m_y =0.111 0000 0000 0000 0000 0000B

m =10.011 0000 0000 0000 0000 0000B

（3）规格化与舍入。

由于结果尾数真值 m=10.011B>2，所以需要向右规格化：尾数右移一位，阶码加 1，由此得到规格化后的尾数真值 m=1.0011B=1.001 1000 0000 0000 0000 00000B，按就近舍入取偶的舍入规则直接将最后一位 0 舍去；阶码 E=131。

（4）判断溢出。

运算结果指数即阶码真值=阶码 E−127=131−127=4∈[−127,+128]，在 8 位移码可表示范围之内，没有溢出。最后结果如下。

$$Z=X+Y=m\times2^{E-127}=1.001\ 1B\times2^{131-127}=1.001\ 1B\times2^{100B}$$

可以验证：

$X=+1.100B\times2^{011B}=1.5\times2^3=12$

$Y=+1.110B\times2^{010B}=1.75\times2^2=7$

$Z=1.001\ 1B\times2^{100B}=1.001\ 1B\times2^4=1001\ 1B=19=X+Y=12+7$

下面举一个例子专门介绍尾数数值 M 被移出部分各种舍入的处理方法。

例 1-32 已知单精度浮点数 $X=\pm1.000\ 0000\ 0000\ 0000\ 0000\ 0xxxB\times2^0$，$Y=\pm1.000$ $0000\ 0000\ 0000\ 0000\ 000yB\times2^3$，其中 xxx 和 y 为待定二进制数且 X 与 Y 的符号相同，求 $Z=X+Y$。

浮点数 X 的阶码 $E_x=0+127$（单精度偏置量）$=127=0111\ 1111B$，尾数真值 $m_x=\pm1.000\ 0000\ 0000\ 0000\ 0000\ 0xxxB$；浮点数 Y 的阶码 $E_y=3+127=130=1000\ 0010B$，尾数真值 $m_y=\pm1.000\ 0000\ 0000\ 0000\ 0000\ 000yB$。

（1）对阶：阶差 $\Delta E=|E_x-E_y|=|127-130|=3$，且 $E_x<E_y$，所以 X 的尾数数值 M 右移 3 位，得尾数真值 $m_x=\pm0.001\ 0000\ 0000\ 0000\ 0000\ xxxB$，且结果阶码 $E=E_y=130=1000\ 0010B$。

（2）尾数真值相加：$m=m_{x+}m_y=\pm0.001\ 0000\ 0000\ 0000\ 0000\ 0000\ xxxB+\pm1.000\ 0000$ $0000\ 0000\ 000y\ B=\pm1.001\ 0000\ 0000\ 0000\ 0000\ 000y\ xxxB$，运算过程如下：

$m_x=\pm0.001\ 0000\ 0000\ 0000\ 0000\ 0000\ xxxB$

$m_y=\pm1.000\ 0000\ 0000\ 0000\ 000y\ B$

$m=\pm1.001\ 0000\ 0000\ 0000\ 0000\ 000y\ xxxB$

（3）规格化与舍入。

结果尾数真值 $m=\pm1.001\ 0000\ 0000\ 0000\ 0000\ 000y\ xxxB$ 仍在[1,2)之间，不需要规格化；但结果尾数有 26 位，需要舍去 xxx 并决定 y 加 0 或 1 以保留高 23 位，即按舍入规则根据尾数符号和 y、xxx 的值决定舍入，各种情况如表 1-10 所示，其中"…"在本例中表示省略的 18 个 0。

表 1-10 ±1.001 …0y xxx 在各种舍入下的结果

±1.001 …0y xxx	就近舍入 RC=00	向下舍入 RC=01	向上舍入 RC=10	向零舍入 RC=11
+1.001 …00 011	+1.001 …00	+1.001 …00	+1.001 …01	+1.001 …00
+1.001 …00 101	+1.001 …01	+1.001 …00	+1.001 …01	+1.001 …00
−1.001 …00 011	−1.001 …00	−1.001 …01	−1.001 …00	−1.001 …00
−1.001 …00 101	−1.001 …01	−1.001 …01	−1.001 …00	−1.001 …00
+1.001 …00 100	+1.001 …00	+1.001 …00	+1.001 …01	+1.001 …00
+1.001 …01 100	+1.001 …10	+1.001 …01	+1.001 …10	+1.001 …01
−1.001 …00 100	−1.001 …00	−1.001 …00	−1.001 …00	−1.001 …00
−1.001 …01 100	−1.001 …10	−1.001 …01	−1.001 …01	−1.001 …01

以上计算可通过如下源程序验证，其中改变舍入规则的 RC 值通过浮点控制字 CW 的第 10、11 位设置，精度控制 PC 值通过 CW 的第 8、9 位设置，可设置为单精度 PC=00B，X 和 Y 的值以 8 位十六进制机器数输入，结果同样以 8 位十六进制机器数输出。

源程序如下:

```
#include "stdio.h"
void main(int argc, char* argv[])
{                        //就近舍入取偶 RC=00↓,     ↓00 表示单精度 PC=00B
    unsigned CW0,CW=0x007F;  //0000 00    00 0111 1111B
    float X,Y,Z;int *Px=(int*)&X,*Py=(int*)&Y;
//X=3F800003H=0011 1111 1 000 0000 0000 0000 0000 0011B=1.000 0000 0000 0000 0000 0011B*2^0
//Y=41000000H=0100 0001 0 000 0000 0000 0000 0000 0000B=1.000 0000 0000 0000 0000 0000B*2^3
    scanf("%8X %8X",Px,Py);           //强制以机器数输入浮点数
    __asm
    {
        FSTCW CW0              ;//备份浮点控制字到 CW0
        FLDCW CW               ;//设置浮点控制字:就近舍入取偶且单精度
        FLD   X                ;//加载 X 到 st(0)
        FADD  Y                ;//加 Y 存入 st(0)
        FSTP  Z                ;//结果 st(0)存入 Z
        FLDCW CW0              ;//恢复浮点控制字
    }
    printf("%08X",*(int*)&Z);          //强制按机器数输出浮点数
}
```

下面验证表 1-10 中 8 种情况下对应的输入,观察在就近舍入取偶的舍入方式下尾数是否得到预期的结果。

运行后输入(验证+1.001…00 011):

```
3F800003 41000000
```

则输出结果为(正确尾数+1.001…00):

```
4110 0000
```

运行后输入(验证+1.001…00 101):

```
3F800005 41000000
```

则输出结果为(正确尾数+1.001…01):

```
4110 0001
```

运行后输入(验证−1.001…00 011):

```
BF800003 C1000000
```

则输出结果为(正确尾数−1.001…00):

```
C110 0000
```

运行后输入(验证−1.001…00 101):

```
BF800005 C1000000
```

则输出结果为（正确尾数−1.001…01）：

```
C110 0001
```

运行后输入（验证+1.001…00 100）：

```
3F800004 41000000
```

则输出结果为（正确尾数+1.001…00）：

```
4110 0000
```

运行后输入（验证+1.001…01 100）：

```
3F800004 41000001
```

则输出结果为（正确尾数+1.001…10）：

```
4110 0002
```

运行后输入（验证−1.001…00 100）：

```
BF800004 C1000000
```

则输出结果为（正确尾数−1.001…00）：

```
C110 0000
```

运行后输入（验证−1.001…01 100）：

```
BF800004 C1000001
```

则输出结果为（正确尾数−1.001…10）：

```
C110 0002
```

若要验证其他舍入方式下尾数是否达到预期的结果，可将源程序中浮点控制字 CW 的第 10、11 位的值改成相应方式对应的 RC 值。

1.7.8 浮点数乘除运算

设有两个浮点数 X 和 Y，它们分别为：

$$X = 2^{e_x} \cdot m_x$$

$$Y = 2^{e_y} \cdot m_y$$

其中，e_x、e_y 分别为 X、Y 的阶码真值，m_x、m_y 分别为 X、Y 的尾数真值。

两个浮点数进行乘除运算的规则是：

$$X \cdot Y = 2^{(e_x + e_y)} \cdot (m_x \times m_y)$$

$$X \div Y = 2^{(e_x - e_y)} \cdot (m_x \div m_y)$$

浮点数乘除运算不需要对阶，比加减运算简单一些，运算过程如下。

1. 阶码相加/减

根据 IEEE 754 规范，浮点数表示成机器数时，阶码用移码表示，加了偏置量，可以将两个阶码全部转换成真值，再相加/减，最后加回偏置量成为最终的阶码；也可以将除数的阶码转换成真值，再相加/减。假设 E_x、E_y 和 E 分别表示 X、Y 和最终结果的阶码，e_x、e_y 和 e 分别表示 X、Y 和最终结果的阶码的真值，计算过程如下。

根据假设可知，阶码及其真值对于单精度浮点数满足如下关系。

$$E_x=e_x+127$$
$$E_y=e_y+127$$
$$E=e+127$$

按照第一种方法，过程表示如下。
第一步，将阶码转换成真值。

$$e_x=E_x-127$$
$$e_y=E_y-127$$

第二步，真值相加/减。

$$e=e_x \pm e_y$$

第三步，真值加回偏置量。

$$E=e+127$$

因此，$E=e+127=e_x \pm e_y+127=(E_x-127) \pm (E_y-127)+127$；

加法时，$E=(E_x-127)+(E_y-127)+127=E_x-127+E_y-127+127=E_x-127+E_y=E_x+(E_y-127)$；

减法时，$E=(E_x-127)-(E_y-127)+127=E_x-127-E_y+127+127=E_x-E_y+127=E_x-(E_y-127)$。

故第二种方法在本质上与第一种方法相同。

2. 尾数相乘/除

根据 IEEE 754 规范，尾数真值 $|m| \in [1,2)$，是带一位二进制整数的实数，可以按定点小数相乘/除。

3. 规格化

因为 $|m_x| \in [1,2)$ 且 $|m_y| \in [1,2)$，所以 $|m_x \times m_y| \in [1,4)$，故尾数最多右规一次；类似地，只要 $m_y \neq 0$，则 $|m_x \div m_y| \in (0.5,2)$，故尾数最多左规一次；若 $m_y=0$，则产生被 0 除中断事件。

4. 舍入

当右规或尾数相乘/除结果导致数值位超过精度允许的位数时，要进行舍入。舍入的方法同浮点数加减运算的舍入处理方法。

5. 判断有无上、下溢出

溢出处理方法同浮点数加减运算的溢出处理方法。

习题 1

1-1 将下列二进制数转换为十进制数和十六进制数。

00100000　　00110000　　01000001　　01100001

10.001　　1.1　　100.01　　011.0001

1-2 将下列十进制数转换为二进制数。

131.0625　　252.1875　　266.6　　125.8　　163/256

1-3 将下列十进制数转换为十六进制数。

163　　80　　197　　209　　227　　248

1-4 下列各数对应的 8 位有符号整数和无符号整数各是多少？结果用十进制数表示。

176　　−6　　0FBH　　75　　11111001B

1-5 下列各数对应的 8 位补码和移码各是多少？结果用十六进制数表示。

126　　−3　　2　　−127

1-6 将下列十进制数分别转换为压缩 BCD 码和非压缩 BCD 码，结果用十六进制数表示。

46　　79　　38　　15　　20

1-7 将下列十进制数转换为单精度浮点数的机器数，结果用十六进制数表示。

27　　−112　　−0.1640625　　−0.03125　　0.2109375

1-8 将下列单精度浮点数的机器数转换为浮点数，结果用十进制数表示。

0 1000 0110 101 0000 0000 0000 0000 0000B　　0C4700000H

0 0111 1000 101 1000 0000 0000 0000 0000B　　0BC510000H

1-9 试计算双精度和扩展精度的取值范围（含最大正数、最小正数、最大负数、最小负数）。

1-10 说明西文字符"o""0""O"的大小关系并给出理由。

1-11 已知某两个汉字的区位码为 4093 和 3587，试计算其机内码，并说明它们是什么字。

1-12 已知某两个汉字的机内码为 D1A7H 和 D4BAH，试计算其区位码，并说明它们是什么字。

1-13 已知某两个汉字的机内码为 B3CCH 和 D0F2H，试根据如下汉字及其机内码，判断它们的拼音首字母。

啊 B0A1　芭 B0C5　擦 B2C1　搭 B4EE　蛾 B6EA　发 B7A2　噶 B8C1　哈 B9FE

击 BBF7　喀 BFA6　垃 C0AC　妈 C2E8　拿 C4C3　哦 C5B6　啪 C5BE　期 C6DA

然 C8BB　撒 C8F6　塌 CBFA　挖 CDDA　昔 CEF4　压 D1B9　匝 D4D1　质 D8A0

1-14 已知某两个汉字的 Unicode 编码为 4E09H 和 660EH，试计算其 UTF-8 编码，并说明它们是什么字。

1-15 已知某两个汉字的 UTF-8 编码为 E4BDA0H 和 E7899BH，分别计算其 Unicode 编码，并说明它们是什么字。

1-16 分别验证"莘"字和"永"字在 VC 和 Python 中的大小关系，并说明原因。

1-17 字符"A"的 7 位二进制数为 1000001B，若数据传输时用奇校验，则对应的编码为＿＿＿＿B。若数据传输时用偶校验，则对应的编码为＿＿＿＿B。

1-18 假设海明校验码中 4 位校验位 $P_1P_2P_4P_8$ 和 7 位有效信息位 $A_6A_5A_4A_3A_2A_1A_0$ 的位置关系为 $P_1P_2A_6P_4A_5A_4A_3P_8A_2A_1A_0$。若"M"的 ASCII 码是 100 1101B，则它的 4 位海明校验位（偶校验）是＿＿＿B（4 位二进制），它的海明校验码（偶校验）是＿＿＿B（11 位二进制）。

1-19 假设海明校验码中 4 位校验位 $P_1P_2P_4P_8$ 和 7 位有效信息位 $A_6A_5A_4A_3A_2A_1A_0$ 的位置关系为 $P_1P_2A_6P_4A_5A_4A_3P_8A_2A_1A_0$。若接收到的海明校验码（偶校验）是 01110010001B，则该校验码第＿位有错（回答 0~11，若没错回答第 0 位），有效字符编码是＿＿＿B（7 位二进制）。

1-20 设生成多项式为 $G(x)=x^3+x^1+1$，则生成多项式对应的二进制为＿＿＿B，4 位有效二进制信息 1001B 对应的 7 位 CRC 码为＿＿＿＿B。

1-21 设生成多项式为 $G(x)=x^3+x^1+1$，若接收到的 7 位 CRC 码为 1001100，用 $G(x)$ 进行模 2 除运算，得到的余数为＿＿＿B，说明传输的数据＿＿＿＿（填：有错或没错）。

1-22 已知 $X=126$，$Y=2$，求 $X+Y$。写出计算过程并用单符号位判断是否溢出。（假设用 8 位补码表示。）

1-23 已知 $X=-2$，$Y=127$，求 $X-Y$。写出计算过程并用单符号位判断是否溢出。（假设用 8 位补码表示。）

1-24 已知 $X=+1011B$，$Y=-1100B$，分别按传统乘法运算规则和计算机原码一位乘法运算规则求 $Z=X\times Y$，写出计算过程。

1-25 已知 $X=+110B$，$Y=-100B$，按恢复余数法求 $X\div Y$，写出计算过程。

1-26 已知 $X=+110B$，$Y=-100B$，按加减交替法求 $X\div Y$，写出计算过程。

1-27 已知单精度浮点数 $X=+1.100B\times2^{011B}$，$Y=+1.101B\times2^{100B}$，求 $Z=X+Y$，写出计算过程，并验证结果的正确性。

第 2 章
汇编语言基本组成

　　本章主要介绍汇编语言程序结构中的各个组成部分，包括选择处理器、指定存储模型、引用头文件和库文件、声明函数原型、定义变量、使用注释、调用函数、常用数据类型（整型、浮点型、字符型、结构体类型）的使用等，以及所涉及的相关指令（如 MOV 指令、PUSH 指令、ADD 指令、FLD 指令、FSTP 指令、FIMUL 指令等）。通过本章的学习，读者应该能完成以下学习任务。

　　（1）了解程序结构中各个组成部分的作用。

　　（2）掌握变量的定义（如 a DWORD 3）及使用（如 MOV EAX, a），理解所涉及的相关知识（如数据传送指令 MOV，CPU 中数据的寄存器 EAX、EBX、ECX、EDX、ESP 等）。

　　（3）理解两种函数原型的声明（PROTO 声明和 EXTRN 声明）及对应的两种函数调用（INVOKE 调用和 CALL 调用）方法，理解所涉及的相关知识（如 PUSH 入栈操作和堆栈指针 ESP 的关系、用加法指令 ADD 执行 ADD ESP,n*4 的作用）。

　　（4）掌握整型数据和大整型数据的定义与输入/输出方法。

　　（5）掌握单精度、双精度浮点数（实数）的定义与输入/输出方法，理解所涉及的相关知识（如浮点数加载指令 FLD 和浮点数保存指令 FSTP）。

　　（6）掌握字符型数据、字符串型数据的定义与输入/输出方法。

　　（7）掌握结构体数据的定义与输入/输出方法，理解所涉及的相关知识（如浮点数乘整数指令 FIMUL）。

2.1　程序结构

第 01 讲

　　汇编语言源程序一般包括以下 3 部分。

　　（1）所要引用的头文件等的声明。

　　（2）声明全局变量等的数据段（以.DATA 开头）。

　　（3）由汇编指令构成的、用于实现程序功能的代码段（以.CODE 开头）。

　　这个结构与 C 语言源程序结构类似。C 语言源程序包括以下 3 部分。

　　（1）所要引用的头文件等的声明。

　　（2）声明全局变量等。

　　（3）由语句构成的、用于实现程序功能的函数。

　　下面用 C 语言源程序输出"汇编好!"。

源程序如下：

```
#include"stdio.h"
int main()
{
    printf("%s\n","汇编好!");
    return    0;
}
```

接下来用汇编语言实现以上功能。

例 2-01　调用 C 语言中的 printf 函数输出"汇编好!"。

在 C 语言中，格式字符串和要输出的字符串可以直接给出，汇编语言中要显式定义，在这里分别定义为 fmt 和 s。

源程序如下：

```
.386                                    ;①选择的处理器
.model      flat,stdcall                ;②flat 平展存储模型，stdcall 函数调用方式
Option      casemap:none                ;③指明标识符大小写敏感
include     kernel32.inc                ;④要引用的头文件 KERNEL32.INC
includelib  kernel32.lib                ;要引用的库文件 KERNEL32.LIB
includelib  msvcrt.lib                  ;引用 C 库文件 MSVCRT.LIB
printf PROTO C fmt:dword, s:vararg      ;类似 C 语言中的 int printf(char fmt[ ],char s[ ]);
.data                                   ;⑤数据段
fmt         BYTE        '%s',13,10,0    ;定义格式串变量 fmt，类似 C 语言中的 char fmt[ ]="%s\n\0";
s           BYTE        '汇编好!',0     ;定义输出变量 s，类似 C 语言中的 char s[ ]=" 汇编好!";
.code                                   ;⑥代码段
start:                                  ;⑦定义标号 start，表示程序开始执行位置
invoke      printf,ADDR fmt,ADDR s      ;⑧编写代码，调用 printf(fmt,s)，按 fmt 格式输出 s 的值
invoke      ExitProcess,0               ;⑨退出处理，参数值为 0
end         start                       ;⑩指明程序入口点 start
```

例 2-01

由以上程序可知，一个汇编程序通常由 10 个步骤组成。其中①到④指定要用的处理器、存储模型、是否区分大小写、所要引用的头文件和库文件及函数原型声明；⑤用于定义变量；⑥是代码开始的标志；⑩指出当前程序从⑦即 start 位置开始执行，到⑩即 end start 位置整个程序编译结束；⑧是程序的核心部分，调用 printf(fmt,s)并按 fmt 格式输出 s 的值；第⑨部分调用系统函数 ExitProcess(0)使程序返回操作系统，也可以用 RET 指令实现返回。

2.1.1　选择处理器伪指令

伪指令是指程序源代码被编译时，由编译器识别和执行的命令，不生成机器码。例如，处理器（CPU）的选择就使用伪指令来实现。

不同型号的处理器可执行的汇编指令是不同的。例如 CPUID 指令，就不能在 80586 以前的处理器中编译。若将选择处理器伪指令由.386 改为.586，则源程序就能编译成功。编写 32 位汇编程序至少要选择.386，具体可选的不同处理器如表 2-1 所示。

表 2-1　不同型号处理器对应的伪指令

伪 指 令	可接收指令	伪 指 令	可接收指令
.8086	只接收 8086 指令	.586	接收除特权指令外的 Pentium 指令
.286	接收除特权指令外的 80286 指令	.586P	接收全部 Pentium 指令
.286P	接收全部 80286 指令	.686	接收除特权指令外的 Pentium Pro 指令
.386	接收除特权指令外的 80386 指令	.686P	接收全部 Pentium Pro 指令
.386P	接收全部 80386 指令	.MMX	接收 MMX 指令，MASM6.12 引入
.486	接收除特权指令外的 80486 指令	.XMM	接收 SSE、SSE2、SSE3 指令
.486P	接收全部 80486 指令		

2.1.2　.MODEL 伪指令

伪指令 .MODEL 用来指示程序的存储模型和函数调用方式，语法格式如下：

> .model　　内存模型[,函数调用方式]

例如：

> .model　　flat,stdcall

flat 说明内存模型为平展模型，使用 32 位地址，代码和数据使用同一个 4GB 段。

stdcall 表示子程序即函数调用方式，该方式的实参传递顺序是从右到左，函数返回时堆栈指针的恢复由子程序完成。不同语言调用方式的区别如表 2-2 所示，详见后续章节。

表 2-2　不同语言调用方式的区别

使用语言/指令	C	syscall	stdcall	BASIC	Fortran	Pascal
入栈顺序	从右到左	从右到左	从右到左	从左到右	从左到右	从左到右
堆栈恢复者	调用者	调用者	子程序	子程序	子程序	子程序
是否可用 VARARG	是	是	否	否	否	否

2.1.3　指明是否区分大小写

在程序中指定了如下语句，表示标识符区分大小写。

> option　　casemap:none　　　　　　　　;指明标识符大小写敏感，即区分大小写

 注意

（1）伪指令和指令助记符始终不区分大小写，例如 ADDR 与 addr 等效，MOV 与 mov 等效。

（2）只有自己命名的变量、结构类型、函数才区分大小写，例如变量 X 与 x 不同，类型结构 Book 与 BOOK 不同，函数 Fun 与 fun 不同。

（3）若没有指定该语句，则意味着自己命名的变量、结构类型、函数也不区分大小写，例如变量 X 与 x 视为同一个变量。

2.1.4　要引用的头文件和库文件

要使用已定义好的函数，就要引用相应的头文件和库文件。

要引用的头文件默认在 X:\masm32\include 文件夹中（X 为汇编语言的安装盘），扩展名为 inc，使用 INCLUDE 伪指令导入。例如：

> **include　　　kernel32.inc**　　　　　　　　;要引用的头文件为 KERNEL32.INC

要引用的库文件默认在 X:\masm32\Lib 文件夹中，扩展名为 Lib，使用 INCLUDELIB 伪指令导入。

> **includelib**　　　kernel32.lib　　　　　　　　;要引用的库文件为 KERNEL32.LIB

要使用 C 语言定义的库函数，例如 printf 函数等，要引用 msvcrt.lib 库文件；少数函数在 oldnames.lib 库文件中定义，例如 itoa、getch 函数等。

2.1.5　函数原型声明

在汇编语言中要调用外部的函数（子程序），例如 C 函数，必须进行函数原型声明。以下声明是告诉编译器，外部函数 printf 是 C 函数，第一个参数 fmt 是整数类型 DWORD（32 位地址），第二个参数 s 是可变参数，因为 printf 函数要输出的数据个数等信息要在调用时才确定。更多的知识详见后续章节。

> **printf PROTO　C　fmt:DWORD, s:vararg**

2.1.6　变量的定义及使用

程序运行时的数据多存储于内存中，可以通过数据所存放的地址进行使用，但这不方便程序设计，为方便使用，要将其定义成变量。

变量的属性有变量名、变量的类型、变量的地址、变量的值、变量的作用域、变量的生存期等。

变量名由字母、数字、下画线、@、$及?组成，且第一个字符不能是数字，以区别十六进制数。例如，0FFH 表示十六进制数，而 FFH 表示变量名。

变量名的最大长度可为 240 个字符，且不能使用保留字，如 C、BYTE、MOV、IF、DB 等。运行编译器时，通过在命令行中加-Cp 选项，可以使变量名和系统关键字大小写敏感（区分大小写）。

由于字符@被编译器扩展为预定义的符号，因此建议用户不要使用字符@。

以下是一些正确的变量名。

count　　　　　a123　　　A123　　　_val　　　fname　　　$second

以下变量名是错误的。

5F：第一个字符不能为数字。

IBM PC：空格不是有效字符。

DIV：不能使用保留字。

x+y：加号不是有效字符。

变量包括全局变量、局部变量、形式参数。

局部变量与形式参数在子程序（函数）中定义，其数据存储于堆栈段中，在子程序（函数）调用时通过入栈操作分配存储空间。在编译时，局部变量转换为寄存器相对寻址方式的操作数。相关知识详见后续章节。

全局变量在数据段中定义，在.DATA 或.DATA?伪指令之后（常量在.CONST 伪指令之后，详见下一小节），语法格式如下：

> 变量名 数据类型 数据1,…,数据 n

表示在指定变量名和数据类型下，定义了数据 1 到数据 n 共 n 个数据。

变量名代表的是变量的首数据，编译时全局变量转换为直接寻址方式的操作数。有关寻址方式的知识见第 4 章。

数据类型主要用于决定每个数据所要分配的存储空间的字节数，数据类型不绝对决定存储什么类型的数据，只决定能存储的字节数，例如 DWORD，可以存储一个类似 C 语言的 int 类型的整数，也可以存储一个单精度的浮点数（实数），还可以存储一个字符。

（1）常用的整型数据类型有 BYTE、WORD、DWROD、QWORD、TBYTE（或 DB、DW、DD、DQ、DT），字节数分别为 1、2、4、8、10。

（2）常用的实型数据类型有 REAL4、REAL8、REAL10（或 DWROD、QWORD、TBYTE 或 DD、DQ、DT），字节数分别为 4、8、10。

（3）字符型数据类型有 BYTE 或 DB，字节数为 1。

例如，定义 4 字节整型变量 a 且初值为 3 的格式如下：

> **a**   DWORD   3   ;相当于 C 语言中的 int a=3，若数值事先不确定，可用?代替，但不允许为空

定义含有多个数据的变量时，若是字符型数据，则可直接用单引号或双引号引起来，然后加上结束标志整数 0，详见本章后续部分；若是数值数据，则各数据之间用逗号隔开。例如：

> **s**   BYTE   'ABCD',0   ;定义含有多个数据的字符型变量 s，直接用单引号引起来
> **a**   DWORD   3,6,9,12,15   ;定义含有多个数据的 DWORD 类型的变量 a，用逗号隔开

变量名代表的是变量的首数据，其后数据用变量名加上相应数据类型的字节数来表示。例如，以上定义中，s 表示第一个字符，s+1 表示第二个字符；a 表示第一个整数，a+4 表示第二个整数。

程序执行过程中给变量赋值用 MOV 指令（详见第 4 章），例如给变量 a 赋值 65，指令如下：

> MOV a,65   ;相当于 C 语言中的赋值语句：**a**=65;

要将变量 a 的前两个整数传送给寄存器 EAX 和 EBX（详见第 4 章），可执行如下指令：

> MOV EAX,a   ;变量 **a** 的第一个整数传送给寄存器 EAX，相当于 EAX=a
> MOV EBX,a+4   ;变量 **a** 的第二个整数传送给寄存器 EBX

执行后寄存器 EAX 和 EBX 的值分别为 3 和 6。

2.1.7 数据段和代码段的定义

在汇编语言中，有初值的数据一般定义在.DATA 段中（会增大可执行文件的大小），未初始化的数据定义在.DATA?段中（不增大可执行文件的大小，未知数据用"?"表示），常量定义在.CONST 段中，而代码只能放在代码段.CODE 中，结构如下：

```
.386
.model      flat,stdcall
option      casemap:none
                                ;include 语句多个
.data                           ;_DATA 段
x           BYTE    '%d',13,10,0 ;有初始化值的变量
.data?                          ;_BSS 段
y           DWORD   ?,5 DUP(?)  ;无初始化值的变量，?表示 1 个值，5 DUP(?)表示 5 个值
.const
PI          REAL8   3.14        ;常量的定义
.code                           ;_TEXT 段
入口点标号:
invoke      ExitProcess,0       ;代码多行
end         入口点标号           ;指明程序入口点
```

未初始化的数据定义在.DATA 段中也是可以的，但会增加可执行文件的大小。

2.1.8 单行注释与块注释

在程序中加注释，有利于阅读程序，注释的内容是不执行的。
汇编语言有两种注释。

1．单行注释

在程序行中，分号（;）之后的字符为单行注释内容。
例如：

```
ADD     EAX,1       ;加法指令 ADD 实现将 EAX 的值加 1 存回到 EAX,即 EAX=EAX+1
```

2．块注释

以 COMMENT 伪指令及其后指定的一个字符作为起始行，以该字符再次出现的行作为终止行，其间的所有行作为块注释内容。指定的字符可以任意，但注释内容中不允许出现所指定的字符。例如：

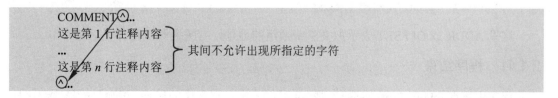

2.1.9 指令、标号、分行（\）

指令是指编译后能生成机器码的语句。一条指令一般由 4 个部分组成。

标号:助记符	操作数	;注释

标号是指令所在的地址（程序编译后将有一个具体的地址），用它来指明程序转移的目标地址。标号由标识符加冒号组成。例如（以下程序段实现 EAX=100+…+1，详见 LOOP 指令）：

```
        MOV     EAX,0        ;设置累加寄存器 EAX 初值为 0
        MOV     ECX,100      ;设置计数寄存器 ECX 初值为 100
again:  ADD     EAX,ECX      ;again 为标号，名称自己定义，ADD 实现 EAX=EAX+ECX
        LOOP    again        ;ECX=ECX-1 后，若 ECX 不为 0，则转 again，循环执行
```

程序中可以有多个@@:标号，用@B 表示向后转移到最近的一个@@:标号，用@F 表示向前转移到最近的一个@@:标号。例如（以下程序段实现 EAX=|ECX|+…+1）：

```
        MOV     EAX,0        ;设置累加寄存器 EAX 初值为 0
        CMP     ECX,0        ;循环计数寄存器 ECX 与 0 进行比较
        JG      @F           ;若 ECX 是正数即 ECX>0，则向前转到@@
        NEG     ECX          ;否则 ECX 是负数，则将 ECX 变为正数，NEG 实现 ECX=-ECX
@@:                          ;@@作为@F 和@B 的转移目标
        ADD     EAX,ECX      ;加法指令 ADD 实现 EAX=EAX+ECX
        LOOP    @B           ;ECX=ECX-1 后，若 ECX 不为 0，则向后转到@@
```

当一行指令很长时，不方便显示与阅读，就可以用分行符（\）进行分行书写。分行符的用法就是在一行的某个完整字符后面插入一个反斜杠（\）和回车，将一长行分成两行。例如：

```
invoke printf,\              ;此处被分行
ADDR fmt,ADDR s             ;将 printf 函数分成两行书写
```

2.1.10 INVOKE 伪指令调用函数

在汇编语言中可以用 INVOKE 伪指令调用函数，语法格式如下：

invoke	函数名[,参数 1][,参数 2][…]

用 INVOKE 伪指令调用 printf 函数，按 fmt 格式输出字符串 s 的值，代码如下：

invoke	printf,ADDR fmt,ADDR s	;

或

Invoke	printf,OFFSET fmt,OFFSET s

这里 ADDR 或 OFFSET 表示取变量或数组的地址，有关函数调用详见后续章节。

2.1.11 程序结束

程序中执行 invoke ExitProcess,0 或 ret 可以退出一个程序的运行，否则可能导致程序异常退出。

用 ExitProcess 函数退出（即返回操作系统）比较安全。若在程序运行过程中出入栈出现错位（32 位系统不是以 4 个字节为单位进行出入栈），则该函数会修正该错误，以确保正常返回，但是使用该函数必须声明要引用的头文件 KERNEL32.INC 和库文件 KERNEL32.LIB。

用 RET 汇编指令返回操作系统并不安全。若在程序运行过程中出入栈出现错位，则该指令可能无法正常返回操作系统，使用该指令不要声明要引用的头文件 KERNEL32.INC 和库文件 KERNEL32.LIB。

2.1.12　汇编结束

汇编程序在编译源程序过程中若遇到 end 伪指令，将结束编译。因此，end 语句之后的语句将不被编译。

end 语句之后的"标号"用于指明程序的入口点，即程序开始执行的位置。

2.2　数　据　类　型

2.2.1　整数

在汇编语言中，整数最常用的数据类型是 DWORD，类似于 C 语言中的 int。例如，定义整数变量 x 和 y 并分别赋初值 3 和 4，语法格式如下：

```
x        DWORD  3
y        DWORD  4
```

若定义变量时初值不确定，可用?代替，但不允许为空。例如：

```
x        DWORD  ?
y        DWORD  ?
```

以下定义是错误的，因为没有指定初值。

```
x        DWORD
y        DWORD
```

整数类型可以调用 C 语言中的 scanf 和 printf 函数进行输入、输出，常用格式字符为%d。

例 2-02　调用 C 语言中的 scanf 函数输入两个整数值，分别表示时和分钟，然后调用 C 语言中的 printf 函数按 HH:MM 格式输出时间。

源程序如下：

例 2-02

```
.386
.model      flat, stdcall
option      casemap:none
includelib  msvcrt.lib
scanf       PROTO   C:DWORD,:vararg
printf      PROTO   C:DWORD,:vararg
.data
fmt         BYTE    '%d %d',0
fmt2        BYTE    '%02d:%02d',0
```

```
x               DWORD  ?
y               DWORD  ?
.code
start:
invoke          scanf,ADDR fmt, ADDR x, ADDR y
invoke          printf,ADDR fmt2,x,y
ret                                          ;结束程序
end             start
```

运行后输入：

```
3   4
```

则输出结果为：

```
03:04
```

在汇编语言中，整数可以用二进制、八进制、十进制、十六进制表示，数据类型可以是无符号整数类型。例如 BYTE（或 DB）、WORD（或 DW）、DWORD（或 DD）、QWORD（或 DQ）4 种，字节数分别是 1、2、4、8；也可以是有符号整数类型，例如 SBYTE（或 DB）、SWORD（或 DW）、SDWORD（或 DD）、QWORD（或 DQ）4 种，字节数分别是 1、2、4、8。例如：

```
a               DD    01001010B,112Q,112o,74D,4AH
b               DQ    -1,18446744073709551615,0FFFF FFFF FFFF FFFFH,17 77777 77777 77777 77777o
```

例 2-03　调用 C 语言中的 printf 函数输出以上定义各种进制数的整数和大整数，其中整数按有符号整数输出，前两个大整数分别按八进制数和十六进制数输出，后两个大整数分别按无符号数和有符号数输出。

按有符号整数输出用%d 格式，按无符号整数输出用%u 格式，按机器数输出用%o（八进制）或%X/%x（十六进制）格式，大整数格式控制符还要加前缀 I64。例如，无符号大整数格式串为%I64u。同一个变量有多个数据，其后数据用变量名加上相应数据类型的字节数来表示。例如，a 或 a+0 表示第一个整数，则 a+4 表示第二个整数；b 或 b+0 表示第一个大整数，则 b+8 表示第二个大整数，以此类推。

源程序如下：

```
.386
.model      flat, stdcall      ;stdcall 为函数调用方式：右边的参数先入栈
option      casemap:none
include     kernel32.inc
includelib  kernel32.lib
includelib  msvcrt.lib
printf      PROTO   C:DWORD,:vararg
.data
fmt         DB    '%d,%d,%d,%d,%d,%I64o,%I64X,%I64u,%I64d ',0
a           DD    01001010B,112Q,112o,74D,4AH
b           DQ    -1,18446744073709551615,0FFFF FFFF FFFF FFFFH,17 77777 77777 77777 77777o
.code
start:
```

例 2-03

```
invoke      printf,ADDR fmt,a,a+4,a+8,a+12,a+16,b,b+8,b+16,b+24
invoke      ExitProcess,0
end         start
```

输出结果为:

74,74,74,74,74,17 77777 77777 77777 77777,FFFF FFFF FFFF FFFF,18446744073709551615,-1

由以上运行结果可知,同一个大整数-1,若按无符号大整数(%I64u)输出,则显示为 18446744073709551615;若按有符号大整数(%I64d)输出,则显示为-1;若按十六进制机器数输出,则显示为 FFFF FFFF FFFF FFFF;若按八进制机器数输出,则显示为 17 77777 77777 77777 77777。

2.2.2　整数常量表达式

1. 算术运算符

算术运算符包括符号+(正)、-(负),运算符+(加)、-(减)、*(乘)、/(除)和 MOD(取模)。相关例子如表 2-3 所示。

表 2-3　不同运算符整数表达式及其对应的返回值(一)

表　达　式	返　回　值	表　达　式	返　回　值	表　达　式	返　回　值	表　达　式	返　回　值
-5 mod 7	-5	3/2	1	4CH AND 0FH	0CH	3 SHL 4	48
5 mod 7	5	2/3	0	4CH OR 0FH	4FH	3 SHL 32	3
-5 mod -7	5	'A' LE 'B'	-1	NOT 5CH	0ffffffa3H	3 SHL 33	0
5 mod -7	-5	21H GT 21H	0	4CH XOR 0FH	43H	3 SHR 1	1

2. 关系运算符

关系运算符包括符号 EQ(相等)、NE(不等)、LT(小于)、GT(大于)、LE(小于或等于)和 GE(大于或等于)。若关系常量表达式结果为真则返回-1,否则返回 0。相关例子如表 2-3 所示。

 注意

关系常量表达式中不能使用==、!=、<、>、<=、>=这 6 个关系运算符。例如,下面的关系比较是错误的(有关选择结构见后续章节)。

```
.if -1 > 4                              ;语法错误,正确的是.if -1 GT 4
invoke printf,addr fmt,-1,4
.else
invoke printf,addr fmt,4,-1
.endif
```

3. 位运算符

位运算符包括按位操作符和移位操作符。具体包括 AND(位与)、OR(位或)、NOT(位反)、XOR(异或)、SHL(左移)和 SHR(右移)。相关例子如表 2-3 所示。常量移位操作效果类似移位指令相应操作，详见后续章节。

4. 表达式中的其他操作符

在汇编语言中，还有其他可在常量表达式中使用的操作符。具体如下。

- ❑ HIGH（取低字高 8 位）、LOW（取低字低 8 位）、HIGHWORD（取高 16 位）、LOWWORD（取低 16 位）。
- ❑ OFFSET（取 32 位地址）。
- ❑ TYPE（标识符类型）、LENGTH（变量 DUP 重复次数）、SIZE（变量分配的字节数）。

（1）操作符 HIGH 和 LOW 分别用于提取表达式结果低字的高 8 位和低 8 位。其使用格式如下：

```
HIGH  表达式            ;取数据低字的高 8 位
LOW  表达式             ;取数据低字的低 8 位
HIGHWORD  表达式        ;取数据高字
LOWWORD  表达式         ;取数据低字
```

相关例子如表 2-4 所示。

表 2-4　不同运算符整数表达式及其对应的返回值（二）

表　达　式	返　回　值	表　达　式	返　回　值	表　达　式	返　回　值
HIGH 12345678H	56H	TYPE BYTE	1	TYPE near	0FF04H
LOW 12345678H	78H	TYPE WORD	2	TYPE start	0FF04H
HIGHWORD 12345678H	1234H	TYPE DWORD	4	TYPE far	0FF06H
LOWWORD 12345678H	5678H	TYPE QWORD	8		

（2）操作符 TYPE 用于提取数据类型、变量或标号的字节数等，语法格式如下：

```
TYPE  数据类型、变量或标号
```

若是数据类型，则返回该数据类型的字节数，相关例子如表 2-4 所示。
若是变量，则返回该变量的字节数。
若定义：

```
a  DT  ?
```

则 TYPE a 返回值为 10。
若是标号，则返回 0FF04H 或 0FF06H，相关例子如表 2-4 所示。

（3）操作符 LENGTH 用于返回变量 DUP 的重复次数，若不是 DUP 的则返回 1，语法格式如下：

```
LENGTH  变量
```

若定义：

```
a DT ?                    ;定义 1 个 DT 类型即 10 个字节的变量 a
b DD 10 dup(0)            ;10 dup(0)表示定义 10 个 DD 类型的数值 0，类似于定义一个数组
```

则 LENGTH a 和 LENGTH b 分别返回 1 和 10。

（4）操作符 SIZE 用于返回变量分配的字节数，语法格式如下：

```
SIZE 变量
```

若定义：

```
a DT 0,1,2                    ;变量 a 的字节数为 10
b DD 10 dup(0)               ;10 dup(0)表示定义 10 个 DD 类型的数值 0，故为 40 字节
```

则 SIZE a 和 SIZE b 分别返回 10 和 40。

5. 运算符和操作符的优先级

在汇编语言中，有多种运算符和操作符，它们的优先级按从高到低的顺序排列如下。

```
优先级：高 LENGTH、SIZE、WIDTH、MASK、()、[]、. (用于结构字段)、<> (用于记录类型)
        PTR、SEG、OFFSET、TYPE、THIS、: (用于段超越前缀)
        *、/、MOD、SHL、SHR
        HIGH、LOW
        +、-
        EQ、NE、LT、LE、GT、GE
        NOT
        AND
        OR、XOR
优先级：低 SHORT
```

这些符号及其优先级并不要求记住，在需要时查看一下即可。

例 2-04　调用 C 语言中的 printf 函数，输出下面定义的各整数表达式的值。

```
a        DWORD        3*5/2+(21-9) mod 7,120-24 MOD 5,(-45+20)*2
```

在汇编语言中，表达式只能是常量表达式，不允许含有变量，例如 a+b 是不允许的，因为表达式的计算由编译器完成，在编译时不能确定 a 和 b 两个变量的值，所以不能计算；而 a+4 则性质不同，它是全局变量 a 的地址加常量，在编译时全局变量 a 的地址是可以确定的，所以 a+4 的地址就可以确定。

源程序如下：

例 2-04

```
.386
.model      flat, stdcall
option      casemap:none
include     kernel32.inc
includelib  kernel32.lib
includelib  msvcrt.lib
printf      PROTO   C:DWORD,:vararg
.data
fmt         BYTE    '%d,%d,%d',13,10,0
a           DWORD   3*5/2+(21-9) mod 7,120-24 MOD 5,(-45+20)*2
.code
start:
```

```
        invoke      printf,ADDR fmt,a,a+4,a+8
        invoke      ExitProcess,0
        end         start
```

输出结果为：

```
12,116,−50
```

2.2.3 浮点数

在汇编语言中，浮点数即实数，最常用的数据类型是 QWORD，类似于 C 语言中的 double。例如，定义浮点数变量 x 和 y 且分别赋初值 2.3 和 3.0，语法格式如下：

```
x       QWORD   2.3
y       QWORD   3.0                         ; ".0" 不能省略
```

若定义变量时初值不确定，可用?代替，但不允许为空。例如：

```
x       QWORD   ?
y       QWORD   ?
```

浮点数类型可以调用 C 语言中的 scanf 和 printf 函数进行输入、输出，常用格式字符为%lf，输出时常用格式字符为%g。

例 2-05　调用 C 语言中的 scanf 函数输入两个实数，然后调用 C 语言中的 printf 函数按相反顺序输出这两个值（不显示无意义的 0）。

源程序如下：

```
        .386
        .model      flat, stdcall
        option      casemap:none
        includelib  msvcrt.lib
        scanf       PROTO    C:DWORD,:vararg
        printf      PROTO    C:DWORD,:vararg
        .data
        fmt         BYTE     '%lf   %lf',0
        fmt2        BYTE     '%g   %g',0
        a           QWORD    ?
        b           QWORD    ?
        .code
        start:
        invoke      scanf,ADDR fmt, ADDR a, ADDR b
        invoke      printf,ADDR fmt2,b,a
        ret                                     ;结束程序
        end         start
```

运行后输入：

```
2.3   3.4
```

则输出结果为：

```
3.4   2.3
```

浮点数共有 3 种类型，分别是 REAL4、REAL8、REAL10，分别为 4、8、10 字节；也可以分别用 DWORD、QWORD、TBYTE（或 DD、DQ、DT）表示，初始化时可以用浮点数对应的机器数即整数表示，也可以用小数表示。例如：

| a | REAL8 | 20.0,−20.,+45.3E+04,28.e5 | ;小数表示时不能省略小数点 |
| b | DWORD | 12.0,4140 0000H | ;12.0 是用小数表示，4140 0000H 是用机器数表示 |

 注意

（1）小数点不能省略，字母 E（或 e）左边的为有效数字，字母 E（或 e）右边的为指数。

（2）C 语言中的 printf 函数只接收双精度（double 类型即 REAL8 类型）浮点数的输出，若是单精度浮点数，可通过 FLD 指令将单精度浮点数读到 FPU 内部的浮点寄存器 st(0)，再通过 FSTP 指令将浮点寄存器 st(0) 中的值写到指定的 8 字节的内存单元，从而实现单精度转换成双精度。

（3）C 语言中的 scanf 函数可以接收单精度（float 类型即 REAL4 类型）浮点数的输入，但因为输出只能用双精度浮点数，所以建议输入也用双精度浮点数。这样输入、输出格式串都用%lf，当然，输出格式串还可以用%g。

（4）浮点数类型初始化时不能用整数作为初值，因为整数将被当作机器数，所以如下定义将得到意想不到的结果，多数情况为浮点数 0。

FNum REAL8 0,1   ;应该表示为 **FNum REAL8** 0,1.0

（5）DWORD、QWORD、TBYTE（或 DD、DQ、DT）作为浮点数类型初始化时用整数表示和用小数表示结果完全不同，例如：

b DWORD 12.0,**12**   ;12.0 是用小数表示，其值为 12.0；**12** 是用机器数表示，其值为 0

例 2-06　调用 C 语言中的 printf 函数，输出下面定义的各种表示形式的双精度浮点数的值。

| a | REAL8 | 20.0,−20.,+45.3E+04,28.e5 |

双精度浮点数可按%lf 格式或%g 格式输出；变量 a 有多个双精度浮点数，其后数据用变量名加上 8 表示。例如，a 表示第一个双精度浮点数，则 a+8 表示第二个双精度浮点数，以此类推。

源程序如下：

```
.386
.model      flat, stdcall          ;stdcall 为函数调用方式：右边的参数先入栈
option      casemap:none
include     kernel32.inc
includelib  kernel32.lib
includelib  msvcrt.lib
printf      PROTO   C:DWORD,:vararg
.data
fmt         BYTE     '%lf,%lf,%lf,%lf',0
a           REAL8    20.0,−20.,+45.3E+04,28.e5
```

例 2-06

```
        .code
        start:
        invoke      printf,ADDR fmt,a,a+8,a+16,a+24
        invoke      ExitProcess,0
        end         start
```

输出结果为：

20.000000,−20.000000,453000.000000,2800000.000000

以上数据若按%g 格式输出，则输出结果为：

20,−20,453000,2.8e+006

例 2-07 调用 C 语言中的 printf 函数，输出下面用机器数表示的单精度浮点数的值。

```
        a       DWORD   1 1000 0000 110 0000 0000 0000 0000 0000B,4140 0000H;机器数表示浮点数
```

用 DWORD 或 DD 声明的浮点数是单精度浮点数，输出时要转换成双精度浮点数再输出，方法是：用 FLD 指令将单精度浮点数读到 FPU 内部的浮点寄存器 st(0)，再通过 FSTP 指令将浮点寄存器 st(0)中的值写到指定的 8 字节的内存单元，从而实现单精度转换成双精度（相关指令见后续章节）。以上变量 a 有两个单精度浮点数，使用时用 a 表示第一个单精度浮点数，用 a+4 表示第二个单精度浮点数；要转换成的双精度可再定义双精度变量 b，使用时用 b 表示第一个双精度浮点数，用 b+8 表示第二个双精度浮点数。

源程序如下：

```
        .386
        .model      flat, stdcall
        option      casemap:none
        includelib  msvcrt.lib
        printf      PROTO   C:DWORD,:vararg
        .data
        fmt         BYTE    '%lf,%lf',0
        a           DD      1 1000 0000 110 0000 0000 0000 0000 0000B,4140 0000H;机器数表示浮点数
        b           REAL8   ?,?
        .code
        start:
        fld         a               ;将单精度浮点数 a 读到 FPU 内部的浮点寄存器 st(0)
        fstp        b               ;将 st(0)中的值写到双精度变量 b 中，实现单精度转换成双精度
        fld         a+4             ;将 a+4 单元单精度浮点数读到浮点寄存器 st(0)
        fstp        b+8             ;将 st(0)中的值写到 b+8 单元中，实现单精度转换成双精度
        invoke      printf,ADDR fmt,b,b+8
        ret
        end         start
```

输出结果为：

−3.500000,12.000000

2.2.4 字符

在汇编语言中，字符最常用的数据类型是 BYTE 或 DB，类似于 C 语言中的 char。例

如，定义字符变量 c1 和 c2 且分别赋初值'A'和'B'，语法格式如下：

c1	BYTE	'A'
c2	BYTE	'B' ;不能定义变量 "c"

字符常量可以是用单引号或双引号引起来的 ASCII 码字符，也可以直接使用其 ASCII 码值，例如'A'、"A"、65 都表示字符 "A"。

若定义变量时初值不确定，可用?代替，但不允许为空。例如：

c1	BYTE	?
c2	BYTE	?

字符类型可以调用 C 语言中的 scanf 和 printf 函数进行输入、输出，常用格式字符为%c。

用 printf 函数输出字符时，相应变量最好定义成 DWORD 类型，因为用 INVOKE 伪指令调用 printf 函数输出字符型数据时容易出错。当然，也可以用字符型数据前缀 DWORD PTR 将其强制转化成 DWORD 类型。

例 2-08　调用 C 语言中的 scanf 函数输入两个字符，然后用 printf 函数按相反顺序输出这两个字符。

定义两个 BYTE 类型变量，调用 C 语言中的 scanf 函数输入两个字符，用 printf 函数按相反顺序输出这两个字符，用字符数据前缀 DWORD PTR 将其强制转化成 DWORD 类型。

源程序如下：

```
.386
.model    flat, stdcall
option    casemap:none
include   kernel32.inc
includelib kernel32.lib
includelib msvcrt.lib
scanf     PROTO   C:DWORD,:vararg
printf    PROTO   C:DWORD,:vararg
.data
Infmt     BYTE    '%c %c',0
Outfmt    BYTE    '%c %c',13,10,0
c1        BYTE    ?
c2        BYTE    ?
.code
start:
invoke    scanf,ADDR Infmt,ADDR c1,ADDR c2            ;输入两个字符
invoke    printf,ADDR Outfmt, DWORD PTR c2, DWORD PTR c1;按相反顺序输出这两个字符
invoke    ExitProcess,0
end       start
```

运行后输入：

A B

则输出结果为：

B A

若以上程序输出 c1 和 c2 值时没有进行强制类型转换，则运行结果输出为（少了字符"A"）：

```
B
```

这是因为在汇编语言中，BYTE 类型进行参数传递（即入栈）时会产生漏洞（bug）。生成的可执行文件通过调试器软件（详见第 9 章）可以发现，BYTE 类型变量 c1 进行参数传递时，分两个步骤将 8 位二进制变量的值转换成 32 位二进制的值压入堆栈：第一步直接压入常量 0 作为高 16 位二进制的值（如下 push 0x0 指令），第二步将变量 c1 的值扩展成 16 位二进制的值通过寄存器 ax 压入堆栈（如下 push ax 指令）。然而，程序在实际执行过程中，通过 push 0x0 指令入栈的不是两个字节的常量 0，而是 4 个字节的常量 0，导致结果变量 c1 最终入栈的是 6 个字节的值，而在 printf 函数中却以 4 个字节来接收变量 c1 的值，这样，接收数据就会发生错位，如下面程序所示。

```
00401017    6A 00         push 0x0          ;期望入栈 2 个字节，实际入栈 4 个字节
00401019    A0 21304000   mov al,byte ptr c1  ;ds:[0x403021]，按字节取变量 c1 的值
0040101E    66:0FB6C0     movzx ax,al       ;扩展成 16 位二进制的值存入 ax
00401022    66:50         push ax           ;通过寄存器 ax 压入堆栈
```

解决以上问题的办法除了输出时进行强制类型转换，还可以将输出数据对应变量定义成 DWORD 类型，再进行参数传递，可以得到相同的效果。

在汇编语言中，汉字字符其实是由两个机内码构成的字符串，也用单引号或双引号进行限定，可以直接使用机内码表示。例如，'啊'、"啊"、176 与 161 两个整型数都表示汉字"啊"（汉字"啊" 2 个字节的机内码为 B0A1H，分别转换成十进制数是 176 与 161），下面定义了 3 个汉字"啊"。

```
Str1 BYTE   '啊',"啊",176,161      ;表示 3 个汉字"啊"，共 6 个字符
```

汉字字符可以调用 C 语言中的 scanf 和 printf 函数进行输入、输出，格式字符为%c%c，即将一个汉字字符当成两个连续的 ASCII 码字符处理，因此，不能将一个汉字字符分隔开进行输入、输出。

例 2-09 调用 C 语言中的 scanf 函数输入一个汉字，然后用 printf 函数输出该汉字及其机内码。

调用 C 语言中的 scanf 函数，在输入时将一个汉字字符按两个单字符读取。用 printf 函数将一个汉字字符按两个连续的单字符输出（'%c%c'格式），组合成一个汉字显示；将一个汉字字符的两个单字符按两个十六进制数输出（'%2X%2X'格式）以显示其机内码。因为用 INVOKE 伪指令调用 printf 函数输出字符型数据有漏洞，所以用 DWORD 类型变量。

源程序如下：

例 2-09

```
.386
.model      flat, stdcall
option      casemap:none
include     kernel32.inc
includelib  kernel32.lib
includelib  msvcrt.lib
```

```
scanf          PROTO    C:DWORD,:vararg
printf         PROTO    C:DWORD,:vararg
.data
Infmt          BYTE     '%c%c',0
Outfmt         BYTE     '汉字[%c%c]的机内码为%2X%2X',0
q              DWORD    0
w              DWORD    0
.code
start:
invoke         scanf,ADDR Infmt,ADDR q,ADDR w  ;将一个汉字按两个字符读取
invoke         printf,ADDR Outfmt,q,w,q,w      ;再按两个字符输出汉字，按两个整数输出机内码
invoke         ExitProcess,0
end            start
```

运行后输入：

啊

则输出结果为：

汉字[啊]的机内码为B0A1

2.2.5　字符串

以单引号或双引号引起来的若干个字符称为字符串。在字符串后面必须加上一个空字符，即 ASCII 值为 0 的字符，表示字符串结束，类似 C 语言中的'\0'，但汇编语言不支持转义字符表示。例如：

S2 DB '"A"',13,10,'"A"',0 ;单引号用双引号限定，双引号用单引号限定，回车换行用 13 和 10 表示

若定义字符串变量时初值不确定，可以使用重复操作符 dup 预定义若干字节空间。例如，定义 80 个字符的存储空间，语法格式如下：

S3 DB　　　　80 dup(?)　　　　　　;类似 C 语言中的 **char S3[80]**

多个字符的字符串可以分多个字符串书写，各部分之间用逗号分隔，例如：

S4 DB '静夜思',13,10,
'李白',13,10,
'床前明月光，疑是地上霜。',13,10,
'举头望明月，低头思故乡。',**0**

调用 C 语言中的 scanf 函数可以输入一个字符串，调用 printf 函数可以输出一个字符串；字符串输入、输出时常用的格式字符为%s。

注意

（1）汇编语言不支持转义字符表示，所以不能使用'\n'表示回车换行，故用 ASCII 值表示。

（2）字符串中用 ASCII 值表示字符时，不能用引号限定。

（3）有的操作系统 ASCII 值 13 和 10 都表示回车换行，故字符串中要插入回车换行，只需要 13 或 10 一个字符。

例 2-10   调用 C 语言中的 printf 函数输出如下字符串。

> **s BYTE '"ABC"',13,10,'"A"',0** ;单引号用双引号限定,双引号用单引号限定,回车换行用 13 和 10

调用 printf 函数输出字符串时可不用格式串而直接输出,只是所要输出的字符串末尾一定要加结束标志 0(是数值 0 而不是字符'0')。

源程序如下:

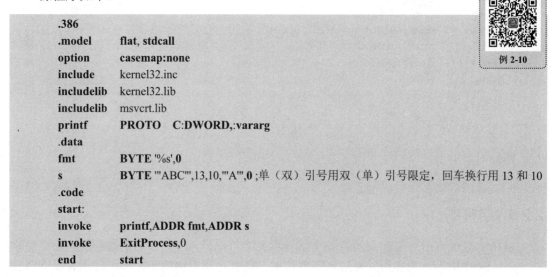

例 2-10

```
.386
.model      flat, stdcall
option      casemap:none
include     kernel32.inc
includelib  kernel32.lib
includelib  msvcrt.lib
printf      PROTO    C:DWORD,:vararg
.data
fmt         BYTE '%s',0
s           BYTE '"ABC"',13,10,'"A"',0 ;单(双)引号用双(单)引号限定,回车换行用 13 和 10
.code
start:
invoke      printf,ADDR fmt,ADDR s
invoke      ExitProcess,0
end         start
```

输出结果为:

```
"ABC"
'A'
```

2.2.6   结构体

用 C 语言定义结构体类型的语法格式如下:

```
struct  结构体名
{
    数据类型 字段名 1;            //字段名即成员变量名
    …
    数据类型 字段名 n;
};
```

例如,用 C 语言定义含有学号和姓名两个字段的结构体学生(stu)类型的语法格式如下:

```
struct stu
{
    int xh;                      //学号字段
    char xm[10];                 //姓名字段,10 字符
};
```

用汇编语言定义结构体类型的语法格式如下:

```
结构体名    struct
    字段名 1 数据类型   初值        ;字段名即成员变量名
    …
    字段名 n 数据类型   初值
结构体名    ends
```

例如，用汇编语言定义含有学号和姓名两个字段的结构体学生（stu）类型的语法格式如下：

```
stu       struct
xh        DWORD    ?              ;学号字段
xm        BYTE     10 DUP(?)      ;姓名字段，10 字符
stu       ends
```

在汇编语言中，使用结构体学生（stu）类型定义变量 s1、s2 的语法格式如下：

```
s1        stu      <>            ;定义无初值结构体变量
s2        stu      <1,'张三'>     ;定义有初值结构体变量
```

输出结构体变量 s2 各成员数据的语法如下：

```
invoke    printf,OFFSET fmt,s2.xh,ADDR s2.xm
```

例 2-11　定义结构体 Book，含书号、书名、单价、册数，输入一本书的信息，然后求其码洋并输出（一个浮点数乘以一个整数用 FIMUL 指令）。

结构体 Book 的书号、书名、单价、册数等字段名可分别取名 sh、sm、dj、ces，其中册数字段名不能用 cs，因为 cs 是代码段寄存器名的缩写，是保留字；码洋的计算公式为码洋=单价×册数，因为单价是浮点数而册数是整数，所以要用乘整数浮点指令 FIMUL。

源程序如下：

```
.386
.model     flat, stdcall
option     casemap:none
include    kernel32.inc
includelib kernel32.lib
includelib msvcrt.lib
scanf      PROTO   C:DWORD,:vararg
printf     PROTO   C:DWORD,:vararg
.data
Infmt      BYTE     '%s %s %lf %d',0       ;定义变量
Outfmt     BYTE     '书号:%s,书名:%s,单价:%g,册数:%d,码洋:%g',13,10,0  ;定义变量
d          QWORD    ?
Book       struct
sh         BYTE     14 DUP(?)
sm         BYTE     20 DUP(?)
dj         QWORD    4.0
ces        DWORD    4                      ;cs 是代码段寄存器，所以不能作为变量名
Book       ends
s          Book     <>
.code
```

```
start:
    invoke      scanf,ADDR Infmt,ADDR s.sh,ADDR s.sm,ADDR s.dj,ADDR s.ces;输入值
    FLD         s.dj                        ;将单价读到浮点寄存器 st(0)
    FIMUL       s.ces                       ;将单价乘册数存回到浮点寄存器 st(0)
    FSTP        d                           ;将浮点寄存器 st(0)中的乘积写到双精度变量 d 中
    invoke      printf,ADDR Outfmt,ADDR s.sh,ADDR s.sm,s.dj,s.ces,d        ;输出结果
    invoke      ExitProcess,0
    end         start
```

运行后输入：

9787302298854 汇编语言 29.5 2

则输出结果为：

书号:9787302298854,书名:汇编语言,单价:29.5,册数:2,码洋:59

习题2

习题02

2-1 用 CALL 指令调用 C 语言中的 scanf 和 printf 函数，实现输入/输出一个单精度浮点数的值。

运行后输入：

4.5

则输出结果为：

4.500000

2-2 用 INVOKE 伪指令调用 C 语言中的 scanf 和 printf 函数，实现输入/输出一个单精度浮点数的值。

运行后输入：

4.5

则输出结果为：

4.500000

2-3 定义子程序 FunSub 求两个整数的差，调用 C 语言中的 scanf 和 printf 函数进行输入/输出操作。（用 SUB 指令相减。）

运行后输入：

5 3

则输出结果为：

5−3=2

2-4　输入一个学号，求下一个学号并输出。（用 INC 指令或 ADD 指令加 1。）
运行后输入：

20130864101

则输出结果为：

20130864102

2-5　输入一个浮点数，求其相反数并输出。（用 fchs 求相反数。）
运行后输入：

−4.5

则输出结果为：

−4.500000 的相反数为 4.500000

运行后输入：

4.5

则输出结果为：

4.500000 的相反数为--4.500000

2-6　输入一个浮点数，求其绝对值并输出。（用 fabs 求绝对值。）
运行后输入：

−4.5

则输出结果为：

−4.500000 的绝对值为 4.500000

运行后输入：

4.5

则输出结果为：

4.500000 的绝对值为 4.500000

2-7　以下程序的运行结果为什么只有 A 而没有 B？利用调试器软件跟踪运行并分析，然后给出解决方案。
运行后输入：

A B

则输出结果为：

A

源程序如下：

```
        .386
        .model      flat, stdcall
        option      casemap:none
        include     kernel32.inc
        includelib  kernel32.lib
        includelib  msvcrt.lib
        scanf       PROTO   C:DWORD,:vararg
        printf      PROTO   C:DWORD,:vararg
        .data
        fmt         BYTE '%c %c',0
        a           BYTE 0
        b           BYTE 0
        .code
        start:
        invoke      scanf,ADDR fmt,ADDR a,ADDR b
        invoke      printf,ADDR fmt,a,b
        invoke      ExitProcess,0
        end         start
```

2-8 输入两个大写字母，然后输出其相应的小写字母。（用 ADD 指令相加。）
运行后输入：

A B

则输出结果为：

a b

2-9 以十六进制输入一个汉字的机内码，然后输出其相应的汉字。（用%X 和%c 格式字符串。）
运行后输入：

B0A1

则输出结果为：

机内码 B0A1 的汉字为"啊"

2-10 调用 C 语言中的 scanf 函数输入一个汉字，然后用 printf 函数输出该汉字及其区位码。（用 SUB 指令相减。）
运行后输入：

啊

则输出结果为：

汉字"啊"的区位码为 1601

2-11 调用 C 语言中的 printf 函数输出以下迷宫地图。

输出结果为:

2-12 调用 C 语言中的 printf 函数输出古诗《静夜思》。

输出结果为:

> 静夜思
> 李白
> 床前明月光,疑是地上霜。
> 举头望明月,低头思故乡。

2-13 定义商品结构体 Goods,含商品号、商品名、单价、数量等字段。输入一个商品,然后求其金额并输出。(用 FIMUL 指令相乘。)

运行后输入:

> 20141127001 鞋子 59.5 4

则输出结果为:

> 商品号:20141127001,商品名:鞋子,单价:59.5,数量:4,金额:238

第 **3** 章
汇编语言的编译运行

本章主要介绍汇编语言源程序编译链接环境的配置及在不同环境下的编译链接和运行，包括 VC、MASM32、VS 2022 的安装与环境配置，命令提示符下编译链接和运行汇编语言源程序，VC、MASM32、VS 2022 环境下编译链接和运行汇编语言源程序，在 C 源程序中嵌入汇编指令运行汇编语言源程序，利用 VC 反汇编生成的汇编语言源程序运行汇编语言源程序等。通过本章的学习，读者应该能完成以下学习任务。

（1）了解 VC、MASM32、VS 2022 环境的安装和配置方法。

（2）了解命令提示符下编译链接和运行汇编语言源程序的方法。

（3）掌握在 VC 和 VS 环境下编译链接和运行汇编语言源程序的方法。

（4）掌握在 C/C++源程序中嵌入汇编指令实现运行汇编语言源程序的方法。

（5）掌握利用 VC 反汇编生成的汇编语言源程序运行汇编语言源程序的方法。其中涉及乘法指令 IMUL 的使用。

3.1   VC 6.0 编译运行 C 程序

汇编语言源程序可以在命令提示符下编译运行，也可以在 VC 环境或 VS 环境下编译运行，还可以在 MASM32 Editor 或编者所开发的考试系统中编译运行。不论在什么环境下编译运行，都要经过编辑、编译（为区别 C 语言等源程序的编译，也可称之为汇编）、链（连）接、运行 4 个阶段，如图 3-1 所示。

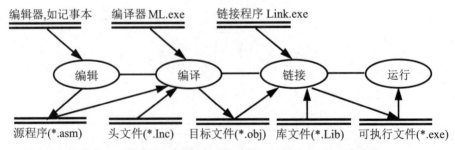

图 3-1 汇编语言源程序编辑、编译、链接、运行 4 个阶段

汇编语言源程序的编译和链接，要使用编译器 ML.exe、链接程序 Link.exe、头文件（*.Inc）、库文件（*.Lib）等，而这些文件一般都不在一个目录下，为了编译运行时能够找到这些文件，必须安装相关软件，并且最好配置相应环境，例如设置环境变量等。

注意

除编者所开发的考试系统会自动配置环境外，在其他环境下都要进行手动配置。

3.1.1 VC 6.0 的安装

目前，VC 6.0 多数是绿色版的压缩包（约 31.5MB 或 41.9MB），包含 Common、sin、VC98 共 3 个文件夹和 ShortCut.exe、sin.bat 两个文件。建议将这些内容解压到 C:\Program Files (x86)\Microsoft Visual Studio 文件夹，结果如图 3-2 所示。

图 3-2 VC 6.0 绿色版包含的内容

解压后，双击运行 sin.bat 文件，实现 VC 6.0 的自动安装。

批处理文件 sin.bat 的内容如下：

```
copy    .\sin\*.*    %systemroot%\System32
rmdir /S /Q .\sin
ShortCut.exe
del /Q ShortCut.exe
del /Q sin.bat
```

该批处理文件的 5 行命令主要完成 5 个工作。

（1）将 sin 文件夹中的文件复制到系统文件夹（一般是 C:\Windows\System）。

（2）删除 sin 文件夹及其中的所有子文件夹（/S 参数）且无须确认（/Q 参数）。

（3）运行 ShortCut.exe 程序，在桌面创建 VC 6.0 的快捷方式。

（4）删除 ShortCut.exe 程序且无须确认（/Q 参数）。

（5）删除 sin.bat 批处理文件且无须确认（/Q 参数）。

3.1.2 运行 C 程序

安装完 VC 6.0 后，可以不配置环境，直接进入集成环境，进行 C 程序的编译和运行。

（1）进入 VC 6.0。

进入 VC 6.0 的方法是双击桌面 VC 6.0 的图标或双击 MSDEV.EXE 程序。MSDEV.EXE 在 C:\Program Files (x86)\Microsoft Visual Studio\Common\MSDev98\Bin 文件夹中。

进入 VC 6.0 后的界面如图 3-3 所示。

图 3-3　VC 6.0 界面

（2）新建工程。

选择"文件"菜单下的"新建"命令，显示图 3-4 所示的界面。选择 Win32 Console Application（控制台应用程序）工程类型，在右上角输入工程名称，单击"确定"按钮，系统自动创建一个空工程。这里输入的工程名称为 Project1，将工程所在文件夹改为 C:\Project1，这意味着将在 C:\Project1\Debug 下生成可执行文件 Project1.exe。

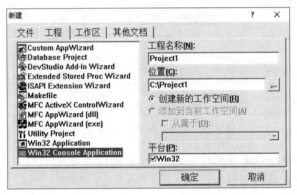

图 3-4　创建一个控制台工程 Project1

（3）新建文件。

选择"文件"菜单下的"新建"命令，显示图 3-5 所示的界面。选择 C++ Source File（C++源程序文件）类型，在右侧输入文件名，单击"确定"按钮，系统自动创建一个空源程序文件。这里输入的源程序文件名为 F1.c，扩展名.c 不可省略；若省略，则系统默认扩展名为.cpp。该源程序文件名意味着将在 C:\Project1\Debug 下生成目标文件 F1.obj。

图 3-5　给控制台工程 Project1 添加一个源程序 F1.c

（4）编辑程序。

在 F1.c 子窗口中编辑源程序，输入图 3-6 所示的源程序。

（5）运行程序。

单击 VC 6.0 工具栏中的 ! 按钮或按 Ctrl+F5 组合键，运行效果如图 3-7 所示。

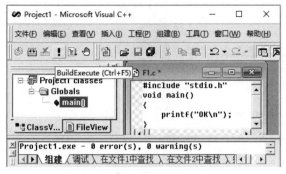

图 3-6　编辑、编译源程序 F1.c　　　　　　　　图 3-7　运行效果

3.1.3　配置 VC 6.0 环境

若要调用 VC 编译器 CL.exe 和 VC 的库文件 msvcrt.lib 等，则最好配置一下环境，否则要指定调用哪里的编译器、引用什么位置的头文件和库文件。

配置 VC 6.0 环境的步骤如下。

（1）右击桌面上的"此电脑"（具体因系统而异）图标，在弹出的快捷菜单中选择"属性"命令（见图 3-8）。

（2）在弹出的窗口中单击"高级系统设置"链接（见图 3-9）。

图 3-8　选择"属性"命令　　　　图 3-9　单击"高级系统设置"链接

（3）在"系统属性"对话框的"高级"选项卡中单击"环境变量"按钮（见图 3-10）。

图 3-10　单击"环境变量"按钮

（4）在"环境变量"对话框中单击"系统变量"组框中的"新建"按钮（见图 3-11），新建一个环境变量 Lib，变量值为 C:\Program Files\Microsoft Visual Studio\VC98\lib; C:\Program Files\Microsoft Visual Studio\VC98\MFC\lib。（这里假设 VC 6.0 所在文件夹为 C:\Program Files\Microsoft Visual Studio，若不是这个文件夹，对应的变量值要做相应修改，以下类似。）

图 3-11　新建环境变量 Lib 及其值

> 环境变量 Lib 指定的是 VC 的库文件所在的位置，该文件夹中必须包含 msvcrt.lib 等库文件（在 VC98\Lib 文件夹中）。

（5）用同样的方法，新建一个环境变量 Include，变量值为 C:\Program Files\Microsoft Visual Studio\VC98\include; C:\Program Files\Microsoft Visual Studio\VC98\ATL\include; C:\Program Files\Microsoft Visual Studio\VC98\MFC\include。

> 环境变量 Include 指定的是 VC 的头文件所在的位置，该文件夹中必须包含 stdio.h 等头文件（在 VC98\Include 文件夹中）。

（6）在"环境变量"对话框中选中 Path 变量，然后单击"编辑"按钮，依次追加如下 4 个路径，结果如图 3-12 所示。

```
C:\Program Files\Microsoft Visual Studio\VC98\bin
C:\Program Files\Microsoft Visual Studio\Common\MSDev98\Bin
C:\Program Files\Microsoft Visual Studio\Common\Tools\WinNT
C:\Program Files\Microsoft Visual Studio\Common\Tools
```

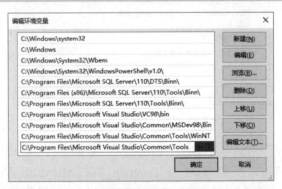

图 3-12　编辑环境变量 Path 的值

图中 C:\Windows\system32、C:\Windows 等文件夹是之前安装其他应用程序的路径值，不可更改或删除。

注意

> 环境变量 Path 指定的是 VC 的可执行文件所在的位置，该文件夹中必须包含编译文件 CL.exe、链接文件 LINK.exe 等（在 VC98\Bin 文件夹中）。

3 个环境变量的设置顺序可以变化，都设置好之后，必须单击"确定"按钮以便生效。

3.1.4　在命令行中编译运行 C 程序

配置好环境后即可在命令行中编译运行 C 程序。假设事先在 D 盘根目录下创建了 C 源程序文件 C001.cpp，内容如下：

```
#include "stdio.h"
void main()
{
printf("C&C++环境 OK!");
}
```

然后进入命令提示符状态（单击桌面左下角的"开始"按钮，选择"Windows 系统"下的"命令提示符"命令），依次执行如下命令，如图 3-13 所示。

```
D:
CL.exe /c C001.cpp
Link.exe C001.obj
C001.exe
```

输出结果为：

```
C&C++环境 OK!
```

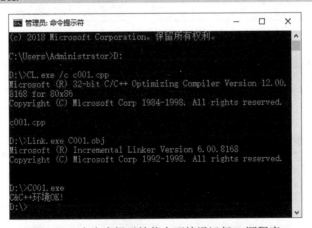

图 3-13　在命令提示符状态下编译运行 C 源程序

以上命令中，第一行进入 D 盘；第二行调用 CL.exe 编译 C001.cpp，生成 C001.obj；第三行调用 Link.exe 链接 C001.obj，生成 C001.exe；第四行调用生成的 C001.exe。

第二行命令若不带参数/c，则一次完成编译和链接操作，直接生成 C001.exe，故可省略第三行命令。

若没有安装 VC 6，但运行过考试系统，考试系统会自动解压编译器、头文件和库文件等到 D:\KSTemp 文件夹下，可用如下命令编译链接（命令中指定相关路径）。

D:\KSTemp\CL.exe /GX /I "D:\KSTemp\Include_C" D:\KSTemp\lib_C*.lib C001.cpp

3.2 MASM32 编译运行汇编程序

3.2.1 MASM32 的安装

目前，MASM32 多数是 11 版本的压缩包（masm32.zip，5012275 字节），解压后，得到自解压缩文件 install.exe，双击运行，显示图 3-14 所示的界面（仅部分界面，下同）。单击左上角的 Install 图标后，显示图 3-15 所示的界面，选择所要安装的分区。

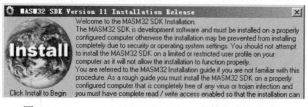

图 3-14 MASM32 SDK Version 11 安装程序首界面

图 3-15 选择安装分区（逻辑盘）

这里选择列表框中的 D:\选项（不同的机器逻辑盘不同，括号中的卷标也不同，由图 3-15 可知，MASM32 只能安装在某一盘的根目录下），然后单击 OK 按钮，显示图 3-16 所示的界面；接着单击 4 次"确定"按钮，显示图 3-17 到图 3-20 所示的界面。

单击 Extract 按钮开始自解压缩，显示图 3-21 所示的界面。

图 3-16 测试能否安装 MASM32 SDK Version 11

图 3-17 磁盘写测试

图 3-18 磁盘读测试

图 3-19 磁盘删除测试

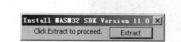

图 3-20 安装 MASM32 SDK Version 11

图 3-21 自解压缩 MASM32 安装程序到硬盘

自解压缩完成后，显示图 3-22 所示的界面，提示准备用控制台创建库文件。

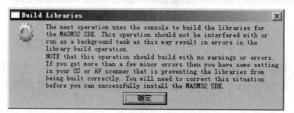

图 3-22 准备创建库文件

单击"确定"按钮后，显示图 3-23 所示的界面，提示正在创建库文件，约 1 分钟。

图 3-23　创建库文件

创建完成后，显示安装成功，并提示按任意键继续，如图 3-24 所示。

图 3-24　安装成功，按任意键继续

按任意键后，提示库文件 KERNEL32、USER32、GDI32 已经正确创建，如图 3-25 所示。

图 3-25　库文件 KERNEL32、USER32、GDI32 已经正确创建

单击"确定"按钮，显示图 3-26 所示的界面，提示静态库文件已经正确创建。

图 3-26　静态库文件已经正确创建

单击"确定"按钮，显示图 3-27 所示的界面，提示是否创建 MASM32 Editor 桌面快捷方式（对应的应用程序为 D:\masm32\qeditor.exe）。

图 3-27　提示是否创建桌面快捷方式及对应图标

单击 Yes 按钮后，显示图 3-28 所示的界面，提示 MASM32 已经安装完成。

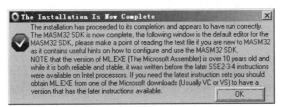

图 3-28　MASM32 已经安装完成

单击 OK 按钮，显示图 3-29 所示的欢迎界面，这也是 MASM32 编辑源程序及编译与运行的界面。（由于该界面不是很友好，所以编者推荐在 VC 或 VS 环境下编辑、编译、运行。）

图 3-29　MASM32 编辑源程序的界面

3.2.2　运行 MASM32 程序

安装完 MASM32 后，由于没有配置环境变量，故源程序中引用头文件和库文件时，都要指定引用什么位置的头文件和库文件，如例 2-01 中，源程序必须改为例 3-01 的形式才可以编译、链接。

例 3-01　调用指定位置库文件中的 C 语言 printf 函数，输出"汇编好!"。

源程序如下：

```
.386
.model      flat,stdcall
option      casemap:none
include     D:\masm32\include\kernel32.inc
includelib  D:\masm32\lib\kernel32.lib
includelib  D:\masm32\lib\msvcrt.lib
printf      PROTO   C:DWORD,:vararg
.data
fmt         BYTE    '%s',13,10,0        ;定义格式字符串变量 fmt，值为"%s\n\0"char
s           BYTE    '汇编好!',0         ;定义输出字符串变量 s，值为"汇编好!"
.code
start:
invoke      printf,addr fmt,addr s      ;调用 printf 函数，按 fmt 格式输出字符串 s 的值
invoke      ExitProcess,0
end         start
```

编辑并保存为 C001.asm 源程序文件后，选择 Project 菜单下的 Console Build All 命令实现编译并链接（见图 3-30），生成 C001.exe 文件。

图 3-30　MASM32 源程序的编译、链接

选择 Project 菜单下的 Run Program 命令可运行 C001.exe 文件，但由于本程序只有一行输出语句，运行后马上退出，故看不到结果。若要看到运行结果，可单击工具栏右侧的"命令提示符"按钮■，进入"命令提示符"窗口，然后输入 C001.exe 命令并按 Enter 键。

当然，也可以在程序退出之前，调用 C 语言中的 getch 函数，实现按任意键退出的效果。该函数所在的库文件为 oldnames.lib，运行编者开发的考试系统后，该库文件会自动安装到 D:\kstemp\lib_M 文件夹中。

增加 getch 函数及其相关声明后的源程序如下：

```
.386                                              ;①选择的处理器
.model      flat,stdcall                          ;②平展（flat）存储模型，stdcall 为函数调用方式
option      casemap:none                          ;③指明标识符大小写敏感
include     D:\masm32\include\kernel32.inc        ;④要引用的头文件 KERNEL32.INC
includelib  D:\masm32\lib\kernel32.lib            ;引用库文件 KERNEL32.LIB
includelib  D:\masm32\lib\msvcrt.lib              ;引用 C 库文件 MSVCRT.LIB
includelib  D:\kstemp\lib_M\oldnames.lib          ;getch 函数库文件
getch       PROTO   C                             ;C 语言 getch 函数原型声明
printf      PROTO   C:DWORD,:vararg               ;C 语言 printf 函数原型声明
.data                                             ;⑤数据段
fmt         BYTE    '%s',13,10,0                  ;定义格式字符串变量 fmt，值为"%s\n\0"char
s           BYTE    '汇编好!',0                    ;定义输出字符串变量 s，值为"汇编好!"
.code                                             ;⑥代码段
start:                                            ;⑦定义标号 start，表示程序开始执行的位置
invoke      printf,ADDR fmt,ADDR s                ;⑧调用 printf 函数，按 fmt 格式输出字符串 s 的值
invoke      getch
invoke      ExitProcess,0
end         start
```

选择 Project 菜单下的 Run Program 命令，运行效果如图 3-31 所示。

图 3-31　MASM32 源程序的运行效果

3.2.3　配置 MASM32 环境

安装完 MASM32 后，最好配置一下环境，配置 MASM32 环境的方法如下。

右击桌面上的"此电脑"图标，在弹出的快捷菜单中选择"属性"命令（见图 3-8），在弹出的窗口中单击"高级系统设置"链接（见图 3-9），在弹出的"系统属性"对话框的"高级"选项卡中单击"环境变量"按钮（见图 3-10），在"环境变量"对话框中单击"系统变量"组框中的"编辑"按钮，然后修改变量值如下（假设 MASM32 安装于 D:\MASM32）。

```
Include=%Include%;D:\MASM32\Include
Lib=%Lib%;D:\MASM32\lib
Path=%Path%;D:\MASM32\Bin;D:\MASM32
```

注意

（1）以上环境变量值中%Include%表示修改前 Include 变量的值，其他类似。

（2）环境变量配置后，要重新运行 qeditor.exe 或 VC 才能生效，或重启操作系统后才能生效。

（3）MASM32 文件夹必须是某个逻辑盘（如 D:盘）根目录下的文件夹，否则可能无法编译或链接。

配置好环境后即可在命令行中编译运行汇编程序，假设事先在 D 盘根目录下创建了汇

编源程序文件 C001.asm，内容如例 2-01 所示。

然后进入命令提示符状态（单击桌面左下角的"开始"按钮，选择"Windows 系统"下的"命令提示符"命令），依次执行如下命令（见图 3-32）：

```
D:
ML.exe   /c   /coff   C001.asm
Link.exe   /subsystem:console   C001.obj
C001.exe
```

则输出结果为：

```
汇编好!
```

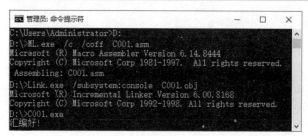

图 3-32　在命令提示符状态下编译运行汇编源程序

在以上命令中，第一行进入 D 盘；第二行调用 ML.exe 编译 C001.asm，生成 C001.obj；第三行调用 Link.exe 链接 C001.obj 生成 C001.exe；第四行运行生成的 C001.exe 文件（详见后续章节）。

第二、三行命令若改成如下形式，则一次完成编译和链接操作，直接生成 C001.exe 文件。

```
ML.exe   /coff   C001.asm   /link   "/subsystem:console"
```

若没有安装 MASM32，但运行过考试系统，则可用如下两条命令编译链接：

```
D:\KSTemp\ML.exe   /c   /coff   /I   "D:\KSTemp\Include_M"   C001.asm
D:\KSTemp\Link.exe   /subsystem:console   D:\KSTemp\lib_M\*.lib   D:\KSTemp\lib_C\msvcrt.lib   c001.obj
```

3.2.4　通过注册表配置环境

环境变量的配置也可以通过注册表设置完成，操作方法是按 Windows+R 组合键，在"运行"对话框中输入 RegEdit（见图 3-33），单击"确定"按钮，在"注册表编辑器"窗口中分别修改变量 Include、Lib、Path 的值即可（见图 3-34）。

```
[HKEY_LOCAL_MACHINE\SYSTEM\CurrentControlSet\Control\Session Manager\Environment]
```

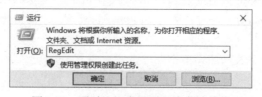

图 3-33　通过注册表设置环境变量的值

图 3-34　修改环境变量的值

3.2.5　在命令行中编译运行汇编程序

假设要编译的文件为例 3-02 中的源程序，保存于 D:\C.asm，则生成的目标程序为 C.obj，列表文件为 C.lst（可选），映像文件为 C.map（可选），可执行文件为 C.exe，操作步骤如下。

例 3-02　用 CALL 指令调用 C 语言中的输入/输出函数，求从键盘输入的两个整数的和并输出。

源程序如下：

```
.386
.model      flat,stdcall
includelib  msvcrt.lib
scanf       PROTO     C:DWORD,:vararg
printf      PROTO     C:DWORD,:vararg
.data
x           DWORD     ?                ;定义整数变量 x
y           DWORD     ?                ;定义整数变量 y
Infmt       BYTE      '%d %d',0        ;定义输入格式串
Outfmt      BYTE      '%d',0           ;定义输出格式串
.code                                  ;代码段
start:
PUSH        Offset    y                ;整数变量 y 地址入栈
PUSH        Offset    x                ;整数变量 x 地址入栈
PUSH        Offset    Infmt            ;Infmt 地址入栈
CALL        scanf                      ;调用 scanf 输入数据
ADD         ESP,12                     ;C 格式调用恢复堆栈

MOV         EAX, x                     ;取变量 x 的值存入 EAX
ADD         EAX, y                     ;EAX 加 y 结果存入 EAX

PUSH        EAX                        ;EAX 的值入栈
PUSH        Offset Outfmt              ;Outfmt 地址入栈
CALL        printf                     ;调用 printf 输出数据
ADD         ESP,8                      ;C 格式调用恢复堆栈

RET                                    ;退出，返回操作系统
end         start
```

（1）编译汇编语言源程序（C.asm）生成目标程序（C.obj）。
编译的语法格式如下：

```
    ML.exe [可选参数] 汇编语言源程序文件
```

其中，常用的可选参数有以下 4 个（注意参数区分大小写）：

```
/c -- Assemble_without_linking，意思为：不带链接的汇编，即只生成 obj 文件，不生成 exe 文件
/coff -- Generate COFF format object file，意思为：生成 COFF 格式的目标文件
/Fl -- Fl[file] Generate listing，意思为：生成汇编指令清单
/Sc -- Generate timings in listing，意思为：在汇编指令清单中生成每条指令对应的时钟周期
```

例 3-03 编译 C.asm 生成目标程序 C.obj，同时生成带时钟周期的汇编指令清单 C.lst。

在命令提示符下输入 D:并按 Enter 键切换到 D 盘根目录，再输入 ml.exe /c /coff /Fl /Sc C.asm 并按 Enter 键编译 C.asm（参数/c 表示只生成 obj 文件，参数/coff 表示生成 COFF 格式目标文件，参数/Fl 表示生成汇编指令清单，参数/Sc 表示在汇编指令清单中同时给出每条指令所需的时钟周期数。）命令格式如下：

```
    C:\Users\Administrator>D:
    D:\>ml.exe   /c   /coff   /Fl   /Sc   C.asm
```

或

```
    D:\>D:\MASM32\bin\ml.exe   /c   /coff   /Fl   /Sc   D:\C.asm
```

或

```
    D:\>D:\KSTemp\ml.exe   /c   /coff   /I   "d:\KSTemp\Include_M"   /Fl   /Sc   D:\C.asm
```

运行后显示如下信息，说明编译成功（不同版本可能略有不同，特别是版本号）。

```
    Microsoft (R) Macro Assembler Version 6.14.8444
    Copyright (C) Microsoft Corp 1981-1997.   All rights reserved.

    Assembling: C.asm
```

若运行后显示如下信息，说明环境变量 Path 没有配置好或没有安装 MASM32。

```
    'ml.exe' 不是内部或外部命令，也不是可运行的程序或批处理文件。
```

可输入 Path 并按 Enter 键，查看显示的信息是否含有 D:\MASM32\bin; D:\MASM32 路径（这里 D 盘是本书 MASM32 的默认安装位置，具体因系统而异），若没有，应按之前章节所述配置相关路径，然后重新进入命令提示符窗口运行以上命令。

运行后根目录下多了 C.obj 和 C.lst 两个文件。C.lst 文件的主要内容如下（可用记事本打开）：

数据地址	数据机器码		
		.386	
		.model flat,stdcall	
		includelib msvcrt.lib	
		scanf PROTO C:dword,:vararg	
		printf PROTO C:DWORD,:vararg	
00000000		.data	;数据段
00000000	00000000	x DWORD ?	;定义整数变量 x
00000004	00000000	y DWORD ?	;定义整数变量 y

指令地址			汇编指令	注释
00000008		25 64 20 25 64 00	Infmt　　　BYTE	'%d %d',0　;定义输入格式串
0000000E		25 64 00	Outfmt　　BYTE	'%d',0　　;定义输出格式串
指令地址			汇编指令	注释
00000000			.code	;代码段
00000000	时钟周期	指令机器码	start:	
00000000	2	68 00000004 R	PUSH Offset y	;整数变量 y 地址入栈
00000005	2	68 00000000 R	PUSH Offset x	;整数变量 x 地址入栈
0000000A	2	68 00000008 R	PUSH Offset Infmt	;Infmt 地址入栈
0000000F	7m	E8 00000000 E	CALL scanf	;调用 scanf 输入数据
00000014	2	83 C4 0C	ADD ESP,12	;C 格式调用恢复堆栈
00000017	4	A1 00000000 R	MOV EAX, x	;取变量 x 的值存入 EAX
0000001C	6	03 05 00000004 R	ADD EAX, y	;EAX 加 y 结果存入 EAX
00000022	2	50	PUSH EAX	;EAX 的值入栈
00000023	2	68 0000000E R	PUSH Offset Outfmt	;Outfmt 地址入栈
00000028	7m	E8 00000000 E	CALL printf	;调用 printf 输出数据
0000002D	2	83 C4 08	ADD ESP,8	;C 格式调用恢复堆栈
00000030	10m	C3	RET	;退出，返回操作系统
			end　　startt	

（2）链接目标程序（C.obj）生成可执行程序（C.exe）。

用 link.exe 链接目标程序 C.obj 生成可执行程序 C.exe 的命令如下：

> D:\>**link.exe　/subsystem:console　C.obj**

若没有安装 MASM32，但运行过考试系统，则可用如下命令链接：

> D:\>D:\KSTemp\link.exe　　/subsystem:console　　D:\KSTemp\lib_M*.lib　　D:\KSTemp\lib_C\msvcrt.lib
> C.obj

参数说明：

❑　控制台程序（无图形界面的）一定要指定/subsystem:console。

❑　Windows 程序一定要指定/subsystem:windows。

运行结果显示如下信息（版本号可能不同，例如 6.00.8168）：

> Microsoft(R)Incremental Linker Version **5.12.8078**
> Copyright(C)Microsoft Corp 1992-1998. All rights reserved.

（3）运行可执行程序（C.exe）。

> D:\>**C.exe**

运行后输入：

> 3　4

则输出结果为：

> 7

课设 2

3.3　VC 6.0 编译运行汇编程序

汇编源程序可以在 VC 集成开发环境下直接编译运行。现在以例 3-04
中源程序的编译运行为例进行说明。

例 3-04　用 INVOKE 指令调用 C 语言中的输入/输出函数，求从键盘输入的两个整数
的和并输出。

源程序如下：

例 3-04

```
.386
.model      flat,stdcall
include     kernel32.inc
includelib  kernel32.lib
includelib  msvcrt.lib
scanf       PROTO   C:DWORD,:vararg
printf      PROTO   C:DWORD,:vararg
.data
x           DWORD   ?                    ;定义整数变量 x
y           DWORD   ?                    ;定义整数变量 y
Infmt       BYTE    '%d %d',0            ;定义输入格式串
Outfmt      BYTE    '%d',13,10,0         ;定义输出格式串
.code                                    ;代码段
start:
Invoke      scanf, addr Infmt, addr x, addr y;调用 scanf 输入数据
MOV         EAX, x                       ;取变量 x 的值存入 EAX
ADD         EAX, y                       ;EAX 加 y 结果存入 EAX
Invoke      printf, addr Outfmt, EAX     ;调用 printf 输出数据
invoke      ExitProcess,0
end         start
```

（1）配置 VC 环境（假设 MASM32 安装于 D:\masm32）。

选择 VC "工具" 菜单下的 "选项" 命令，在弹出的对话框中选择 "目录" 选项卡，在
"目录" 下拉列表框中选择 "可执行文件"，添加汇编文件路径为 D:\masm32 和
D:\masm32\Bin；选择 Include files，添加头文件路径为 D:\masm32\include；选择 Library files，
添加库文件路径为 D:\masm32\lib，如图 3-35 所示。

图 3-35　VC 集成开发环境的配置

也可以找到注册表[HKEY_CURRENT_USER\Software\Microsoft\DevStudio\6.0\Build
System\Components\Platforms\Win32(x86)\Directories]项，将 D:\masm32;D:\masm32\Bin 追加

到 Path Dirs 项，将 D:\masm32\include 追加到 Include Dirs 项，将 D:\masm32\lib 追加到 Library Dirs 项，重启 VC 后即可生效。

 注意

> MASM32 的路径只能放在 VC 路径之后，否则 VC 编译会出错。

（2）新建工程。

选择"文件"菜单下的"新建"命令，在弹出的对话框中选择 Win32 Console Application 控制台工程，输入工程名称 He，再单击"确定"按钮，如图 3-36 所示。

（3）新建文件。

选择"文件"菜单下的"新建"命令，在弹出的对话框中选择 C++ Source File，输入文件名 C.asm，如图 3-37 所示，单击"确定"按钮后，生成 C.asm 子窗口。

 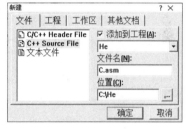

图 3-36　创建一个控制台工程 He　　　　图 3-37　给控制台工程 He 添加一个源程序 C.asm

（4）在 C.asm 子窗口中输入汇编源程序，如图 3-38 所示。

（5）右击工作区中的 C.asm 文件名，在弹出的快捷菜单中选择"设置"命令，弹出图 3-39 所示的对话框，设置如下汇编命令和输出文件（C.obj）：

> ml.exe　/c　/coff　C.asm

若没有配置 VC 环境，则应给出完整汇编路径，命令如下：

> d:\masm32\bin\ml.exe　/c　/coff　/I　"d:\masm32\Include"　C.asm

若没有配置 VC 环境，但运行过考试系统，则可用如下命令编译：

> D:\KSTemp\ml.exe　/c　/coff　/I　"d:\KSTemp\Include_M"　C.asm

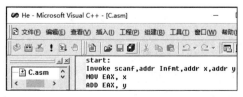 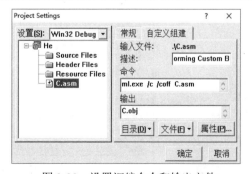

图 3-38　输入汇编源程序　　　　　　　　图 3-39　设置汇编命令和输出文件

（6）运行程序。

单击 VC 工具栏中的▮按钮或按 Ctrl+F5 组合键运行汇编程序。

运行后输入：

```
3  4
```

则输出结果为：

```
7
```

运行效果如图 3-40 所示。

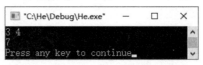

图 3-40　在 VC 下运行汇编程序效果

3.4　VS 2022 编译运行汇编程序

3.4.1　VS 的安装

VS 的安装步骤如下。

（1）从 https://visualstudio.microsoft.com/zh-hans/downloads/网站下载 VS 安装程序，选择一个版本下载，这里下载的是 VS 2022 企业版。双击安装程序，显示图 3-41 所示的界面。

（2）单击"继续"按钮开始配置安装并下载，如图 3-42 所示。

图 3-41　VS 安装程序开始界面

图 3-42　VS 安装程序下载安装界面

（3）安装程序（installer）安装完成后，显示 VS 安装选择界面，这里选择安装 C++桌面开发，如图 3-43 所示，要求磁盘可用总空间为 10.01GB。

图 3-43　VS 安装选择界面

（4）单击界面右下角的"安装"按钮开始下载，共 2.37GB，同时开始安装，如图 3-44

所示。

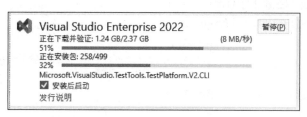

图 3-44　VS 安装界面

（5）安装完成后显示图 3-45 所示的界面，单击"确定"按钮完成 VS 安装。

图 3-45　VS 安装完成界面

3.4.2　VS 编译运行 C 程序

VS 编译运行 C 程序的步骤如下。

（1）打开 VS。

单击桌面左下角的"开始"按钮，然后选择 Visual Studio 2022 命令，如图 3-46 所示，弹出登录界面，如图 3-47 所示，该界面只有在首次打开 VS 时才出现。

图 3-46　VS 开始菜单

图 3-47　VS 登录界面

在登录界面中单击"以后再说"，弹出颜色主题界面，如图 3-48 所示，可以选择浅色主题。

在颜色主题界面中单击"启动 Visual Studio"按钮进入开始界面，如图 3-49 所示。

图 3-48　VS 颜色主题界面

图 3-49　VS 开始界面

（2）新建 C++空项目。

在开始界面中单击"创建新项目"按钮，打开"创建新项目"窗口，如图 3-50 所示。

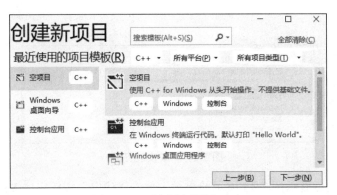

图 3-50 "创建新项目"窗口

在"创建新项目"窗口中选择"空项目",然后单击"下一步"按钮,打开"配置新项目"窗口,如图 3-51 所示。

在"配置新项目"窗口中输入项目名称 Proj1(可根据需要自己命名),项目位置选择默认路径,然后单击"创建"按钮,完成创建一个空项目并进入该空项目。

(3)添加 C 源程序。

右击"解决方案"下项目中的"源文件"文件夹,在弹出的快捷菜单中选择"添加"下的"新建项"命令,如图 3-52 所示,弹出 Proj1 项目的"添加新项"对话框,如图 3-53 所示。

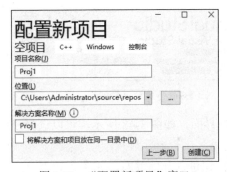

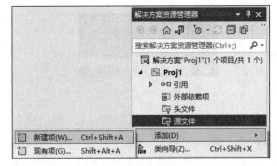

图 3-51 "配置新项目"窗口   图 3-52 选择"新建项"命令

图 3-53 "添加新项"对话框

在"添加新项"对话框中选择"C++文件(.cpp)",输入文件名为 F1(文件名可自己命名),默认扩展名为.cpp,如图 3-53 所示。

单击"添加"按钮后,生成 F1.cpp 文件的编辑窗口,输入图 3-54 所示的源程序。

图 3-54　编辑源程序文件

（4）运行 C 程序。

选择"生成"菜单下的"重新生成解决方案"命令，如图 3-55 所示，提示已经生成 C:\Users\Administrator\source\repos\Proj1\x64\Debug\Proj1.exe 文件；选择"调试"菜单下的 "开始执行（不调试）"命令或按 Ctrl+F5 组合键，如图 3-56 所示，弹出运行 Proj1.exe 文件 的窗口，输出 OK，运行效果如图 3-57 所示。

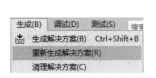

图 3-55　重新生成解决方案命令　　　图 3-56　运行程序命令　　　　图 3-57　运行效果

3.4.3　VS 编译运行 x86 汇编程序

VS 编译运行 x86 即 32 位汇编程序，步骤如下。

（1）打开 VS。

单击桌面左下角的"开始"按钮，选择 Visual Studio 2022 命令，进入 VS 2022 开始界面。

（2）新建 C++空项目。

在开始界面中单击"创建新项目"按钮，打开"创建新项目"窗口。在"创建新项目" 窗口中选择"空项目"，然后单击"下一步"按钮，打开"配置新项目"窗口。在"配置新 项目"窗口中输入项目名称 Proj1，项目位置选择默认路径，然后单击"创建"按钮，完成 创建一个空项目并进入该空项目。

（3）生成依赖项。

右击项目名称 Proj1，在弹出的快捷菜单中选择"生成依赖项"下的"生成自定义"命 令，如图 3-58 所示，弹出"Visual C++生成自定义文件"对话框。

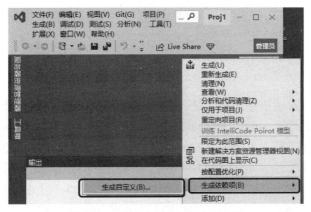

图 3-58　项目"生成自定义"命令

在"Visual C++生成自定义文件"对话框中选中 masm(.targets,.props)复选框，如图 3-59 所示，然后单击"确定"按钮。

图 3-59　Visual C++生成自定义文件

（4）添加汇编源程序。

右击"解决方案资源管理器"下的"源文件"，在弹出的快捷菜单中选择"添加"下的"新建项"命令，如图 3-60 所示，弹出 Proj1 项目的"添加新项"对话框，如图 3-61 所示。

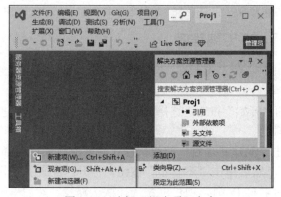

图 3-60　选择"新建项"命令

图 3-61　"添加新项"对话框

在"添加新项"对话框中选择"C++文件(.cpp)"，输入文件名为 M.asm（文件名可自己命名，但扩展名必须为.asm），如图 3-61 所示。

单击"添加"按钮后，系统生成 M.asm 文件的编辑窗口，输入 3.3 节中的源程序，如图 3-62 所示，这里库文件 msvcrt.lib 增加了路径 D:\KSTemp\lib_C（运行考试系统后会在 D 盘中创建该文件夹，该文件夹中包含 VC++的 msvcrt.lib 文件）。另外，工具栏中的解决方案平台必须选择 x86，以便生成 32 位应用程序，而不是 x64 应用程序。

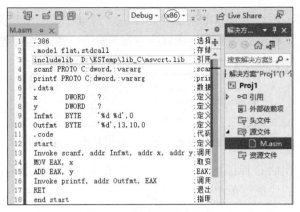

图 3-62　编辑源程序文件

（5）运行汇编程序。

选择"生成"菜单下的"重新生成解决方案"命令，提示已经生成 C:\Users\Administrator\source\repos\Proj1\Debug\Proj1.exe 文件；选择"调试"菜单下的"开始执行（不调试）"命令或按 Ctrl+F5 组合键，弹出运行 Proj1.exe 文件的窗口，输入整数 3 和 4 并按 Enter 键，输出结果为 7，运行效果如图 3-63 所示。

图 3-63　运行效果

3.4.4　VS 汇编程序调用 C 库文件

在项目中要引用 C 库文件，都要给出完整的路径，在可移植性等方面表现不佳，VS 提供了自动查找附加库路径的功能，实现方法如下。

右击解决方案中的工程名称 Proj1，在弹出的快捷菜单中选择"属性"命令，弹出工程属性页，选择"链接器"下的"常规"选项，将"附加库目录"设置为 msvcrt.lib 所在的文件夹，这里为 D:\KSTemp\lib_C（运行考试系统后会在 D 盘中创建该文件夹，该文件夹中包含 VC++的 msvcrt.lib 文件），如图 3-64 所示。

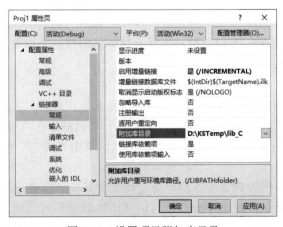

图 3-64　设置项目附加库目录

将 D:\KSTemp\lib_C 设为项目的附加库路径后，源程序不必给出完整路径，如图 3-65 所示，选择"生成"菜单下的"重新生成解决方案"命令，重新运行程序，得到相同效果。

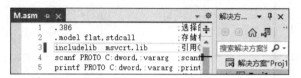

图 3-65　设置项目附加库路径后引用 C 库无须完整路径

也可以将项目引用的 C 库添加到项目的资源文件中，操作方法是，右击项目名称下的"资源文件"，在弹出的快捷菜单中选择"添加"下的"现有项"命令，如图 3-66 所示。在弹出的"添加现有项"对话框中，打开 C 库所在的文件夹（这里是 D:\KSTemp\lib_C，具体因系统而异），选中 MSVCRT.LIB 文件，再单击对话框右下角的"添加"按钮，这样即可将该库文件添加到项目的"资源文件"中，如图 3-67 所示。此时，相应的库文件不必再指定完整路径。

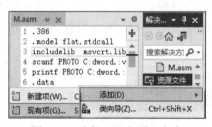

图 3-66　选择"现有项"命令　　　　图 3-67　添加资源文件

3.4.5　VS 编译运行 x64 汇编程序

VS 编译运行 x64 汇编程序的步骤如下。

（1）打开 VS。

单击桌面左下角的"开始"按钮，然后选择 Visual Studio 2022 命令，进入 VS 2022 开始界面。

（2）新建 C++空项目。

在开始界面中单击"创建新项目"按钮，进入"创建新项目"窗口。在"创建新项目"窗口中选择"空项目"，然后单击"下一步"按钮，进入"配置新项目"窗口。在"配置新项目"窗口中输入项目名称 Proj1，项目位置选择默认路径，然后单击"创建"按钮，完成创建一个空项目并进入该空项目。

（3）生成依赖项。

在空项目中右击项目名称 Proj1，在弹出的快捷菜单中选择"生成依赖项"下的"生成自定义"命令，弹出"Visual C++生成自定义文件"对话框。在"Visual C++生成自定义文件"对话框中选中 masm(.targets,.props)复选框，然后单击"确定"按钮。

（4）添加汇编源程序。

右击"解决方案资源管理器"下的"源文件"文件夹，在弹出的快捷菜单中选择"添加"下的"新建项"命令，弹出 Proj1 项目的"添加新项"对话框。在"添加新项"对话框中选择"C++文件(.cpp)"，并输入一个文件名 M.asm（文件名可自己命名，但扩展名必须为.asm）。单击"添加"按钮后，系统生成 M.asm 文件的编辑窗口，输入例 3-05 中的源程序。另外，工具栏中的解决方案平台必须选择 x64（默认），以便生成 x64 应用程序。

例 3-05　从键盘输入两个 64 位整数，求这两个整数的和并输出。

源程序如下：

```
        Includelib      legacy_stdio_definitions.lib  ;定义 printf
        includelib      ucrtd.lib                     ;定义 printf 引用函数，也可以用 ucrt.lib
        includelib      oldnames.lib                  ;引用 getch 函数
        ExitProcess     PROTO
        printf          PROTO
        scanf           PROTO
        .data
        x               QWORD           ?
        y               QWORD           ?
        sum             QWORD           0
        fmt             BYTE            '%I64d',0
        fmt2            BYTE            '%I64d %I64d',0
        .code
        main            proc
        lea             r8,y                          ;以下 4 行代码相当于 invoke scanf,addr fmt2,addr x,addr y
        lea             rdx,x
        lea             rcx,fmt2
        call            scanf                         ;各参数对应寄存器为 RCX、RDX、R8、R9

        mov             rax,x
        add             rax,y
        mov             sum,rax

        mov             rdx,sum                       ;以下 3 行代码相当于 invoke printf,addr fmt,sum
        lea             rcx,fmt
        call            printf

        call            getch                         ;暂停
        mov             ecx,0
        call            ExitProcess
        main            endp
        end
```

（5）添加工程附加库目录。

右击"解决方案资源管理器"中的工程名称 Proj1，在弹出的快捷菜单中选择"属性"命令，弹出工程属性页，选择"链接器"下的"常规"选项，将"附加库目录"设置为 legacy_stdio_definitions.lib 所在的文件夹，这里默认为 C:\Program Files\Microsoft Visual Studio\2022\Enterprise\VC\Tools\MSVC\14.31.31103\lib\x64（文件夹名不能有多余空格），具体因系统安装而异，例如专业版默认文件夹名为 C:\Program Files\Microsoft Visual Studio\2022\Professional\VC\Tools\MSVC\14.31.31103\lib\x64。库文件 ucrtd.lib 的路径 C:\Program Files (x86)\Windows Kits\10\Lib\10.0.19041.0\ucrt\x64 可不设置。若运行过考试系统，也可以在这 3 个库文件前分别加路径 D:\KSTemp\Lib_64。

（6）指定程序入口函数。

在上一步骤的工程属性页中，选择"链接器"下的"命令行"选项，在"其他选项"中设置程序的入口函数为 main，即/entry:main，如图 3-68 所示。

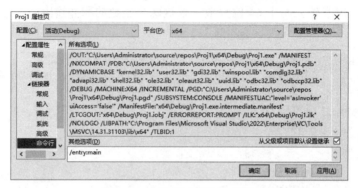

图 3-68　设置程序的入口函数

（7）运行汇编程序。

选择"生成"菜单下的"重新生成解决方案"命令，提示已经生成 C:\Users\Administrator\source\repos\Proj1\x64\Debug\Proj1.exe 文件；选择"调试"菜单下的"开始执行（不调试）"命令或按 Ctrl+F5 组合键，若是求 32 位以内的两个整数的和，则运行效果与 x86 版本相同；若是 64 位数据（十进制 19 位），则运行效果如下：

运行后输入：

```
112233445566778899
112233445566778899
```

则输出结果为：

```
224466891133557798
```

若将其复制到其他环境运行，还要有动态链接库 ucrtbased.dll，且修改日期必须是 2020 年12月2日5:31:00 的版本（如 C:\Program Files (x86)\Windows Kits\10\bin\10.0.19041.0\x64\ucrt）。

3.4.6　安装高亮插件

在安装高亮插件 AsmDude 之后，汇编源程序编辑窗口中的代码将有更鲜明的颜色和更丰富的字体，如图 3-69 所示，方便编辑和查错等，因此建议安装高亮插件。

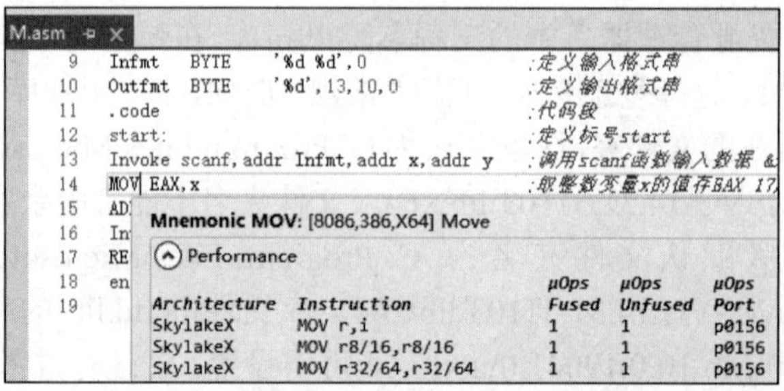

图 3-69　安装 AsmDude 之后汇编源程序编辑窗口中代码的样式

安装高亮插件的步骤如下：

（1）通过 VS 下载高亮插件。

选择"扩展"菜单下的"管理扩展"命令，如图 3-70 所示，打开"管理扩展"对话框。在"管理扩展"对话框的左上角选择"联机"（默认），在右上角文本框中输入要搜索的字词 ASMDude，如图 3-71 所示。然后单击搜索结果右上角的"下载"按钮，即可开始下载插件，下载过程如图 3-72 所示。

图 3-70　选择"管理扩展"命令

图 3-71　"管理扩展"对话框

图 3-72　下载 AsmDude 插件

（2）通过网站下载高亮插件。

如果通过 VS 无法下载高亮插件，可以通过以下网站下载，网站界面如图 3-73 所示。编写本书时 AsmDude.vsix 的最新版本为 1.9.6.14 版，文件大小为 6.57MB，单击该文件名即可将其下载到本地硬盘。另外，单击 Source code 还可以下载源代码。

https://github.com/HJLebbink/asm-dude/releases

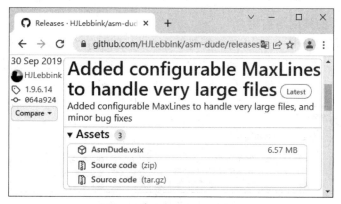

图 3-73　AsmDude 下载网站

注意

（1）要选择与 VS 对应的版本，否则无法安装。本书中，与 AsmDude 对应的版本是 VS 2019。

（2）可能会被 360 等杀毒软件当作病毒。

（3）安装高亮插件。

通过 VS 下载后，插件自动进入安装步骤；若通过网站下载，则要双击 AsmDude.vsix 进入安装步骤，如图 3-74 所示。

图 3-74　开始安装 AsmDude

单击 Modify 按钮，显示正在安装界面，如图 3-75 所示。安装完成后弹出图 3-76 所示的对话框，单击 Close 按钮结束插件安装。

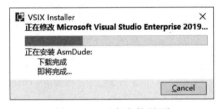

图 3-75　正在安装界面　　　　　　　　　　图 3-76　安装完成

 注意

（1）要关闭并重新启动 VS，汇编源程序（*.asm）编辑界面才能显示高亮效果。

（2）若汇编源程序扩展名不是.asm，仍然不会有高亮效果。

（4）高亮插件的禁用与启用。

安装完高亮插件之后，可以在"管理扩展"对话框的"已安装"列表中找到已安装的 AsmDude 插件。在启用状态，单击"禁用"按钮可禁用高亮插件，如图 3-77 所示；在禁用状态，单击"启用"按钮可重新进入启用状态，如图 3-78 所示。

图 3-77　禁用 AsmDude 界面

图 3-78 启用 AsmDude 界面

3.5 C/C++嵌入汇编指令

在 C/C++中嵌入汇编指令的格式如下：

```
// C/C++源程序语句
    __asm
    {
            ;汇编指令，此处可用汇编语言的注释，也可用 C 语言的注释
    }
// C/C++源程序语句
```

3.5.1 用汇编指令访问 C 程序整型变量

C 程序的整型、浮点型、字符型等变量，嵌入的汇编指令可以直接访问。

例 3-06 在 C 程序中用嵌入汇编指令访问变量，实现求 x 与 y 之和并将结果存入 z，然后在 C 程序中输出该和。

用加法指令实现 x+y（计算过程中借用 EAX 寄存器），结果存入 z。

源程序如下：

```
#include "stdio.h"
void main()
{
    int x,y,z;
    scanf("%d %d",&x,&y);
    __asm
    {
        mov         eax,x        ;取变量 x 的值存入寄存器 eax
        add         eax,y        ;将变量 y 的值加上寄存器 eax 的值存入寄存器 eax
        mov         z,eax        ;将寄存器 eax 存入变量 z
    }
    printf("%d\n",z);
}
```

运行后输入：

3 4

则输出结果为：

7

3.5.2　用汇编指令读 C 程序整型数组元素

对于数组元素，嵌入的汇编指令可用基址变址寻址方式进行访问（详见后续章节），取数组首地址作为基址，下标作为变址，元素字节数作为比例因子，例如：

```
MOV  EBX,a              ;取数组 a 首地址，不能用 LEA ebx,a，假设已定义 int a[3]
MOV  ESI,0              ;以 ESI 作为变址寄存器并赋初值 0，相当于 i=0
MOV  EAX,[EBX+ESI*4]    ;整型元素字节数 4 作为比例因子，相当于 EAX←a[i]
```

例 3-07　在 C 函数中嵌入汇编指令读取整型数组 a 的元素值，求数组中 3 个元素之和，并在 C 程序中输出。

数组 a 的首地址存入 EBX 作为基址，以变址寄存器 ESI 的值作为下标，整型元素字节数 4 作为比例因子，因此，访问第 ESI+1 个元素的基址变址寻址方式为[EBX+ESI*4]。

源程序如下：

```
#include <stdio.h>
int fun(int d[],int num);
void main()
{
    int a[3]={3,6,9};
    printf("3 个元素和为%d\n",fun(a,3));
}

int fun(int a[],int num)
{
    long temp=0;                     //累加和初值为 0
    __asm
    {
        mov      ebx,a               ;取数组 a 首地址，不能用 LEA ebx,a
        mov      eax,[ebx]           ;整型元素字节数 4 作为比例因子，相当于 EAX←*d
        mov      esi,1               ;以 ESI 作为变址寄存器并赋初值 1，相当于 i=1
        add      eax,[ebx+esi*4]     ;相当于 EAX←EAX+d[i]
        add      eax,[ebx+esi*4+4]   ;相当于 EAX← EAX+d[i+1]
        mov      temp,eax            ;累加和存入 temp
    }
    return temp;
}
```

输出结果为：

```
3 个元素和为 18
```

3.5.3　汇编指令写入 C 字符数组

例 3-08　C 函数中用嵌入汇编指令实现将整数 x 转换成字符表示的二进制数并写入字符数组 s，然后返回该字符串首地址，最后在 C 主函数中用键盘输入的整数调用该函数并输出转换结果。

若整数 x 的有效二进制数由第 n 位~第 0 位组成（n=0~31），则将第 n 位的数值 1 转换成字符'1'存入 s[0]（最高位存入字符数组的最左边），将第 n−1 位的数值 0 或 1 转换成字符 '0'或'1'存入 s[1]，以此类推，将第 0 位的数值 0 或 1 转换成字符'0'或'1'存入 s[n]（最低位存入字符数组的最右边）。执行 BSR ecx,x 指令找到 x 中最高位"1"的位置值 n 存入 ecx，若未找到（ZF=1），则执行 JZ Done 指令转到 Done 的位置结束程序，否则将 s[0]初值改为字符 '1'，然后进入循环处理。① 将 x 中第 0 位的值传送给进位位 CF；② 通过带进位 CF 加 30H 存入 s[ecx]；③ 将 x 右移一位以便将第 0 位移出。这 3 个操作重复执行 ecx（=n）次，实现将 x 的第 0 位到第 n−1 位转换成字符存入字符数组 s 中的 s[n]到 s[1]。以下循环没有处理 x 中的第 n 位，因为到第 n 位时，ecx 的值等于 0，LOOP 指令退出循环，所以，x 中的第 n 位要通过赋初值完成对 s[0]的赋值，且保证 x 为 0 时 s[0]为字符'0'，x 不为 0 时 s[0]为字符'1'。

源程序如下：

```
#include <stdio.h>
char* d2b(int x,char s[]);
void main()
{
    char s[33]={0};//存二进制数字符串
    int x;
    scanf("%d",&x);
    printf("%dD=%sB\n",x,d2b(x,s));
}


char* d2b(int x,char s[])
{//将数值 x 转换为二进制数，结果以字符串形式存入字符数组 s 中
    __asm//数组名 s 存的是其内容的首地址，s[i]存的是其内容的第 i 个元素
    {//其中涉及 BSR、JZ、BT、ADC、SHR、LOOP 指令，详见后续章节
    mov         eax,s            ;取 s 首地址,以便用[eax]访问 s[0],用[eax+ecx]访问 s[ecx]
    mov         byte ptr[eax],30H    ;置数组 s 第 0 个元素初值为字符'0'，即 s[0]='0'
    BSR         ecx,x            ;在 x 中找到最高位"1"的位置值存入 ecx，若找到，置 ZF 为 0
    JZ          Done             ;若未找到（ZF=1），则转 Done
    mov         byte ptr[eax],31H    ;否则将 s[0]初值改为字符'1'
    next:
    BT          x,0              ;x 中第 0 位的值传送给进位位 CF
    ADC         byte ptr[eax+ecx],30H ;带进位 CF 加 30H 存入 s[ecx]
    SHR         x,1              ;处理完第 0 位后将 x 右移一位
    LOOP        next ;若 ecx 减 1 后不等于 0，则转 next 处；若 ecx 减 1 后等于 0，则由置初值处理
    Done:                        ;返回值保存于 eax 中数组 s 的首地址
    }
}
```

例 3-08

运行后输入：

255

则输出结果为：

255D=11111111B

3.6 C 反汇编生成汇编源程序

3.6.1 设置 C 程序生成汇编源程序

在 VC 集成开发环境 FileView 中右击 C/C++源程序文件，在弹出的快捷菜单中选择"设置"命令，弹出图 3-79 所示的对话框，在 C/C++选项卡中设置"分类"为"文件列表"，"列表文件类型"为 Assembly with Source Code，单击"确定"按钮。编译 C/C++源程序后会在工程所在文件夹下的 Debug 文件夹中产生扩展名为.asm 的汇编源程序。

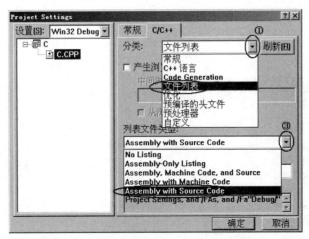

图 3-79　设置 VC 编译 C/C++源程序时生成汇编源程序（*.asm）

3.6.2 修改 C 反汇编源程序

（1）创建 C 工程 Proj1 并新建一个求乘积的 C 源程序 F1.CPP。

例 3-09　用 C 语言编写一个求乘积的程序。

源程序如下：

```
#include "stdio.h"
void main()
{
    int a,b,c;
    scanf("%d %d",&a,&b);
    c=a*b;
    printf("%d*%d=%d\n",a,b,c);
}
```

运行后输入：

2 3

则输出结果为：

2*3=6

（2）按前一小节设置生成汇编源程序，单击"编译"按钮后，在 Proj1\Debug 文件夹中找到 F1.asm 并用记事本打开，且在第 2 行.386P 之后添加 includelib msvcrt.lib，对 include listing.inc 语句进行注释。需要说明的是，反汇编生成的源程序.model 没有指定函数调用方式，默认为 syscall，故引用 scanf、printf 等函数名时要加前缀下画线"_"。

添加 msvcrt.lib 库文件后的源程序如下：

```
TITLE C:\Documents and Settings\Administrator\Add\C.CPP
.386P
includelib   msvcrt.lib                                   ;添加 msvcrt.lib 库文件
;include listing.inc
if @Version gt 510
.model FLAT                                               ;默认为 syscall，函数名前需要加下画线"_"
else
_TEXT       SEGMENT PARA USE32 PUBLIC 'CODE'
_TEXT       ENDS
_DATA       SEGMENT DWORD USE32 PUBLIC 'DATA'
_DATA       ENDS
CONST       SEGMENT DWORD USE32 PUBLIC 'CONST'
CONST       ENDS
_BSS   SEGMENT DWORD USE32 PUBLIC 'BSS'
_BSS   ENDS
$$SYMBOLS      SEGMENT BYTE USE32 'DEBSYM'
$$SYMBOLS      ENDS
$$TYPES    SEGMENT BYTE USE32 'DEBTYP'
$$TYPES    ENDS
_TLS   SEGMENT DWORD USE32 PUBLIC 'TLS'
_TLS   ENDS
; COMDAT ??_C@_05MJGO@?$CFd?5?$CFd?$AA@
CONST       SEGMENT DWORD USE32 PUBLIC 'CONST'
CONST       ENDS
; COMDAT ??_C@_09JKPD@?$CFd?$CL?$CFd?$DN?$CFd?6?$AA@
CONST       SEGMENT DWORD USE32 PUBLIC 'CONST'
CONST       ENDS
; COMDAT _main
_TEXT       SEGMENT PARA USE32 PUBLIC 'CODE'
_TEXT       ENDS
FLAT   GROUP _DATA, CONST, _BSS
  ASSUME   CS: FLAT, DS: FLAT, SS: FLAT
Endif
PUBLIC     _main
PUBLIC     ??_C@_05MJGO@?$CFd?5?$CFd?$AA@                        ;`string'
PUBLIC     ??_C@_09LEGG@?$CFd?$CK?$CFd?$DN?$CFd?6?$AA@  ;`string'
EXTRN      _printf:NEAR
EXTRN      _scanf:NEAR
EXTRN      __chkesp:NEAR
; COMDAT ??_C@_05MJGO@?$CFd?5?$CFd?$AA@
; File C:\Documents and Settings\Administrator\Add\C.CPP
CONST       SEGMENT
??_C@_05MJGO@?$CFd?5?$CFd?$AA@ DB '%d %d', 00H             ; `string'
CONST       ENDS
```

```
; COMDAT ??_C@_09JKPD@?$CFd?$CL?$CFd?$DN?$CFd?6?$AA@
CONST     SEGMENT
??_C@_09LEGG@?$CFd?$CK?$CFd?$DN?$CFd?6?$AA@ DB '%d*%d=%d', 0aH, 00H ; `string'
CONST     ENDS
; COMDAT _main
_TEXT     SEGMENT
_a$ = -4
_b$ = -8
_c$ = -12
_main PROC NEAR                               ; COMDAT

; 3    : {
```

push	ebp	;保护主程序的堆栈基址 ebp，系统自动添加的代码
mov ebp,esp		;设置子程序的堆栈基址 ebp
sub	esp, 76	;76=0000004cH，局部变量存储空间预留 76 字节
push	ebx	;保存相关寄存器值到局部变量以下位置
push	esi	
push	edi	
lea	edi, DWORD PTR [ebp-76]	;edi 指向预留的 76 字节存储空间并置初值 0ccH(INT 3)
mov	ecx, 19	;00000013H
mov	eax, -858993460	;-858993460=ccccccccH
rep stosd		;用 eax 内容（ccccccccH）填充 edi 指定的 76 字节（19 个双字）存储空间

```
; 4    :    int a,b,c;
; 5    :    scanf("%d %d",&a,&b);
```

lea	eax, DWORD PTR _b$[ebp]
push	eax
lea	ecx, DWORD PTR _a$[ebp]
push	ecx
push	OFFSET FLAT:??_C@_05MJGO@?$CFd?5?$CFd?$AA@; `string'
call	_scanf
add	esp, 12 ;0000000cH

```
; 6    :    c=a*b;
```

mov	edx, DWORD PTR _a$[ebp]
imul	edx, DWORD PTR _b$[ebp]
mov	DWORD PTR _c$[ebp], edx

```
; 7    :    printf("%d*%d=%d\n",a,b,c);
```

mov	eax, DWORD PTR _c$[ebp]
push	eax
mov	ecx, DWORD PTR _b$[ebp]
push	ecx
mov	edx, DWORD PTR _a$[ebp]
push	edx
push	OFFSET FLAT:??_C@_09LEGG@?$CFd?$CK?$CFd?$DN?$CFd?6?$AA@; `string'
call	_printf

add	esp, 16	;00000010H

; 8　　: }

pop	edi	;还原相关寄存器，系统自动添加的代码
pop	esi	
pop	ebx	
add	esp, 76	;0000004cH
cmp	ebp, esp	
call	__chkesp	
mov esp,ebp		;恢复主程序的堆栈指针 esp
pop ebp		;恢复主程序的堆栈基址 ebp
ret	0	

_main	ENDP
_TEXT	ENDS
END	

（3）创建 C 工程 Pm 并新建一个求乘积的汇编源程序 M.asm，将修改后的 F1.asm 内容复制到 M.asm，右击工程 FileView 中的 M.asm，在弹出的快捷菜单中选择"设置"命令，在弹出的对话框的"自定义组建"中设置编译命令为 d:\masm32\bin\ml.exe /c /coff m.asm，设置输出的目标文件为 m.obj，然后即可开始编译运行，运行结果同 C 程序。

习题 3

3-1　已知变量 a 如下，试根据编译结果说明执行 inc a 和 add a,1 在时间上有何差别。

a dword　　41424344H

3-2　利用嵌入汇编指令直接访问整型变量，求 z=x×y（用 IMUL 指令实现乘运算），请补充程序。

源程序如下：

```
#include "stdio.h"
void main()
{
    int x,y,z;
    scanf("%d %d",&x,&y);
    __asm
    {


    }
    printf("%d\n",z);
}
```

运行后输入：

2　3

则输出结果为:

```
6
```

3-3 利用嵌入汇编指令读取整型数组元素,实现在函数中求数组元素的积,请补充程序。

源程序如下:

```
#include <stdio.h>
int fun(int d[],int num);
void main()
{
    int array[10]={1,2,3,4,5,6,7,8,9,10};
    printf("乘积为%d\n",fun(array,10));
}
int fun(int d[],int num)
{
    long temp=0;
    __asm
    {



    }
    return temp;
}
```

3-4 以下是一个求乘积的 C 程序,用 VC 反汇编得到以下 C 程序的汇编语言源程序,进行修改后在 VC 下运行。

源程序如下:

```
#include "stdio.h"
void main()
{
    double a,b,c;
    scanf("%lf %lf",&a,&b);
    c=a*b;
    printf("%g*%g=%g\n",a,b,c);
}
```

3-5 用调试器软件跟踪运行以下源程序对应的可执行文件,观察每一条指令运行后相关寄存器的值,并说明最终运行结果代表的意义。

源程序如下:

```
#include <stdio.h>
int mean(int d[],int num);
void main()
{
    int a[3]={3,6,9};
    printf("结果为%d\n",mean(a,3));
}
```

```
int mean(int d[],int num)
{
    long temp=0;
    __asm
    {
            mov        ebx,d              ;取数组首地址，不能用 LEA ebx,d
            mov        temp,0             ;累加和初值
            mov        esi,0              ;以 esi 作为循环变量，相当于 i=0
mean1:      mov        eax,[ebx+esi*4]    ;eax<==d[i]
            add        temp,eax           ;temp=temp+d[i];
            inc        esi                ;add esi,1              ;i++
            cmp        esi,num            ;比较 i（存于 esi）与 num（数组元素个数）
            jb         mean1              ;如果 esi 低于 ecx（即 i<num），则转 mean1
            mov        eax,temp           ;累加和 temp 转存于 eax
            cdq                           ;扩展 eax，即 edx|eax<==eax
            idiv       num                ;做整数除，即(edx|eax)/num=eax...edx
            mov        temp,eax           ;将商部分存入 temp
    }
    return temp;
}
```

第**4**章

CPU 指令系统及控制器

本章主要介绍 32 位汇编语言指令系统，包括 386 及以上系统结构、CPU（中央处理器）指令系统等。指令系统的指令比较多，有些指令是必须使用的；而有些指令可以使程序更精简，但非必须使用，可以用其他指令代替以实现其功能。例如，变量 i 加 1 的指令 INC i 在多数情况下可用 ADD i,1 指令代替；还有些指令要有特定权限才能执行特定功能，如 IN/OUT 等指令。因此，读者在学习时可以先掌握那些非用不可的指令，了解可替代指令，暂时不学特定权限指令。通过本章的学习，读者应该能完成以下学习任务。

（1）了解计算机系统的组成和 80386 微处理器的基本结构及其引脚，熟悉 CPU 寄存器组，了解标志寄存器各标志位的作用，了解 80X86 处理器的工作模式。

（2）熟悉主存的分类，掌握存储器的字位扩展方法和 CPU 与存储器的连接方法，熟悉多字节数值数据和字符串数据的存储原则，掌握数据对齐访问与非对齐访问。

（3）理解机器指令的不同格式与编码思想，理解时序系统，理解模型机寄存器的设置与指令的执行过程，理解控制器的 3 种设计方法。

（4）掌握操作数寻址方式和使用场合。

（5）熟悉数据传送指令 MOV 的作用和限制，熟悉填充指令 MOVSX/MOVZX 的使用方法和场合，了解交换指令 XCHG 和 BSWAP 的作用。

（6）了解字节查表转换指令 XLAT/XLATB 的作用。

（7）掌握出入栈指令 PUSH/POP 的使用方法。

（8）掌握 LEA 取地址和 ADDR/OFFSET 取地址的作用与区别。

（9）掌握进位位 CF 和方向位 DF 的相关操作指令。

（10）掌握加减乘除指令 ADD/SUB/IMUL/IDIV，了解带进（借）位加减指令 ADC/SBB。

（11）了解加减 1 指令 INC/DEC 的使用方法。

（12）掌握符号扩展指令 CDQ 等的使用方法。

（13）掌握比较指令 CMP 和测试指令 TEST 的使用方法，其中涉及转移指令 JNZ 和 JMP 的使用。

（14）掌握逻辑运算指令以实现复杂的逻辑运算。

（15）掌握算术移位指令（SAL/SAR）实现有符号数乘/除 2^n。

（16）结合重复（REP/REPE/REPNE）前缀掌握移串（MOVS）、取串（LODS）、存串（STOS）、串比较（CMPS）、串扫描（SCAS）指令的使用方法和场合，其中涉及 .IF 伪指令的使用。

（17）了解空操作指令 NOP 的使用场合，了解读时间戳计数器指令 RDTSC 的作用，了解获得 CPU 信息指令 CPUID 的作用。

第 12 讲 1

4.1 系 统 结 构

1985 年，Intel 公司推出了 32 位结构（Intel Architecture-32，IA-32）的 80386 微处理器，其数据总线和地址总线都是 32 位的，可寻址 4GB（2^{32}B）内存空间。系统结构如图 4-1 所示。

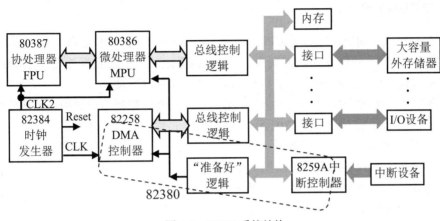

图 4-1　80386 系统结构

1. 80386 微处理器

80386 微处理器简称 MPU，习惯上仍称其为 CPU，是系统的主要控制部件，从存储器中取出的指令主要在 80386 微处理器中执行。

2. 协处理器

协处理器（FPU）与微处理器并行工作，执行浮点指令，完成浮点数运算和高精度整型数运算。80486 微处理器将浮点处理部件 80X87 FPU 集成到了微处理器内。

3. 82384 时钟发生器

计算机通电时，首先由 82384 时钟发生器产生整机复位信号（reset），使计算机各个部件处于初始状态。例如，设置指令指针寄存器（EIP）的初值为 FFFFFFF0H，使系统通电后首先从该单元开始执行，因此，只要在此单元位置存放一条转移指令，转到引导程序（ROM BIOS 等）入口处，即可开始计算机系统的工作。

82384 时钟发生器还为 80386 及其相关芯片提供时钟信号。它输出两种时钟信号：CLK2 和 CLK。CLK2 是 CLK 的倍频，作为微处理器和协处理器的时钟信号，而 CLK 作为 I/O 设备等其他电路的时钟信号。

4. 总线控制逻辑

总线控制逻辑对 80386 输出的总线周期定义信号（M/$\overline{\text{IO}}$、D/$\overline{\text{C}}$、W/$\overline{\text{R}}$）进行译码，产生相应周期的操作命令（如存储器读命令 $\overline{\text{MRDC}}$、存储器写命令 $\overline{\text{MWTC}}$、I/O 读命令

$\overline{IORC}$、I/O 写命令 $\overline{IOWC}$ 和中断响应信号 $\overline{INTA}$ 等）以及控制信号（数据收发控制信号 DT/$\overline{R}$、数据传送允许信号 DEN 和地址锁存信号 ALE）。

5. 中断控制器

早期用查询方式进行 I/O 操作，在 80386 系统中，也采用 8259A 或与之相当的逻辑来管理外部硬件中断。

6. 82258DMA 控制器

早期数据输入、输出都要经过 CPU，例如 IN AL,DX 和 OUT DX,AL，效率低，后来采用 DMA 方式。DMA 控制器用来控制内存和 I/O 设备之间的直接数据传输。在 80386 时代采用 DMA 方式进行数据传输的典型 I/O 设备是硬盘和软盘驱动器。

在早期的 80386 系统中，中断控制逻辑、DMA 控制器等控制逻辑采用高集成度的芯片，后来出现了控制芯片组。例如 82380，一片高集成度芯片包括以下逻辑。

❏ 32 位的 8 通道 DMA 控制器。
❏ 与 3 片 82C59A 相当的中断控制器。
❏ 与 4 片 82C54 相当的可编程计数器/定时器。
❏ DRAM 刷新控制器（含 24 位的刷新地址计数器和判断逻辑）。
❏ 其他，例如可编程的 READY 信号产生器。

因此，图 4-1 所示的中断控制器、DMA 控制器以及"准备好"逻辑可用一片 82380 实现。

需要指出的是，图 4-1 所示仅为 80386 系统组成的主要部分，还有一些组成部分没有显示出来，如高速缓冲存储器及其控制器。在早期的 80386 系统中，高速缓存控制器一般采用 82385，它可以控制容量为 32KB 的高速缓存。

4.2 微 处 理 器

第 12 讲 2

4.2.1 微处理器的基本结构

微处理器主要由运算器和控制器两部分组成。运算器由算术逻辑单元（ALU）、寄存器组等组成。控制器由指令指针寄存器（64 位为 RIP，32 位为 EIP，16 位为 IP，早期称为程序计数器 PC）、指令寄存器（IR，透明的）、指令译码器、时序部件、控制信号形成部件等组成。控制器的主要功能如下。

（1）取指令。以指令指针寄存器的值为地址，从内存中取出一条指令，并让指令指针寄存器指向下一条指令。

（2）分析指令，又称译码指令。对取出的指令机器码进行译码分析，根据指令操作码分析出是哪一类的指令，根据地址码确定是哪一类操作数（存储单元、寄存器或立即数），产生相应操作的控制电位，形成该指令所需要的控制命令或微操作控制信号。

（3）执行指令。根据分析指令产生的操作控制命令或微操作控制信号，通过运算器、存储器及 I/O 设备的执行，实现每条指令的功能。

以上是早期微处理器的程序执行过程，现在微处理器采用流水线技术，指令通过预取部件进行预取，通过预译码部件进行译码，通过执行部件形成控制命令或信号，3 个阶段并发进行。

Intel 80386 微处理器包括指令预取部件、指令预译码部件、执行部件、分段部件、分页部件、总线接口部件等，如图 4-2 所示。

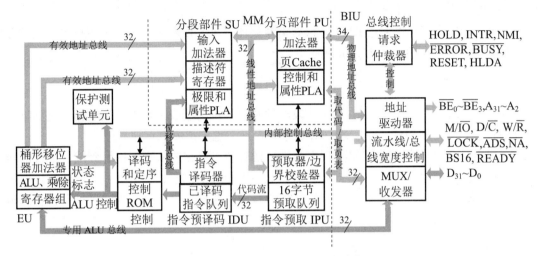

图 4-2　80386 微处理器的基本结构

1. 指令预取部件

指令预取部件（IPU）包含 16 个字节的预取队列寄存器，当总线空闲周期到来时，来自存储器的指令流通过数据总线（D_{31}~D_0）以 4 个字节为单位进行读取，存到指令预取队列寄存器中。80386 的平均指令长度为 3.5 字节，故预取队列寄存器约可存放 5 条指令。

2. 指令预译码部件

指令预译码部件（IDU）实现指令预译码，完成从指令到微指令的转换，以供执行部件调用，可以节省取指令和译码的时间。指令译码器从指令预取队列中取指令，将操作码译成与该指令操作码相对应的控制存储器（ROM）的入口地址，并存入已译码的指令队列中，该队列可容纳 3 条已译码指令。

3. 执行部件

执行部件（EU）由 8 个通用寄存器、1 个 32 位的算术逻辑运算单元、1 个乘/除法器和 1 个 64 位桶形移位加法器组成。80386 采用微程序控制方式，所有 80386 指令对应的微程序都存放在其内部的控制存储器（ROM）中，所以一条 80386 指令的执行过程实际是逐条执行该指令所对应的微程序中的微指令的过程。为缩短微指令宽度，即简化控制存储器电路，微指令中广泛使用字段编译法，因此在执行微指令的过程中还需要译码，即控制单元要对微指令的字段进行译码，产生一条指令操作的时序控制信号（即微操作信号）。通用寄存器既可用于数据操作，也可用于地址计算。乘/除法器能在 1 个时钟周期内完成 1 位的乘/除法运算，最快允许在 40 个时钟周期内进行 32 位的乘法或除法运算。桶形移位寄存器用来有效地实现移位、循环移位和位操作指令的功能，同时也用于辅助乘法和其他操作，在

1个时钟周期内能将任何类型的数据移动任意位。

80386的各个功能部件既能独立工作，又能与其他部件配合工作。因此，80386可采用比8086并行度更高的流水线操作方式。从图4-2中可以看出，总线接口部件（BIU）、指令译码部件（IDU）、执行部件（EU）及存储管理部件（MMU）4个部件并行工作。因此，80386的指令流水线为4级。

80486指令执行部件采用RISC（精简指令集计算机）技术和5级流水线技术，大部分基本指令的执行时间为1个时钟周期。

4. 分段部件

80386存储管理部件（MMU）由分段部件和分页机构组成，实现了从逻辑地址到物理地址的转换，既支持段式存储管理、页式存储管理，也支持段页存储管理。

分段部件（SU）按指令要求实现有效地址的计算，以完成从逻辑地址到线性地址的转换，同时完成总线周期分段的违法检查（由保护测试单元完成）；然后将转换后的线性地址连同总线周期事务处理信息发送到分页部件PU。SU通过提供一个额外的寻址器件对逻辑地址空间进行管理，可以实现任务之间的隔离，也可以实现指令和数据区的再定位。

5. 分页部件

分页部件（PU）把由SU或IPU产生的线性地址转换成物理地址，这种转换是通过两级页面重定位机构来实现的。所以，PU提供了对物理地址空间的管理。PU是80386芯片新增的部件，首次将分页机制引入80X86结构，每页大小为4KB，每一段可以是一页，也可以是若干页。PU又是一个可选件，若不使用PU，80386的线性地址就是物理地址。

6. 总线接口部件

总线接口部件（BIU）通过数据总线、地址总线、控制总线实现与外部环境的联系，提供中央处理部件和系统之间的高速接口，其功能是产生访问存储器和I/O端口（即完成总线周期）所必需的地址、数据和命令信号，实现从存储器中预取指令、读/写数据，从I/O端口读/写数据，以及实现其他的控制功能。这些动作能与当前的任何操作同时进行。总线接口部件被设计成能接收并优化多个内部总线的请求，这使其在服务于请求时能最大限度地利用所提供的总线宽度。

80386的数据总线和地址总线都是32位的，由于它们是分开的，所以80386总线周期仅为两个时钟周期。

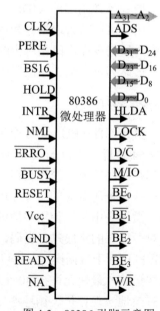

4.2.2　80386微处理器引脚

80386微处理器通过引脚与内存储器等部件连接，主要引脚如图4-3所示，各引脚功能如下。

（1）$D_{31} \sim D_0$：32位数据总线，是传送数据的双向总线。

（2）$A_{31} \sim A_2$、$\overline{BE_3} \sim \overline{BE_0}$：$A_{31} \sim A_0$是32位地址总线，

图4-3　80386引脚示意图

其中 A_1、A_0 在 80386 内部转成"字节使能"信号 $\overline{BE_3} \sim \overline{BE_0}$，分别作为字节 3~字节 0 的选择信号。

当 CPU 按字节读/写时，A_1A_0 两根地址线控制 $\overline{BE_3} \sim \overline{BE_0}$ 4 根使能信号线，使其仅一根有效。当 A_1A_0=00 时，仅 $\overline{BE_0}$ =0 有效，而其他 3 根为 1，处于无效状态；当 A_1A_0=01 时，仅 $\overline{BE_1}$ =0 有效，而其他 3 根无效（为 1）；当 A_1A_0=10 时，仅 $\overline{BE_2}$ =0 有效，而其他 3 根无效（为 1）；当 A_1A_0=11 时，仅 $\overline{BE_3}$ =0 有效，而其他 3 根无效（为 1）；这相当于一个 2-4 译码器的功能，如表 4-1 所示。

表 4-1　80386 末两位地址取不同值时字节的使能信号

A_1A_0	字　节　访　问	字　　访　　问	双　字　访　问
00	$\overline{BE_0}$ =0	$\overline{BE_0}$ = $\overline{BE_1}$ =0	$\overline{BE_0}$ = $\overline{BE_1}$ = $\overline{BE_2}$ = $\overline{BE_3}$ =0
01	$\overline{BE_1}$ =0	$\overline{BE_1}$ = $\overline{BE_2}$ =0	$\overline{BE_1}$ = $\overline{BE_2}$ = $\overline{BE_3}$ =0 和 $\overline{BE_0}$ =0，分两次
10	$\overline{BE_2}$ =0	$\overline{BE_2}$ = $\overline{BE_3}$ =0	$\overline{BE_2}$ = $\overline{BE_3}$ =0 和 $\overline{BE_0}$ = $\overline{BE_1}$ =0，分两次
11	$\overline{BE_3}$ =0	$\overline{BE_3}$ =0 和 $\overline{BE_0}$ =0，分两次	$\overline{BE_3}$ =0 和 $\overline{BE_0}$ = $\overline{BE_1}$ = $\overline{BE_2}$ =0，分两次

当 CPU 按字读/写时，A_1A_0 两根地址线控制 $\overline{BE_3} \sim \overline{BE_0}$ 4 根使能信号线，使其有两根有效。当 A_1A_0=00 时，$\overline{BE_0} \sim \overline{BE_1}$ 有效，其他两根无效（为 1）；当 A_1A_0=01 时，$\overline{BE_1} \sim \overline{BE_2}$ =0 有效，其他两根无效（为 1）；当 A_1A_0=10 时，$\overline{BE_2} \sim \overline{BE_3}$ =0 有效，其他两根无效（为 1）；当 A_1A_0=11 时，要分两次，使 $\overline{BE_3}$ =0、$\overline{BE_0}$ =0（非对齐访问存储单元），而其他 3 根无效（为 1）。

当 CPU 按双字读写时，A_1A_0 两根地址线控制 $\overline{BE_3} \sim \overline{BE_0}$ 4 根使能信号线，使其 4 根都有效。当 A_1A_0=00 时，$\overline{BE_3} \sim \overline{BE_0}$ 4 根使能信号线同时有效，其他情况则分两次使 $\overline{BE_3} \sim \overline{BE_0}$ 有效。

（3）CLK2：输入到 80386 的时钟。

（4）RESET：复位信号，使系统重新从 FFFFFFF0H 单元开始执行。

（5）M/$\overline{IO}$、D/$\overline{C}$、W/$\overline{R}$、$\overline{LOCK}$：总线周期定义信号。

80386 与存储器或 I/O 设备之间传送（读写）一个数据的时间称为总线周期。最基本的总线定义信号是 M/$\overline{IO}$、D/$\overline{C}$、W/$\overline{R}$，其中 D/$\overline{C}$ 控制是访问数据（D/$\overline{C}$ =1）还是取指令（D/$\overline{C}$ =0）；M/$\overline{IO}$ 控制是访问存储器（M/$\overline{IO}$ =1）还是 I/O 设备（M/$\overline{IO}$ =0）；W/$\overline{R}$ 控制是写数据（W/$\overline{R}$ =1）还是读数据（W/$\overline{R}$ =0）；$\overline{LOCK}$ 为总线锁定信号，当它为低电平时，不允许打断当前总线周期的操作。

（6）$\overline{ADS}$、$\overline{NA}$、$\overline{BS16}$、$\overline{READY}$：总线控制信号。

$\overline{ADS}$ 是地址状态信号，当该信号为低电平时，表示地址 $A_{31} \sim A_2$、字节使能信号 $\overline{BE_3} \sim \overline{BE_0}$、总线周期定义信号 M/$\overline{IO}$、D/$\overline{C}$、W/$\overline{R}$ 已经有效，80386 可以读取数据总线上的数据，或 CPU 可以向数据总线写数据。存储器或 I/O 设备控制器完成读或写操作后，向 80386 发出 $\overline{READY}$ 信号，表示结束本次总线周期，使 80386 进入下一个总线周期或空闲状态。

（7）HOLD、HLDA：总线仲裁信号。

计算机中除 80386CPU 可以控制总线外，其他 I/O 设备也可以控制总线。当 80386 访问内存或 I/O 设备时，由 80386 控制总线，此时称 80386 为主设备，内存或 I/O 设备为从设备；当 I/O 设备要输入数据到内存时，称 I/O 设备为主设备，内存为从设备。

当总线上除 80386CPU 之外的设备或控制器请求总线控制权时，如某 I/O 设备请求传送数据，则该 I/O 设备就会发出占用总线的请求（HOLD），当 80386 允许释放总线时，就发出应答信号 HLDA，并放弃总线控制权，这时 HOLD 信号是唯一送到 80386 引脚上的信号，80386 其余引脚，如 $D_{31}{\sim}D_0$、$\overline{BE_3}\sim\overline{BE_0}$、$A_{31}{\sim}A_2$、$M/\overline{IO}$、$D/\overline{C}$、$W/\overline{R}$、$\overline{LOCK}$、$\overline{ADS}$ 都处于三态输出的高阻状态，从而使请求总线控制权的设备可以占用它们。

（8）INTR、NMI：中断请求信号和不可屏蔽中断请求信号。

（9）PEREQ、$\overline{BUSY}$、$\overline{ERROR}$：协处理器接口信号。

PEREQ 为协处理器请求信号，表示协处理器要求 80386 在存储器与协处理器之间传递一个操作数。

$\overline{BUSY}$ 为协处理器忙信号，表示协处理器正在执行一条指令，此时不能再接收另一条指令。

$\overline{ERROR}$ 为协处理器出错信号，表示协处理器在执行过程中产生了某种故障。

除此之外，80386 还有连接电源和接地的引脚。

4.3 CPU 寄存器

CPU 寄存器是 CPU 中的存储单元，大多数有特定的作用。因为要兼容早期的 CPU，所以多数保留早期 CPU 的寄存器，同时又扩展了新 CPU 的寄存器。例如，早期 8 位 CPU 寄存器为 A、B、C、D 等，16 位 CPU 寄存器为 AX、BX、CX、DX 等，32 位 CPU 寄存器为 EAX、EBX、ECX、EDX 等，64 位 CPU 寄存器为 RAX、RBX、RCX、RDX 等。具体寄存器组会略有不同。

4.3.1 16 位寄存器组

16 位 CPU 所含有的寄存器有（图 4-4 中 16 位寄存器部分）：

4 个数据寄存器（AX、BX、CX、DX）	2 个指针寄存器（SP、BP）
4 个段寄存器（ES、CS、SS、DS）	1 个指令指针寄存器（IP）
2 个变址指针寄存器（SI、DI）	1 个标志寄存器（Flags）

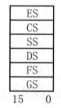

（a）通用寄存器　　　（b）指令指针和标志寄存器　　　（c）段寄存器

图 4-4　CPU 16/32 位寄存器

4.3.2　32 位寄存器组

32 位 CPU 除包含了先前 CPU 的所有寄存器，并把数据寄存器、指针寄存器和标志寄存器从 16 位扩充成 32 位之外，还增加了两个 16 位的段寄存器 FS 和 GS。

32 位 CPU 所含有的寄存器有（见图 4-4）：

4 个数据寄存器（EAX、EBX、ECX 和 EDX）　　2 个指针寄存器（ESP 和 EBP）

6 个段寄存器（ES、CS、SS、DS、FS 和 GS）　　1 个指令指针寄存器（EIP）

2 个变址指针寄存器（ESI 和 EDI）　　1 个标志寄存器（EFlags）

通用寄存器组包括 EAX、EBX、ECX、EDX、ESI、EDI、EBP、ESP 共 8 个 32 位寄存器（字母"E"代表扩展 extended），这 8 个 32 位寄存器的低两个字节对应由 8 个 16 位寄存器 AX、BX、CX、DX、SI、DI、BP、SP 组成，AX、BX、CX、DX 又对应由 8 个 8 位寄存器 AH 和 AL、BH 和 BL、CH 和 CL、DH 和 DL 组成。

例如，EAX 的低两个字节是 AX，AX 的高、低一个字节分别对应 AH 和 AL，若 EAX 的值是 12345678H，则 AX 的值为 5678H，AH 的值为 56H，AL 的值为 78H，如图 4-5 所示。

图 4-5　EAX 寄存器值为 12345678H

在通用寄存器中，EAX、EBX、ECX、EDX 作为数据寄存器；ESI、EDI 作为变址寄存器，用于串操作指令；EBP、ESP 作为指针寄存器，EBP 是基址指针，用于访问局部变量和形实参数，ESP 是堆栈指针，用于指向栈顶。

4.3.3　64 位寄存器组

64 位 CPU 包含了先前 32 位 CPU 的所有寄存器，并把数据寄存器、指针寄存器和标志寄存器从 32 位扩充成 64 位，把前缀 E 改成 R（R 仅表示寄存器 register），还增加了 8 个新寄存器 R8~R15，具体如表 4-2 所示。

表 4-2　64 位 CPU 的寄存器

64 位	64 位中低 32 位	64 位中低 16 位	64 位中低 8 位	常 用 功 能
RAX	EAX	AX	AL	累加器
RBX	EBX	BX	BL	基址寄存器
RCX	ECX	CX	CL	循环计数器
RDX	EDX	DX	DL	数据寄存器
RSI	ESI	SI	SIL	字符串操作的源索引
RDI	EDI	DI	DIL	字符串操作的目的索引
RBP	EBP	BP	BPL	基址指针
RSP	ESP	SP	SPL	栈顶指针
R8	R8D	R8W	R8B	通用寄存器
R9	R9D	R9W	R9B	通用寄存器
R10	R10D	R10W	R10B	通用寄存器

续表

64 位	64 位中低 32 位	64 位中低 16 位	64 位中低 8 位	常 用 功 能
R11	R11D	R11W	R11B	通用寄存器
R12	R12D	R12W	R12B	通用寄存器
R13	R13D	R13W	R13B	通用寄存器
R14	R14D	R14W	R14B	通用寄存器
R15	R15D	R15W	R15B	通用寄存器
RIP	EIP	IP		程序计数器
RFLAGS	EFLAGS	FLAGS		标志寄存器

 注意

（1）若指令中使用了 64 位特有的寄存器，则不能使用 AH、BH、CH、DH 这 4 个 8 位寄存器。例如，MOV AH,R8B 是不允许的，但 MOV AH,CL 是允许的。

（2）对 64 位寄存器的低 32 位赋值，将导致 64 位寄存器的高 32 位清 0，但若只对低 16 位或低 8 位赋值，则不影响高位的值。例如，执行以下 4 条指令后，RAX 的值为 12345678H，高 4 字节被清 0，RBX 的值为 1122334455661111H，只覆盖了低 2 字节。

MOV RAX, 1122334455667788H	;8 个字节的值存入 RAX
MOV EAX, 12345678H	;对 RAX 低 4 字节即 EAX 赋值，导致对高 4 字节清 0
MOV RBX, 1122334455667788H	;8 个字节的值存入 RBX
MOV BX, 1111H	;对 RBX 低 2 字节即 BX 赋值，不影响高 6 字节

4.3.4 标志寄存器 EFlags

16 位 CPU 内部有一个 16 位的标志寄存器 FLAGS，8086 有 9 个标志位（OF、SF、ZF、AF、PF、CF、DF、IF、TF），80286 增加了 2 个标志位（NT 和 IOPL）；32 位 CPU 将标志寄存器扩展为 32 位，80386 又增加了 2 个标志位（VM 和 RF）。这些标志位主要用来保存 CPU 运算结果的特征和实现程序运行的控制。各标志位在标志寄存器内的分布如图 4-6 所示。

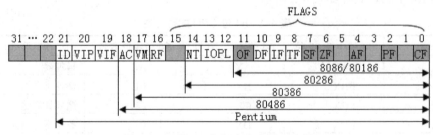

图 4-6 16 位/32 位标志寄存器示意图

上述标志位可分为 3 组：反映运算结果的状态标志位（有背景色的标志位，即 OF、SF、ZF、AF、PF、CF）；控制串操作指令指向相邻源地址或目的地址的方向标志位（DF）；控制操作系统或核心管理程序操作方式的系统标志位（TF、IF、IOPL、NT、RF、VM、AC、VIF、VIP、ID）。

有些指令的执行会改变标志位（如算术逻辑运算指令等），不同的指令会影响不同的标志位；有些指令的执行不改变任何标志位（如 MOV 指令等）；而有些指令的执行会受标志位的影响（如条件转移指令等），但也有一些指令的执行不受其影响。

（1）进（借）位标志（carry flag，CF）。

进（借）位标志（CF）主要用来反映算术运算是否产生进位（加法）或借位（减法）。若运算结果的最高位产生进位或借位，则 CF 为 1，否则为 0。

使用该标志位的情况有：多字（字节）数的加减运算、无符号数的大小比较运算、移位操作、字（字节）之间的移位、专门改变 CF 值的指令等。

（2）奇偶标志（parity flag，PF）。

奇偶标志（PF）用于反映运算结果中"1"的个数的奇偶性。若"1"的个数为偶数，则 PF 为 1，否则为 0。

利用 PF 可进行奇偶校验检测，或以此产生奇偶校验位。例如，在 ASCII 字符传输过程中，若通信双方事先约定采用偶校验，则发送方在发送之前检测字符中"1"的个数，若是偶数个，则直接发送，若是奇数个，则最高位置"1"，然后再发送；接收方接收到一个字符后，若检测到所接收的字符"1"的个数为偶数个，则认为所接收到的字符是正确的，否则认为所接收到的字符是不正确的。

（3）半进（借）位标志（adjust flag，AF）。

最低字节的低 4 位向高 4 位进位或借位时，半进（借）位标志 AF 为 1，否则为 0。

半进（借）位标志（AF）只用于数字字符加法调整指令 AAA 和数字字符减法调整指令 AAS。

（4）零标志（zero flag，ZF）。

零标志（ZF）用于反映运算结果是否为 0。若运算结果为 0，则 ZF 为 1，否则为 0。JZ 就是利用该标志位运算结果是否为 0 或相等的条件转移指令。

（5）符号标志（sign flag，SF）。

符号标志（SF）用于反映运算结果的符号，它与运算结果的最高位相同。若运算结果为负，则 SF 为 1，否则为 0。

（6）溢出标志（overflow flag，OF）。

溢出标志（OF）用于反映有符号数加减运算的结果是否溢出。若运算结果超过当前运算位数所能表示的范围，则称为溢出，OF 为 1，否则为 0。

（7）方向标志（direction flag，DF）。

方向标志（DF）用来决定每执行完一次串操作指令后变址指针寄存器 ESI/EDI 是加 1、2、4（DF=0 时）还是减 1、2、4（DF=1 时），详见串操作指令。执行 STD 指令使 DF 为 1，执行 CLD 指令使 DF 为 0。

（8）追踪标志（trap flag，TF）。

当追踪标志（TF）为 1 时，CPU 进入单步执行方式，即每执行一条指令，产生一个单步中断请求。这种方式主要用于程序的调试。

指令系统中没有专门指令来改变标志位（TF）的值，但程序员可用其他办法来改变。

（9）中断允许标志（interrupt-enable flag，IF）。

中断允许标志（IF）用来决定 CPU 是否响应 CPU 外部可屏蔽中断发出的中断请求。但不管该标志为何值，CPU 都必须响应 CPU 外部不可屏蔽中断所发出的中断请求，以及

CPU 内部产生的中断请求。具体规定如下。

① 若 IF=1，则 CPU 可以响应 CPU 外部可屏蔽中断发出的中断请求。

② 若 IF=0，则 CPU 不响应 CPU 外部可屏蔽中断发出的中断请求。

指令系统中用 STI 指令来开中断（使 IF=1），用 CLI 指令来关中断（使 IF=0）。

（10）I/O 特权标志（I/O privilege level field，IOPL）。

I/O 特权标志用两位二进制位来表示，也称为 I/O 特权级字段。该字段表明当前运行程序或任务访问 I/O 指令的特权级。

若当前运行程序或任务的特权级（CPL）在数值上小于或等于 IOPL（默认为 00B），则可执行 I/O 指令，否则将发生一个保护异常。

若当前运行的程序或任务 CPL=0，则可以通过 POPF/POPFD 指令或 IRET 指令修改 IOPL 的值，因此，一般用户程序（CPL=3）是无法执行 I/O 指令的。

（11）嵌套任务标志（nested task flag，NT）。

嵌套任务标志（NT）用于指示当前任务是否嵌套于另一任务之内，若 NT 为 1，则表示当前任务嵌套于前一任务，否则表示当前任务不嵌套于其他任务。

当执行 CALL 指令或中断、异常时，CPU 使 NT=1；当任务执行完毕后返回时，通过 IRET 指令使 NT=0。NT 标志位也可以在应用程序中用 POPF/POPFD 指令显式地对其置位或复位，但这可能会产生无法预料的异常。

（12）恢复标志（resume flag，RF）。

恢复标志（RF）用来控制 CPU 是否接受指令断点的调试异常。若 RF=0，则表示接受调试异常，否则不接受。

该标志位一般由调试器设置，它可以在刚进入调试异常时暂时关闭新调试异常，以避免在调试异常时又立即进入另一次调试异常。

（13）虚拟 8086 模式标志（virtual-8086 mode flag，VM）。

若 VM 为 1，则表示 CPU 处于虚拟 8086 模式，否则处于保护模式。

（14）对齐检查标志（alignment check flag，AC）。

若 AC 为 1 且控制寄存器 CR0 的 AM 标志位也为 1，则允许对内存地址进行对齐检查，否则不进行对齐检查。

当程序特权级为 3 且运行于用户模式时，若地址不对齐（字访问时地址为奇数、双字访问时地址不能被 4 整除），将产生对齐检查异常。

CPU 以非对齐地址访问内存，时间可能较长，若要求必须对齐，则要进行对齐检查。

（15）虚拟中断标志（virtual interrupt flag，VIF）。

VIF 为 IF 标志的虚拟映象，与 VIP 标志配合使用。允许多任务环境下应用程序有虚拟的系统 IF 标志。

（16）虚拟中断挂起标志（virtual interrupt pending flag，VIP）。

若 VIP 为 1，表示有挂起的中断，否则没有挂起的中断。一般由软件对其置位或复位，CPU 仅读取，与 VIF 标志配合使用。

（17）识别标志（identification flag，ID）。

若 ID 位能被置位或复位，则说明 CPU 支持 CPUID 指令。CPUID 指令能提供 CPU 的厂商、系列号等信息。

4.4　80X86 处理器工作模式

80X86 指 8086、80286、80386、80486 等处理器，8086/8088、80286 是 16 位 CPU，其工作模式是 8086 模式，不是本书介绍的重点，因此这里不单独介绍。80386 及以后的处理器（如 80486、80586 等）才是 32 位 CPU。习惯用 80386+ 表示 80386 及以后处理器。为兼容 8086 模式，在 80386+ 中虚拟 8086 模式，即用 80386+ CPU 运行 8086 指令或程序。

80386 及以后处理器有 3 种工作模式：实模式、保护模式和虚拟 8086 模式。纯 DOS 操作系统运行于实模式；Windows 操作系统运行于保护模式；Windows 环境下命令提示方式运行纯 DOS 应用程序，属于虚拟 8086 模式。需要注意的是，TC 等开发的应用程序属于纯 DOS 16 位应用程序，运行于虚拟 8086 模式，在 Windows 下运行时首先启动 NTVDM（NT virtual DOS machine），再通过 NTVDM 加载纯 DOS 应用程序；但 VC、32 位汇编等开发的 32 位控制台应用程序在 Windows 下运行时并不启动 NTVDM，而是直接运行于保护模式。

1. 实模式

所有系统在刚启动的时候都是实模式，实模式下存储器的地址由段寄存器的内容乘以 16 作为基地址，再加上段内的偏移地址形成最终的 20 位的物理地址，即使是 32 位环境，也只能使用低 20 位，寻址空间为 1MB。

实模式下不支持多任务，因为是纯 DOS 程序；也不支持优先级，相当于所有指令都工作于特权级（ring0），用户程序可以随便修改系统中的数据，包括操作系统和其他应用程序的数据。

2. 保护模式

保护模式（Windows 环境）下，使用 32 位地址，寻址空间可达 4GB，支持多任务和优先级，段寄存器的作用也有所改变，只有操作系统运行于 ring0 上可以修改段寄存器，而用户程序运行于 ring3 是不可以修改段寄存器的。因此，32 位汇编一般不再介绍段寄存器的相关知识。

3. 虚拟 8086 模式

虚拟 8086 模式是为了在 Windows 环境（保护模式）下运行纯 DOS 程序而设置的。8086 程序中的特权指令在 Windows 环境下运行会产生异常，它们可能被模拟实现，也可能被忽略。

4.5　存储器访问

计算机中用于存放程序和数据的部件叫作存储器。存储器可分为主存储器（简称主存或内存）和辅助存储器（简称辅存或外存）两大类。CPU 能够直接访问的存储器称为主存，用于存放当前正在运行的程序和数据。辅存用于存放暂时不运行的程序和数据，CPU 不能直接访问，主要有硬盘、U 盘、光盘等。

4.5.1　主存的分类

主存分为随机存储器（random access memory，RAM）和只读存储器（read only memory，ROM）。

（1）随机存储器（RAM）：既能读出又能写入的半导体存储器，属于易失性存储器（断电后信息会丢失）。RAM 又分为静态随机存储器 SRAM 和动态随机存储器 DRAM。

SRAM 由双稳态触发器构成，非破坏性读出，无须刷新，速度快（约 1ns），集成度低，成本高，一般用于 Cache（高速缓冲存储器，简称高速缓存）。

Cache 用于解决 CPU 与主存之间速度不匹配的问题，利用程序局部性原理将主存中的部分内容复制到 Cache，在 Cache 中运行程序，可以提高访问速度。

DRAM 由电容构成，破坏性读出，约 2ms 刷新一次，速度相对比较慢（约 10ns），集成度高，成本低，一般用于主存，如 DDR3、DDR4 等。

（2）只读存储器（ROM）：只能读出而不能写入的半导体存储器，属于非易失性存储器（断电后信息不会丢失），主板上的 BIOS 就用 ROM 存储。ROM 又分为可编程只读存储器（PROM）、可擦除可编程只读存储器（EPROM）和电可擦除可编程只读存储器（EEPROM）等。

4.5.2　存储器的组织

存储器的组织主要实现将不同芯片连接成一个特定存储容量的存储系统。

1. 典型的芯片

连接一个存储系统的常用芯片有 74LS138 译码器、74LS373 锁存器、存储芯片及与或非门等。其中，74LS138 译码器用于实现存储单元的选择，74LS373 锁存器用于实现地址的锁存，存储芯片用于存储程序和数据。不同存储芯片，其规格、型号等都不同，规格表示法是容量×位数。容量指存储单元的数量，由地址线的根数决定。例如，n 根地址线，容量为 2^n 个单元。位数指每个存储单元所存储的二进制位数，由数据线的根数决定。

（1）74LS138 译码器。

74LS138 译码器的 3 根地址线 $A_2A_1A_0$ 对应 8 根选择线 $\overline{Y_0} \sim \overline{Y_7}$，即 3 根地址线输入 i=000B~111B=0~7 共 8 种状态，对应 8 根选择线 $\overline{Y_0} \sim \overline{Y_7}$ 中的 1 根选择线 $\overline{Y_i}$ 输出有效信号，即 $\overline{Y_i} = 0$，用于实现选中一个或一组存储芯片，如图 4-7（a）所示。

（2）Intel 2114。

Intel 2114 是 1K×4 的 RAM，如图 4-7（b）所示，有 10 根地线 $A_9 \sim A_0$，$2^{10}=1024=1K$ 个存储单元；4 根数据线 $D_3 \sim D_0$，位数为 4，每个存储单元有 4 位二进制数；1 根写允许信号线 $\overline{WE}$；1 根片选信号线 $\overline{CS}$。

（3）Intel 2732。

Intel 2732 是 4K×8 的 EPROM，如图 4-7（c）所示，有 12 根地线 $A_{11} \sim A_0$，$2^{12}=4096=4K$ 个存储单元；8 根数据线 $O_7 \sim O_0$，位数为 8，每个存储单元有 8 位二进制数；1 根读允许信

号线 $\overline{OE}$；1 根片选信号线 $\overline{CE}$。

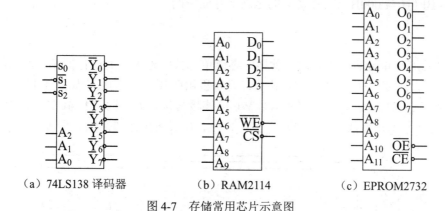

（a）74LS138 译码器　　　（b）RAM2114　　　（c）EPROM2732

图 4-7　存储常用芯片示意图

2．位扩展

当芯片存储单元符合要求，但位数不足时，就要对位数进行扩充。例如，2114 是 1K×4 位，若要组成 1K×8 位，则要进行位扩展，用两片 2114 构成一组，其中一片提供低 4 位数据，另一片提供高 4 位数据，如图 4-8 所示。

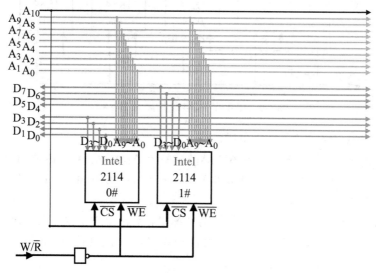

图 4-8　用 2 片 1K×4 位扩展为 1K×8 位

每片 2114 的 10 根地址线 $A_9 \sim A_0$ 都连接到地址总线的 $A_9 \sim A_0$；将第 0 片的数据线 $D_3 \sim D_0$ 连接到数据总线的 $D_3 \sim D_0$ 作为每个字节的低 4 位，将第 1 片的数据线 $D_3 \sim A_0$ 连接到数据总线的 $D_7 \sim D_4$ 作为每个字节的高 4 位；用 A_{10} 作为 $\overline{CS}$ 片选信号，即 $A_{10}=0$ 时这组存储芯片才被选中，才可进行读写操作；用 W/$\overline{R}$ 取反后作为 $\overline{WE}$ 写入信号。因此，这组存储芯片的地址范围为：

$A_{15}\cdots A_{11}A_{10}A_9A_8A_7A_6A_5A_4A_3A_2A_1A_0 \sim A_{15}\cdots A_{11}A_{10}A_9A_8A_7A_6A_5A_4A_3A_2A_1A_0$

$\times \cdots \times\ 0\ 0\ 0\ 0\ 0\ 0\ 0\ 0\ 0\ 0\ 0 \sim \times \cdots \times\ 0\ 1\ 1\ 1\ 1\ 1\ 1\ 1\ 1\ 1\ 1$

=000H~3FFH

其中，A_{10} 作为 $\overline{CS}$ 片选信号，只能为 0，$A_{15}\cdots A_{11}$ 没有连接，可以任意，所以 F000H~ F3FFH、F800H~FBFFH 与 000H~3FFH 访问的是同一存储空间。

3. 字扩展

当芯片存储单元容量不足时，就要对存储单元数即地址空间进行扩充。例如，若要组成 2K×8 位，则要用两组 2114 芯片构成，且每组用两片 2114 构成，如图 4-9 所示。其中，地址线 A_9~A_0、数据线 D_3~D_0、写入信号 $\overline{WE}$ 的连接与位扩展相同，用 74LS138 译码器的 $\overline{Y_0}$ 和 $\overline{Y_1}$ 作为两组的片选信号 $\overline{CS}$，用 A_{10}、A_{11}、A_{12} 作为译码器地址线 A_0、A_1、A_2。

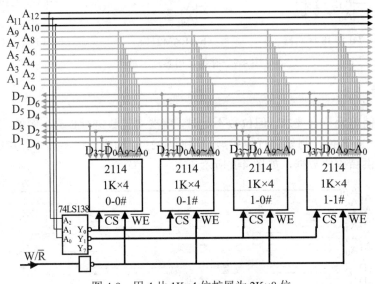

图 4-9　用 4 片 1K×4 位扩展为 2K×8 位

因此，这两组存储芯片的地址范围为：

$$A_{15}\cdots A_{13}A_{12}A_{11}A_{10}A_9A_8A_7A_6A_5A_4A_3A_2A_1A_0\sim A_{15}\cdots A_{13}A_{12}A_{11}A_{10}A_9A_8A_7A_6A_5A_4A_3A_2A_1A_0$$
$$\times\cdots\times\ 0\ 0\ 0\ 0\ 0\ 0\ 0\ 0\ 0\ 0\ 0\ 0\ 0\sim\times\cdots\times\ 0\ 0\ 1\ 1\ 1\ 1\ 1\ 1\ 1\ 1\ 1\ 1$$
$$=0000H\sim07FFH$$

其中，$A_{12}A_{11}A_{10}=000B$ 作为第 0 组片选信号，$A_{12}A_{11}A_{10}=001B$ 作为第 1 组片选信号，$A_{15}\cdots$ A_{13} 没有连接，可以任意，所以 E000H~E7FFH 与 0000H~07FFH 访问的是同一存储空间。

4.5.3　CPU 与存储器的连接

80386、80486 等系统中有 4 组存储芯片，如图 4-10 所示。地址总线 A_{31}~A_2 与每组存储芯片中的地址线 A_{29}~A_0 相连（每组最多 1GB×8 时）；32 根数据总线分成 4 组（D_{31}~D_{24}、D_{23}~D_{16}、D_{15}~D_8、D_7~D_0），分别与 4 组存储芯片的 D_7~D_0 相连；A_1A_0 产生的字节使能信号线 $\overline{BE_3}\sim\overline{BE_0}$ 分别用于选择第 0 组~第 3 组中的一组存储芯片（这里将取数信号线 D/$\overline{C}$ 和访存信号线 M/$\overline{IO}$ 经非门取反后再分别与 $\overline{BE_3}\sim\overline{BE_0}$ 做或运算，作为存储芯片的片选信号 $\overline{CS}$）；写信号线 W/$\overline{R}$ 经非门取反后与每组存储芯片的写入信号线 $\overline{WE}$ 相连。这里忽略高速缓存等的连接。

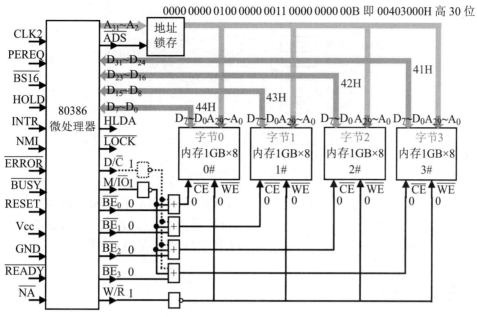

图 4-10   80386 CPU 与存储器连接示意图

Pentium 等微处理器有 64 位数据总线分成 8 组，地址总线 A_{31}~A_3 与每组存储芯片中的地址线 A_{28}~A_0 相连，$A_2A_1A_0$ 产生的字节使能信号线 $\overline{BE_7}$ ~ $\overline{BE_0}$ 分别用于选择第 7 组~第 0 组中的一组存储芯片。

4.5.4　数据存储

为了方便操作每个存储单元中的数据，我们给每个存储单元设置一个编号，这个编号就叫作存储单元的地址，而这个存储单元中的数据就叫作存储单元的内容。

在 32 位汇编语言中，地址都用 32 位二进制数表示，为了阅读和书写方便，一般都用 8 位十六进制数表示。

一个数值数据有多个字节，需要占用多个存储单元，一般按照高高低低的原则即小端格式（little endian）进行存储，也就是高字节存高地址，低字节存低地址；大端格式（big endian）则从高字节开始存储，也就是高字节存低地址，低字节存高地址。一个数据占用多个字节时，以低地址来标识（称呼）这个数据的地址。

例如，定义变量 v 为有 4 个字节的数据 41424344H，则系统会为变量 v 分配连续的 4 个字节的存储空间，且数据段默认开始分配的起始地址为 00403000H，按照高高低低的原则，44H 存于 00403000H 单元、43H 存于 00403001H 单元、42H 存于 00403002H 单元、41H 存于 00403003H 单元，如图 4-11 所示。

v	**DWORD**	41424344H	;数据段默认起始地址为 00403000H

这样，我们可以表述为"数据 41424344H 存于 00403000H 单元"，也可以用符号表示为 DWORD PTR ds:[00403000H]←41424344H 等。

对于多个字符数据（即字符串），一般按照从左到右的原则依次从低到高存储。

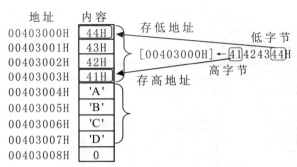

图4-11 数值数据、字符串存储示意图

例如，字符串'ABCD'存于00403004H单元，则表示字符'A'存于00403004H单元、字符'B'存于00403005H单元、字符'C'存于00403006H单元、字符'D'存于00403007H单元，字符串结束标志0存于00403008H单元，相当于图4-11再定义如下变量。

str	BYTE	'ABCD',0

4.5.5　数据对齐访问

按照高高低低的原则，数据41424344H存于00403000H单元，相当于执行如下指令：

MOV	DWORD PTR **ds**:[00403000H],41424344H

也相当于执行如下两条指令：

MOV	WORD PTR **ds**:[00403000H],4344H
MOV	WORD PTR **ds**:[00403002H],4142H

同样相当于执行如下4条指令：

MOV	BYTE PTR **ds**:[00403000H],44H
MOV	BYTE PTR **ds**:[00403001H],43H
MOV	BYTE PTR **ds**:[00403002H],42H
MOV	BYTE PTR **ds**:[00403003H],41H

数据41424344H存入00403000H单元所对应的4个地址的二进制数如下：

00403000H=0000 0000 0100 0000 0011 0000 0000 0000B

00403001H=0000 0000 0100 0000 0011 0000 0000 0001B

00403002H=0000 0000 0100 0000 0011 0000 0000 0010B

00403003H=0000 0000 0100 0000 0011 0000 0000 0011B

它们的高30位地址都是0000 0000 0100 0000 0011 0000 0000 00B，执行写数据时，从CPU的A_{31}~A_2这30根地址线发出地址信号，用于选择4组存储芯片中的各一个存储单元，共4个字节单元（见图4-10），因为是写双字，即写4个字节，所以4根字节使能信号线$\overline{BE_3}$~$\overline{BE_0}$都发出低电平（有效），数据41424344H分成4个字节分别写入3#~0# 4个存储芯片。

若执行的字节访问指令是MOV BYTE PTR **ds**:[00403003H],41H，则所要写的存储单元的地址是00403003H，高30位地址仍是0000 0000 0100 0000 0011 0000　0000 00B，从CPU

的 $A_{31} \sim A_2$ 这 30 根地址线发出的地址信号也是一样的，仍是 4 组存储芯片各一个存储单元，但 4 根字节使能信号线 $\overline{BE_3} \sim \overline{BE_0}$ 所发出的电平不同，因为以上指令只写一个字节数据，且地址 00403003H 低两位的值是 11B，所以只有 $\overline{BE_3}$ 发出低电平（有效），而其他 3 根字节使能信号线发出高电平（无效）。这样，只有第 3#组存储芯片被选中（只有该存储芯片的 $\overline{CE}$ 引脚输入低电平），允许写入数据。同时，CPU 内部将字节数据 41H 左移 24 位，这样，41H 就从数据线 $D_{31} \sim D_{24}$ 中输出。

若执行的字访问指令是 MOV WORD PTR ds:[00403002H],4142H，则 30 根地址线发出的地址信号仍是 0000 0000 0100 0000 0011 0000 0000 00B，按小端对齐原则，只有字节使能信号线 $\overline{BE_2}$ 和 $\overline{BE_3}$ 有效，字节数据 4142H 左移 16 位，这样，41H 和 42H 就分别从数据线 $D_{31} \sim D_{24}$ 和 $D_{23} \sim D_{16}$ 中输出。

4.5.6 数据非对齐访问

下面分析执行 MOV DWORD PTR ds:[00403001H],41424344H 指令的运行情况。该指令指定要将 41424344H 以双字（DWORD PTR）写入[00403001H]单元，这意味着要在从[00403001H]开始的 4 个存储单元中依次写入 44H、43H、42H 和 41H 共 4 个字节数据，这4 个单元对应的地址二进制数如下：

$$00403001H=0000\ 0000\ 0100\ 0000\ 0011\ 0000\ 0000\ 0001B$$
$$00403002H=0000\ 0000\ 0100\ 0000\ 0011\ 0000\ 0000\ 0010B$$
$$00403003H=0000\ 0000\ 0100\ 0000\ 0011\ 0000\ 0000\ 0011B$$
$$00403004H=0000\ 0000\ 0100\ 0000\ 0011\ 0000\ 0000\ 0100B$$

由此可知，前 3 个地址的高 30 位地址都是 0000 0000 0100 0000 0011 0000 0000 00B，但第 4 个地址的高 30 位地址却是 0000 0000 0100 0000 0011 0000 0000 01B，意味着这 4 个字节数据不能在同一时刻执行写数据，因为不能同时从 CPU 的 $A_{31} \sim A_2$ 这 30 根地址线发出两个不同的地址信号。由此，只能把一条指令分成两次来执行，前一时间段写[00403001H]到[00403003H] 3 个字节数据，后一时间段写[00403004H]一个字节数据，执行时间将加倍。我们把这种情况的数据访问称为非对齐数据访问，理论上应尽量避免。

4.5.7 数据访问案例分析

1. 字节访问

字节访问不存在对齐问题，4 根字节使能信号线只有一根有效。

例 4-01 分析执行 MOV BYTE PTR DS:[00403005H],44H 指令时相关引脚的信号。

该指令的功能是将 1 个字节数据 44H 传送给 00403005H 开始的 1 个单元。地址 00403005H 高 30 位为 0000 0000 0100 0000 0011 0000 0000 01B，对应 4 组存储芯片地址为 0000 0000 0100 0000 0011 0000 0000 0100B~0000 0000 0100 0000 0011 0000 0000 0111B ，即 00403004H~00403007H，地址 00403005H 末两位为 01B，故 $\overline{BE_1}$ 有效，即 $\overline{BE_1} = 0$，通过数据线 $D_{15} \sim D_8$ 进行传输，其他字节使能信号线（ $\overline{BE_3} \sim \overline{BE_0}$ =1101B）和数据线无效。数据和地址对应关系如下：

00403004H=0000 0000 0100 0000 0011 0000 0000 0100B←→$D_{07} \sim D_{00}$=XXH， $\overline{BE_0}$ =1 ×

00403005H=0000 0000 0100 0000 0011 0000 0000 0101B←→D_{15}~D_{08}=44H，$\overline{BE_1}=0$　√

00403006H=0000 0000 0100 0000 0011 0000 0000 0110B←→D_{23}~D_{16}=XXH，$\overline{BE_2}=1$　×

00403007H=0000 0000 0100 0000 0011 0000 0000 0111B←→D_{31}~D_{24}=XXH，$\overline{BE_3}=1$　×

执行该指令时，字节数据 44H 须在 CPU 内部左移 8 位，再传送给内存单元，相当于执行 MOV DWORD PTR DS:[00403004H],XXXX44XXH。

该指令是将立即数 44H 传输给内存单元，是写操作，所以写/读信号线写有效，即 $W/\overline{R}=1$；同时也是内存访问，所以访问内存信号线有效，即 $M/\overline{IO}=1$；执行时访问数据信号线有效，即 $D/\overline{C}=1$。

例 4-02 已知[00403006H]单元内容为 23H，AH=56H，分析执行 MOV AH,DS:[00403006H]指令时相关引脚的信号。

该指令的功能是将存储单元[00403006H]的 1 个字节数据 23H 传送给 AH。地址 00403006H 高 30 位为 0000 0000 0100 0000 0011 0000 0000 01B，对应 4 组存储芯片地址为 0000 0000 0100 0000 0011 0000 0000 0100B~0000 0000 0100 0000 0011 0000 0000 0111B，即 00403004H~00403007H，地址 00403006H 末两位为 10B，故 $\overline{BE_2}$ 有效，即 $\overline{BE_2}=0$，通过数据线 D_{23}~D_{16} 传输给 AH，其他字节使能信号线（$\overline{BE_3}$~$\overline{BE_0}$=1011B）和数据线无效。数据和地址对应关系如下：

00403004H=0000 0000 0100 0000 0011 0000 0000 0100B←→D_{07}~D_{00}=XXH，$\overline{BE_0}=1$　×

00403005H=0000 0000 0100 0000 0011 0000 0000 0101B←→D_{15}~D_{08}=XXH，$\overline{BE_1}=1$　×

00403006H=0000 0000 0100 0000 0011 0000 0000 0110B←→D_{23}~D_{16}=23H，$\overline{BE_2}=0$　√

00403007H=0000 0000 0100 0000 0011 0000 0000 0111B←→D_{31}~D_{24}=XXH，$\overline{BE_3}=1$　×

执行该指令时，数据 23H 传送到 CPU，是读操作，所以写/读信号线读有效，即 $W/\overline{R}=0$；同时也是内存访问，所以访问内存信号线有效，即 $M/\overline{IO}=1$；执行时访问数据信号线有效，即 $D/\overline{C}=1$。

2. 字访问

字访问时，若所访问的地址末两位为 11B，即地址除以 4 余数为 3，则会出现非对齐访问，要分两次访问，否则为对齐访问，一次完成两个字节的访问。

例 4-03 分析执行 MOV WORD PTR DS:[00403006H],3344H 指令时相关引脚的信号。

该指令的功能是将两个字节数据 3344H 传送给 00403006H 开始的两个单元。按小端对齐原则，数据 44H 和 33H 依次存于 00403006H 和 00403007H 两个单元，所访问单元地址末位为 6H~7H，在 4H~7H 的组中，相当于将原指令转换为 MOV DWORD PTR DS:[00403004H],3344XXXXH，地址末位 7H 和 6H 的末两位为 11B 和 10B，故字节 3 和字节 2 使能信号线及其相应的数据线 D_{31}~D_{24} 和 D_{23}~D_{16} 有效（$\overline{BE_2}$~$\overline{BE_3}$=0，$\overline{BE_3}$~$\overline{BE_0}$=0011）。因此，两个字节数据 33H 和 44H 分别通过数据线 D_{31}~D_{24} 和 D_{23}~D_{16} 进行传输。数据和地址对应关系如下：

00403004H=0000 0000 0100 0000 0011 0000 0000 0100B←→D_{07}~D_{00}=XXH，$\overline{BE_0}=1$　×

00403005H=0000 0000 0100 0000 0011 0000 0000 0101B←→D_{15}~D_{08}=XXH，$\overline{BE_1}=1$　×

00403006H=0000 0000 0100 0000 0011 0000 0000 0110B←→D_{23}~D_{16}=44H，$\overline{BE_2}=0$　√

00403007H=0000 0000 0100 0000 0011 0000 0000 0111B←→D_{31}~D_{24}=33H，$\overline{BE_3}=0$　√

其他引脚的信号同例 4-01。

一个字的数据非对齐访问时，两个字节数据要分成两次访问。

例 4-04　分析执行 MOV WORD PTR DS:[00403007H],3344H 指令时相关引脚的信号。

该指令的功能是将两个字节数据 3344H 传送给 00403007H 开始的两个单元，按小端对齐原则，数据 44H 和 33H 依次存于 00403007H 和 00403008H 两个单元，所访问单元地址末位为 7H~8H，跨 4H~7H 和 8H~AH 两组，因此要将数据 44H 和 33H 分两次写入。数据和地址对应关系如下：

00403007H=0000 0000 0100 0000 0011 0000 0000 0111B←→D_{31}~D_{24}=44H

00403008H=0000 0000 0100 0000 0011 0000 0000 1000B←→D_{07}~D_{00}=33H

第一次实现：MOV BYTE PTR DS:[00403007H],44H➡MOV DWORD PTR DS:[0040300 4H],44XXXXXXH，$\overline{BE_3}=0$，$\overline{BE_0}=\overline{BE_1}=\overline{BE_2}=1$，即 $\overline{BE_3}\sim\overline{BE_0}=0111B$。

数据和地址对应关系如下：

00403004H=0000 0000 0100 0000 0011 0000 0000 0100B←→D_{07}~D_{00}=XXH，$\overline{BE_0}=1$　×

00403005H=0000 0000 0100 0000 0011 0000 0000 0101B←→D_{15}~D_{08}=XXH，$\overline{BE_1}=1$　×

00403006H=0000 0000 0100 0000 0011 0000 0000 0110B←→D_{23}~D_{16}=XXH，$\overline{BE_2}=1$　×

<u>00403007H</u>=0000 0000 0100 0000 0011 0000 0000 0111B←→D_{31}~D_{24}=44H，$\overline{BE_3}=0$　√

第二次实现：MOV BYTE PTR DS:[00403008H],33H➡MOV DWORD PTR DS:[0040300 8H],XXXXXX33H，$\overline{BE_0}=0$，$\overline{BE_1}=\overline{BE_2}=\overline{BE_3}=1$，即 $\overline{BE_3}\sim\overline{BE_0}=1110$。

数据和地址对应关系如下：

<u>00403008H</u>=0000 0000 0100 0000 0011 0000 0000 1000B←→D_{07}~D_{00}=33H，$\overline{BE_0}=0$　√

00403009H=0000 0000 0100 0000 0011 0000 0000 1001B←→D_{15}~D_{08}=XXH，$\overline{BE_1}=1$　×

0040300AH=0000 0000 0100 0000 0011 0000 0000 1010B←→D_{23}~D_{16}=XXH，$\overline{BE_2}=1$　×

0040300BH=0000 0000 0100 0000 0011 0000 0000 1011B←→D_{31}~D_{24}=XXH，$\overline{BE_3}=1$　×

其他引脚的信号同例 4-01。

3. 双字访问

双字访问时，若所访问的地址末两位为 00B，即地址能被 4 整除，则为对齐访问，一次完成 4 个字节的访问，否则为非对齐访问，要分两次访问。

例 4-05　分析执行 MOV DWORD PTR DS:[00403000H],11223344H 指令时相关引脚的信号。

该指令的功能是将 4 个字节数据 11223344H 传送给 00403000H 开始的 4 个单元。按小端对齐原则，数据 44H、33H、22H 和 11H 依次存于 00403000H~00403003H 的 4 个单元中。所访问单元地址末位为 0H~3H，都在同一组中，末两位为 00B~11B，故字节 0~字节 3 使能信号线及其相应的数据线全有效（$\overline{BE_3}\sim\overline{BE_0}=0000$）。因此，4 个字节数据 44H、33H、22H 和 11H 分别通过数据线 D_7~D_0、D_{15}~D_8、D_{23}~D_{16} 和 D_{31}~D_{24} 进行传输。

数据和地址对应关系如下：

00403000H=0000 0000 0100 0000 0011 0000 0000 0000B←→D_{07}~D_{00}=44H，$\overline{BE_0}=0$　√

00403001H=0000 0000 0100 0000 0011 0000 0000 0001B←→D_{15}~D_{08}=33H，$\overline{BE_1}=0$ ✓

00403002H=0000 0000 0100 0000 0011 0000 0000 0010B←→D_{23}~D_{16}=22H，$\overline{BE_2}=0$ ✓

00403003H=0000 0000 0100 0000 0011 0000 0000 0011B←→D_{31}~D_{24}=11H，$\overline{BE_3}=0$ ✓

其他引脚的信号同例 4-01。

一个双字的数据非对齐访问时，4 个字节数据要分成两次访问，同组数据一起访问。

例 4-06 分析执行 MOV DWORD PTR DS:[00403002H],11223344H 指令时相关引脚的信号。

该指令的功能是将 4 个字节数据 11223344H 传送给 00403002H 开始的 4 个单元。按小端对齐原则，数据 44H、33H、22H 和 11H 依次存于 00403002H~00403005H 的 4 个单元中，所访问单元地址末位为 2H~5H，跨 0H~3H 和 4H~7H 两组，因此要将 4 个数据分两次写入。

数据和地址对应关系如下：

00403002H=0000 0000 0100 0000 0011 0000 0000 0010B←→D_{23}~D_{16}=44H ⎫

00403003H=0000 0000 0100 0000 0011 0000 0000 0011B←→D_{31}~D_{24}=33H ⎭

00403004H=0000 0000 0100 0000 0011 0000 0000 0100B←→D_{07}~D_{00}=22H ⎫

00403005H=0000 0000 0100 0000 0011 0000 0000 0101B←→D_{15}~D_{08}=11H ⎭

第一次实现：MOV WORD PTR DS:[00403002H],3344H➡MOV DWORD PTR DS:[00403000H],3344XXXXH，$\overline{BE_2}=\overline{BE_3}=0$，$\overline{BE_0}=\overline{BE_1}=1$，即 $\overline{BE_3}$~$\overline{BE_0}$=0011B。

数据和地址对应关系如下：

00403000H=0000000001000000011000000000000B←→D_{07}~D_{00}=XXH，$\overline{BE_0}=1$ ×

00403001H=0000000001000000011000000000001B←→D_{15}~D_{08}=XXH，$\overline{BE_1}=1$ ×

<u>00403002H</u>=0000000001000000011000000000010B←→D_{23}~D_{16}=44H，$\overline{BE_2}=0$ ✓

<u>00403003H</u>=0000000001000000011000000000011B←→D_{31}~D_{24}=33H，$\overline{BE_3}=0$ ✓

第二次实现：MOV WORD PTR DS:[00403004H],1122H➡MOV DWORD PTR DS:[00403004H],XXXX1122H，$\overline{BE_2}=\overline{BE_3}=1$，$\overline{BE_0}=\overline{BE_1}=0$，即 $\overline{BE_3}$~$\overline{BE_0}$=1100B。

数据和地址对应关系如下：

<u>00403004H</u>=0000000001000000011000000000100B←→D_{07}~D_{00}=22H，$\overline{BE_0}=0$ ✓

<u>00403005H</u>=0000000001000000011000000000101B←→D_{15}~D_{08}=11H，$\overline{BE_1}=0$ ✓

00403006H=0000000001000000011000000000110B←→D_{23}~D_{16}=XXH，$\overline{BE_2}=1$ ×

00403007H=0000000001000000011000000000111B←→D_{31}~D_{24}=XXH，$\overline{BE_3}=1$ ×

其他引脚的信号同例 4-01。

例 4-07 分析执行 MOV DWORD PTR DS:[00403007H],11223344H 指令时相关引脚的信号。

该指令的功能是将 4 个字节数据 11223344H 传送给 00403007H 开始的 4 个单元。按小端对齐原则，数据 44H、33H、22H 和 11H 依次存于 00403007H~0040300AH 的 4 个单元中，所访问单元地址末位为 7H~AH，跨 4H~7H 和 8H~BH 两组，因此要将 4 个数据分两次写入。

数据和地址对应关系如下：

00403007H= 0000 0000 0100 0000 0011 0000 0000 0111B←→D_{31}~D_{24}=44H

00403008H= 0000 0000 0100 0000 0011 0000 0000 1000B←→D_{07}~D_{00}=33H

00403009H= 0000 0000 0100 0000 0011 0000 0000 1001B←→D_{15}~D_{08}=22H

0040300AH=0000 0000 0100 0000 0011 0000 0000 1010B←→D_{23}~D_{16}=11H

第一次实现：MOV BYTE PTR DS:[00403007H],44H➜MOV DWORD PTR DS:[00403004H],44XXXXXXH，$\overline{BE_3}=0$、$\overline{BE_0}=\overline{BE_1}=\overline{BE_2}=1$，即 $\overline{BE_3}\sim\overline{BE_0}=0111B$。

数据和地址对应关系如下：

00403004H=0000 0000 0100 0000 0011 0000 0000 0100B←→D_{07}~D_{00}=XXH，$\overline{BE_0}=1$ ✕

00403005H=0000 0000 0100 0000 0011 0000 0000 0101B←→D_{15}~D_{08}=XXH，$\overline{BE_1}=1$ ✕

00403006H=0000 0000 0100 0000 0011 0000 0000 0110B←→D_{23}~D_{16}=XXH，$\overline{BE_2}=1$ ✕

00403007H=0000 0000 0100 0000 0011 0000 0000 0111B←→D_{31}~D_{24}=44H，$\overline{BE_3}=0$ ✓

第二次实现：MOV 3B? PTR DS:[00403008H],112233H➜MOV DWORD PTR DS:[00403008H],XX112233H，$\overline{BE_0}=\overline{BE_1}=\overline{BE_2}=0$，$\overline{BE_3}=1$，即 $\overline{BE_3}\sim\overline{BE_0}=1000B$。

数据和地址对应关系如下：

00403008H =0000 0000 0100 0000 0011 0000 0000 1000B←→D_{07}~D_{00}=33H，$\overline{BE_0}=0$ ✓

00403009H =0000 0000 0100 0000 0011 0000 0000 1001B←→D_{15}~D_{08}=22H，$\overline{BE_1}=0$ ✓

0040300AH=0000 0000 0100 0000 0011 0000 0000 1010B←→D_{23}~D_{16}=11H，$\overline{BE_2}=0$ ✓

0040300BH=0000 0000 0100 0000 0011 0000 0000 1011B←→D_{31}~D_{24}=XXH，$\overline{BE_3}=1$ ✕

其他引脚的信号同例 4-01。

4.6 机器指令及控制器设计

在计算机中，CPU 能直接理解并执行的命令称为机器指令。用机器指令进行编程的语言称为机器语言。高级语言、汇编语言都必须"翻译"成机器语言才能运行。不同的计算机系统具有不同的机器指令集。

为了了解机器指令中机器码与汇编指令的关系，可以编译（汇编）一段汇编源程序，再观察自动生成的汇编列表（*.lst），就可以发现一些规律。步骤如下。

首先，设计一段容易发现规律的汇编源程序。

这里使用下面生成的列表文件中间部分的源代码，并用记事本保存到 d:\KSTemp 文件夹，文件名为 C001.asm。

接着，在命令提示符中将当前目录切换到 d:\KSTemp 文件夹，并执行以下编译命令。由于使用了编译选项"/Fl"，会在 C001.asm 所在的文件夹自动生成 C001.lst 文件。

D:\KSTemp\ML.exe /c /coff /I "d:\KSTemp\Include_M" /Fl /Sc C001.asm

这里，在 D:\KSTemp 文件夹中有考试系统自动安装的汇编程序 ML.exe，否则要设置 ML.exe 的路径。

最后，用记事本打开 C001.lst，可以看到如下机器码等信息，这里只展示部分内容。

列表文件 C001.lst 的部分内容如下：

```
.386
.model    flat, stdcall
```

```
                                option      casemap:none
                                includelib  msvcrt.lib
                                scanf  PROTO  C:DWORD,:vararg
                                printf  PROTO  C:DWORD,:vararg
00000000                        .data
00000000 25 64 00               fmt BYTE '%d',0
00000003 00000008               x DWORD 8
00000000                        .CODE
00000000                        start:
         时间 机器码 指令        invoke scanf,ADDR fmt,ADDR x
00000012    2    8B C0          MOV EAX,EAX
00000014    2    8B C1          MOV EAX,ECX
00000016    2    8B C2          MOV EAX,EDX
00000018    2    8B C3          MOV EAX,EBX
0000001A    2    8B C4          MOV EAX,ESP
0000001C    2    8B C5          MOV EAX,EBP
0000001E    2    8B C6          MOV EAX,ESI
00000020    2    8B C7          MOV EAX,EDI
00000022    2    8B C0          MOV EAX,EAX
00000024    2    8B C8          MOV ECX,EAX
00000026    2    8B D0          MOV EDX,EAX
                                invoke printf,ADDR fmt,eax
00000030   10m   C3             ret
                                end start
```

C0H=1100 0000B
C1H=1100 0001B
C2H=1100 0010B
C3H=1100 0011B
C4H=1100 0100B
C5H=1100 0101B
C6H=1100 0110B
C7H=1100 0111B
C0H=1100 0000B
C8H=1100 1000B
D0H=1101 0000B
D8H=1101 1000B?

不难发现，32 位寄存器之间的数据传送指令，其机器码都是两个字节，且其中第一个字节都是 8BH，第二个字节高 2 位为 11B，我们称这 10 位为操作码。

低 3 位 $D_2 \sim D_0 = 000B \sim 111B$，即 0~7，对应 8 个 32 位寄存器，关系如图 4-12 所示，我们称这 3 位为源操作数的地址码。

$$0=000B \quad EAX$$
$$1=001B \quad ECX$$
$$2=010B \quad EDX$$
$$3=011B \quad EBX$$
$$4=100B \quad ESP$$
$$5=101B \quad EBP$$
$$6=110B \quad ESI$$
$$7=111B \quad EDI$$

图 4-12　寄存器地址码

$D_5 \sim D_3$ 也等于 $000B \sim 111B$，对应 8 个 32 位寄存器，我们称这 3 位为目的操作数的地址码。

根据以上规律，我们不难推出指令 MOV EBX,EAX 的机器码，其中高 10 位操作码为 1000 1011B 11B，目的操作数 EBX 为 011B，源操作数 EAX 为 000B，所以该指令的机器码为 1000 1011B 11011000B=8B D8H，转换过程可表示为：

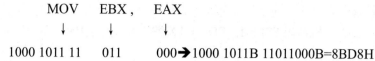

$$MOV \quad EBX, \quad EAX$$

1000 1011 11　011　000➜1000 1011B 11011000B=8BD8H

同样，若我们知道某机器码为 8B D1H，则 8B D1H=1000 1011B 1101 0001B，其中 $D_5 \sim D_3$=010B，对应目的操作数寄存器为 EDX；$D_2 \sim D_0$=001B，对应源操作数寄存器为 ECX，所以该机器码对应的汇编指令为 MOV EDX,ECX，转换过程可表示为：

8B D1H=1000 1011 11　010　001B

MOV　　　EDX,　　ECX

高 10 位操作码有 2^{10} 种状态，意味着可以有 2^{10} 种不同的指令。例如，若高 10 位操作码为 1000 1011B 00B，目的操作数地址码 $D_5 \sim D_3$=010B，源操作数地址码 $D_2 \sim D_0$=001B，则对应的汇编指令为 MOV EDX,dword ptr ds:[ECX]，即源操作数变成寄存器间接寻址方式。

4.6.1　机器指令格式

根据以上内容可知，一条机器指令由操作码和地址码两部分组成。不同的操作码对应不同的机器指令，n 位操作码对应 2^n 条指令；地址码可以表示寄存器，也可以是操作数存储单元的地址或操作数本身（立即数）等；一条指令的地址码可以是多个或者没有。

1. 零地址指令

零地址指令只有操作码而无地址码，其指令格式如下。

OP

零地址指令有两种情况。

（1）不需要操作数的控制指令。例如，空操作指令 NOP(XCHG EAX,EAX)，机器码 90H 等。

（2）运算型零地址指令，所需的操作数一般是隐含的。例如，符号扩展指令 CDQ（将 EAX 的符号扩展到 EDX），机器码 99H；清方向标志位 CLD，机器码 FCH；置方向标志位 STD，机器码 FDH 等。

2. 一地址指令

一地址指令只有一个地址（操作数），其指令格式如下。

OP	A

其中 A 既可以是存储单元地址，也可以是寄存器。

一地址指令有两种情况。

（1）单操作数指令。例如，EAX 加 1 指令 INC EAX，机器码 40H；EAX 减 1 指令 DEC EAX，机器码 48H 等。

（2）双操作数指令。另一个操作数一般是隐含累加寄存器 EAX 等，例如 EAX 乘 EAX 指令 IMUL EAX，机器码 F7E8H；EDX|EAX 除 EAX 指令 IDIV EAX，机器码 F7F8H 等。

3．二地址指令

二地址指令有两个地址（操作数），其指令格式如下。

OP	Dst	Src

一般 Src 作为源操作数，Dst 作为目的操作数，可以是存储单元地址或寄存器。Src 还可以是立即数（常量），常用于数据传送类指令和运算类指令。前者用于将源操作数传送给目的操作数，例如 EAX 清零指令 MOV EAX,0，机器码 B8 00000000H；后者用于将源操作数与目的操作数做相关运算后存回目的操作数，例如 ECX 加 1234H 指令 ADD ECX,1234H，机器码 81C1 34120000H。

二地址指令有 3 种情况。

（1）源和目的均为寄存器，称其为寄存器–寄存器型指令，例如 MOV EAX,EBX、ADD EAX,EBX（机器码 03C3H）等。

（2）源和目的一个操作数为寄存器、另一个为存储单元，例如 MOV ds:[403000H],EBX（机器码 891D 00304000H）、ADD ds:[403000H],EBX（机器码 011D 00304000H）等。

（3）源为立即数，目的为寄存器或存储单元，例如 ADD dword ptr ds:[403000H],1（机器码 C705 00304000 01000000H）等。

需要注意的是，微机一般不存在存储单元到存储单元的指令，8051 单片机存在此类指令；微机一般也不存在三地址指令。

4.6.2　机器指令编码

通过以上不同指令及其机器码可以发现，指令中操作码的位数一般是可变的，这称为变长编码（最短机器码 1 个字节，最长机器码 10 个字节）；有些精简指令系统的指令中操作码的位数是固定的，称为定长编码。

设某机器指令长度为 16 位，其中操作码为 4 位，地址码也是 4 位，最多 3 个地址，指令格式如下。

操作码	地址码$_1$	地址码$_2$	地址码$_3$

若按定长编码，4 位操作码最多只能表示 16 种三地址指令。若 4 位操作码 16 个状态只用部分状态来表示三地址指令，剩余状态与地址码$_1$一起作为操作码，用来表示二地址指令（地址码$_2$和地址码$_3$作为地址）；同样地，地址码$_1$作为操作码后，剩余状态与地址码$_2$一起作为操作码，用来表示一地址指令（地址码$_3$作为地址）；地址码$_2$作为操作码后，剩余状态与地址码$_3$一起作为操作码，用来表示零地址指令。图 4-13 所示是其中一个编码方案。

$D_{15}D_{14}D_{13}D_{12}D_{11}D_{10}D_9D_8\ D_7D_6D_5D_4D_3\ D_2\ D_1\ D_0$

```
0 0 0 0 × × × × × × × × × × × ×  ⎫ 操作码 0~E 共 15 个状态，对应 15 种三地址指令
1 1 1 0 × × × × × × × × × × × ×  ⎭ 剩余 1111 编码作为扩展

1 1 1 1 0 0 0 0 × × × × × × × ×  ⎫ 操作码 0~E 共 15 个状态，对应 15 种二地址指令
1 1 1 1 1 1 1 0 × × × × × × × ×  ⎭ 剩余 1111 1111 编码作为扩展

1 1 1 1 1 1 1 1 0 0 0 0 × × × ×  ⎫ 操作码 0~E 共 15 个状态，对应 15 种一地址指令
1 1 1 1 1 1 1 1 1 1 1 0 × × × ×  ⎭ 剩余 1111 1111 1111 编码作为扩展

1 1 1 1 1 1 1 1 1 1 1 1 0 0 0 0  ⎫ 操作码 0~F 共 16 个状态，对应 16 种零地址指令
1 1 1 1 1 1 1 1 1 1 1 1 1 1 1 1  ⎭
```

图 4-13　变长机器码举例

例 4-08　设某机器的指令字长为 16 位，指令中地址码长度为 4 位，若指令系统已经有 11 种三地址指令、72 种二地址指令和 80 种零地址指令，则最多还能有多少种一地址的指令？

地址码 4 位，三地址指令共需 12 位地址码，还有 4 位 16 种状态可作为操作码，最多可以有 16 种指令，但该系统只用了 11 种指令，意味着还有 16−11=5 个编码可用于二地址指令或更少地址的指令。

二地址指令的地址码共需 8 位，意味着地址码$_1$的 4 位也可作为操作码，这样三地址指令剩余的 5 个编码就可以有 5×16=80 种二地址指令，但系统只用了 72 种指令，意味着还有 80−72=8 个编码可用于一地址指令或更少地址的指令。

一地址指令的地址码共需 4 位，意味着地址码$_2$的 4 位也可作为操作码，这样二地址指令剩余的 8 个编码就可以有 8×16=128 种一地址指令。

现要求有 80 种零地址指令，而地址码$_3$作为操作码只能提供 16 种零地址指令，意味着一地址指令要剩余 80/16=5 个编码才能提供 5×16=80 种零地址指令。因此，真正可用于一地址指令的只有 128−5=123 种指令。

图 4-14 所示是其中的一个分配方案。

$D_{15}D_{14}D_{13}D_{12}D_{11}D_{10}D_9D_8D_7D_6D_5D_4D_3D_2D_1D_0$

```
0 0 0 0 × × × × × × × × × × × ×  ⎫ 操作码 0~A 共 11 个状态，对应 11 种三地址指令
1 0 1 0 × × × × × × × × × × × ×  ⎭

1 0 1 1 0 0 0 0 × × × × × × × ×  ⎫ 操作码 B0~EF 共 4×16=64 个状态，对应 64 种二地址指令
1 1 1 0 1 1 1 1 × × × × × × × ×  ⎭

1 1 1 1 0 0 0 0 × × × × × × × ×  ⎫ 操作码 F0~F7 共 8 个状态，对应 8 种二地址指令
1 1 1 1 0 1 1 1 × × × × × × × ×  ⎭

1 1 1 1 1 0 0 0 0 0 0 0 × × × ×  ⎫ 操作码 F80~FEF 共 7×16=112 个状态，对应 112 种一地址指令
1 1 1 1 1 1 1 0 1 1 1 1 × × × ×  ⎭

1 1 1 1 1 1 1 1 0 0 0 0 × × × ×  ⎫ 操作码 FF0~FFA 共 11 个状态，对应 11 种一地址指令
1 1 1 1 1 1 1 1 1 0 1 0 × × × ×  ⎭

1 1 1 1 1 1 1 1 1 0 1 1 0 0 0 0  ⎫ 操作码 FFB0~FFFF 共 80 个状态，对应 80 种零地址指令
1 1 1 1 1 1 1 1 1 1 1 1 1 1 1 1  ⎭
```

图 4-14　机器码的一个分配方案

4.6.3 复杂指令集计算机

复杂指令集计算机（complex instruction set computer，CISC）设计了比较多的机器指令来实现各种功能，以达到增强计算机功能、提高机器速度的目的。主要特点如下。

（1）指令系统复杂庞大，指令数目多达 200~300 种。

（2）指令格式多，指令字长不固定，采用多种不同的寻址方式。

（3）可访问存储器的指令不受限制。

（4）各种指令的执行时间和使用频率相差很大。

（5）大多数 CISC 计算机都采用微程序控制器。

Intel 公司早期 IA-32 体系结构的 CPU 采用的是 CISC 指令集的设计思想，指令系统规模庞大。

4.6.4 精简指令集计算机

通过对 CISC 各种指令的使用频率进行测试分析，发现只有 20%的指令是常用的，而80%的指令出现的概率只有 20%左右。因此，提出了精简指令集计算机（reduced instruction set computer，RISC），设计依据是只使用 20%的常用指令，并通过这 20%常用指令的组合来实现 80%不常用指令的功能。主要特点如下。

（1）简化指令系统，尽量使用频率高的简单指令以及很有用又不复杂的指令。

（2）指令长度固定，指令数目、指令格式、寻址方式尽量少，便于设计，降低开发成本，提高可靠性。

（3）采用流水线技术，大多数指令在一个机器周期内完成，使用指令平均执行时间小于一个机器周期，提高指令的执行速度。

（4）使用较多的通用寄存器以减少访问存储单元。

（5）采用寄存器-寄存器方式工作，只有存数和取数指令访问存储单元，而其他指令均在寄存器之间进行操作。

（6）控制器以组合逻辑控制器为主，不用或少用微程序控制。

（7）采用优化编译技术，有效地支持了高级语言的实现。

Intel 公司从 Pentium MMX、Pentium II 开始使用 RISC 的设计思想，使微处理器的性能上了一个新的台阶。

4.6.5 控制器设计方法

根据设计方法的不同，控制器可以分为 3 类。

（1）组合逻辑控制器，又称为硬布线控制器或硬连线控制器：采用组合逻辑技术来实现，其微操作信号发生器由门电路组成，速度快，但较复杂，设计、调试、修改、扩充较困难，难以实现设计自动化，常用于巨型机和精简指令集计算机（RISC）。

（2）存储逻辑控制器，又称为微程序控制器：采用存储逻辑来实现，微操作信号由微指令产生，使用微程序（微指令系列）实现指令的功能，速度略慢，方便设计、调试、修改、扩充，常用于复杂指令集计算机（CISC）。

（3）组合逻辑和存储逻辑结合型控制器，又称为 PLA 控制器：采用可编程逻辑阵列

（PLA）实现，是组合逻辑技术和存储逻辑技术相结合的产物，克服了两者的缺点。

4.6.6 时序系统

时序系统是控制器的重要组成部分，其功能是为指令的执行提供各种定时信号。

1. 指令周期和机器周期

指令周期是执行一条指令所需要的时间，一般由取指令、分析指令和执行指令等阶段组成。由于各种指令的功能不同，因此各种指令的指令周期也不尽相同。

通常一个指令周期由若干个 CPU 周期组成，CPU 周期也称为机器周期。由于 CPU 内部的操作速度快，而 CPU 访问主存的时间比较长，因此，通常将读取内存中一个指令字的最短时间规定为机器周期。一般机器周期有取指周期、取数周期、执行周期、中断周期等。

2. 节拍和脉冲

一个机器周期由若干微操作组成，每个微操作时间就是一个节拍（通常称为 T 周期、时钟周期或节拍脉冲）。由于不同的机器周期内需要完成的微操作个数及难易程度不同，因而不同的机器周期所需要的节拍数也不相同。

一般以最复杂的机器周期为标准定出节拍数，每一节拍时间的长短也以最繁的微操作为标准，这样，所有机器周期都能满足要求，且每一机器周期都含有相同数量的节拍，这称为定长机器周期。若按实际需要安排节拍数，则各机器周期长短不一，称为不定长机器周期。

通常，在一个节拍内还设置一个或几个具有一定宽度的工作脉冲，以保证触发器可靠稳定地翻转。

图 4-15 中一个指令周期由 3 个机器周期组成，一个机器周期由 4 个节拍组成，每个节拍由 1 个工作脉冲组成。

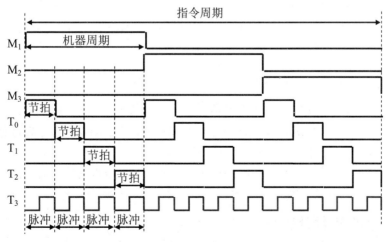

图 4-15 指令周期、机器周期、节拍、脉冲构成的时序系统

脉冲的频率通常就是 CPU 主频，例如 2.7GHz。

通常，节拍电位信号通过高低电平起作用，而工作脉冲以其边沿（上升沿或下降沿）

作为定时触发。例如，节拍电位可作为 D 触发器 D 输入端的输入信号，而工作脉冲则作为 D 触发器 CP 端的触发脉冲。

不同的系统，有些概念会略有不同，例如 8051 单片机。

4.6.7 寄存器的设置

早期 CPU 的内部一般都有以下寄存器。

1. 程序计数器（PC）

PC 一般用于 8 位 CPU 或非微处理器，在 16 位 CPU 中一般称为指令指针寄存器 IP，在 32 位 CPU 中一般称为 EIP，在 64 位 CPU 中一般称为 RIP。

PC（IP、EIP、RIP）存储正在执行指令的下一条指令的地址。转移指令的执行其实就是将要转移的目标地址传输给 PC（IP、EIP、RIP），例如，若要转移到 00403005H 单元（标号 Again 的地址）执行，就是给 PC（IP、EIP、RIP）赋值为 00403005H（这个赋值不是用 MOV 指令实现，而是用 JMP 等指令实现）。

2. 地址寄存器（MAR）

MAR 用于存放正在访问的存储单元的地址，对程序员是透明的。它可以是来自 PC（IP、EIP、RIP）用于取指令的地址，也可以是来自地址形成部件用于访问存储单元的操作数地址。

3. 数据（缓冲）寄存器（MDR，MBR）

MDR 用来存放当前执行指令将要写入内存的数据或从内存中读出的数据，对程序员是透明的。

4. 指令寄存器（IR）

IR 用来存放当前正在执行指令的机器码，以便指令译码器 ID 对其进行译码，对程序员是透明的。

5. 程序状态寄存器（PSR）

PSR 一般用于 8 位 CPU 或非微处理器，在 16 位 CPU 中一般称为标志寄存器 Flags，在 32 位 CPU 中一般称为 EFlags，在 64 位 CPU 中一般称为 RFlags。标志寄存器所存储的内容称为程序状态字（program state word，PSW）。

PSW 存储所执行指令的运行结果状态特征，包括结果是否为零、是否为负数、是否溢出等。

4.6.8 CPU 指令流程分析

CPU 内部一般都有三大总线，即地址总线 ABUS（AB）、数据总线 DBUS（DB）、控制总线 CBUS（CB），用于相应的信息。图 4-16 所示是早期 CPU 单总线结构及执行 ADD EAX,DS: [EBX]指令的流程分析。其过程可分为 13 个步骤，具体如下。

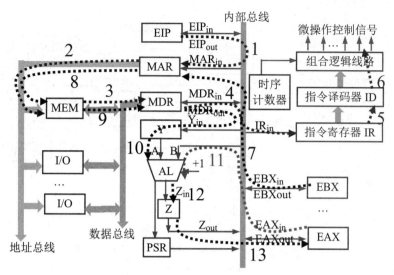

图 4-16 ADD EAX,DS:[EBX]执行过程

（1）将程序计数器 PC（IP、EIP、RIP）所存储的指令的地址传输给地址寄存器（MAR）。

（2）根据地址寄存器（MAR）的值选择要执行指令的存储单元。

（3）将被选中的存储单元的内容（机器码）传输给数据寄存器（MDR）。

（4）将数据寄存器（MDR）中的内容（机器码）存入指令寄存器（IR）。

（5）对指令寄存器（IR）中的机器码进行译码。

（6）根据译码结果产生微操作控制信号 C_{ADD} 以便实现指令加法功能。

（7）在微操作控制信号 C_{ADD} 的作用下从寄存器 EBX 中取操作数地址存入 MAR。

（8）根据地址寄存器（MAR）的值选择源操作数 $_1$ 的存储单元。

（9）将源操作数存储单元的内容即源操作数 $_1$ 传输给数据寄存器（MDR）。

（10）将数据寄存器（MDR）中的内容（源操作数 $_1$）传输给算术逻辑单元（ALU）。

（11）将寄存器 EAX 中的内容（源操作数 $_2$）传输给算术逻辑单元（ALU）。

（12）算术逻辑单元（ALU）对两个操作数进行运算，将结果和状态分别存入 Z 和程序状态寄存器（PSR）。

（13）将算术逻辑单元（ALU）的运算结果存回寄存器 EAX 中。

4.6.9 控制器的设计

CPU 的设计包括控制器的设计和运算器的设计，其中运算器的设计主要是加法器的设计，可查阅之前章节，这里主要介绍控制器的设计。控制器是 CPU 的重要组成部分，其输入的是指令的机器码，输出的是微操作控制信号，以此实现指令系统不同指令的功能。本节以模型机为例，讨论控制器的设计原理。

1. 模型机的总体结构

图 4-17 所示为模型机的总体结构，其中控制器为右上角虚线方框中的部分，控制器通过内部总线与 CPU 中的算术逻辑单元（ALU）、寄存器等相连，CPU 通过系统总线（含地址总线、数据总线、控制总线）与内存 M 和 I/O 设备相连。

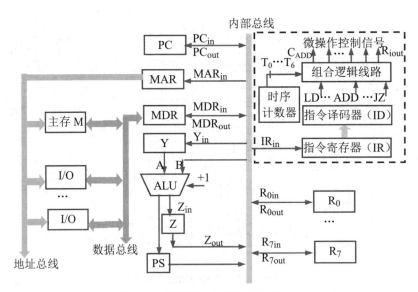

图 4-17　模型机总体结构示意图

假设模型机只包含 5 种有代表性的指令，分别是取数指令（LD）、存数指令（ST）、算术加法指令（ADD）、逻辑与指令（AND）、条件转移指令（JZ），功能如表 4-3 所示，其操作码至少要用 3 位二进制数表示；假设模型机有 8 个寄存器 $R_0 \sim R_7$，故表示寄存器的操作数也要用 3 位二进制数表示，可对应为 000B~111B；若用 8 位二进制数表示指令的机器码，则表示存储单元的地址码只有两位，显然太少，因此，这里用 16 位二进制数表示指令的机器码，这样，表示存储单元的地址码就可以有 10 位，可以访问 1024 个存储单元。当然，3 位操作码除 5 种指令外，还有 3 个状态，可以作为扩展，表示更多其他的指令。

表 4-3　模型机指令系统

指　　令	指令机器码	操作码（OP=$I_2I_1I_0$）	功 能 说 明
LD　R_i,ADDR	000 R_i ADDR	000	$R_i \leftarrow$ (ADDR)
ST　ADDR,R_i	001 R_i ADDR	001	ADDR $\leftarrow$ (R_i)
ADD　R_i,ADDR	010 R_i ADDR	010	$R_i \leftarrow$ (R_i) + (ADDR)
AND　R_i,ADDR	011 R_i ADDR	011	$R_i \leftarrow$ (R_i) $\wedge$ (ADDR)
JZ　ADDR	100 xxx ADDR	100	Zf=1 时，PC $\leftarrow$ ADDR

5 种指令编码格式如图 4-18 所示。

操作码（OP） （=000B~100B）	寄存器（R_i）编号i （=000B~111B）	地址码（ADDR） （=000H~3FFH）
15　　　　　　13	12　　　　　　10	9　　　　　　　　0

图 4-18　模型机 5 种指令编码格式

假设模型机设置 3 个机器周期，分别是取指周期（FETCH）、分析周期（ANA）、执行周期（EXE），其中，取指周期是根据 PC 值读取内存中指令机器码，分析周期是根据机器码中的操作码和地址码以及寄存器编号读取操作数，执行周期是根据不同机器码执行相应指令的功能。每个机器周期完成一次主存的读/写操作。

每个机器周期又分为若干节拍（T_i），每个节拍由若干工作脉冲 CP 组成，如图 4-15 所示。每个机器周期或节拍用一个 D 触发器表示，当某个周期触发器处于"1"状态时，表示相应周期处于有效状态。

2. 组合逻辑控制器

组合逻辑控制器的设计主要是完成图 4-17 右上角的组合逻辑线路，就是用与或非门根据机器周期电位、节拍电位、脉冲电位及操作码有序地实现不同指令的微操作控制信号，从而实现在一个指令周期内完成一条指令所规定的所有操作。

组合逻辑控制器的设计一般包括如下 3 个步骤。

（1）绘制指令流程图。

这一步主要是确定每条指令执行过程的具体步骤，包括指令流和数据流的具体流动过程，以确定每条指令所需的控制命令。通常，以节拍为主线，再按节拍确定各指令在各节拍中所要完成的微操作，从而画出模型机各指令的流程图，如图 4-19 所示。

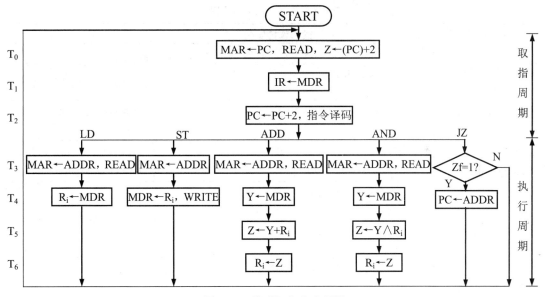

图 4-19　模型机指令流程图

从指令流程图中可以看到，$T_0 \sim T_2$ 为取指周期，完成取指的操作，同时，T_2 完成指令译码操作；$T_3 \sim T_6$ 为执行周期，完成指令的执行操作。

现以 ADD（算术加法）指令为例说明各节拍所完成的操作。

T_0：发出读指令机器码信号，即所要读取的机器码地址从程序计数器（PC）发出并存入主存地址寄存器（MAR），同时，发出读主存控制信号 READ，作为主存 RD 引脚的读取内存的信号，主存中相应单元的机器码就发送到主存数据寄存器（MDR）；为实现 PC+2（模型机机器码都是 16 位的，所以程序计数器中的地址每取一条指令后地址要加 2，以便指向下一条指令），将 2 存入 Y 进入 ALU 的 A 端，PC 进入 ALU 的 B 端，进位位 C_0 清 0，并发出微操作加法控制信号 C_{ADD}，结果存入 Z。

T_1：MDR 中机器码发送到指令寄存器（IR）。

T_2：将(PC)+2 的结果 Z 发送到 PC。

T_3：IR 中低 10 位机器码为操作数地址 ADDR，发送到 MAR，同时向主存发出读命令，主存中相应单元的操作数发送到 MDR。

T_4：MDR 中的加数发送到 Y 寄存器，即 ALU 的 A 端。

T_5：将 R_i 中的被加数发送到内部数据总线，即 ALU 的 B 端，执行加法运算，运算结果发送到寄存器 Z。

T_6：运算结果由 Z 发送到 R_i。

这样，执行完成 T_6 后就完成了一条指令的所有操作，计数器回零，重新执行 T_0，进入执行下一条指令的循环。

（2）列出每条指令微操作时间表。

根据指令流程图，把每一条指令的微操作序列合理地安排到各个机器周期的相应节拍和脉冲中，使它们在执行的时间上不发生冲突，这样，就可以做出指令微操作时间表，如表 4-4 所示，其本质就是根据表中前两列生成第三列。

表 4-4　指令微操作时间表

指令与操作码	节　拍	微操作控制信号	说　明
取指公共操作	T_0	PC_{out}, MAR_{in}, READ, Y←2, C_0←0, C_{ADD}, Z_{in}	同时实现 PC+2 存入 Z_{in}，MDR 机器码进入 IR
	T_1	MDR_{out}, IR_{in}	
	T_2	Z_{out}, PC_{in}	
LD = $\overline{I_2}\,\overline{I_1}\,\overline{I_0}$ = 000	T_3	$ADDR_{out}$, MAR_{in}, READ	READ 有效时实现：MDR←(MAR)
	T_4	MDR_{out}, R_{iin}	
ST = $\overline{I_2}\,\overline{I_1}\,I_0$ = 001	T_3	$ADDR_{out}$, MAR_{in}	WRITE 有效时实现：(MAR)←MDR
	T_4	R_{iout}, MDR_{in}, WRITE	
ADD = $\overline{I_2}I_1\overline{I_0}$ = 010	T_3	$ADDR_{out}$, MAR_{in}, READ	C_{ADD} 是微操作控制信号
	T_4	MDR_{out}, Y_{in}	
	T_5	R_{iout}, C_{ADD}, Z_{in}	
	T_6	Z_{out}, R_{iin}	
AND = $\overline{I_2}I_1I_0$ = 011	T_3	$ADDR_{out}$, MAR_{in}, READ	C_{AND} 是微操作控制信号
	T_4	MDR_{out}, Y_{in}	
	T_5	R_{iout}, C_{AND}, Z_{in}	
	T_6	Z_{out}, R_{iin}	
JZ = $I_2\overline{I_1}\,\overline{I_0}$ = 100	T_3	$ADDR_{out}$, MAR_{in}, READ	为简化表达式，JZ 指令增加 T_3 3 个微操作
	T_4	PSW.Zf=1 时，$ADDR_{out}$, PC_{in}	

（3）列出每个微操作逻辑表达式。

根据所有指令的微操作时间表，对其进行综合分析、归类、优化，然后列出各微操作的逻辑表达式，其中 T_0~T_6 为时序计数器给出的节拍信号，LD、ST、ADD、AND、JZ 是指令译码器根据操作码 $I_2I_1I_0$ 产生的信号，任何时候有且仅有一根有效。微操作控制信号就是由节拍信号（T_0~T_6）、指令译码器产生的信号（LD、ST、ADD、AND、JZ）、程序状态字（PSW）的状态位等产生的，其逻辑表达式如下。

① $PC_{out}=T_0$。

② $MAR_{in}=T_0+T_3$。

③ $READ=T_0+T_3\cdot\overline{ST}$，仅 ST 指令的 T_3 无 READ，实现 $MDR\leftarrow(MAR)$。

④ $Y\leftarrow2=T_0$。

⑤ $C_0\leftarrow0=T_0$。

⑥ $C_{ADD}=T_0+T_5\cdot ADD$，其中 C_{ADD} 是微操作控制信号，ADD 是操作码 $\overline{I_2}I_1\overline{I_0}=010$。

⑦ $Z_{in}=T_0+T_5\cdot(ADD+AND)$。

⑧ $MDR_{out}=T_1+T_4\cdot(ADD+AND)$。

⑨ $IR_{in}=T_1$。

⑩ $Z_{out}=T_2+T_6\cdot(ADD+AND)$。

⑪ $PC_{in}=T_2+T_4\cdot PSW.Zf\cdot JZ$。

⑫ $ADDR_{out}=T_3+T_4\cdot PSW.Zf\cdot JZ$。

⑬ $R_{iin}=T_4\cdot LD+T_6\cdot(ADD+AND)$。

⑭ $R_{iout}=T_4\cdot ST+T_5\cdot(ADD+AND)$。

⑮ $MDR_{in}=T_4\cdot ST$。

⑯ $WRITE=T_4\cdot ST$。

⑰ $Y_{in}=T_4\cdot(ADD+AND)$。

⑱ $C_{AND}=T_5\cdot AND$，其中 C_{AND} 是微操作控制信号，AND 是操作码 $\overline{I_2}I_1I_0=011$。

通过以上各微操作的逻辑表达式可以看出，它们都是由与或非构成的，可以用相应的门电路来实现，以产生相应的微操作信号。例如，R_{iout} 用组合逻辑电路实现微操作信号，如图 4-20 所示，其中译码信号可以进一步用操作码 $I_2I_1I_0$ 对应的逻辑电路表示，例如 AND 操作码为 011，则可以用 $AND=\overline{I_2}I_1I_0$ 对应的逻辑电路表示。

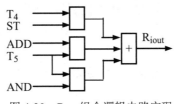

图 4-20　R_{iout} 组合逻辑电路实现

3. PLA 控制器

由组合逻辑控制器的设计可知，每一个微操作信号都是由"与或"表达式组成的，这可以用可编程逻辑阵列（PLA）来实现。PLA 由输入的与阵列和输出的或阵列两部分组成，如图 4-21 所示，与阵列的输入对应逻辑表达式的各个变量，或阵列的输出就是各个微操作信号。与或阵列可以用二极管构成，也可以用三极管或 MOS 管构成。用二极管构成微操作信号 R_{iout} 的 PLA 如图 4-22 所示，R_{iout} 对应的最简与或表达式如下：

$$R_{iout}=T_4\cdot ST+T_5\cdot(ADD+AND)$$
$$=T_4\cdot\overline{I_2}\ \overline{I_1}I_0+T_5\cdot(\overline{I_2}I_1\overline{I_0}+\overline{I_2}I_1I_0)$$
$$=T_4\cdot\overline{I_2}\ \overline{I_1}I_0+T_5\cdot\overline{I_2}I_1\overline{I_0}+T_5\cdot\overline{I_2}I_1I_0$$

每个与表达式由 4 个输入变量组成，对应与阵列中的 4 个二极管连接 V_{cc}，连接同一纵线的 4 个输入变量只要有一个低电平，则相应纵线（与表达式）为低电平；连接或阵列中同一输出线（如 R_{iout}）的各纵线之间是或的关系，只要有一个纵线是高电平，则与纵线相连接的输出线为高电平。

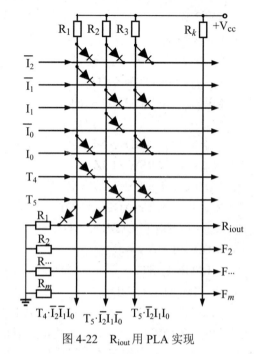

图 4-22　R_{iout} 用 PLA 实现

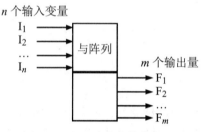

图 4-21　PLA 实现微操作信号

4. 存储逻辑控制器

由于组合逻辑控制器在设计时难以实现自动化，且不易设计、调试、修改、扩充，因此提出用程序设计的思想来实现控制器，将微操作控制信号按一定规则进行编码（代码化），形成控制字（微指令），一条机器指令对应一段微指令（微程序），这就是微程序设计的基本思想。

（1）基本组成。

微程序控制器一般由控制存储器、微指令寄存器、微地址形成部件、微地址寄存器等组成，如图 4-23 所示。

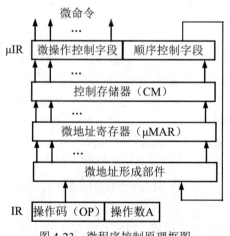

图 4-23　微程序控制原理框图

① 控制存储器（CM）。控制存储器（简称控存）是微程序控制器的关键部件，用来存放微程序，每一段微程序对应一条机器指令，每一个控制字对应一条微指令，而把控存的单元地址称为微地址。一般控存由 EPROM 构成，方便调试和修改。

类似指令的机器码，一条微指令通常包含微操作码字段和微地址码字段两部分信息。微操作码字段又称为微操作控制字段（微命令字段），指出该微指令执行的微操作，可直接按位提供微命令或通过译码提供微命令；微地址码字段又称为顺序控制字段（微地址字段），指出下一条要执行的微指令地址。

微命令可分为兼容性和互斥性两种，兼容性微命令是指那些可以同时产生，共同完成某一个操作的微命令，而互斥性微命令是指在机器中不允许同时出现的微命令。

② 微指令寄存器（μIR）。μIR 用来存放从控存中取出的要执行的微指令。

③ 微地址形成部件。微地址形成部件用来产生初始微地址和后继微地址，以保证微指令的连续执行，常用 PLA 实现。

④ 微地址寄存器（μMAR）。μMAR 用来接收地址形成部件送来的微地址，为在控存中读取微指令做准备。

（2）执行过程。

因为微程序控制器是将一条机器指令的执行转换成一个微操作序列的执行，所以其执行过程描述如下。

① 从控存中取出一段"取机器指令"的微程序，称为取指微程序。这是一段公用的微程序，其首地址通常放在"0"号微地址单元，该微程序产生取指微命令，例如 PC_{out}、MAR_{in}、READ 等，完成从主存中读取机器指令并将其送到指令寄存器。

② 机器指令操作码通过微地址形成部件，产生对应的微程序入口微地址，并送到 μMAR。

③ 逐条取出对应的微指令，每一条微指令提供若干微命令，控制相关微操作，根据机器指令的需要和微指令功能的强弱，一条机器指令所对应的微程序的长短也不同。微程序中也可以有微子程序、循环、分支等形态，因此微程序中的部分程序段可以是公用的。执行完一条微指令后，可根据微地址形成方法产生后续微地址，读取下一条微指令。

④ 执行完对应于一条机器指令的一段微程序后，返回到取指微程序的入口，读取"取机器指令"的微指令，以便取下一条机器指令，如此不断重复，直到整个程序执行完毕。

微程序控制的计算机涉及两个层次：一个是机器语言或汇编语言程序员所看到的传统的机器层，包括机器指令、业务程序、主存；另一个是控制器设计者所看到的微程序层，包括微指令、微程序、控存，对程序员来说是透明的。

（3）微指令编码法。

类似机器指令操作码的编码问题，微指令微操作码字段的编码也要尽可能短，以便高效工作，还要尽量减少译码，下面介绍几种编码方式。

① 直接表示法。直接表示法又称直接控制法、不译法，微操作码字段的每一位对应一个微命令，不需要译码，例如，ADD　R_i，ADDR 指令的 $T_3 \sim T_6$ 节拍微操作码字段如表 4-5 所示，其中不包括所有控制信号。

表 4-5　某微指令的微操作码字段

节　拍	微操作控制信号	R_{iin}	R_{iout}	Y_{in}	Z_{in}	Z_{out}	MAR_{in}	$ADDR_{out}$	MDR_{out}	READ	ADD
T_3	$ADDR_{out}$，MAR_{in}，READ	0	0	0	0	0	1	1	0	1	0
T_4	MDR_{out}，Y_{in}	0	0	1	0	0	0	0	1	0	0
T_5	R_{iout}，ADD，Z_{in}	0	1	0	1	0	0	0	0	0	1
T_6	Z_{out}，R_{iin}	1	0	0	0	1	0	0	0	0	0

在微操作码字段中，某位为 1 表示执行相应微命令，为 0 则不执行。每个微命令对应并控制数据通路中的一个微操作。

这种方法控制简单、直观，各个微命令都是独立的，可以并行执行，且不需要译码，速度快；但缺点也很明显，不同微命令较多时，微操作码位数也较多，微指令字比较长，控存容量大，且为 1 的位数少，利用率低。

② 分段编码法。分段编码法又称字段译码控制法、字段直接译码法，是将互斥性的微命令组成一个小组（即一个字段），每个小组（字段）配一个译码器，分别进行译码，产生各自的微命令，如图 4-24 所示。采用分段编码法可以用较少的二进制位译码出较多的微命令，例如 3 位二进制位译码后可表示 7 个微命令（000 表示都无效），4 位二进制位译码后可表示 15 个微命令，可使微指令字大大缩短，但由于增加了译码电路，微程序的执行速度稍稍减慢。在微程序控制器设计中，普遍使用分段编码法。

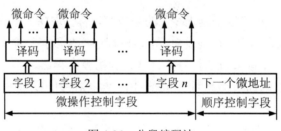

图 4-24　分段编码法

③ 混合表示法。混合表示法就是把直接表示法和分段编码法混合使用，以便综合考虑微指令字长、灵活性和执行微程序速度等方面的要求。

（4）微地址的确定方法。

微程序控制器每执行完一条指令后确定下一条微指令地址的方法有两种：计数器方式和断定方式。

① 计数器方式。计数器方式又称为增量方式，类似利用程序计数器（PC）确定机器指令地址的方法，顺序执行微指令时，后继微地址也是由当前微地址加上一个增量得到的；非顺序执行微指令时，也是通过类似机器指令转移的方式，转去执行由顺序控制字段确定的下一条微指令。因此，微程序控制也应当有一个微程序计数器（μPC）。

为解决转移时后继微地址的产生问题，通常将顺序控制字段分为两个部分：转移地址段和转移控制段。转移控制段用来指定判别条件，转移地址段用来确定转移条件满足时的后继微地址，即微程序的去向，转移条件不满足时则顺序执行。转移地址段位数一般比较短，因为转移的目的地址通常都在当前微地址的附近。

这种方式的特点是：微指令的顺序控制字段较短，微地址产生部件简单，但一条微指令只能实现两路分支，使得多路并行转移功能较弱，速度较慢，灵活性较差。

② 断定方式。断定方式是指后继微地址可由设计者指定或由设计者指定的判别条件产生。在这种方式中，当微程序不产生分支时，后继微地址直接由微指令的顺序控制字段给出；当微程序出现分支时，后继微地址由顺序控制字段的判别标志和"状态条件"反馈信息形成。

这种方式的特点是：能以较短的顺序控制字段配合，可实现多路并行转移，速度较快，灵活性较好，但微地址转移逻辑较复杂。

（5）微指令的执行方式。

类似机器指令的执行过程，微指令的执行包括取微指令和执行微指令两部分。微指令的执行方式可分为串行执行和并行执行两种。

① 串行执行。在串行方式中，取微指令和执行微指令是顺序执行的，即在一条微指令取出并执行完成后，才能取下一条微指令，如图 4-25 所示。

图 4-25 微程序串行执行

在微程序控制器中，执行一条微指令的时间称为一个微周期，它包括取微指令和执行微指令两部分时间之和，即微周期 $T_{串}=t_1+t_2$。其中，t_1 为取微指令时间（即控存的存取周期），t_2 为执行微指令的时间。

串行方式的微指令周期较长，但控制简单，因为在每个微周期中总要等到所有微操作结束并设置运算结果的状态之后，才确定后继微指令的地址。因此，当需要根据运算结果的状态来确定程序分支或转移时，串行方式比较容易实现。串行方式也适用于增量方式产生后继微地址，这可以使顺序控制字段缩短，从而简化微地址的硬件设备。

② 并行执行。由于取微指令和执行微指令是在两个完全不同的部件中进行的，为了提高微指令的执行速度，可以让这两部分操作同步进行，以缩短微指令周期，这就是并行执行方式。

在并行执行方式中，要求在执行本条微指令的同时，预取下一条微指令，如图 4-26 所示，除第一条微指令的取微指令时间需要计算外，其他微指令的微指令周期都可以不考虑取微指令时间，因此，并行方式的微周期 $T_{并}=t_2$，其中 t_2 为执行微指令的时间。

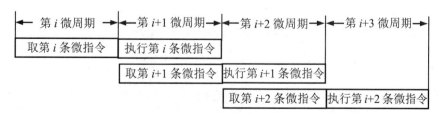

图 4-26 微程序并行执行

在并行执行方式中，执行本条微指令和取下一条微指令是同时进行的，在没有转移时，并行操作是可行的；但若当前微指令的后继微指令需要根据运行结果来决定是否转移，那么预取的后继微地址就可能无法使用。因此，当转移条件与当前微指令的执行结果无关时，根据当前微指令按顺序执行预取的后继微地址仍是可用的；当转移条件要根据当前微指令的执行结果来确定要转移的后继微地址时，则根据当前微指令按顺序执行预取的后继微地址一般是不可用的，解决此问题的最简单方法是延迟一个微周期，再执行微指令。

4.7 操作数寻址方式

汇编语言中的指令一般由操作码和操作数两部分组成。操作码是指该指令所要执行的操作，而操作数是指该指令在执行过程中所要操作的对象。操作数可以是常量、寄存器、存储单元 3 种类型。一条指令的操作数个数一般是 1~3 个，可以显式给出某几个操作数，也可以隐含某几个操作数，一般格式如下：

操作码　　操作数$_1$,…,操作数$_n$

当一条指令的操作数个数为 2 时，左边的操作数即操作数$_1$称为第一操作数或目的操作数（destination operand，简称 dest 或 dst），右边的操作数即操作数$_2$称为第二操作数或源操作数（source operand，简称 src）。例如：

MOV　EAX,12345678H

表示操作码为 MOV，执行数据传送操作，源操作数为 12345678H，目的操作数为 EAX，实现功能是将源操作数 12345678H 传送给目的操作数 EAX。

4.7.1 寄存器寻址方式

指令所要的操作数存于寄存器中，这种寻址方式称为寄存器寻址方式。

指令中可以引用的寄存器及其符号名称如下。

- ❑ 8 位寄存器：AH、AL、BH、BL、CH、CL、DH 和 DL 等。
- ❑ 16 位寄存器：AX、BX、CX、DX、SI、DI、SP、BP 和段寄存器等。
- ❑ 32 位寄存器：EAX、EBX、ECX、EDX、ESI、EDI、ESP 和 EBP 等。
- ❑ 64 位寄存器：RAX、RBX、RCX、RDX、RSI、RDI、RSP、RBP、R8、R9、R10、R11、R12、R13、R14 和 R15 等（仅用于 x64 环境 x64 程序，下同）。

寄存器寻址方式是一种简单快捷的寻址方式，源操作数或目的操作数都可以是寄存器。

（1）源操作数是寄存器寻址方式。例如：

```
VARD      DWORD      12345678H;VARD 双字内存变量
VARW      WORD       1234H      ;VARW 字内存变量
VARB      BYTE       12H        ;VARB 字节内存变量
...
ADD       VARD,EAX              ;双字操作
ADD       VARW,AX              ;字操作
MOV       VARB,AL              ;字节操作
```

（2）目的操作数是寄存器寻址方式。例如：

```
MOV       EAX,12345678H        ;双字操作
```

ADD	AX,1234H	;字操作
ADD	AL,12H	;字节操作

（3）源操作数和目的操作数都是寄存器寻址方式。例如：

MOV	EAX,EBX	;双字操作
MOV	AX,BX	;字操作
MOV	AH,AL	;字节操作

操作数在寄存器中，执行时读/写存储单元的次数相对较少，执行速度较快，应尽量使用寄存器寻址方式。当然，汇编语言也不允许两个操作数都在存储单元中。

4.7.2　立即寻址方式

源操作数是常量的寻址方式称为立即寻址方式，这个常量称为立即数，因为当该指令被 CPU 读取并执行时，所要操作的数据就已经随指令被读入 CPU，不需要再从存储器或寄存器中读取数据，所以称为立即寻址方式。

立即数可以是 8 位、16 位、32 位或 64 位，该数值紧跟在操作码之后。如果立即数为 16 位、32 位或 64 位，那么它将按高高低低的原则进行存储（高地址存高字节、低地址存低字节）。例如：

MOV EAX,12345678H	;执行后 AX 的值为 5678H，AH 的值为 56H，AL 的值为 78H

又如：

D1	DWORD	12345678H　　　;D1 双字内存变量
...		
MOV D1,12345678H		;D1+0~D1+3 单元依次存放的值是 78H、56H、34H、12H

4.7.3　直接寻址方式

指令所要的操作数存于内存中，指令直接给出该操作数的内存地址，这种寻址方式称为直接寻址方式（见图 4-27）。直接寻址方式用于全局变量，源程序显示的是变量名，编译后为具体的内存地址，书写时内存地址要加中括号和前缀 ds:。例如：

D1	DWORD	41424344H　　　;多数第一个变量内存地址为 00403000H
...		
MOV eax,D1		;编译后为 MOV eax,ds:[00403000H],结果 eax=41424344H

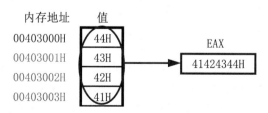

图 4-27　源操作数直接寻址方式

4.7.4　寄存器间接寻址方式

通过 32 位或 64 位寄存器获得操作数的地址，再通过该地址获得内存单元中的操作数，这种寻址方式称为寄存器间接寻址方式（见图 4-28）。为区别于寄存器寻址方式，书写时寄存器名要加中括号。例如：

D1	DWORD 12345678H	;假设 D1 变量内存地址为 00403000H
...		
MOV	EAX,OFFSET **D1**	;或 LEA EAX,**D1** ;取变量 **D1** 的地址
MOV	EBX,[EAX]	;书写时寄存器名 EAX 要加中括号

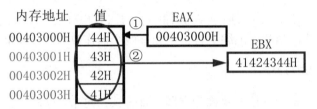

图 4-28   源操作数寄存器间接寻址方式

4.7.5   寄存器相对寻址方式

用 32 位或 64 位通用寄存器值加上偏移量值作为操作数的内存地址，这种寻址方式称为寄存器相对寻址方式。其表示形式如下：

偏移量[寄存器]

或

[寄存器+偏移量]

例如：

_a$ = −4	;系统定义常量_a$
...	
MOV eax,_a$[ebp]	;ebp 值加_a$值作为内存地址，再将该内存单元内容传送给 eax

子程序中局部变量和形式参数一般采用寄存器相对寻址方式，局部变量名和形式参数名作为偏移量，默认寄存器为 EBP。

当定义如下（x1,x2,···,xn）局部变量（默认 DWORD 类型）时，x1,x2,···,xn 转换为常量−4,−8,···,−n*4 作为偏移量（n 为常量，下同），并默认相对寻址寄存器为 EBP，得到内部表示形式为−4[ebp],−8[ebp],···,−n*4[ebp]或[ebp−4],[ebp−8],···,[ebp−n*4]，表示对应第一个局部变量[local.1]到第 n 个局部变量[local.n]。

LOCAL   x1,x2,···,xn

综上所述，第 i 个局部变量 xi 的内部表示形式为 xi[ebp]或[ebp+xi]。由此可得，x1−4的内部表示形式为 x1−4[ebp]或[ebp+x1−4]，等价于 x2 或 x1[−4]，所以 x1,x2,···,xn 可表示为 x1[−0*4],x1[−1*4],···,x1[−(n−1)*4]，即可理解为以 x1 为首元素的一维数组，只是下标变为 0~−(n−1)*4。

当定义如下（x1,x2,···,xn）形式参数（默认 DWORD 类型）时，x1,x2,···,xn 转换为常量 8,12,···,4*(n+1)作为偏移量，并默认相对寻址寄存器为 EBP，得到内部表示形式为

8[ebp],12[ebp],…,4*(n+1)[ebp]或[ebp+8],[ebp+12],…,[ebp+4*(n+1)]，表示对应第一个形式参数[arg.1]到第 n 个形式参数[arg.n]。

```
子程序名 PROC x1,x2,…,xn
…
子程序名 ENDP
```

综上所述，第 i 个形式参数 xi 的内部表示形式为 xi[ebp]或[ebp+xi]。由此可得，x1+4 的内部表示形式为 x1+4[ebp]或[ebp+x1+4]，等价于 x2 或 x1[4]，所以 x1,x2,…,xn 可表示为 x1[0*4],x1[1*4],…,x1[(n-1)*4]，即可理解为以 x1 为首元素的一维数组，下标为 0~(n-1)*4。

4.7.6　基址变址寻址方式

基址变址寻址方式语法格式如下。其中，EA 的组成与计算方法如图 4-29 所示，前 6 种类似 C 语言的数组方式，后 3 种类似 C 语言的指针方式。

```
变量[变址寄存器*scale]
变量[变址寄存器*scale+offset]
变量[变址寄存器*scale-offset]
变量[基址寄存器+变址寄存器*scale]
变量[基址寄存器+变址寄存器*scale+offset]
变量[基址寄存器+变址寄存器*scale-offset]
[基址寄存器+变址寄存器*scale]
[基址寄存器+变址寄存器*scale+offset]
[基址寄存器+变址寄存器*scale-offset]
```

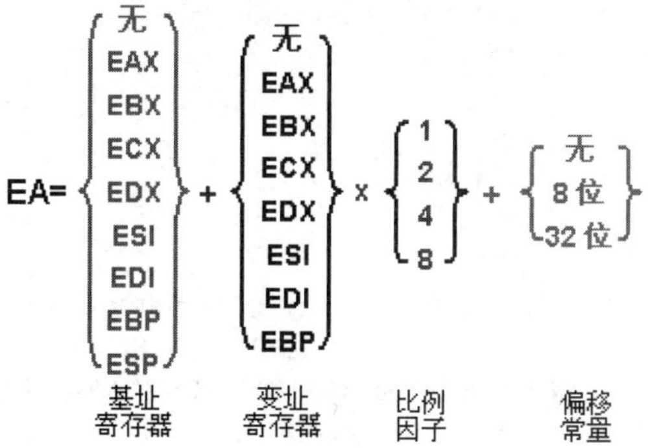

图 4-29　基址变址寻址方式地址计算方法

其中，基址寄存器是任何一个 32 位通用寄存器；变址寄存器代表除 ESP 外的任何一个 32 位寄存器；比例因子 scale 是一个常数，其值是 1、2、4、8 中的任意一个，暗示对应于 BYTE、WORD、DWORD、QWORD 4 种数据类型；偏移常量 offset 是一个常数，常作为数组的下标。寻址方式中的变量一般指数组或全局变量，用它所在的地址参加计算。

变量和偏移常量 offset 可以放在中括号内，也可以放在中括号外，但寄存器只能放在中括号内。例如，a[4]、a+4、4+a、4[a]是等价的，a[esi]是允许的，但 a+esi 是不允许的。

寻址方式中"变量[基址寄存器+变址寄存器*scale-offset]"的含义是：变量的所在地址加基址寄存器的内容，再与变址寄存器*scale 的值相加，再减去常数 offset，最后得到的值作为操作数的地址；其他类似。

当定义如下数组（全局变量 a）时，可以用 a[0]、a[4]、a[8]、a[12]、a[16]或 a+0、a+4、a+8、a+12、a+16 访问各个元素，只有偏移常量，无基址寄存器和变址寄存器；也可以用 a[esi*4]访问各个元素（esi=0~4），只有变址寄存器，无基址寄存器和偏移量；还可以用 a[esi] 访问各个元素（esi=0，4，8，12，16），只有基址寄存器，无变址寄存器和偏移量。这几种访问方式在形式上类似 C 语言的数组访问形式 a[i]，故也称为数组访问方式。

```
a          DWORD   2, 4, 6,8,10
```

若把变量 a 的地址存于基址寄存器，则可以用[ebx+esi*4]或[ebx+esi]访问各个元素，这种访问方式在形式上类似 C 语言的指针访问方式*(a+i)，故也称为指针访问方式。若将 EBX 作为二维数组每一行的首地址，则可以访问二维数组的各个元素。

例 4-09 输出 3×3 数组 a 从左上角到右下角对角线的元素值。

用 EBX 作为数组 a 每一行的基地址，因每一行 3 个元素，每个元素 4 字节，故每下一行加 12；用 ESI 作为数组 a 每一行中每个元素的变址，因每个元素 4 字节，故每下一元素加 4。

源程序如下：

```
.386
.model      flat,stdcall
option      casemap:none
includelib  msvcrt.lib
printf      PROTO    C:DWORD,:vararg
.data
a           SDWORD      1, 2, 3,
                        4, 5, 6,
                        7, 8, 9
i           SDWORD      0
fmt         BYTE        '%d ',0
.code
start:
MOV         EBX,0                         ;EBX 作为数组 a 每一行的基地址
MOV         ESI,0                         ;ESI 作为数组 a 每一行中每个元素的变址
invoke      printf,addr fmt,a[EBX+ESI*4]  ;输出 a[EBX][ESI]，即 a[0][0]元素
Add         EBX,12                        ;EBX 加 12 指向下一行，即 a[1]行
INC         ESI                           ;ESI 加 1（比例因子乘以 4）指向下一元素
Invoke      printf,addr fmt,a[EBX+ESI*4]  ;输出 a[EBX][ESI]，即 a[1][1]元素
ADD         EBX,12                        ;EBX 加 12 指向下一行，即 a[2]行
INC         ESI                           ;ESI 加 1（比例因子乘以 4）指向下一元素
Invoke      printf,addr fmt,a[EBX+ESI*4]  ;输出 a[EBX][ESI]，即 a[2][2]元素
ret
end         start
```

输出结果为：

159

4.8　数据传送类指令

在汇编指令中，习惯用前缀或后缀的不同字母表示不同的指令，为减少重复书写，这里做一个约定：中括号表示其中的内容是可选的，"|"或"/"表示从若干项中选择一项。例如 MOV[SX|ZX]表示[SX|ZX]是可选的，若选中，则 SX 与 ZX 二选一。

4.8.1　通用数据传送 MOV[SX|ZX]

数据传送相当于高级语言里的赋值。

1. 传送指令 MOV

MOV 指令的语法格式如下：

MOV Reg/Mem,Reg/Mem/Imm　　;Reg/Mem←Reg/Mem/Imm

其中：Reg 表示 Register（寄存器），Mem 表示 Memory（存储器），Imm 表示 Immediate（立即数），它们可以是 8 位、16 位、32 位或 64 位（仅用于 x64 环境 x64 程序，下同）操作数，特别指出其位数的除外；Reg/Mem/Imm 表示源操作数可以是 3 种类型的操作数，Reg/Mem 表示目的操作数可以是两种类型的操作数。

指令的功能是把源操作数的值传给目的操作数。指令执行后，目的操作数的值被改变，而源操作数的值不变，也不影响标志寄存器。

下面列举几组指令的例子。

（1）源操作数是寄存器。

mov	edx,ecx	;寄存器 ecx 的值存入寄存器 edx
mov	x,ebx	;寄存器 ebx 的值存入变量 x 位置（一般是全局变量）
mov	dword ptr _x$[ebp],eax	;寄存器 eax 的值存入[ebp+_x$]位置（一般是局部变量）

（2）源操作数是存储单元。

mov	eax,x+4	;变量 x 加 4 字节位置的值存入寄存器 eax
mov	eax,dword ptr _x$[ebp]	;[ebp+_x$]位置的值存入寄存器 eax

（3）源操作数是立即数。

mov	eax,12345678H+4	;十六进制数 12345678 加 4 的值存入寄存器 ecx
mov	dword ptr _x$[ebp],17O	;八进制数 17 存入[ebp+_x$]位置
mov	dword ptr [esp],0100 0001B	;二进制数 0100 0001 存入[esp]位置，即改栈顶元素的值

在汇编语言中,寄存器、存储器、立即数之间 MOV 指令允许的数据传送如图 4-30 所示。

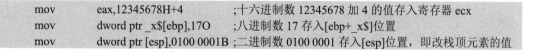
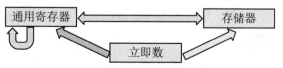

图 4-30　MOV 指令允许的数据传送

对 MOV 指令有以下 3 条规定（这些规定对其他指令同样有效）。

（1）两个操作数的数据类型要相同，要同为 8 位、16 位、32 位或 64 位。例如，MOV BL,AX 是不正确的，因为 BL 是 8 位的，而 AX 是 16 位的。

（2）立即数不能作为目的操作数。例如，MOV 100H,EAX 是不正确的，因为立即数不能存储数据。

（3）两个操作数不能同时为存储单元。例如，MOV y,x 是不正确的，因为 x 和 y 都是内存变量。

对于不正确的指令 MOV y,x，可以用通用寄存器作为中转来达到最终目的，例如：

```
mov    eax,x
mov    y,eax
```

对于不同位数数据之间的传送问题，在 80386+以后，增加了一组新指令 MOVSX/MOVZX，它可以把位数少的源操作数传送给位数多的目的操作数，多出的部分按规定填充（详见后叙内容）。

2. 传送填充指令 MOV[SZ]X

传送填充指令是把位数少的源操作数传送给位数多的目的操作数。指令格式如下：

```
MOVSX    Reg/Mem,Reg/Mem/Imm    ;80386+
MOVZX    Reg/Mem,Reg/Mem/Imm    ;80386+
```

其中：80386+表示 80386 及其之后的 CPU，其他类似符号的含义相同。

指令的主要功能和限制与 MOV 指令类似，不同之处是，在传送时对目的操作数的高位用符号位或 0 进行填充，具体如图 4-31 所示。

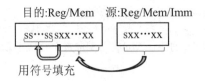

（a）符号填充指令 MOVSX 的执行效果　　（b）零填充指令 MOVZX 的执行效果

图 4-31　传送填充指令执行过程

（1）符号填充指令 MOVSX。

MOVSX 的填充方式是：用源操作数的符号位来填充目的操作数的高位。

（2）零填充指令 MOVZX。

MOVZX 的填充方式是：用 0 来填充目的操作数的高位。

例 4-10　字节数据-1 用符号填充指令和零填充指令分别给 EBX 和 ECX 赋值后，按有符号数输出结果。

字义字节（BYTE）变量 x，赋初值为-1，然后分别用 MOVSX 和 MOVZX 给 EBX 和 ECX 赋值，最后输出结果。

源程序如下：

```
.386
.model    flat,stdcall
```

例 4-10

```
option      casemap:none
include     kernel32.inc
includelib  kernel32.lib
includelib  msvcrt.lib
printf      PROTO    C:ptr sbyte,:vararg
.data
x           BYTE     -1
fmt         BYTE     '%d %d',0
.code
start:
MOVSX       EBX,x    ;EBX←1111 1111 1111 1111 1111 1111 1111 1111B，左边 24 位用符号填充
MOVZX       ECX,x    ;ECX←0000 0000 0000 0000 0000 0000 1111 1111B，左边 24 位用 0 填充
invoke      printf,ADDR fmt,EBX,ECX
invoke      ExitProcess,0
end         start
```

输出结果为：

−1 255

4.8.2　数据交换 XCHG

数据交换指令 XCHG 是实现两个寄存器或寄存器和内存变量之间内容相互交换的指令。指令格式如下：

> XCHG Reg/Mem,Reg/Mem　　　　　;Reg/Mem←→Reg/Mem

该指令与 MOV 指令的不同之处在于，MOV 指令只有一个操作数的内容发生改变，而 XCHG 指令两个操作数的内容都发生改变。XCHG 指令的功能如图 4-32 所示。

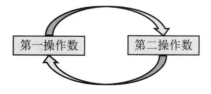

图 4-32　XCHG 指令的执行功能示意图

例如，执行以下 3 条指令后，EAX 的值为 78563412H，EBX 的值为 12345678H。

> ```
> MOV  EAX,12345678H           ;EAX←12345678H
> MOV  EBX,78563412H           ;EBX←78563412H
> XCHG EAX,EBX                 ;EAX←→EBX，即 EAX←78563412H，EBX←12345678H
> ```

例 4-11　用 XCHG 指令将输入的两个整型变量 x 和 y 的内容相互交换，然后输出。

由于 XCHG 指令不能直接交换两个变量的值，必须借助寄存器才能实现两个数据的相互交换，所以可先将变量 x 的值存入 EAX 寄存器，然后用 EAX 寄存器与变量 y 进行交换，这样，就把原来 x 的值换到 y，把原来 y 的值换到 EAX，此时只需再将 EAX 的值存到 x 即可（见图 4-33）。

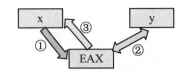

图 4-33   两个内存变量的数据交换过程

源程序如下：

```
.486
.model      flat,stdcall
option      casemap:none
include     kernel32.inc
includelib  kernel32.lib
includelib  msvcrt.lib
scanf       PROTO    C:DWORD,:vararg
printf      PROTO    C:DWORD,:vararg
.data
fmt         BYTE '%d    %d',0
x           DWORD ?
y           DWORD ?
.code
start:
invoke      scanf,addr fmt,addr x,addr y    ;输入 x 和 y 的值
MOV         EAX,x
XCHG        EAX,y
MOV         x,EAX
Invoke      printf,ADDR fmt,x,y             ;输出 x 和 y 的值
Invoke      ExitProcess,0
end         start
```

运行后输入：

```
3  4
```

则输出结果为：

```
4  3
```

4.8.3　字节查表转换 XLAT[B]

字节查表转换指令隐含两个操作数：EBX（16 位隐含 BX）和 AL。指令格式如下：

XLAT/XLATB   OPR ;AL←[EBX+AL]，XLAT 与 XLATB 无区别，OPR 仅为提高程序的可读性

其功能是把以 EBX 的值为字符数组首地址、以 AL 的值为下标的元素的值传送给 AL，功能描述表达式是：AL←[EBX+AL]。功能示意图如图 4-34 所示。

该指令的常用功能有：将数字 0~9 转换成字符'0'~'9'、将数字 0~9 转换成 LED 七段发光二极管字形码、字符映射加密等。XLAT 指令在 16 位系统中有不可替代的作用，在 32 位系统中可以用基址变址寻址方式实现。例如，可用 MOV AL,[EBX+EAX]代替 XLAT 指令。

例 4-12　通过编程实现一个简易加密算法，规则是：将大写字母循环后移 4 个位置，即 A→E，B→F，C→G，…，V→Z，W→A，X→B，Y→C，Z→D（减法用 SUB 指令）。

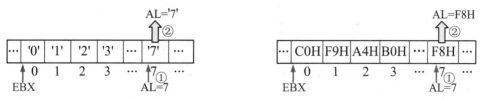

（a）将数字 0~9 转换成字符'0'~'9'　　（b）将数字 0~9 转换成 LED 七段发光二极管共阴字形码

图 4-34　XLAT/XLATB 指令的功能示意图

由以上加密规则可知，'A'~'Z'中 26 个字母对应密码表'EFGHIJKLMNOPQRSTUVWXYZABCD'中第 0~25 个字符。因此，可以定义字符数组 mima 存入密码表，取数组首地址存入 EBX，输入的明文存入字符变量 ming，取出后转存 AL 寄存器并减'A'或 65，将字母'A'~'Z'转换为密码表下标 0~25，执行 XLAT 指令取出 EBX 指定的密码表中第 AL 个字符存入 AL，最后输出密文。

源程序如下：

```
        .486
        .model      flat,stdcall
        option      casemap:none
        include     kernel32.inc
        includelib  kernel32.lib
        includelib  msvcrt.lib
scanf       PROTO    C:DWORD,:vararg
printf      PROTO    C:DWORD,:vararg
        .data
fmt         BYTE '%c',0
ming        BYTE ?                      ;存明文
mima        BYTE 'EFGHIJKLMNOPQRSTUVWXYZABCD',0;存密码表
        .code
start:
invoke      scanf,ADDR fmt,ADDR ming    ;输入明文
LEA         EBX,mima    ;取密码表首地址存 EBX，也可用 MOV EBX,offset mima 指令
MOV         AL,ming                     ;取明文字符
SUB         AL,'A'                      ;将明文字符转换成密码表下标，'A'~'Z'→0~25
XLAT mima   =>MOV AL,[EBX+EAX]  ;将字符序号转换成密文字符，0→'E',1→'F',…,25→'D'
MOVZX       EAX,AL      ;8 位扩展成 32 位，因为直接用 8 位 AL 在 Win7 环境中输出会出错
invoke printf,ADDR fmt,EAX              ;输出密文
invoke ExitProcess,0
end         start
```

运行后输入明文：

A

则输出密文：

E

运行后输入明文：

Z

则输出密文：

D

4.8.4* 字节反向存储 BSWAP

字节反向存储指令 BSWAP 就是将 32 位寄存器中的数据按字节反向存储，指令格式如下：

BSWAP	Reg32	;将 1、4 字节交换，2、3 字节交换，486+

例如，执行以下两条指令后，EAX 的值为 78563412H。

MOV	EAX,12345678H	;EAX←12345678H
BSWAP	EAX	;EAX←78563412H

4.8.5 入栈 PUSH/PUSHA[D]

堆栈是一个按先进后出或后进先出原则进行数据访问的数据结构，常用来保存函数形参、局部变量、返回地址等。它主要有两类操作：进栈（入栈）操作和出栈（弹出）操作。入栈操作有如下指令。

1. PUSH

PUSH 功能是将一个 16 位或 32 位操作数入栈。指令格式如下：

PUSH Reg/Mem/Imm ;先 ESP←ESP-4（若字入栈,则 ESP←ESP-2），再将操作数存入栈顶

 注意

立即数按 4 字节入栈，例如 PUSH 0，实际入栈的是 PUSH 00000000H。

2. PUSHA/PUSHAD

PUSHA/PUSHAD 的功能是依次将 EAX、ECX、EDX、EBX、ESP（入栈的是指令执行前的栈顶指针值）、EBP、ESI 和 EDI 的值入栈。PUSHA 和 PUSHAD 两条指令的操作码相同。语法格式如下：

PUSHA/PUSHAD ;先 ESP←ESP-32，再将 8 个 32 位通用寄存器值存栈顶

4.8.6 出栈 POP/POPA[D]

出栈操作有如下指令。

1. POP

POP 功能是将栈顶上的一个 16 位或 32 位数据出栈并存入操作数。指令格式如下：

POP Reg/Mem ;先将栈顶数据存入指定操作数,再 ESP←ESP+4（若字出栈,则 ESP←ESP+2）

2．POPA[D]

POPA[D]功能是将栈顶数据出栈并依次存入 EDI、ESI、EBP、ESP（存 ESP+4 的值）、EBX、EDX、ECX、EAX。POPA 和 POPAD 两条指令的操作码相同。语法格式如下：

POPA/POPAD	;先将栈顶数据存入 8 个 32 位通用寄存器，再 ESP←ESP+32

4.8.7 取地址 LEA/L[DEFGS]S

1．取地址指令 LEA

LEA 指令是把访问内存单元的操作数的地址送给指定的寄存器。指令格式如下：

LEA   Reg,Mem ;Mem 可以是变量，也可以是直接寻址、间接寻址、相对寻址、基址变址操作数

例 4-13 分别用 LEA 指令和 OFFSET 操作符获取变量 x 的地址并存入 EAX，再分别用它们获取[EAX]单元的地址，并以所获得的地址输出单元内容，观察运行结果的差别。

判断：

（1）指令 LEA EAX,x 和 MOV EAX,OFFSET x 的执行结果是否一样。

（2）指令 LEA EBX,[EAX]和 MOV EBX,OFFSET[EAX]的执行结果是否一样。

源程序如下：

```
.386
.model      flat,stdcall
option      casemap:none
includelib  msvcrt.lib
scanf       PROTO   C:DWORD,:vararg
printf      PROTO   C:DWORD,:vararg
.data
x           BYTE 'EFGHIJKLMNOPQRSTUVWXYZABCD'
fmt         BYTE '%c %c',0
.code
start:
LEA         EAX,x               ;取变量 x 的地址，可用 MOV EAX,OFFSET x
LEA         EBX,[EAX]           ;取操作数[EAX]的地址，不可用 MOV EBX,OFFSET [EAX]
movsx       ecx,byte ptr[eax]   ;用两种方式获得的地址取内存单元内容
movsx       edx,byte ptr[ebx]
invoke      printf,addr fmt,ecx,edx   ;输出
ret
end         start
```

输出结果为：

E E

根据运行结果可知，指令 LEA EBX,x 和 MOV EBX,OFFSET x 的执行结果一样，但指令 LEA EBX,[EAX]可执行，而 MOV EBX,OFFSET[EAX]不可执行。

LEA 和 OFFSET 都可以取地址，OFFSET 是伪指令，在编译时完成；LEA 是指令，在运行时完成。区别如下。

（1）LEA 是汇编指令，对应一个机器码，OFFSET 是伪指令，没有专门的机器码。

（2）LEA 可以取各种存储器寻址方式的地址，OFFSET 只能取变量或标号的地址。

（3）LEA 在运行时才能确定操作数的地址，OFFSET 在编译时由编译器计算出操作数的地址并以立即数回送给指令（也就是把立即数放入编译出的机器指令中）。

（4）LEA 可以取包括局部变量在内的任何形式存储单元的地址，OFFSET 只能用来取全局变量的地址。因为全局变量的地址在编译时就能确定，而局部变量等的地址受运行环境的影响，在编译时是不确定的，只能在指令执行时才能确定出地址。

2. 取段寄存器指令

该组指令的功能是把内存单元的偏移地址给指令中指定的 16 位寄存器，把段地址给相应的段寄存器（DS、ES、FS、GS 和 SS）。其指令格式如下：

> LDS/LES/LFS/LGS/LSS   Reg,Mem

由于当前任务没有相应权限，因此这些指令在保护模式下执行将产生异常。

4.8.8　EFlags 与 AH 传送[L|S]AHF

（1）LAHF：AH←Flags 的低 8 位。

（2）SAHF：Flags 的低 8 位←AH。

4.8.9　EFlags 出入栈 PUSHFD/POPFD

（1）PUSHFD：把 32 位标志寄存器 EFlags 的值压入栈。

（2）POPFD：把栈中值压入 32 位标志寄存器 EFlags 中。

4.8.10　进位位 CF 操作 CLC/STC/CMC

标志寄存器的进位位 CF 操作包括对进位位进行复位、置位、取反等，指令没有操作数，隐含进位位 CF。

（1）清进位指令 CLC：CF←0。

（2）置进位指令 STC：CF←1。

（3）进位取反指令 CMC：CF←not CF。

4.8.11　方向位 DF 操作 CLD/STD

标志寄存器的方向位 DF 操作包括对方向位进行复位、置位等，指令没有操作数，隐含方向位 DF。

（1）清方向位指令 CLD：DF←0。

（2）置方向位指令 STD：DF←1。

方向位 DF 决定串操作指令处理下一个操作数的方向。当 DF=0（默认）时，往操作数地址增大方向继续处理数据；当 DF=1 时，往操作数地址减小方向继续处理数据。因默认的数据处理方向是地址增大方向，若数据处理需要改为按地址减小方向，则要执行 STD 指令，数据处理完成后要恢复为默认方向，要执行 CLD 指令，否则，有可能导致其他程序执行异常。

4.8.12*　中断允许位 IF 操作 CLI/STI

标志寄存器的中断允许位 IF 操作包括开中断和关中断等，指令没有操作数，隐含中断允许位 IF。

（1）清中断允许位指令即关中断指令 CLI：IF←0。

其功能是不允许可屏蔽的外部中断来中断其后程序段的执行。

（2）置中断允许位指令即开中断指令 STI：IF←1。

其功能是恢复可屏蔽的外部中断的中断响应功能，通常是与 CLI 成对使用的。

4.9　整数算术运算指令

第 02 讲

CPU 整数算术运算指令包括加、减、乘、除及其相关的辅助指令，操作数可以是 8 位、16 位、32 位或 64 位（仅用于 x64 环境 x64 程序，下同）。

由于指令比较多，一般掌握 ADD（加法）指令、SUB（减法）指令、IMUL（乘法）指令、IDIV（除法）指令 4 条指令，就基本可以解决大多数算术运算问题。若要实现大数运算，一般还要掌握带进位的加法指令 ADC 和带借位的减法指令 SBB。

4.9.1　加法 ADD/ADC/INC/XADD

1. 加法指令 ADD

指令格式如下：

| ADD | Reg/Mem,Reg/Mem/Imm | ;Reg/Mem←Reg/Mem+Reg/Mem/Imm |

受影响的标志位：AF、CF、OF、PF、SF 和 ZF。

指令的功能：源操作数加上目的操作数，结果存回源操作数。

例如，执行以下两条指令后，EAX=11223344H，EBX 的值不变。

MOV	**EAX,10203040H**	;EAX←10203040H
MOV	**EBX,01020304H**	;EBX←01020304H
ADD	**EAX,EBX**	;EAX←10203040H+01020304H=11223344H, EBX 的值不变

2. 带进位加法指令 ADC

指令格式如下：

| ADC | Reg/Mem,Reg/Mem/Imm | ;Reg/Mem←Reg/Mem+Reg/Mem/Imm+**CF** |

受影响的标志位：AF、CF、OF、PF、SF 和 ZF。

指令的功能：源操作数加上目的操作数和进位标志 CF 的值，结果存回源操作数。

3. 加 1 指令 INC

指令格式如下：

| INC | Reg/Mem | ;Reg/Mem←Reg/Mem+1 |

受影响的标志位：AF、OF、PF、SF 和 ZF（不影响 CF）。

指令的功能：操作数的值加 1，结果存回操作数。该指令常用于循环计数器的加 1。不同于用 ADD 实现加 1，INC 实现加 1 不影响 CF 标志位，可用于对进位或借位标志 CF 有要求的场合。

4. 交换加指令 XADD

指令格式如下：

```
XADD        Reg/M32,Reg              ;80486+
```

受影响的标志位：AF、CF、OF、PF、SF 和 ZF。

指令的功能：先让源操作数与目标操作数交换数据，再对两个操作数求和并存为目的操作数。例如，执行以下两条指令后，EAX=11223344H，EBX=10203040H。

```
MOV      EAX,10203040H        ;EAX←10203040H
MOV      EBX,01020304H        ;EBX←01020304H
XADD     EAX,EBX              ;EAX←→EBX,EAX←01020304H+10203040H=11223344H
```

例 4-14　输入两个 16 位十六进制数（QWORD 类型），编程求和并输出。

按以下 10 步实现要求。

（1）定义 QWORD 类型变量 d1 和 d2，分别作为被加数和加数。

（2）输入 8 位十六进制数作为被加数高 8 位存入 d1+4 位置。

（3）输入 8 位十六进制数作为被加数低 8 位存入 d1 位置。

（4）输入 8 位十六进制数作为加数高 8 位存入 d2+4 位置。

（5）输入 8 位十六进制数作为加数低 8 位存入 d2 位置。

（6）取加数 d2 低 8 位存入 EAX。

（7）取 EAX 中加数低 8 位加 d1 低 8 位，存入 d1，产生的进位存入 CF。

（8）取 d2 高 8 位（d2+4 位置）存入 EDX。

（9）取 EDX 中加数的高 8 位加 d1 高 8 位（d1+4 位置），同时加低 8 位产生的进位 CF，存入 d1 高 8 位。

（10）输出 d1 中的结果，高 8 位在 d1+4 位置，低 8 位在 d1 位置。

源程序如下：

例 4-14

```
.386
.model      flat,stdcall
option      casemap:none
includelib  msvcrt.lib
scanf       PROTO   C:DWORD,:vararg
printf      PROTO   C:DWORD,:vararg
.data
d1          QWORD   ?
d2          QWORD   ?
fmt         BYTE    '%8x%8x',0
.code
start:
```

```
        invoke      scanf,addr fmt,addr d1+4,addr d1;输入第 1 个 16 位十六进制数
        invoke      scanf,addr fmt,addr d2+4,addr d2;输入第 2 个 16 位十六进制数
        mov         eax,dword ptr d2;取 d2 低 8 位存入 eax,d2 是 qword 类型，必须强制类型转换，下同
        add         dword ptr d1,eax;取 eax 中 d2 的低 8 位加 d1 低 8 位，存入 d1，产生的进位存入 CF
        mov         edx,dword ptr d2+4;取 d2 高 8 位（d2+4 位置）存入 edx
        adc         dword ptr d1+4,edx;取 edx 中 d2 的高 8 位加 d1 高 8 位和低 8 位的进位 CF，存入 d1
高 8 位
        invoke      printf,addr fmt,dword ptr d1+4,dword ptr d1;输出和
        ret
        end         start
```

运行后输入：

```
ffffffffffffffff
1020304050607080
```

则输出结果为：

```
102030405060707f
```

4.9.2　减法 SUB/SBB/DEC/NEG

1. 减法指令 SUB

指令格式如下：

SUB	Reg/Mem,Reg/Mem/Imm	;Reg/Mem←Reg/Mem-Reg/Mem/Imm

受影响的标志位：AF、CF、OF、PF、SF 和 ZF。

指令的功能：源操作数减去目的操作数，结果存回源操作数。

2. 带借位减指令 SBB

指令格式如下：

SBB	Reg/Mem,Reg/Mem/Imm	;Reg/Mem←Reg/Mem-Reg/Mem/Imm-**CF**

受影响的标志位：AF、CF、OF、PF、SF 和 ZF。

指令的功能：源操作数减去目的操作数和借位标志 CF 的值，结果存回源操作数。

3. 减 1 指令 DEC

指令格式如下：

DEC	Reg/Mem	;Reg/Mem←Reg/Mem-1

受影响的标志位：AF、OF、PF、SF 和 ZF（不影响 CF）。

指令的功能：操作数的值减去 1 存回操作数。该指令常用于循环计数器的减 1。不同于用 SUB 实现减 1，DEC 实现减 1 不影响 CF 标志位，可用于对进位或借位标志 CF 有要求的场合。

4. 求补指令 NEG

指令格式如下：

NEG	Reg/Mem	;Reg/Mem←0-Reg/Mem

受影响的标志位：AF、CF、OF、PF、SF 和 ZF。

指令的功能：操作数=0−操作数，即改变操作数的正负号。该指令可用以下 3 条指令实现：

MOV	EAX,0	;EAX←0
SUB	EAX,Reg/Mem	;EAX←0-Reg/Mem
MOV	Reg/Mem,EAX	;Reg/Mem←EAX

4.9.3 乘法 MUL/IMUL

汇编语言的乘法指令分为无符号乘法指令 MUL 和有符号乘法指令 IMUL，无符号乘法指令数据的最高位是作为"数值"参与运算的，有符号乘法指令数据的最高位是作为"符号位"参与运算的。

乘法指令一般仅乘数在指令中显式地写出来，而被乘数在指令中不写出来，隐含（固定）用 EAX 表示，结果存于 EDX|EAX 中。

若乘数是 8 位或 16 位操作数，被乘数自动改为 AL 或 AX，结果改为 AX 或 DX|AX。

1. 无符号数乘法指令 MUL

指令格式如下：

MUL	Reg/Mem	;一般 EDX|EAX←EAX*(Reg/Mem)

受影响的标志位：CF 和 OF（AF、PF、SF 和 ZF 无定义）。

指令的功能如表 4-6 所示。

表 4-6　乘法指令中乘数、被乘数和乘积的对应关系

乘数位数/位	隐含的被乘数	结果存放位置	举　例	
8	AL	AX	MUL　BL	;AX←AL*BL
16	AX	DX|AX	MUL　BX	;DX|AX←AX*BX
32	EAX	EDX|EAX	MUL　ECX	;EDX|EAX←EAX*ECX

2. 有符号数乘法指令 IMUL

指令格式如下：

IMUL Reg/Mem	;该指令的功能见表 4-6
IMUL Reg1,Reg2/Mem,Imm	;Reg1←Reg2×Imm 或 Reg1←Mem×Imm
IMUL Reg1,Reg2/Mem	;Reg1←Reg1×Reg2 或 Reg1←Reg1×Mem，寄存器必须是 16/32 位

受影响的标志位：CF 和 OF（AF、PF、SF 和 ZF 无定义）。

在指令格式 2~4 行中各操作数位数要一致，若乘积超过目标寄存器位数，则将置溢出

标志 OF 为 1。

4.9.4　除法 DIV/IDIV

在除法指令中，仅除数在指令中显式地写出来，而被除数在指令中不写出来，隐含（固定）用 EDX|EAX 表示，商存于 EAX 中，余数存于 EDX 中。若除数是 8 位或 16 位操作数，被除数自动改为 AX 或 DX|AX，商改为 AL 或 AX，余数改为 AH 或 DX，如表 4-7 所示。

表 4-7　除法指令除数、被除数、商和余数的对应关系

除数位数/位	隐含的被除数	商	余　数	举　　　例
8	AX	AL	AH	DIV　BH　;AX÷BH=AL…AH
16	DX|AX	AX	DX	DIV　BX　;DX|AX÷BX=AX…DX
32	EDX|EAX	EAX	EDX	DIV　ECX　;EDX|EAX÷ECX=EAX…EDX

由此可知，汇编语言中求商和求余使用的是同一条指令（DIV/IDIV）。

当除数为 0，或商超出数据类型所能表示的范围时，系统会自动产生 0 号中断。

1. 无符号数除法指令 DIV

指令格式如下：

```
DIV        Reg/Mem                    ;一般（EDX|EAX）÷（Reg/Mem）=EAX…EDX
```

指令的功能是用显式操作数去除隐含操作数（都作为无符号数），所得商和余数按表 4-7 的对应关系存放。指令对标志位的影响无定义。

2. 有符号数除法指令 IDIV

指令格式如下：

```
IDIV        Reg/Mem                    ;一般（EDX|EAX）÷（Reg/Mem）=EAX…EDX
```

受影响的标志位：AF、CF、OF、PF、SF 和 ZF。

指令的功能：用显式操作数去除隐含操作数（都作为有符号数），所得商和余数的对应关系如表 4-7 所示。

例 4-15　通过编程实现有符号数 x 和 y 相除，即 x/y，商和余数存于 a 和 b 并输出。

按以下 7 步实现要求。

（1）定义 DWORD 类型变量 x 和 y，分别作为被除数和除数，变量 a 和 b 分别用于存商和余数。

（2）输入两个十进制数，分别作为被除数和除数存于变量 x 和 y。

（3）因为 32 位除法运算的被除数只能是 EDX|EAX，所以将存于变量 x 中的数转存于 EAX。

（4）因为有符号除，所以被除数高 32 位 EDX 用 EAX 符号位填充；若是无符号除，则让 EDX=0。

（5）执行有符号除，即 EDX|EAX÷y。

（6）存于 EAX 的商转存于变量 a，存于 EDX 的余数转存于变量 b。

（7）输出结果表达式。

源程序如下：

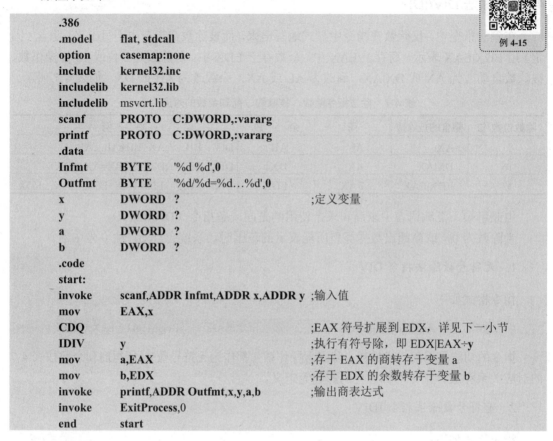

例 4-15

```
        .386
        .model      flat, stdcall
        option      casemap:none
        include     kernel32.inc
        includelib  kernel32.lib
        includelib  msvcrt.lib
        scanf       PROTO   C:DWORD,:vararg
        printf      PROTO   C:DWORD,:vararg
        .data
        Infmt       BYTE    '%d %d',0
        Outfmt      BYTE    '%d/%d=%d...%d',0
        x           DWORD   ?                      ;定义变量
        y           DWORD   ?
        a           DWORD   ?
        b           DWORD   ?
        .code
        start:
        invoke      scanf,ADDR Infmt,ADDR x,ADDR y ;输入值
        mov         EAX,x
        CDQ                                        ;EAX 符号扩展到 EDX，详见下一小节
        IDIV        y                              ;执行有符号除，即 EDX|EAX÷y
        mov         a,EAX                          ;存于 EAX 的商转存于变量 a
        mov         b,EDX                          ;存于 EDX 的余数转存于变量 b
        invoke      printf,ADDR Outfmt,x,y,a,b     ;输出商表达式
        invoke      ExitProcess,0
        end         start
```

运行后输入：

-18 4

则输出结果为：

-18/4=-4...-2

4.9.5　符号扩展 CBW/CWD/CDQ

根据除法运算的规定：做 8 位除时，被除数必须为 16 位（存于 AX）；做 16 位除时，被除数必须为 32 位（存于 DX|AX）；做 32 位除时，被除数必须为 64 位（存于 EDX|EAX）。它们有一个共同特点，即位数都扩展了一倍。现在的问题是，扩展部分用什么数去填充（若置之不理，扩展部分将是随机数）才能使计算的结果如我们所愿。

根据常识可知，做无符号除时，扩展部分用 0 去填充，被除数的值不变；根据第 1 章补码知识可知，做有符号除时，扩展部分用符号位去填充，被除数的值不变，这就是符号扩展问题。

需要特别强调的是，当被除数是无符号数且最高位是 1 时，若用扩展指令去执行，则

扩展部分填充的是 1，被除数的值变大，再用无符号除指令 DIV 去执行，将导致溢出异常。

符号扩展指令主要有 CBW、CWD、CDQ，它们的执行都不影响任何标志位。

1. 字节转换为字指令 CBW

指令格式如下：

CBW	;AL 符号位填充 AH

该指令的隐含操作数为 AH、AL，功能是用 AL 的符号位去填充 AH。

若 AX 为 78H，则执行 CBW 后 AX=78H（因 AL 符号位为 0）；若 AX 为 87H，则执行 CBW 后 AX=FF87H（因 AL 符号位为 1）。

2. 字转换为双字指令 CWD

指令格式如下：

CWD	;AX 符号位填充 DX

该指令的隐含操作数为 DX、AX，功能是用 AX 的符号位去填充 DX。

若 AX 为 5678H、DX 为 3456H，则执行 CWD 后 AX 为 5678H、DX 为 0000H；若 AX 为 8765H、DX 为 3456H，则执行 CWD 后 AX 为 8765H、DX 为 FFFFH。

3. 双字转换为四字指令 CDQ

指令格式如下：

CDQ	;EAX 符号位填充 EDX

该指令的隐含操作数为 EDX、EAX，功能是用 EAX 的符号位填充 EDX。

若 EAX 为 1234 5678H、EDX 为 1122 3456H，则执行 CDQ 后 EAX 值不变，EDX 为 0000 0000H；若 EAX 为 87654321H、EDX 为 3456H，则执行 CDQ 后 EAX 值不变，EDX 为 FFFF FFFFH。

4.9.6　整数比较 CMP/CMPXCHG[8B]

在汇编语言中，用比较指令实现将两个数据的大小等关系以标志位的形式存入标志寄存器，条件转移指令或循环指令再将这些标志位转移到不同的位置去执行。

1. 比较指令 CMP

指令格式如下：

CMP	Reg/Mem,Reg/Mem/Imm	;执行 Dst 减 Src，按减法运算设置标志位，但不存相减结果

受影响的标志位：AF、CF、OF、PF、SF 和 ZF。

指令的功能：用第二个操作数去减第一个操作数，并根据所得的差设置相关标志位，但并不保存相减结果，仅为其后条件转移指令或循环指令提供转移依据（详见第 6 章）。

2. 比较交换指令 CMPXCHG

指令格式如下：

```
CMPXCHG reg/mem,reg        ;if(al/ax/eax==dst){zf←1;dst←src;}else{zf←0;al/ax/eax←dst;}
```

受影响的标志位：AF、CF、OF、PF、SF 和 ZF。

指令的功能：将累加器 AL/AX/EAX 中的值与首操作数（目的操作数）比较。若相等，则第二操作数（源操作数）的值装载到首操作数，ZF 置 1；若不相等，则首操作数的值装载到 AL/AX/EAX 并将 ZF 清 0。

例 4-16　用 LOOP 循环（详见后续章节）实现输入 5 个正整数给变量 x 并输出，若相邻的整数相同，则将之后相同的 x 值清 0，用 CMPXCHG 实现。

用 EAX 保存前一次输入的 x 值，用 EBX 保存 0，执行 CMPXCHG x,EBX 后，若当前 x 值与之前存于 EAX 中的 x 值相同，则会用 EBX 的值覆盖当前 x，否则会将当前 x 值存于 EAX 中，作为下次输入 x 值的前一次 x 值。

源程序如下：

```
.486
.model      flat,stdcall
option      casemap:none
includelib  msvcrt.lib
scanf       PROTO   C:DWORD,:vararg
printf      PROTO   C:DWORD,:vararg
.data
fmt         BYTE    '%d',0
fmt2        BYTE    'EAX=%d,x=%d',13,10,0
x           DWORD   ?
.code
start:
MOV         EAX,-1
MOV         EBX,0
MOV         ECX,5
again:
PUSHA                           ;EAX 等 8 个寄存器的值入栈保护
invoke      scanf,ADDR fmt,ADDR x
POPA                            ;EAX 等 8 个寄存器的值出栈恢复
CMPXCHG     x,EBX               ;if(EAX==x){ZF←1;x←EBX;}else{ZF←0;EAX←x;}
PUSHA                           ;EAX 等 8 个寄存器的值入栈保护
invoke      printf,ADDR fmt2,EAX,x
POPA                            ;EAX 等 8 个寄存器的值出栈恢复
LOOP        again               ;若 ECX 减 1 不为 0，则转 again 位置，重复执行 5 次
ret
end         start
```

运行后输入：

```
3    3    4    4    4
```

则输出结果为：

```
EAX=3,x=3
EAX=3,x=0
EAX=4,x=4
EAX=4,x=0
EAX=4,x=0
```

3．64 位比较交换指令

指令格式如下：

CMPXCHG8B　Reg/Mem　　　　　　　　;Pentium+

受影响的标志位：ZF。

该指令只有一个操作数，第二个操作数 EDX:EAX 是隐含的。

4.10*　调整指令（实现大数运算）

前述算术运算指令是按十六进制（在底层都是按二进制）操作的，但现实中十进制是最直观的。若按前述算术运算指令进行算术运算，而实际参与运算的数却是十进制数，将导致运算结果不正确，这就需要用专门的指令将不正确的运算结果调整成正确的结果，这就是十进制运算调整指令。

根据所调整的十进制数的不同，调整指令分为数字字符运算后调整指令和压缩 BCD 码运算后调整指令。

这些调整指令常用于多字节算术运算，本小节仅给出多字节运算的示范，要真正实现大数运算，要结合循环指令。

4.10.1　数字字符加法调整 AAA

数字字符加法调整指令又称为 ASCII 码加法调整指令，用于调整 AL 寄存器的值，该值原是两个数字字符（数字 ASCII 码字符）相加之和，经 AAA 指令调整后变为非压缩 BCD 码数值和，并将进位存入 AH 寄存器和相应标志位（AF 和 CF）。

具体的调整规则如下（见图 4-35）。

（1）若 AL 的低 4 位大于 9 或低 4 位有进位（标志位 AF=1），则 AH=AH+1，AL=AL+6，并置 AF 和 CF 为 1，否则，只置 AF 和 CF 为 0。

（2）清除 AL 的高 4 位（将字符转换为数值，非压缩 BCD 码）。

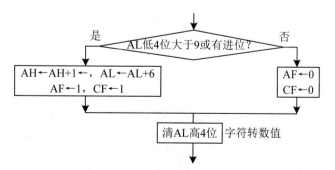

图 4-35　AAA 指令执行过程示意图

指令格式如下：

AAA	;必须在加法指令 ADD 或 ADC 之后，且加的是两个数字字符

受影响的标志位：AF 和 CF（OF、PF、SF 和 ZF 等都是无定义）。

例如，若 AL 存的是'6'+'9'之和 6FH，则执行完 AAA 之后，AL 的值为 5，向 AH 进 1，AF=CF=1；若 AL 存的是'7'+'9'之和 70H，则执行完 AAA 之后，AL 的值为 6，向 AH 进 1，AF=CF=1；若 AL 存的是'7'+'2'之和 69H，则执行完 AAA 之后，AL 的值为 9，向 AH 进 0，AF=CF=0。

例 4-17 编程求两个 2 位数字字符之和。

按以下 7 个步骤实现要求。

（1）定义 BYTE 类型变量 X1 和 X2 分别存被加数的个位和十位数字字符，变量 Y1 和 Y2 分别存加数的个位和十位数字字符，变量 Z1 和 Z2 分别存和的个位和十位数值。

（2）输入两个数字字符，分别作为被加数的十位和个位存于变量 X2 和 X1 中。

（3）输入两个数字字符，分别作为加数的十位和个位存于变量 Y2 和 Y1 中。

（4）取变量 X1 中的被加数个位字符，加上变量 Y1 中加数的个位字符，经 AAA 指令调整后，将个位和存入变量 Z1 中，进位存入 CF 中。

（5）取变量 X2 中的被加数十位字符，带进位加上变量 Y2 中的加数十位字符，经 AAA 指令调整后，将十位数值的和存入变量 Z2 中，进位存入 CF 中。

（6）从内存变量 Z1 中取出个位数值和存入 EAX，从内存变量 Z2 中取出十位数值的和存入 EBX。

（7）输出结果。

源程序如下：

```
        .486
        .model      flat,stdcall
        option      casemap:none
        includelib  msvcrt.lib
scanf   PROTO   C:DWORD,:vararg
printf  PROTO   C:DWORD,:vararg
        .data
X1      BYTE    ?                          ;被加数个位数字字符
X2      BYTE    ?                          ;被加数十位数字字符
Y1      BYTE    ?                          ;加数个位数字字符
Y2      BYTE    ?                          ;加数十位数字字符
Z1      BYTE    ?                          ;个位数值和
Z2      BYTE    ?                          ;十位数值和
Infmt   BYTE    '%c %c',10,0               ;每输入两个字符后加一个回车（10），这个 10 很重要
Outfmt  BYTE    '%d %d',0
        .code
start:
        invoke  scanf,ADDR Infmt,ADDR X2,ADDR X1 ;以字符形式输入两个数字字符作为被加数
        invoke  scanf,ADDR Infmt,ADDR Y2,ADDR Y1 ;以字符形式输入两个数字字符作为加数
        MOV     AL,X1                      ;取个位字符作为被加数
        ADD     AL,Y1                      ;不带进位加个位字符加数
```

例 4-17

```
AAA                          ;数字字符相加的和调整为数值和，将进位存入 AH 以及 CF 和 AF
MOV      Z1,AL               ;个位数值和存入内存变量 Z1
MOV      AL,X2               ;取十位字符作为被加数
ADC      AL,Y2               ;不带进位加十位字符加数
AAA                          ;数字字符相加的和调整为数值和，将进位存入 AH 以及 CF 和 AF
MOV      Z2,AL               ;十位数值和存入内存变量 Z2
MOVSX    EAX,Z1              ;从内存变量 Z1 中取出个位数值的和存入 EAX
MOVSX    EBX,Z2              ;从内存变量 Z2 中取出十位数值的和存入 EBX
invoke   printf,ADDR Outfmt,EBX,EAX;输出两位和
ret
end      start
```

运行后输入：

```
3 5
3 6
```

则输出结果为：

```
7 1
```

从以上程序可知，只需将求和部分改为用循环指令实现，就可以求任意位数的和。

4.10.2 数字字符减法调整 AAS

数字字符减法调整指令又称为 ASCII 码减法调整指令，用于调整 AL 寄存器的值，该值原是两个数字字符（数字 ASCII 码字符）相加之差，经 AAS 指令调整后变为非压缩 BCD 码数值差，并将借位存入 AH 寄存器和相应标志位。

具体的调整规则如下（见图 4-36）。

（1）若 AL 的低 4 位大于 9 或低 4 位有借位（标志位 AF=1），则 AH=AH−1，AL=AL−6，并置 AF 和 CF 为 1，否则，只置 AF 和 CF 为 0。

（2）清除 AL 的高 4 位（将字符转换为数值，非压缩 BCD 码）。

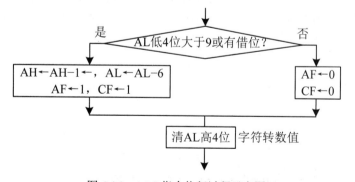

图 4-36　AAS 指令执行过程示意图

指令格式如下：

```
AAS                          ;必须在减法指令 SUB 或 SBB 之后，且减的是两个数字字符
```

受影响的标志位：AF 和 CF（OF、PF、SF 和 ZF 等都是无定义）。

例如，若 AL 存的是'8'-'9'之差 FFH，则执行完 AAS 之后，向 AH 借 1，AL 的值为 9，AF=CF=1；若 AL 存的是'1'-'9'之差 F8H，则执行完 AAS 之后，向 AH 借 1，AL 的值为 2，AF=CF=1；若 AL 存的是'7'-'2'之差 05H，则执行完 AAS 之后，向 AH 借 0，AL 的值为 5，AF=CF=0。

4.10.3　二进制数调整为 BCD 码 AAM

二进制数调整为 BCD 码指令又称为 ASCII 码乘调整指令，用于调整 AL 寄存器的值，该值原来是一个二进制数（00~99 才有意义），经 AAM 指令调整后为两位非压缩 BCD 码，存于 AX，相当于将个位数存于 AL、十位数存于 AH，并设置相应标志位。

其调整规则如下。

（1）AH←AL/10（商，十位数）。

（2）AL←AL%10（余数，个位数）。

指令格式如下：

AAM

受影响的标志位：PF、SF 和 ZF（AF、CF 和 OF 等都是无定义）。

AAM 指令相当于 IDIV x（设 x 为 BYTE 类型且值为 10）和 XCHG AH,AL 两条指令。

AAM 指令本质上与乘法无关，但其在执行功能上相当于将 AL 中两个一位十进制数的乘积（二进制数）调整为两位非压缩 BCD 码存于 AX。若调整前 AL 的值超过 99，则调整后 AH 的值将超过 9，就不是十位数了，而是原值的十位和百位。

例如，若 AL 的值是 98 即 62H，则执行完 AAM 之后，AH=09H，AL=08H，即 AX=0908H；若 AL 的值是 06 即 06H，则执行完 AAM 之后，AH=00H，AL=06H，即 AX=0006H；若 AL 的值是 125 即 7DH，则执行完 AAM 之后，AH=12H，AL=05H，即 AX=1205H。

4.10.4　BCD 码调整为二进制数 AAD

BCD 码调整为二进制数指令又称为 ASCII 码除调整指令，用于调整 AX 寄存器的值，该值原是一个两位非压缩 BCD 码，其中 AL 存个位数、AH 存十位数，经 AAD 指令调整后变为一个二进制数存于 AL，并设置相应标志位。

其调整规则如下。

（1）AL←AH*10+AL。

（2）AH←0。

指令格式如下：

AAD

受影响的标志位：PF、SF 和 ZF（AF、CF 和 OF 等都是无定义）。

AAD 指令本质上与除法无关，但其在执行功能上相当于将 AX 中两位非压缩 BCD 码调整为一个二进制数存于 AL。若调整前 AX 的值不是两位非压缩 BCD 码，则调整后 AL 的值就大了。

例如，若 AX 的值是 0908H，则执行完 AAD 之后，AH=00H，AL=62H=98；若 AX 的

值是 0006H，则执行完 AAD 之后，AH=00H，AL=06H=6；若 AX 的值是 1205H，则执行完 AAD 之后，AH=00H，AL=B9H=185。

4.10.5　BCD 码加法调整 DAA

DAA 指令用于调整 AL 的值，该值是由加法指令求两个压缩 BCD 码之和所得到的二进制编码，执行 DAA 指令后调整为压缩 BCD 码。

其调整规则如下。

（1）若 AL 的低 4 位大于 9 或低 4 位有进位（AF=1），则 AL=AL+6，并置 AF=1。

（2）若 AL 的高 4 位大于 9 或高 4 位有进位（CF=1），则 AL=AL+60H，并置 CF=1。

（3）若以上两点都不成立，则清除标志位 AF 和 CF。

指令格式如下：

```
DAA
```

受影响的标志位：AF、CF、PF、SF 和 ZF（OF 无定义）。

例如：

```
MOV     EAX,44H
ADD     AL,39H          ;AL=7DH, 这不是压缩 BCD 码, 因为低 4 位'D'不是 BCD 码
DAA                     ;调整后 AL=83H, 这是压缩 BCD 码, 也满足: 44+39=83
```

例 4-18　输入两个压缩 BCD 码作为被加数，再输入两个压缩 BCD 码作为加数，编程求和并输出，运行结果如下。

运行后输入：

```
13 87
24 98
```

则结果输出：

```
38 85
```

按以下 7 个步骤实现要求。

（1）定义 BYTE 类型变量 X1 和 X2 分别存被加数的低两位和高两位压缩 BCD 码，变量 Y1 和 Y2 分别存加数的低两位和高两位压缩 BCD 码，变量 Z1 和 Z2 分别存和的低两位和高两位压缩 BCD 码。

需要特别注意的是，变量 X1、X2、Y1、Y2 不能只预留一个字节的存储空间，因为 scanf 函数输入时每个变量都按 4 个字节的整数存储，若定义成单个字节的变量，将产生互相覆盖。

（2）输入两个压缩 BCD 码分别作为被加数的高两位和低两位存于变量 X2 和 X1。

（3）输入两个压缩 BCD 码分别作为加数的高两位和低两位存于变量 Y2 和 Y1。

（4）取变量 X1 中的被加数低两位压缩 BCD 码，加上变量 Y1 中的加数的低两位压缩 BCD 码，经 DAA 指令调整后，将低两位压缩 BCD 码的和存入变量 Z1 中，进位存入 CF 中。

（5）取变量 X2 中的被加数高两位压缩 BCD 码，带进位加上变量 Y2 中加数的高两位压缩 BCD 码，经 DAA 指令调整后，将高两位压缩 BCD 码的和存入变量 Z2 中，进位存入

CF 中。

（6）从内存变量 Z1 中取出低两位压缩 BCD 码的和存入 EAX，从内存变量 Z2 中取出高两位压缩 BCD 码的和存入 EBX。

（7）输出结果。

源程序如下：

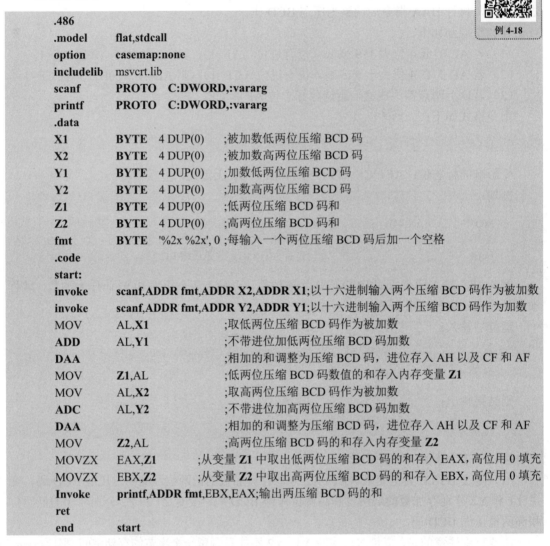

例 4-18

```
        .486
        .model       flat,stdcall
        option       casemap:none
        includelib   msvcrt.lib
        scanf        PROTO   C:DWORD,:vararg
        printf       PROTO   C:DWORD,:vararg
        .data
        X1           BYTE   4 DUP(0)    ;被加数低两位压缩 BCD 码
        X2           BYTE   4 DUP(0)    ;被加数高两位压缩 BCD 码
        Y1           BYTE   4 DUP(0)    ;加数低两位压缩 BCD 码
        Y2           BYTE   4 DUP(0)    ;加数高两位压缩 BCD 码
        Z1           BYTE   4 DUP(0)    ;低两位压缩 BCD 码和
        Z2           BYTE   4 DUP(0)    ;高两位压缩 BCD 码和
        fmt          BYTE   '%2x %2x', 0 ;每输入一个两位压缩 BCD 码后加一个空格
        .code
        start:
        invoke       scanf,ADDR fmt,ADDR X2,ADDR X1;以十六进制输入两个压缩 BCD 码作为被加数
        invoke       scanf,ADDR fmt,ADDR Y2,ADDR Y1;以十六进制输入两个压缩 BCD 码作为加数
        MOV          AL,X1              ;取低两位压缩 BCD 码作为被加数
        ADD          AL,Y1              ;不带进位加低两位压缩 BCD 码加数
        DAA                             ;相加的和调整为压缩 BCD 码，进位存入 AH 以及 CF 和 AF
        MOV          Z1,AL              ;低两位压缩 BCD 码数值的和存入内存变量 Z1
        MOV          AL,X2              ;取高两位压缩 BCD 码作为被加数
        ADC          AL,Y2              ;不带进位加高两位压缩 BCD 码加数
        DAA                             ;相加的和调整为压缩 BCD 码，进位存入 AH 以及 CF 和 AF
        MOV          Z2,AL              ;高两位压缩 BCD 码的和存入内存变量 Z2
        MOVZX        EAX,Z1             ;从变量 Z1 中取出低两位压缩 BCD 码的和存入 EAX,高位用 0 填充
        MOVZX        EBX,Z2             ;从变量 Z2 中取出高两位压缩 BCD 码的和存入 EBX,高位用 0 填充
        Invoke       printf,ADDR fmt,EBX,EAX;输出两压缩 BCD 码的和
        ret
        end          start
```

4.10.6　BCD 码减法调整 DAS

DAS 指令用于调整 AL 的值,该值是由减法指令求两个压缩 BCD 码之差所得到的二进制编码,执行 DAS 指令后调整为压缩 BCD 码。

其调整规则如下。

（1）若 AL 的低 4 位大于 9 或低 4 位有借位（AF=1）,则 AL=AL−6,并置 AF=1。

（2）若 AL 的高 4 位大于 9 或高 4 位有借位（CF=1）,则 AL=AL−60H,并置 CF=1。

（3）若以上两点都不成立,则清除标志位 AF 和 CF。

指令格式如下：

DAS

受影响的标志位：AF、CF、PF、SF 和 ZF（OF 无定义）。
例如：

MOV	EAX,45H	
SUB	AL,19H	;AL=2CH，这不是压缩 BCD 码，因为低 4 位'C'不是 BCD 码
DAS		;调整后 AL=26H，这是压缩 BCD 码，也满足：45-19=26

4.11 逻辑运算指令

逻辑运算指令包括逻辑与（AND）、或（OR）、非（NOT）、异或（XOR）指令，逻辑运算真值表如表 4-8 所示。

表 4-8 逻辑运算真值表

A	B	A AND B	A OR B	NOT A	A XOR B
0	0	0	0	1	0
0	1	0	1	1	1
1	0	0	1	0	1
1	1	1	1	0	0

4.11.1 逻辑与操作 AND

逻辑与指令 AND 的格式如下：

AND	Reg/Mem,Reg/Mem/Imm

受影响的标志位：CF（0）、OF（0）、PF、SF 和 ZF（AF 无定义）。

指令的功能：源操作数中的每位二进制数与目的操作数中的相应位二进制数进行逻辑与操作，结果存入目的操作数。

因为跟 0 进行与操作的结果都是 0，所以逻辑与指令常用于将某些位清 0。

例 4-19 已知 AL 的值为数字字符，现要将其转换为数值，请写一条指令实现。

因为数字字符的 ASCII 码值为 30H~39H 即 00110000B~00111001B，而数值 0~9 的二进制编码为 00000000B~00001001B，所以可以构造一个立即数，其高 4 位的值为 0，其他位的值为 1，即 00001111B，然后用该值跟 AL 值做逻辑与运算以将其高 4 位清 0，写成指令为：

AND	AL,00001111B

若 AL 的值为数字字符'7'即 37H，则其计算过程如图 4-37 所示，运算后 AL=07H，即数值 7。

$$
\begin{array}{r}
00110111 \\
\text{AND} \quad 00001111 \\
\hline
00000111
\end{array}
$$

图 4-37 逻辑与执行过程示意图

4.11.2 逻辑或操作 OR

逻辑或操作指令 OR 的格式如下：

OR	Reg/Mem,Reg/Mem/Imm

受影响的标志位：CF（0）、OF（0）、PF、SF 和 ZF（AF 无定义）。

指令的功能：源操作数中的每位二进制数与目的操作数中的相应位二进制数进行逻辑或操作，结果存入目标操作数。

因为跟 1 进行或操作的结果都是 1，所以逻辑或指令常用于将某些位置 1。

例 4-20 已知 AL 的值为 0~9，现要将其转换为数字字符，请用一条指令实现。

因为数值 0~9 的二进制编码为 00000000B~00001001B，而数字字符的 ASCII 码值为 30H~39H，即 00110000B~00111001B，所以可以构造一个立即数，其第 4、5 位的值为 1，其他位的值为 0，即 00110000B，然后用该值跟 AL 值做逻辑或运算以将其第 4、5 位置 1，写成指令为：

OR	AL,00110000B

若 AL 的值为 7 即 07H，则其计算过程如图 4-38 所示，运算后 AL=37H，即数字字符'7'。

$$\begin{array}{r} 00000111 \\ OR\quad 00110000 \\ \hline 00110111 \end{array}$$

图 4-38 逻辑或执行过程示意图

4.11.3 逻辑非操作 NOT

逻辑非操作指令 NOT 的格式如下：

NOT	Reg/Mem

指令的功能：把操作数中的每一位取反，即 1←0，0←1，指令的执行不影响任何标志位。

例 4-21 已知 AL=37H，执行指令 NOT AL 后，AL 的值是什么？

执行该指令后，AL=C8H，其计算过程如图 4-39 所示。

$$\begin{array}{r} NOT\quad 00110111 \\ \hline 11001000 \end{array}$$

图 4-39 逻辑非执行过程示意图

4.11.4 逻辑异或操作 XOR

逻辑异或操作指令 XOR 的格式如下：

XOR	Reg/Mem, Reg/Mem/Imm

受影响的标志位：CF（0）、OF（0）、PF、SF 和 ZF（AF 无定义）。

指令的功能：源操作数中的每位二进制数与目的操作数中的相应位二进制数进行逻辑异或操作，结果存入目标操作数中。

因为 0 跟 1 异或为 1、1 跟 1 异或为 0，所以逻辑异或指令常用于将某些位取反。

例 4-22　已知 AL=37H，现要将其高 4 位取反，请写一条指令实现。

NOT 指令只能将整个数取反，若要将某些位取反，只能用 XOR 指令，可以构造一个立即数，其高 4 位的值为 1，低 4 位的值为 0，即 11110000B，然后用该值跟 AL 值做逻辑异或运算以将其高 4 位取反，写成指令为：

```
XOR   AL,11110000B
```

若 AL 的值为 37H 即 00110111B，则其计算过程如图 4-40 所示，运算后 AL=C7H。

$$
\begin{array}{r}
00110111 \\
\mathrm{XOR}\quad 11110000 \\
\hline
11000111
\end{array}
$$

图 4-40　逻辑异或执行过程示意图

4.11.5　逻辑比较测试 TEST

逻辑比较测试指令 TEST 的格式如下：

```
TEST  Reg/Mem,Reg/Mem/Imm
```

受影响的标志位：CF（0）、OF（0）、PF、SF 和 ZF（AF 无定义）。

指令的功能：源操作数中的每位二进制数与目的操作数中的相应位二进制数进行逻辑与操作，但结果不存入目的操作数中，这也是与 AND 指令的不同之处。在该指令后，通常紧跟 JZ、JNZ 等条件转移指令（详见后续章节）。

例 4-23　输入年份，判断是否为闰年，请编程实现（使用 JNZ 和 JMP 等转移指令）。

运行后输入：

```
2015
```

则输出结果为：

```
2015 不是闰年
```

运行后输入：

```
2016
```

则输出结果为：

```
2016 是闰年
```

闰年的判断条件是能被 4 整除但不能被 100 整除或能被 400 整除，因此，从 1901 年到 2099 年间，只要能被 4 整除的都是闰年。数值能被 4 整除就意味着其二进制末两位为 0，所以可以构造一个立即数，其末两位的值为1，其他位的值为0，即0…011B，然后用该值跟年份做位测试，即位与运算（年份高位跟立即数0…0进行逻辑与运算，结果为0；年份末两位跟立即数11进行逻辑与运算，若年份末两位为00，则结果为0，否则不为0），若运算结果为0，则能被4整除，否则不能被4整除。

源程序如下：

```
.386
.model      flat,stdcall
option      casemap:none
includelib  msvcrt.lib
scanf       PROTO   C:DWORD,:vararg
printf      PROTO   C:DWORD,:vararg
.data
x           DWORD ?
infmt       BYTE '%d',0
outfmt1     BYTE '%d 是闰年',0
outfmt2     BYTE '%d 不是闰年',0
.code
start:
invoke      scanf,addr infmt,addr x      ;输入年份
TEST        x,11B           ;年份高位清 0，低两位跟 11B 位与运算，若为 0，则能被 4 整除
JNZ         NotLeap         ;若不为 0，则不能被 4 整除，转不是闰年（NotLeap）执行
Invoke      printf,addr outfmt1,x        ;否则顺序执行，输出 x 是闰年
JMP         Done            ;执行完输出 "x 是闰年" 后转结束
NotLeap:                    ;以下进行不是闰年的处理
invoke      printf,addr outfmt2,x        ;输出 "x 不是闰年"
Done:
ret
end         start
```

例 4-23

4.12　位操作指令

位操作指令包括算术移位、逻辑移位、双精度移位、循环移位、带进位的循环移位、位扫描、第 i 位操作七大类指令，前 5 类统称移位指令。移位指令将目的操作数所有位向左或右移动 n 位，n 由立即数或 CL 指定，n 的值仅低 5 位或 6 位（仅 x64 时）有效，即有效取值范围为 0~31 或 0~63。后两类指令是针对操作数中的某一位进行操作。

4.12.1　算术移位 SAL/SAR

算术移位指令有算术左移指令 SAL 和算术右移指令 SAR。指令格式如下：

SAL/SAR   Reg/Mem,CL/Imm

受影响的标志位：CF、OF、PF、SF 和 ZF（AF 无定义）。

算术左移指令 SAL 左移 CL 位或 Imm 位，目的操作数中的各位每向左移 1 位，其左边

最高位移入进位位 CF，右边空出的最低位补 0，如图 4-41（a）所示。

算术右移指令 SAR 右移 CL 位或 Imm 位，目的操作数中的各位每向右移 1 位，其右边最低位移入进位位 CF，左边空出的最高位补符号位，如图 4-41（b）所示。

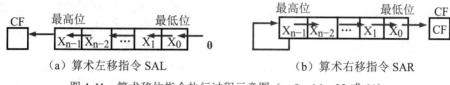

（a）算术左移指令 SAL　　　　（b）算术右移指令 SAR

图 4-41　算术移位指令执行过程示意图（n=8、16、32 或 64）

例 4-24　已知执行移位前 BL=E9H=1110 1001B，对应有符号数为−23，求分别用算术左移和算术右移指令移动 1、2 位后 BL 的值。

用算术左移和算术右移指令移动 1、2 位后，BL 的值如表 4-9 所示。

表 4-9　BL 经算术左移和算术右移指令移动 1、2 位后的结果

执行的指令	执行后 BL 的值
SAL　BL,2	BL=A4H=1110 0100B=−92
SAL　BL,1	BL=D2H=1101 0010B=−46
SAL　BL,0	BL=E9H=1110 1001B=−23
SAR　BL,1	BL=F4H=1111 0100B=−12
SAR　BL,2	BL=FAH=1111 1010B=−6

通过以上运算结果可知，算术左移 1 位相当于有符号数乘 2，算术左移 n 位相当于有符号数乘 2^n；算术右移 1 位相当于有符号数除 2，算术右移 n 位相当于有符号数除 2^n。

4.12.2　逻辑移位 SHL/SHR

逻辑移位指令有逻辑左移指令 SHL 和逻辑右移指令 SHR。指令格式如下：

　SHL/SHR　Reg/Mem,CL/Imm

受影响的标志位：CF、OF、PF、SF 和 ZF（AF 无定义）。

逻辑左移指令 SHL 左移 CL 位或 Imm 位，目的操作数中的各位每向左移 1 位，其左边最高位移入进位位 CF，右边空出的最低位补 0，如图 4-42（a）所示。

逻辑右移指令 SHR 右移 CL 位或 Imm 位，目的操作数中的各位每向右移 1 位，其右边最低位移入进位位 CF，左边空出的最高位补 0，如图 4-42（b）所示。

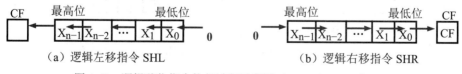

（a）逻辑左移指令 SHL　　　　（b）逻辑右移指令 SHR

图 4-42　逻辑移位指令执行过程示意图（n=8、16、32 或 64）

例 4-25　已知执行移位前 BL=29H=0010 1001B，对应无符号数为 41，求分别用逻辑左移和逻辑右移指令移动 1、2 位后 BL 的值。

用逻辑左移和逻辑右移指令移动 1、2 位后，BL 的值如表 4-10 所示。

表 4-10 BL 经逻辑左移和逻辑右移指令移动 1、2 位后的结果

执行的指令	执行后 BL 的值
SHL BL,2	BL=A4H=1010 0100B=164
SHL BL,1	BL=52H=0101 0010B=82
SHL BL,0	BL=29H=0010 1001B=41
SHR BL,1	BL=14H=0001 0100B=20
SHR BL,2	BL=0AH=0000 1010B=10

通过以上运算结果可知，逻辑左移 1 位相当于无符号数乘 2，逻辑左移 n 位相当于无符号数乘 2^n；逻辑右移 1 位相当于无符号数除 2，逻辑右移 n 位相当于无符号数除 2^n。

4.12.3* 双精度移位 SHLD/SHRD

双精度移位指令有双精度左移指令 SHLD 和双精度右移指令 SHRD。它们都是 3 个操作数的指令，指令格式如下：

```
SHLD/SHRD    Reg/Mem,Reg,CL/Imm    ;80386+
```

其中：第一操作数是一个 16、32 或 64 位的寄存器或存储单元；第二操作数一定是寄存器（与第一操作数具有相同位数）；第三操作数是移动的位数，它可由 CL 或一个立即数来确定。

受影响的标志位：CF、OF、PF、SF 和 ZF（AF 无定义）。

在执行 SHLD 指令时，第一操作数向左移 n 位，其"空出"的低位由第二操作数的高 n 位来填补，但第二操作数自己不移动、不改变。

在执行 SHRD 指令时，第一操作数向右移 n 位，其"空出"的高位由第二操作数的低 n 位来填补，但第二操作数自己也不移动、不改变。

SHLD 和 SHRD 指令的移位功能示意图如图 4-43 所示。

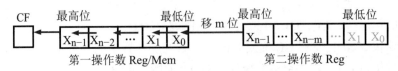

（a）双精度左移位指令 SHLD

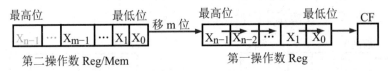

（b）双精度右移位指令 SHRD

图 4-43 双精度移位指令（SHLD/SHRD）操作示意图（n=8、16、32 或 64）

表 4-11 是两个双精度移位的例子及其执行结果。

表 4-11 双精度移位指令执行结果

双精度移位指令	指令操作数的初值	指令执行后的结果
SHLD BX,AX,4	BX=0000 0000 0000 1110B=000EH	BX=0000 0000 1110 0110B=00E6H
	AX=0110 1100 0100 1001B=6C49H	AX=0110 1100 0100 1001B=6C49H
SHRD AX,DX,2	AX=1100 0100 1001 0000B=C490H	AX=1011 00 0100 1001 00B=B124H
	DX=0000 0000 0000 0010B=0002H	DX=0000 0000 0000 0010B=0002H

例 4-26 输入一个汉字 Unicode 编码，转换为 UTF-8 编码并输出。

16 位 Unicode 编码转换成 3 字节 UTF-8 的模板是 1110xxxx 10yyyyyy 10zzzzzz，将 16 位 Unicode 编码从左到右划分成 aaaa bbbbbb cccccc 3 组，第一组 4 位 aaaa 填入模板中的 xxxx 位置，第二组 6 位 bbbbbb 填入模板中的 yyyyyy 位置，第三组 6 位 cccccc 填入模板中的 zzzzzz 位置。实现方法有很多，本例按以下 7 个步骤实现要求。

（1）定义 DWORD 类型变量 Unc 存双字节整数 Unicode 编码，高 16 位默认 0，调用 scanf 函数以 4 位十六进制数输入。

（2）将变量 Unc 中的 Unicode 编码转存入 EAX 寄存器；将模板高 4 位 1110B 存入 EBX 低 4 位，高 28 位默认为 0；用双精度左移指令（SHLD）将 BX 左移 4 位，其"空出"的低位由转存 AX 中的 Unicode 编码的高 4 位 aaaa 填补，实现将 16 位 Unicode 编码的第一组 4 位 aaaa 填入模板中的 xxxx 位置，结果存入 BX 的低 8 位中（0000 0000 1110aaaa）；通过 SHL EBX,16 指令将该 8 位左移 16 位，结果 EBX 中的 4 位 Unicode 编码为 0000 0000 1110aaaa 0000 0000 0000 0000。

（3）执行 SHL AX,4 指令，将转存 AX 中的双字节整数 Unicode 编码逻辑左移 4 位，实现将 Unicode 编码的高 4 位 aaaa 移出，AX 中的剩余 12 位 Unicode 编码为 bbbbbb cccccc0000。

（4）执行 SHR AX,2 指令，将 AX 中的剩余 12 位 Unicode 编码逻辑右移 2 位，此时 AX 中的剩余 12 位 Unicode 编码为 00bbbbbb cccccc00。

（5）执行 SHR AL,2 指令，将 AL 中的 6 位 Unicode 编码逻辑右移 2 位，此时 AL 中的 6 位 Unicode 编码为 00cccccc，即 AX 中的 12 位 Unicode 编码为 00bbbbbb 00cccccc。

（6）执行 OR AX,1000 0000 1000 0000B 指令，将 AX 中每字节的最高位置 1，此时 AX 中的 16 位编码为 10bbbbbb 10cccccc，此为 UTF-8 的低 16 位，然后将其转存至 BX，此时 EBX 中含 16 位 Unicode 编码的 UTF-8 编码为 0000 0000 1110aaaa 10bbbbbb 10cccccc。

（7）输出结果。

源程序如下：

例 4-26

```
.386
.model      flat,stdcall
option      casemap:none
includelib  msvcrt.lib
scanf       PROTO   C:DWORD,:vararg
printf      PROTO   C:DWORD,:vararg
.data
Unc         DWORD   ?            ;存 16 位 Unicode 编码
fmt         BYTE    '%X',0
.code
start:
```

```
        invoke    scanf,addr fmt,addr Unc
        MOV       EAX,Unc
        MOV       EBX,1110B
        SHLD      BX,AX,4
        SHL       EBX,16
        SHL       AX,4
        SHR       AX,2
        SHR       AL,2
        OR        AX,1000 0000 1000 0000B
        MOV       BX,AX
        invoke    printf,addr fmt,EBX;输出
        ret
        end       start
```

运行后输入：

6C49

则输出结果为：

E6B189

4.12.4* 不带进位循环移位 ROL/ROR

不带进位循环移位指令有循环左移指令 ROL 和循环右移指令 ROR。
指令的格式如下：

ROL/ROR   Reg/Mem,CL/Imm

受影响的标志位：CF 和 OF。
指令的具体功能描述如图 4-44 所示。

（a）不带进位循环左移指令 ROL　　　　（b）不带进位循环右移指令 ROR

图 4-44　不带进位循环移位指令执行示意图（n=8、16、32 或 64）

不带进位循环左移指令 ROL 左移 CL 位或 Imm 位，目的操作数中的各位每向左移 1
位，其左边最高的 1 位移入右边空出的最低的 1 位，同时移入进位位 CF。

不带进位循环右移指令 ROR 右移 CL 位或 Imm 位，目的操作数中的各位每向右移 1
位，其右边最低的 1 位移入左边空出的最高的 1 位，同时移入进位位 CF。

表 4-12 是几个不带进位循环移位的例子及其执行结果。

表 4-12　不带进位循环移位指令执行结果

不带进位循环移位指令	指令操作数的初值	指令执行后的结果
ROL AX,3	AX=0110 0111 1000 1001B=6789H,CF=0	AX=0 0111 1000 1001 011B=3C4BH,CF=1
ROL AX,4	AX=0110 0111 1000 1001B=6789H,CF=0	AX=0111 1000 1001 0110B=7896H,CF=0
ROR AX,1	AX=0110 0111 1000 1001B=6789H,CF=0	AX=10110 0111 1000 100B=B3C4H,CF=1
ROR AX,2	AX=0110 0111 1000 1001B=6789H,CF=0	AX=010110 0111 1000 10B=59E2H,CF=0

4.12.5* 带进位循环移位 RCL/RCR

带进位的循环移位指令有带进位的循环左移指令 RCL 和带进位的循环右移指令 RCR。
指令格式如下：

RCL/RCR　Reg/Mem,CL/Imm

受影响的标志位：CF 和 OF。

指令的具体功能描述如图 4-45 所示。

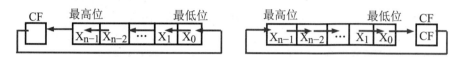

（a）带进位循环左移指令 RCL　　　　（b）带进位循环右移指令 RCR

图 4-45　带进位循环移位指令执行示意图（n=8、16、32 或 64）

带进位循环左移指令 RCL 左移 CL 位或 Imm 位，目的操作数中的各位每向左移 1 位，
其左边最高的 1 位移入进位位 CF，右边空出的最低的 1 位由进位位 CF 来填补。

带进位循环右移指令 RCR 右移 CL 位或 Imm 位，目的操作数中的各位每向右移 1 位，
其右边最低的 1 位移入进位位 CF，左边空出的最高的 1 位由进位位 CF 来填补。

表 4-13 是几个带进位循环移位的例子及其执行结果。

表 4-13　带进位循环移位指令执行结果

带进位循环移位指令	指令操作数的初值	指令执行后的结果
RCL　AX,3	AX=0110011110001001B=6789H,CF=0	AX=0011110001001001B=3C49H,CF=1
RCL　AX,4	AX=0110011110001001B=6789H,CF=0	AX=0111 1000 1001 0110B=7896H,CF=0
RCR　AX,1	AX=0110011110001001B=6789H,CF=0	AX=10110 0111 1000 100B=B3C4H,CF=1
RCR　AX,2	AX=0110011110001001B=6789H,CF=0	AX=010110 0111 1000 10B=59E2H,CF=0

表 4-14 列出了把 EDX|EAX 组成的 64 位二进制数算术左移 1 位、循环左移 1 位的结果。

表 4-14　把 EDX|EAX 组成的 64 位二进制数算术左移 1 位、循环左移 1 位

EDX|EAX 算术左移 1 位指令序列	EDX|EAX 循环左移 1 位指令序列
SHL　EAX,1	SHLD　EDX,EAX,1
RCL　EDX,1	RCL　EAX,1

4.12.6* 位扫描 BSF/BSR

位扫描指令的功能是在源操作数中找第一个"1"的位置（0~n-1，n 为数据位数）。若
找到，则将该"1"所在位置的值保存到目的操作数中，并置标志位 ZF 为 0，否则即源操
作数为 0 时，目的操作数未定义，置标志位 ZF 为 1。指令格式如下：

BSF　　Reg,Reg/Mem　　;在 Reg/Mem 中找到最低位"1"的位置值存入 Reg，若找到置 ZF 为 0
BSR　　Reg,Reg/Mem　　;在 Reg/Mem 中找到最高位"1"的位置值存入 Reg，若找到置 ZF 为 0

受影响的标志位：ZF。

由图 4-46 可知，BSF 指令从右向左扫描，即从低位向高位扫描，称为正向扫描指令；BSR 指令从左向右扫描，即从高位向低位扫描，称为逆向扫描指令。

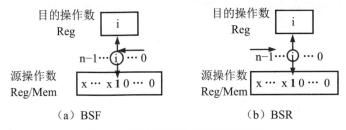

（a）BSF　　　　　　　　（b）BSR

图 4-46　位扫描指令的功能示意图

例如：

MOV	EAX,0000 0000 0000 0000 0001 1111 1111 1100B	
BSF	ECX,EAX	;因为从右到左第 **2** 位为 **1**，所以 ECX=2
BSR	ECX,EAX	;因为从左到右第 12 位为 **1**，所以 ECX=12

例 4-27　体育彩票 31 选 7 就是从 1 到 31 个号码中任选 7 个号码作为一注，然后根据投注号码与开奖号码相符情况确定相应中奖等级。现用一个 32 位整数 N 中的 31 位二进制数 1 和 0 来分别表示 1 到 31 个号码是否被选中，例如 D_i 位为 1，则表示第 i 个号码被选中（i=1~31）。现以十六进制输入一个 32 位整数 N 表示第 n 期的开奖号码，请编程求该期开奖号码中最小号球和最大号球。

按程序要求，第 0 位不用，第 1 位为 1 表示选中 1 号球，第 31 位为 1 表示选中 31 号球。本例按以下 4 个步骤实现要求。

（1）定义 DWORD 类型变量 N 存整数 N 代表的一组号码，调用 scanf 函数以 8 位十六进制数输入。

（2）执行 BSR 指令求最高位 1 的位置，即最大号球存入 EAX 寄存器。

（3）执行 BSF 指令求最低位 1 的位置，即最小号球存入 EBX 寄存器。

（4）输出结果。

源程序如下：

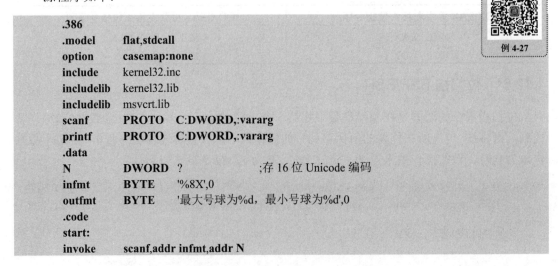

例 4-27

```
.386
.model       flat,stdcall
option       casemap:none
include      kernel32.inc
includelib   kernel32.lib
includelib   msvcrt.lib
scanf        PROTO   C:DWORD,:vararg
printf       PROTO   C:DWORD,:vararg
.data
N            DWORD   ?                 ;存 16 位 Unicode 编码
infmt        BYTE    '%8X',0
outfmt       BYTE    '最大号球为%d，最小号球为%d',0
.code
start:
    invoke   scanf,addr infmt,addr N
```

```
          BSR           EAX,N
          BSF           EBX,N
          invoke        printf,addr outfmt,EAX,EBX;输出
          invoke        ExitProcess,0
          end           start
```

运行后输入：

```
48212804
```

则输出结果为：

最大号球为 30，最小号球为 2

4.12.7*　第 i 位操作 BT[CRS]

第 i 位操作指令 BT[CRS]中 i 的取值由源操作数 Reg/Imm 决定，具体格式如下：

```
   BT     Reg/Mem,Reg/Imm;将 Reg/Mem 中第 i 位的值传送给进位位 CF
   BTC    Reg/Mem,Reg/Imm  ;将 Reg/Mem 中第 i 位的值传送给进位位 CF 并将该位取反
   BTR    Reg/Mem,Reg/Imm  ;将 Reg/Mem 中第 i 位的值传送给进位位 CF 并将该位清 0
   BTS    Reg/Mem,Reg/Imm  ;将 Reg/Mem 中第 i 位的值传送给进位位 CF 并将该位置 1
```

受影响的标志位：CF。

以上 4 条指令共同的功能是将目的操作数中第 i 位的值（0 或 1）传送给进位位 CF，i 的值由源操作数指定，BTC 同时将第 i 位取反，BTR 同时将第 i 位清 0，BTS 同时将第 i 位置 1。进位位 CF 中值是否为 1 可用条件转移指令 JC/JNC 进行检测（详见第 6 章）。

若 eax=00000000000000000001001000110100B，则分别执行如下指令，其结果见注释。

```
   BT     eax,2;第 2 位传给 CF 后则 CF=1，EAX 不变
   BTC    eax,5;第 5 位传给 CF 并取反后则 CF=1,eax=0000 0000 0000 0000 0001 0010 0001 0100B
   BTR    eax,12;第 12 位传给 CF 并清 0 后则 CF=1,eax=0000 0000 0000 0000 0000 0010 0011 0100B
   BTS    eax,24;第 24 位传给 CF 并置 1 后则 CF=0,eax=0000 0001 0000 0000 0001 0010 0011 0100B
```

例 4-28　体育彩票 31 选 7 就是从 1 到 31 个号码中任选 7 个号码作为一注，然后根据投注号码与开奖号码相符情况确定相应中奖等级。现用一个 32 位整数 N 中的 31 位二进制数 1 和 0 来分别表示 1 到 31 个号码是否被选中，例如 D_i 位为 1，则表示第 i 个号码被选中（i=1~31）。现以十六进制输入一个 32 位整数 N 表示第 n 期的开奖号码，请编程求该期开奖号码中最大的两个号球。

按程序要求，第 0 位不用，第 1 位为 1 表示选中 1 号球，第 31 位为 1 表示选中 31 号球，用 BSR 指令求最高位 1 的位置，再用 BTR 指令将该位清 0，反复执行这两条指令可以求出所有位置的 1。本例按以下 4 个步骤实现要求。

（1）定义 DWORD 类型变量 N 存整数 N 代表的一组号码，调用 scanf 函数以 8 位十六进制数输入。

（2）执行 BSR EAX,N 指令求最高位 1 的位置，即最大号球存入 EAX 寄存器，然后执行 BTR N,EAX 指令将最高位 1 清 0。

（3）再执行 BSR EBX,N 指令求次高位 1 的位置，即次大号球存入 EBX 寄存器，然后执行 BTR N,EBX 指令将次高位 1 清 0，以便可以求第三大号球，当然，本例只要求出次大号球即可，故可不执行此 BTR 指令。

（4）输出结果。

源程序如下：

例 4-28

```
        .386
        .model      flat,stdcall
        option      casemap:none
        includelib  msvcrt.lib
        scanf       PROTO    C:DWORD,:vararg
        printf      PROTO    C:DWORD,:vararg
        .data
        N           DWORD    ?                ;存整数 N 代表的一组号码
        infmt       BYTE     '%8X',0
        outfmt      BYTE     '最大的两个号球为%d、%d',0
        .code
        start:
        invoke      scanf,addr infmt,addr N
        BSR         EAX,N
        BTR         N,EAX
        BSR         EBX,N
        BTR         N,EBX
        invoke      printf,addr outfmt,EAX,EBX;输出
        RET
        end         start
```

运行后输入：

48212804

则输出结果为：

最大的两个号球为30、27

4.13 串操作指令

第07讲

串操作指令是对 ESI 或 EDI 指定的一串数据进行处理的指令，有存串（STOS）、移串（MOVS）、取串（LODS）、串扫描（SCAS）、串比较（CMPS）、输入串（INS）和输出串（OUTS）7 种。串指令若有前缀 REP、REPE/REPZ 或 REPNE/REPNZ 等，则可实现以 ECX 为计数器，对连续的 ECX 个数据进行处理；若没有重复前缀，则只对一个数据进行处理。若串指令有后缀 B、W 或 D，则可对数据分别按字节、字或双字进行处理，并使 ESI 或 EDI 在每次数据处理后自动指向相邻数据。执行串操作时，若方向标志位 DF=0（递增方向），则每次数据处理后 ESI 或 EDI 会自动增加 1、2 或 4 以指向下一个数据；若方向标志位 DF=1（递减方向），则每次数据处理后 ESI 或 EDI 会自动减少 1、2 或 4 以指向上一个数据。决定数据处理方向的是 CLD 和 STD 指令，执行 CLD 指令后 DF=0，为递增方向；执行 STD

指令后 DF=1，为递减方向。

影响串操作效果的有处理方向、数据源、数据目的、处理次数、处理单位 5 个要素。

4.13.1　重复前缀 REP[E|Z|NE|NZ]

重复前缀可使串指令重复操作 ECX 次，重复前缀只能用于串指令。

1. 无条件重复前缀 REP

REP 可使用的串指令有 5 种，分别是重复存串、重复移串、重复取串、重复输入串、重复输出串，语法格式如下：

```
REP   STOS DST / STOSB / STOSW / STOSD        ;重复存串，4 种格式选一种，下同
REP   MOVS DST,SRC / MOVSB / MOVSW / MOVSD    ;重复移串
REP   LODS SRC / LODSB / LODSW / LODSD        ;重复取串
REP   INS DST / INSB / INSW / INSD            ;重复输入串
REP   OUTS SRC / OUTSB / OUTSW / OUTSD        ;重复输出串
```

REP 的执行步骤如下。

（1）若 ECX≠0，则执行步骤（2）；否则执行步骤（3）。

（2）ECX 减 1，并执行 REP 后的串指令，再转到步骤（1）。

（3）退出 REP 指令，执行下一条指令。

REP 对标志位的影响由被前缀的串指令决定，重复的次数由 ECX 决定。案例结合串指令进行介绍。

2. 条件重复前缀 REP[N]E/REP[N]Z

条件重复前缀与无条件重复前缀的功能类似，不同的是：条件重复前缀的重复次数不仅由 ECX 决定，还会受标志位 ZF 影响。按 ZF 所起的作用不同，条件重复前缀又分为两种：相等重复前缀 REPE/REPZ 和不等重复前缀 REPNE/REPNZ。

（1）相等重复前缀的语法格式如下：

```
REPE/REPZ   SCAS / SCASB / SCASW / SCASD     ;串扫描（寄存器与[EDI]比较）相等重复
REPE/REPZ   CMPS / CMPSB / CMPSW / CMPSD     ;串比较（[ESI]与[EDI]比较）相等重复
```

相等重复前缀的执行步骤如下。

① 若 ECX≠0，则执行步骤②；否则执行步骤③。

② ECX 减 1，并执行 REPE/REPZ 后的串扫描或串比较指令，若相等（ZF=1）转到步骤①。

③ 退出 REPE/REPZ 指令，执行下一条指令。

（2）不等重复前缀的语法格式如下：

```
REPNE/REPNZ   SCAS / SCASB / SCASW / SCASD   ;串扫描（寄存器与[EDI]比较）不等重复
REPNE/REPNZ   CMPS / CMPSB / CMPSW / CMPSD   ;串比较（[ESI]与[EDI]比较）不等重复
```

不等重复前缀的执行步骤如下。

① 若 ECX≠0，则执行步骤②；否则执行步骤③。

② ECX 减 1，并执行 REPNE/REPNZ 后的串扫描或串比较指令，若不相等（ZF=0）转到步骤①。

③ 退出 REPNE/REPNZ 指令，执行下一条指令。

重复串操作中，除 SCAS 和 CMPS 影响标志位外，计数器 ECX 减 1 不影响标志位。

4.13.2 存串操作 STOS[B|W|D]

存串指令是把 AL、AX 或 EAX 中的值传送到以 EDI 值为起始地址的存储单元中，传送完成后，根据 DF 的值对 EDI 的值增/减 1、2 或 4，以指向相邻数据，如图 4-47 所示。

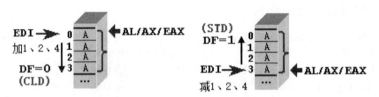

图 4-47 存串指令的功能示意图

语法格式如下：

```
STOS  DST              ;DST 只是告诉编译器数据的类型（字节、字、双字），不决定传送位置
STOSB/STOSW/STOSD;al/ax/eax→[edi]；stosB:al→[edi]，stosW:ax→[edi]，stosD:eax→[edi]
```

STOSB 指令将 AL 中的字节数据（如西文字符）填充到 EDI 指定的位置，然后 EDI 的值增/减 1；STOSW 指令将 AX 中的字数据（如汉字）填充到 EDI 指定的位置，然后 EDI 的值增/减 2；STOSD 指令将 EAX 中的双字数据（如 4 字节的整数）填充到 EDI 指定的位置，然后 EDI 的值增/减 4。

该指令执行一次只能填充一个数据，若要填充多个数据，则需要与 REP 前缀结合使用。该指令的执行不影响标志位。

例 4-29 在 C 程序中从键盘输入任意一个整数 n 和一个汉字 s，然后用 REP STOSW 指令填充 p 数组的 n 个汉字，最后用 C 程序输出结果。

给 p 数组填充汉字可用 STOSW 指令，只需用 AX 保存汉字字符，用 EDI 指向目标地址，用 ECX 保存要填充的汉字个数，再用 REP 重复执行 STOSW 即可，实现步骤如下。

（1）C 程序中定义字符数组 s 和 p 及整数 n，然后输入 n 和 s 的值。

（2）让 AX 保存要填充的汉字字符 s，让 EDI 指向目标地址即数组名 p，让 ECX 保存要填充的个数 n。

（3）执行 REP STOSW 指令实现将 AX 中的值存到以 EDI 为起始地址的、ECX 个汉字的存储空间中，该指令也可以用 LOOP 循环实现，LOOP 指令详见第 7 章。

（4）输出结果。

源程序如下：

例 4-29

```c
#include "stdio.h"
void main()
{
    char    s[10],p[80]={0};          //p 初始化 0 作为填充串的结束标志
    int     n;
```

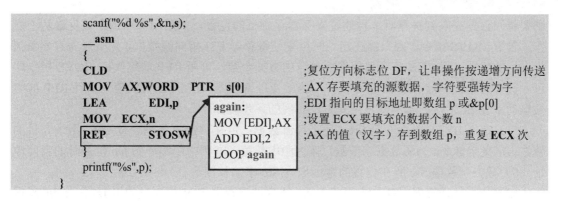

运行后输入：

4 字

则输出结果为：

字字字字

4.13.3　移串操作 MOVS[B|W|D]

移串指令又称为串传送指令，是把以 ESI 值为起始地址的一个字节、字或双字数据传送到以 EDI 值为起始地址的内存空间中，传送完毕后，根据 DF 的值对 ESI 和 EDI 的值增/减 1、2 或 4，以指向相邻数据，如图 4-48 所示。

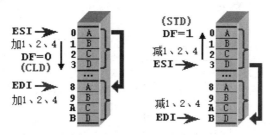

图 4-48　串传送指令的功能示意图

语法格式如下：

MOVS　DST,SRC　;DST 与 SRC 只是告诉编译器数据类型（字节、字、双字），不决定传送位置
MOVSB / MOVSW / MOVSD　;[esi]➜[edi]，movsb 字节传送，movsw 字传送，movsd 双字传送

MOVSB 指令将 ESI 指定的字节数据传送到 EDI 指定的内存空间，然后 ESI 和 EDI 的值增/减 1；MOVSW 指令将 ESI 指定的 2 字节数据传送到 EDI 指定的内存空间，然后 ESI 和 EDI 的值增/减 2；MOVSD 指令将 ESI 指定的 4 字节数据传送到 EDI 指定的内存空间，然后 ESI 和 EDI 的值增/减 4。

该指令执行一次只能传送一个数据，要传送多个数据，则需要与 REP 前缀结合使用。该指令的执行不影响标志位，是少见的一条从存储单元传送到存储单元的指令。

例 4-30　用 REP MOVSB 指令实现将源串 Src 传送到目的串 Dst 位置并显示结果。

将内存空间中的数据从一个地方传送到另一个地方，实现方法有很多，若用 mov 指令，则要将源数据先取到寄存器，再通过寄存器存到目的位置，然后用循环指令重复这两个操作。若用 MOVS 指令，则只需在初始时用变址寄存器 ESI 指向源数据，用变址寄存器 EDI 指向目的位置，用 ECX 寄存器保存要传送的数据个数，再用 REP 前缀执行 MOVS 指令即可。其好处是，执行 MOVS 指令会自动修改变址寄存器（ESI/EDI）的值，执行 REP 前缀会自动重复 ECX 次。本例就是用此方法实现的，步骤如下。

（1）定义 BYTE 类型变量 Src，用于存源数据；定义 BYTE 类型变量 Dst，用于存目的的数据；定义常量 len 为源数字节数，作为源串长度。本例中用编译到 len 位置时的当前地址（$）减去源数据 Src 所在位置的地址作为 Src 串的长度。

（2）让变址寄存器 ESI 指向源串 Src，让变址寄存器 EDI 指向目的串 Dst，让 ECX 保存要传送的串长度 len（字节数）。

（3）执行 REP MOVSB 指令，将源串 Src 中的 len 个数据按字节传送到 Dst 位置，该指令也可以用 LOOP 循环实现，LOOP 指令详见第 7 章。

（4）输出结果。

源程序如下：

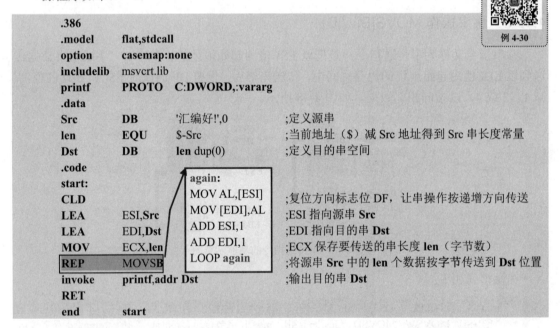

```
        .386
        .model      flat,stdcall
        option      casemap:none
        includelib  msvcrt.lib
        printf      PROTO    C:DWORD,:vararg
        .data
        Src         DB       '汇编好!',0      ;定义源串
        len         EQU      $-Src           ;当前地址（$）减 Src 地址得到 Src 串长度常量
        Dst         DB       len dup(0)       ;定义目的串空间
        .code
start:
        CLD                                   ;复位方向标志位 DF，让串操作按递增方向传送
        LEA         ESI,Src                   ;ESI 指向源串 Src
        LEA         EDI,Dst                   ;EDI 指向目的串 Dst
        MOV         ECX,len                   ;ECX 保存要传送的串长度 len（字节数）
        REP         MOVSB                     ;将源串 Src 中的 len 个数据按字节传送到 Dst 位置
        invoke      printf,addr Dst           ;输出目的串 Dst
        RET
        end         start

again:
MOV AL,[ESI]
MOV [EDI],AL
ADD ESI,1
ADD EDI,1
LOOP again
```

输出结果为：

汇编好!

例 4-31　从键盘输入一串字符给数组 a 和一个整数 i，然后将字符串 a[80]中的字符向后移 i 个位置。注意：前 i 个位置字符不变。

在 C 语言中同样可以用 MOVS 指令将内存空间中的数据从一个地方传送到另一个地方，只需在初始时用变址寄存器 ESI 指向源数据，用变址寄存器 EDI 指向目的位置，用 ECX 寄存器保存要传送的数据个数，再用 REP 前缀执行 MOVS 指令；但若要向后移且移动前后在空间上有重叠时，则必须后面的数据先移，否则前面的数据会覆盖后面的数据。这里就可能出现这种情况，实现步骤如下。

（1）定义字符数组 a 作为源数据也是目的数据，定义整型变量 i 作为向后移动的字符数。

（2）执行 STD，让串操作按倒序传送。

（3）让 ESI 指向倒数第 i 个元素即 a[79-i]，让 EDI 指向最后一个元素 a[79]，让 ECX 保存要传送的数据个数 80-i。

（4）执行 REP MOVSB 指令（也可用 REP MOVS BYTE PTR [EAX]指令，编译时根据操作数类型 BYTE PTR，将 REP MOVS BYTE PTR…指令解释成 REP MOVSB，至于该指令后面的[EAX]将被忽略），将源数据 a 中的前 80-i 个数据向后移动 i 个位置。

（5）恢复串操作为递增方向，若不恢复，将可能影响后续 printf 函数的输出。

（6）输出结果。

源程序如下：

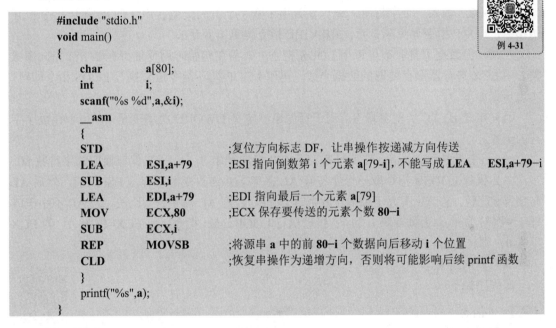

```
#include "stdio.h"
void main()
{
    char        a[80];
    int         i;
    scanf("%s %d",a,&i);
    __asm
    {
    STD                    ;复位方向标志 DF，让串操作按递减方向传送
    LEA        ESI,a+79     ;ESI 指向倒数第 i 个元素 a[79-i]，不能写成 LEA     ESI,a+79-i
    SUB        ESI,i
    LEA        EDI,a+79     ;EDI 指向最后一个元素 a[79]
    MOV        ECX,80       ;ECX 保存要传送的元素个数 80-i
    SUB        ECX,i
    REP        MOVSB        ;将源串 a 中的前 80-i 个数据向后移动 i 个位置
    CLD                    ;恢复串操作为递增方向，否则将可能影响后续 printf 函数
    }
    printf("%s",a);
}
```

运行后输入：

ABCDEFGHIJKLMNOPQRSTUVWXYZ　**10**

则输出结果为：

ABCDEFGHIJABCDEFGHIJKLMNOPQRSTUVWXYZ

4.13.4　取串操作 LODS[B|W|D]

取串指令是把以 ESI 值为起始地址的一个字节、字或双字数据传送到 AL、AX 或 EAX 中，在传送完毕后，根据 DF 的值对 ESI 的值增/减 1、2 或 4，以指向相邻数据，如图 4-49 所示。

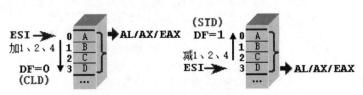

图 4-49　取串指令的功能示意图

语法格式如下：

```
LODS SRC              ;SRC 只是告诉编译器数据的类型（字节、字、双字），不决定传送位置
LODSB/LODSW/LODSD ;[esi]→al/ax/eax，lodsb 传送给 al，lodsw 传送给 ax，lodsd 传送给 eax
```

LODSB 指令将 EDI 指定的字节数据（如西文字符）传送到 AL，然后 EDI 的值增/减 1；LODSW 指令将 EDI 指定的字数据（如汉字）传送到 AX，然后 EDI 的值增/减 2；LODSD 指令将 EDI 指定的双字数据（如 4 字节的整数）传送到 EAX，然后 EDI 的值增/减 4。

该指令执行一次只能取一个数据，要取多个数据，则要与 LOOP 等循环指令结合使用（LOOP 指令详见第 7 章）；该指令若与 REP 指令结合使用则没有意义，因为执行完成后只能保存最后一个数据。该指令的执行不影响标志位。

例 4-32　输入一个字符串，统计字符串中数字字符的个数（用 LOOP 循环指令和.IF 伪指令，LOOP 指令详见第 7 章，JN[A|B]E 指令详见第 6 章）。

在某一源数据重复取数可以用 LODS 指令，只需在初始时用变址寄存器 ESI 指向源数据，用 ECX 寄存器保存要取的数据个数，再用 LOOP 循环指令重复执行 LODS 指令即可，实现步骤如下。

（1）定义 BYTE 类型变量 S，用于存源串；定义 DWORD 类型变量 n，用于存数字字符的个数。

（2）给变量 S 输入源串，让变址寄存器 ESI 指向源串 S，让 ECX 保存要取的字符数 80。

（3）执行 LODSB 指令取一个字符存 AL 寄存器并修改变址寄存器 ESI 的值，然后 AL 与字符'0'比较，若 AL 不大于或等于'0'则转 Done，否则 AL 与字符'9'比较，若 AL 不小于或等于'9'则转 Done，否则变量 n 加 1；接着执行 LOOP again 指令，使 ECX=ECX−1，若 ECX 不为 0，则转 again 再处理一个字符。

（4）输出结果。

源程序如下：

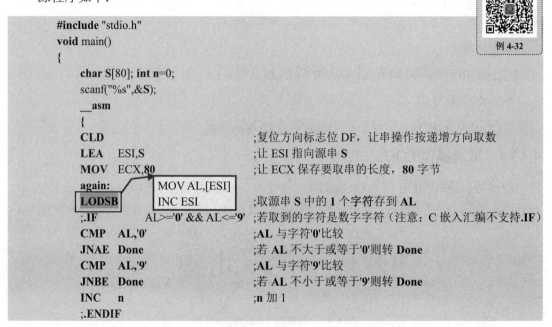

例 4-32

```
#include "stdio.h"
void main()
{
    char S[80]; int n=0;
    scanf("%s",&S);
    __asm
    {
    CLD                              ;复位方向标志位 DF，让串操作按递增方向取数
    LEA    ESI,S                     ;让 ESI 指向源串 S
    MOV    ECX,80                    ;让 ECX 保存要取串的长度，80 字节
again:        MOV AL,[ESI]
              INC ESI
    LODSB                            ;取源串 S 中的 1 个字符存到 AL
    ;.IF        AL>='0' && AL<='9'   ;若取到的字符是数字字符（注意：C 嵌入汇编不支持.IF）
    CMP    AL,'0'                    ;AL 与字符'0'比较
    JNAE   Done                     ;若 AL 不大于或等于'0'则转 Done
    CMP    AL,'9'                    ;AL 与字符'9'比较
    JNBE   Done                     ;若 AL 不小于或等于'9'则转 Done
    INC    n                        ;n 加 1
    ;.ENDIF
```

```
          Done:
          LOOP          AGAIN                    ;ECX 减 1，若 ECX≠0，则转 AGAIN，再处理一个数据
          }
          printf("%d ",n);
     }
```

运行后输入：

ab4c123x4y3z

则输出结果为：

6

4.13.5　串扫描操作 SCAS[B|W|D]

串扫描指令本质上就是在目的串中查找指定值的数据，具体功能是用 AL、AX 或 EAX 中的值和以 EDI 值为起始地址的一个字节、字或双字数据进行比较（相减），在比较（相减）后将结果特征存入标志寄存器，再根据 DF 的值对 EDI 的值增/减 1、2 或 4，以指向相邻数据，如图 4-50 所示。

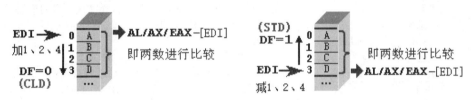

图 4-50　字符串扫描指令的功能示意图

语法格式如下：

```
     SCAS DST       ;DST 只是告诉编译器数据类型（字节、字、双字），不决定传送位置
     SCASB/SCASW/SCASD      ;al/ax/eax-[dsi]; stosb:al-[edi], stosw:ax-[edi], stosd:eax-[edi]
```

SCASB 指令用 AL 中的字节数据与 EDI 指定位置的一个字节数据进行比较（相减）并影响标志位，然后 EDI 的值增/减 1；SCASW 指令用 AX 中的字数据与 EDI 指定位置的一个字数据进行比较（相减）并影响标志位，然后 EDI 的值增/减 2；SCASD 指令用 EAX 中的双字数据与 EDI 指定位置的一个双字数据进行比较（相减）并影响标志位，然后 EDI 的值增/减 4。

该指令执行一次只能比较一个数据，要比较多个数据，则要与 REPE 或 REPNE 前缀结合使用，与 REP 前缀结合没有意义，因为比较完成后只保存最后一次的比较结果特征。受影响的标志位有 AF、CF、OF、PF、SF 和 ZF。

例 4-33　输入一个字符串，通过编程求字符串长度。

求串长度本质上是查找字符串结束标志即数值 0，因此可以用 SCAS 指令，用 AL 保存要扫描的数值 0，用 EDI 指向目的串，用 ECX 保存要比较的字符个数，用 REPNE SCASB 指令实现不等时的重复比较，直到目的数据与 AL 的值相等或比较完成（ECX 回 0），再根据退出时 EDI 的值（地址）与目的串的首地址之差值求出串长度。实现步骤如下：

（1）定义目的串变量 S 用于存要扫描的目标串，并调用 scanf 函数给它输入一字符串。

（2）让 AL 保存要扫描的数值 0，让 EDI 指向目的串 S 的地址，让 ECX 保存要比较的次数 80。

（3）执行 REPNE SCASB 指令，用 AL 的值与 EDI 指向的目的串 S 重复比较 ECX 次，直到在目的串 S 中找到与 AL 的值相等的字符或比较完 ECX 次，该指令也可以用 LOOPNE 循环实现，LOOPNE 指令详见第 7 章。

（4）用字符串结束标志位置的地址减去字符串首地址 S 可求出串长度，但因退出时 edi 已指向结束标志的下一个字符，故取 S[1]的地址去减 EDI 保存的地址，二者差值即串长。

源程序如下：

```
#include "stdio.h"
char S[80]; int n=0;
void main()
{
    scanf("%s",&S);
    __asm
    {
        CLD                    ;复位方向标志位 DF，让串操作按递增方向比较
        MOV    AL,0            ;AL 的值为 0
        LEA        EDI,S       ;EDI 指向目的串 S
        MOV    ECX,80          ;ECX 保存要扫描的串长度，80 字节
        REPNE      SCASB       ;AL 与 EDI 指向的串 S 重复比较，直到相等或比较完成
        SUB        EDI,OFFSET    S+1  ;地址差值即串长，因退出时 EDI 指向'\0'的下一字符，故加 1
        MOV    N, EDI                  ;串长存变量 n
    }
    printf("%d ",n);
}
```

again:
ADD EDI,1
CMP AL,[EDI-1]
LOOPNE again

运行后输入：

abc

则输出结果为：

3

4.13.6 串比较操作 CMPS[B|W|D]

串比较指令是把以 ESI 值为起始地址的一个字节、字或双字数据和以 EDI 值为起始地址的一个字节、字或双字数据进行比较（相减），在完成比较（相减）后将结果特征存入标志寄存器，再根据 DF 的值对 ESI 和 EDI 的值增/减 1、2 或 4，以指向相邻数据，如图 4-51 所示。

指令的格式如下：

```
CMPS DST,SRC  ;DST 与 SRC 只是告诉编译器数据类型（字节、字、双字），不决定传送位置
CMPSB/CMPSW/CMPSD ;[ESI]-[EDI]，CMPSB 字节相减，CMPSW 字相减，CMPSD 双字相减
```

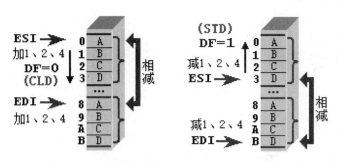

图 4-51 字符串比较指令的功能示意图

CMPSB 指令将 ESI 指定的字节数据和 EDI 指定的字节数据进行比较（相减）并影响标志位，然后 ESI 和 EDI 的值增/减 1；CMPSW 指令将 ESI 指定的字数据和 EDI 指定的字数据进行比较（相减）并影响标志位，然后 ESI 和 EDI 的值增/减 2；CMPSD 指令将 ESI 指定的双字数据和 EDI 指定的双字数据进行比较（相减）并影响标志位，然后 ESI 和 EDI 的值增/减 4。

该指令执行一次只能比较一个数据，要比较多个数据，则要与 REPE 或 REPNE 前缀结合使用，与 REP 前缀结合没有意义，因为比较完成后只保存最后一次的比较结果特征。受影响的标志位有 AF、CF、OF、PF、SF 和 ZF。

例 4-34 给 C 程序的全局字符串变量 S 和 D 输入两个字符串，然后用 C 程序嵌入的汇编指令判断两个字符串是否相等（用到 JZ 指令，详见第 6 章），最后用 C 程序输出结果。

要对两个存储空间中的数据进行重复比较，可以用 CMPS 指令，用 ESI 指向源数据，用 EDI 指向目的数据，用 ECX 保存要比较的数据个数，用 REPE CMPSB 指令实现相等时的重复比较，直到源数据与目的数据不相等或比较完（ECX 回 0），退出时再用 JZ 指令判断两个字符串是否相等，若不相等则设置相等标志 equ 为假，否则按默认设置。

这里需要特别说明的是，比较的数据个数可以是任意一个字符串的长度（含串结束标志），但不能用定义的字节数。假设两个字符串为 "abc\0xyz" 和 "abc\0xyZ"，它们定义的字节数为 7，若按 7 个字节比较，则结果为不相等，因为决定两个字符串是否相等的是字母 "z" 和 "Z"；若按含串结束标志的串长即 4 字节比较，则结果为相等。这说明若把串结束标志 0 之后的字符（无意义的字符）也拿来比较，会产生不正确的比较结果。

实现步骤如下。

（1）定义源串变量 S，目的串变量 D，并调用 scanf 函数给两个串输入值。

（2）参考例 4-33，求出两个串中任意一串（这里用 S 串）含结束标志的串长度，暂存 EDI。

（3）让 ECX 保存要比较的次数（暂存于 EDI 的值），让 ESI 指向源串 S 的地址，让 EDI 指向目的串 D 的地址。

（4）执行 REPE CMPSB 指令，将 ESI 指向的源串 S 与 EDI 指向的目的串 D 重复比较 ECX 次，直到遇到不相等字符或比较完 ECX 次，该指令也可以用 LOOPE 循环实现，LOOPE 指令详见第 7 章。

（5）用 JZ 指令判断退出是否相等，若相等则按默认设置（equ=1）并转 Done 退出，否则设置相等标志 equ 为假；最后按标志 equ 的值是否为真输出是否相等。

源程序如下：

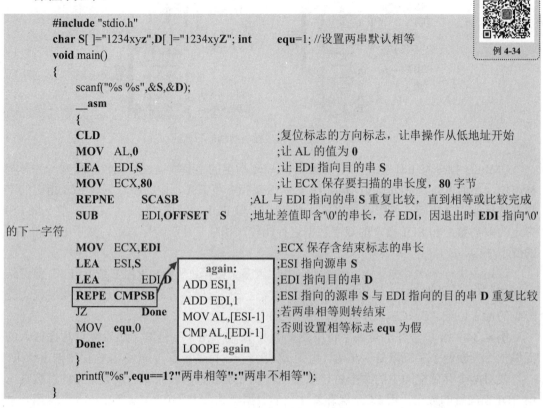

```
#include "stdio.h"
char S[ ]="1234xyz",D[ ]="1234xyZ"; int       equ=1; //设置两串默认相等
void main()
{
    scanf("%s %s",&S,&D);
    __asm
    {
    CLD                                    ;复位标志的方向标志，让串操作从低地址开始
    MOV    AL,0                            ;让 AL 的值为 0
    LEA    EDI,S                           ;让 EDI 指向目的串 S
    MOV    ECX,80                          ;让 ECX 保存要扫描的串长度，80 字节
    REPNE     SCASB                        ;AL 与 EDI 指向的串 S 重复比较，直到相等或比较完成
    SUB       EDI,OFFSET S                 ;地址差值即含'\0'的串长，存 EDI，因退出时 EDI 指向'\0'
的下一字符
    MOV    ECX,EDI                         ;ECX 保存含结束标志的串长
    LEA    ESI,S           again:          ;ESI 指向源串 S
    LEA    EDI,D           ADD ESI,1       ;EDI 指向目的串 D
    REPE   CMPSB           ADD EDI,1       ;ESI 指向的源串 S 与 EDI 指向的目的串 D 重复比较
    JZ         Done        MOV AL,[ESI-1]  ;若两串相等则转结束
    MOV    equ,0           CMP AL,[EDI-1]  ;否则设置相等标志 equ 为假
    Done:                  LOOPE again
    }
    printf("%s",equ==1?"两串相等":"两串不相等");
}
```

运行后输入：

abc abc

则输出结果为：

两串相等

运行后输入：

abc abcd

则输出结果为：

两串不相等

在以上程序中，将 MOV ECX,EDI 改为 MOV ECX,7，运行后输入：

abc abc

则输出结果为：

两串不相等

因为输入的是"abc"，实际字符串为"abc\0"，覆盖了串中的"1234"，导致实际比较的两串变为"abc\0xyz"和"abc\0xyZ"，所以比较结果不相等。

4.13.7 输入串操作 INS[B|W|D]

输入串指令是从 DX 指定的端口接收一个字节、字或双字数据，并存入以 EDI 值为起始地址的存储单元中，在接收完数据后根据 DF 的值对 EDI 做相应增减。

指令格式如下：

INS DST	;DST 只是告诉编译器数据的类型（字节、字、双字），不决定传送位置
INSB/INSW/INSD	;DX 端口→[DSI]；INSB 读 1 个字节，INSW 读 1 个字，INSD 读 2 个字

该指令的执行不影响任何标志位；该指令执行一次只能读一个数据，要读多个数据，则要与 REP 指令结合使用。若当前任务没有执行 I/O 的权限，则发生异常。

4.13.8 输出串操作 OUTS[B|W|D]

输出串指令是把以 EDI 值为起始地址的存储单元中的一个字节、字或双字数据写到 DX 指定的输出端口，并在写完数据后根据标志位 DF 对 ESI 做相应增减。

指令格式如下：

OUTS SRC	;SRC 只是告诉编译器数据类型（字节、字、双字），不决定传送位置
OUTSB/OUTSW/OUTSD	;[ESI]→DX 端口；OUTSB 读 1 个字节，OUTSW 读 1 个字，OUTSD 读 2 个字

该指令的执行不影响任何标志位；该指令执行一次只能写一个数据，要写多个数据，则要与 REP 指令结合使用。若当前任务没有执行 I/O 的权限，则发生异常。

4.14* CPU 控制指令

处理器指令是一组控制 CPU 工作方式的指令。

4.14.1 空操作指令 NOP

空操作指令 NOP 不产生任何操作，只是其机器码在可执行程序中会占用若干个字节的存储空间，在执行时会占用若干个 CPU 周期，对程序不产生任何影响（除指令指针寄存器 EIP）。在实时系统中可以用若干个 NOP 指令实现等待若干个单位时间（如延时 1ms），在逆向工程中可以用若干个 NOP 指令替换其他指令实现不执行某些操作（如使程序输入错误口令而不退出），因此，这是一个很有用的指令。

指令格式如下：

NOP

该指令的执行不影响任何标志位。

4.14.2 等待指令 WAIT

等待指令 WAIT 使 CPU 处于等待状态，直到协处理器（coprocessor）完成运算，并用一个重启信号唤醒 CPU 为止。

指令格式如下：

> WAIT

该指令的执行不影响任何标志位。

4.14.3　暂停指令 HLT

暂停指令 HLT 可以使 CPU 处于暂停工作状态，EIP 指向 HLT 指令的下一条指令，并把 EIP 入栈，直到产生复位（RESET）信号或中断请求信号。当产生中断信号时，CPU 转入中断处理程序；在中断处理程序返回前，执行中断返回指令 IRET 弹出 EIP，并唤醒 CPU 执行 HLT 指令的下一条指令，这样，CPU 就退出等待（暂停）状态。

指令格式如下：

> HLT

该指令的执行不影响任何标志位。

4.14.4　封锁数据指令 LOCK

封锁数据指令 LOCK 是一个前缀指令形式，在其后面跟一个具体的操作指令。LOCK 指令可以保证在其后指令执行过程中，禁止协处理器修改数据总线上的数据，起到独占总线的作用。该指令的执行不影响任何标志位。

指令格式如下：

> LOCK　指令

4.14.5　获得 CPU 信息 CPUID

CPUID 指令用于获得处理器 ID 和特征信息，是一个带参数的指令，根据 EAX（有几种情况还用到 ECX）的取值不同，返回不同的信息。当 EAX 的值为 0 时，执行 CPUID 指令后，ebx|edx|ecx 返回 CPU 厂商名，例如 GenuineIntel；当 EAX 的值为 1 时，执行 CPUID 指令后，edx 返回 CPU ID，例如 3219913727。因此，执行 CPUID 指令之前，要执行 MOV EAX,n 指令（n 的取值有 0~7,9~11,13,15,16,20 等）。

指令格式如下：

> CPUID　　　　　　　　　　　　　　　　　　　　;586+

例 4-35　在 C 程序的 GetCpuId(s)函数中用汇编指令 CPUID 将 CPU 厂商名称写入 s 数组中，并通过该函数返回 CPU 系列号，然后在 main 函数中显示这些信息。

源程序如下：

例 4-35

```
#include <stdio.h>
unsigned long GetCpuId(char s[]);
void main()
{
    char s[20]={0,0,0,0,0,0,0,0,0,0,0,0,0,0,0,0,0,0,0,0};//存 CPU 厂商名
    unsigned long n=GetCpuId(s);
```

```
        printf("CPU ID:%u,CPU 厂商名:%s\n",n,s);
}
unsigned long GetCpuId(char s[])
{
    __asm
    {
        mov eax,0      ;设置 EAX 的值为 0
        cpuid          ;执行 CPUID 指令后，ebx|edx|ecx 返回 CPU 厂商名，如 GenuineIntel
        mov eax,s      ;取数组 s 地址，不能用 LEA ebx,s
        mov [eax],ebx  ;ebx 中的厂商名前 4 个字符"Genu"用 eax 寄存器间接寻址转存至 s
        mov [eax+4],edx ;edx 中的厂商名中间 4 个字符"ineI"用 eax+4 寄存器相对寻址转存至 s+4
        mov [eax+8],ecx ;ecx 中的厂商名后 4 个字符"ntel"用 eax+8 寄存器相对寻址转存至 s+8
        mov eax,1      ;设置 EAX 的值为 1
        cpuid          ;执行 CPUID 指令后，edx 返回 CPU ID，如 3219913727
        mov eax,edx    ;存于 edx 中的 CPU ID 值转存至 eax 返回主程序
    }
}
```

输出结果为：

```
CPU ID:3219913727,CPU 厂商名:GenuineIntel
```

4.14.6　读时间戳计数器 RDTSC

在 Pentium 及以上的 CPU 中，增加了一个 64 位无符号整数的时间戳，记录了自 CPU 复位以来所经过的时钟周期数（也可能以某一恒定速率计数），用读取时间戳指令 RDTSC 可以将该计数值保存到 EDX|EAX 寄存器中。该指令的两大用途是计时和微时间标杆（micro-benchmarking），但在多核时代，该指令的准确度有所削弱，原因有三。

（1）不能保证同一块主板上每个核的 TSC 是同步的。

（2）CPU 的时钟频率可能变化，例如笔记本或计算机的节能功能。

（3）乱序执行导致 RDTSC 测得的周期数不准。

指令格式如下：

```
RDTSC                          ;586+
```

例 4-36　利用 RDTSC 指令和 Sleep 函数求 CPU 的主频。

用相隔 500ms 读取时间戳来计算 CPU 的主频。首先执行 RDTSC 指令读一个时间戳存入 tsc 变量，然后调用 Sleep(500)函数延时 500ms，接着执行 RDTSC 指令读一个时间戳存入 eax（4GB 以内 edx 寄存器可不管），用该值减去前一个时间戳 tsc，得到 500ms 期间的时钟周期数，该值乘 2 得到 CPU 一秒钟的时钟周期数（即主频）。通过运行可知，该值前两位基本恒定。（在笔者的机器上运行，基本保持在 2.90~2.99GHz，与通过"此电脑"→"属性"看到的 2.90GHz 基本一致。）

源程序如下：

例 4-36

```
.586
.model      flat,stdcall
option      casemap:none
include     kernel32.inc
```

```
        includelib    kernel32.lib
        includelib    msvcrt.lib
        printf        PROTO   C:DWORD,:vararg
        .data
        tsc           DWORD   ?
        fmt           BYTE    'CPU 主频%.2lfGHz',0
        q             DWORD   1000
        KHz           DWORD   ?
        GHz           QWORD   ?
        .code
        start:
        RDTSC                           ;读前一个时间戳存入 edx|eax
        MOV           tsc,EAX           ;将前一个时间戳转存至 tsc
        INVOKE        Sleep,500         ;延时（睡眠）500ms
        RDTSC                           ;再读一个时间戳存入 edx|eax
        SUB           EAX,tsc           ;eax 减去前一时间戳 tsc
        ADD           EAX,EAX           ;eax 乘 2，得到 1s 时钟周期数；也可不乘 2，将前面 500 改为 1000
        MOV           EDX,0
        DIV           q                 ;2.9GHz 超出有符号数范围，故先按无符号整除 1000，得 kHz
        MOV           KHz,EAX           ;存 kHz
        FiLD          KHz
        FiDIV         q                 ;kHz 除两次 1000，得 GHz
        FiDIV         q
        FSTP          GHz               ;存 GHz
        invoke        printf,addr fmt,GHz   ;输出 CPU 主频…GHz
        invoke        ExitProcess,0
        end           start
```

输出结果为：

CPU 主频 2.91GHz

习题 4

习题 04

4-1 填空题

（1）主存分为_____和_____两种，其中前者属于易失性存储器，后者属于非易失性存储器。

（2）假设 EAX=12345678H，EBX=11223344H，[11223344H]=87654321H，执行指令 MOV EAX,[EBX] 后，AL=___H，AH=___H，AX=___H，EAX=_____H，EBX=_____H。

（3）按图 4-10 所示 CPU 与存储器的连接情况，执行 MOV DWORD PTR ds:[00445568H],16385a7bH 指令时，$D_{31} \sim D_0$ 引脚的值为_____H，$A_{31} \sim A_2$ 引脚的值为_____B，$\overline{BE_3} \sim \overline{BE_0}$ 引脚的值为____B，W/$\overline{R}$ 引脚的值为__B，M/$\overline{IO}$ 引脚的值为__B，D/$\overline{C}$ 引脚的值为__B。

（4）已知某些汇编指令与机器码的清单如下：

00000012	2	8B C0	MOV EAX,EAX
00000014	2	8B C1	MOV EAX,ECX
00000016	2	8B C2	MOV EAX,EDX
00000018	2	8B C3	MOV EAX,EBX
0000001A	2	8B C4	MOV EAX,ESP
0000001C	2	8B C5	MOV EAX,EBP
0000001E	2	8B C6	MOV EAX,ESI
00000020	2	8B C7	MOV EAX,EDI
00000022	2	8B C0	MOV EAX,EAX
00000024	2	8B C8	MOV ECX,EAX
00000026	2	8B D0	MOV EDX,EAX

根据以上信息，寄存器 EDX 的地址编码是____B，指令 MOV EBX,EAX 的机器码依次是___H 和___H，机器码 8BH 和 E3H 对应的汇编指令是_____。

（5）设某机器指令字长为 16 位，指令中地址码长度为 4 位，若指令系统已有 11 种三地址指令、70 种二地址指令和 96 种零地址指令，则一地址指令有_____种。

4-2 选择题

（1）一般用于高速缓冲存储器的是（　　）。

  A．SRAM   B．DRAM   C．ROM   D．EPROM

（2）使用过程中需要刷新的存储器是（　　）。

  A．SRAM   B．DRAM   C．ROM   D．EPROM

（3）某存储芯片标示 2KB×8，则表示该芯片有（　　）。

  A．11 根地址 8 根数据   B．2 根地址 3 根数据

  C．3 根地址 2 根数据   D．8 根地址 11 根数据

（4）若某指令系统使用两个字节作为指令的机器码，其中 0~2 位作为源操作数的地址，3~5 位作为目的操作数的地址，则该指令系统至多有（　　）条不同的指令。

  A．10   B．16   C．1024   D．65536

（5）不是精简指令集计算机特点的是（　　）。

  A．指令种类比较少   B．指令平均执行时间比较短

  C．通用寄存器比较多   D．访问存储单元的指令比较多

（6）根据设计方法的不同，控制器可以分为 3 类，其中采用门电路实现的是（　　）。

  A．组合逻辑型控制器   B．存储逻辑型控制器

  C．组合逻辑和存储逻辑结合型控制器   D．集成电路型控制器

（7）一个指令周期由若干（　　）组成。

  A．机器周期   B．节拍   C．脉冲   D．时钟周期

（8）32 位 CPU 中存储正在执行指令的下一条指令的地址的是（　　）。

  A．EIP   B．IR   C．PSW   D．MAR

（9）（　　）对程序员不是透明的寄存器。

  A．MDR   B．IR   C．PSR   D．MAR

（10）（　　）不是微程序控制器的组成部分。

  A．高速缓冲存储器（Cache）   B．微指令寄存器（μIR）

  C．微地址形成部件   D．微地址寄存器（μMAR）

4-3 定义如下变量 a 和 b，且变量 a 地址为 00403000H，试说明以下变量每个字节的存储地址。

```
a DWORD   11223344H
b SBYTE   'abcd',0
```

4-4 MOV 指令可用不同寻址方式获得数据，分析以下程序的输出结果。
源程序如下：

```
.386
.model      flat,stdcall
option      casemap:none
includelib  msvcrt.lib
printf      PROTO   C:DWORD,:vararg
.data
a           SDWORD      11,12,13,14,15,16
i           SDWORD      3
fmt         BYTE        '%d %d %d %d %d',0
.code
start:
MOV         EDI,i                       ;变址寄存器 EDI
MOV         EAX,a[EDI*4]
MOV         EBX,[a+EDI*4]
LEA         ESI,a                       ;取变量 a 的地址存入 ESI，作为基址寄存器
MOV         ECX,[ESI+EDI*4]
MOV         EDX,a+4
MOV         EDI,16O
invoke      printf,ADDR fmt,EAX,EBX,ECX,EDX,EDI
ret
end         start
```

4-5 已知定义 b BYTE 87H，试分析以下指令执行结果的相同和不同之处。

```
MOV    EAX, DWORD PTR  b       MOVSX    EAX, b       MOVZX    EAX, b
```

4-6 输入两个 16 位十六进制数（QWORD 类型），通过编程求这两个数的差并输出。
运行后输入：

```
ffffffffffffffff
1020304050607080
```

则输出结果为：

```
efdfcfbfaf9f8f7f
```

4-7 通过编程实现将十六进制数 0~F 转换成七段发光二极管（见图 4-52）的共阴字形码，七段发光二极管的共阴字形码如表 4-15 所示。

图 4-52   七段发光二极管

表 4-15　七段发光二极管字形码

数字	0	1	2	3	4	5	6	7	8	9	A	B	C	D	E	F
共阴	3FH	06H	5BH	4FH	66H	6DH	7DH	07H	7FH	6FH	77H	7CH	39H	5EH	79H	71H
共阳	C0H	F9H	A4H	B0H	99H	92H	82H	F8H	80H	90H	88H	83H	C6H	A1H	86H	8EH

运行后输入：

0

则输出结果为：

3F

运行后输入：

F

则输出结果为：

71

4-8　编写程序，完成下面计算公式，并把所得的商和余数分别存入 X 和 Y 中（其中，A、B、C、X、Y 都是有符号的双字变量），最后输出表达式。

$$(C-120+A*B) \div C$$

运行后输入：

3 4 5

则输出结果为：

(C−120+A*B)÷C=(5−120+3*4)÷5=−20...−3

4-9　从键盘输入整数 x、y、z 的值，求如下表达式的值。

$$x*y+x/y-z$$

运行后输入：

6 4 2

则输出结果为：

6*4+6/4−2=23

4-10　通过编程完成求两个 2 位数字字符的差。

运行后输入：

7 1
3 5

则输出结果为：

3 6

4-11 输入一个压缩 BCD 码，将个位与十位调换后再输出。

提示：以十进制数输入，以十六进制数保存，执行 AAM 转换为非压缩 BCD，再执行 XCHG 进行高低字节交换，执行 AAD 将两位非压缩 BCD 码转换成十六进制数，最后以十进制数输出。

运行后输入：

```
57
```

则输出结果为：

```
75
```

4-12 输入两个压缩 BCD 码作为被减数，再输入两个压缩 BCD 码作为减数，编程求差并输出，运行结果如下。

运行后输入：

```
24 57
13 68
```

则输出结果为：

```
10 89
```

4-13 体育彩票 31 选 7 就是从 1 到 31 个号码中任选 7 个号码作为一注，然后根据投注号码与开奖号码的相符情况确定相应中奖等级。现用一个 32 位整数 N 中的 31 位二进制数 1 和 0 来分别表示 1 到 31 个号码是否被选中，例如 D_i 位为 1，则表示第 i 个号码被选中（i=1~31）。现以十六进制输入两个 32 位整数 N 和 M 分别表示第 n 期和第 m 期的开奖号码，试通过编程判断这两期开奖号码中是否有同号球（即这两期开奖号码中是否有相同的号码）。

运行后输入：

```
48212804 24806402
```

则输出结果为：

```
有同号球
```

运行后输入：

```
48219804 24806402
```

则输出结果为：

```
没有同号球
```

4-14 体育彩票 31 选 7 就是从 1 到 31 个号码中任选 7 个号码作为一注，然后根据投注号码与开奖号码的相符情况确定相应中奖等级。现用一个 32 位整数 N 中的 31 位二进制数 1 和 0 来分别表示 1 到 31 个号码是否被选中，例如 D_i 位为 1，则表示第 i 个号码被选中（i=1~31）。现在以十六进制输入一个 32 位整数 N，表示某彩民认为中奖概率高的一组号码，再以十进制输入一个整数 i（i=1~31），表示该彩民认为该组号码中中奖概率稍低的一个号码，试通过编程实现将第 i 个号码从整数 N 代表的一组号码中删除。

运行后输入：

7F003737 5

则输出结果为：

7F003717

运行后输入：

7F003717 3

则输出结果为：

7F003717

4-15 体育彩票 31 选 7 就是从 1 到 31 个号码中任选 7 个号码作为一注，然后根据投注号码与开奖号码的相符情况确定相应中奖等级。现用一个 32 位整数 N 中的 31 位二进制数 1 和 0 来分别表示 1 到 31 个号码是否被选中，例如 D_i 位为 1，则表示第 i 个号码被选中（i=1~31）。现在以十六进制输入一个 32 位整数 N，表示某彩民认为中奖概率高的一组号码，再以十进制输入一个整数 i（i=1~31），表示该彩民认为该组号码中中奖概率稍高的一个号码，试通过编程实现将第 i 个号码添加到整数 N 代表的一组号码中。

运行后输入：

7F003717 3

则输出结果为：

7F00371F

运行后输入：

7F003717 4

则输出结果为：

7F003717

4-16 设全集有 0~31 共 32 个元素，现在用一个整数 N 的 32 位二进制数的 1 和 0 来分别表示这 32 个元素是否在子集中，例如 D_i 位为 1，则表示第 i 个元素在子集中（i=0~31）。现在以十六进制输入一个 32 位整数 N（N=0~2^{32}−1），再以十进制输入一个整数 i（i=0~31），试通过编程判断 i 是否是整数 N 代表的集合的元素。

运行后输入：

7F003717 3

则输出结果为：

3 不是子集中元素

运行后输入：

> 7F003717 4

则输出结果为：

> 4 是子集中元素

4-17 设全集有 0~31 共 32 个元素，现在用一个整数 N 的 32 位二进制数的 1 和 0 来分别表示这 32 个元素是否在子集中，例如 D_i 位为 1，则表示第 i 个元素在子集中（i=0~31）。现在以十六进制输入一个 32 位整数 N（N=0~2^{32}–1），再以十进制输入一个整数 i（i=0~31），试通过编程实现：若元素 i 是整数 N 代表的集合中的元素，则将其删除，否则添加到集合中。

运行后输入：

> 7F003717 3

则输出结果为：

> 7F00371F

运行后输入：

> 7F003737 4

则输出结果为：

> 7F003727

4-18 输入一个汉字 UTF-8 编码，转换为 Unicode 编码并输出。

4-19 将字符数组 a[63]中的数字删除（相当于把字母移到起始位置）。

运行后输出：

> ABCDEFGHIJKLMNOPQRSTUVWXYZabcdefghijklmnopqrstuvwxyz

请在/*【*/和/*】*/之间编写程序。

```
/***源程序***/
#include "stdio.h"
void main()
{
  char a[63]="0123456789ABCDEFGHIJKLMNOPQRSTUVWXYZabcdefghijklmnopqrstuvwxyz";
  __asm
  {
/*【*/


/*】*/
  }
  printf("%s",a);
}
```

4-20 将字符数组 a[63]中的字母向后移 10 个位置（前 10 个位置字母不变）。

运行后输出：

ABCDEFGHIJABCDEFGHIJKLMNOPQRSTUVWXYZabcdefghijklmnopqrstuvwxyz

请在/*【*/和/*】*/之间编写程序。

```
/***源程序***/
#include "stdio.h"
void main()
{
  char a[63]="ABCDEFGHIJKLMNOPQRSTUVWXYZabcdefghijklmnopqrstuvwxyz0123456789";
__asm
  {
/*【*/


/*】*/
  }
  printf("%s",a);
}
```

4-21　从键盘输入任意一个字符，然后以此字符填充数组 a[41]（填充 40 次即可）。

运行后输入：

A

则输出结果为：

AAAAAAAAAAAAAAAAAAAAAAAAAAAAAAAAAAAAAAAA

请在/*【*/和/*】*/之间编写程序。

```
/***源程序***/
#include "stdio.h"
void main()
{
  char a[41]={0},c;
  scanf("%c",&c);
__asm
  {
/*【*/


/*】*/
  }
  printf("%s",a);
}
```

4-22　从键盘输入任意一个汉字，然后以此汉字填充数组 a[41]（填充 20 次即可）。

运行后输入：

字

则输出结果为：

字字字字字字字字字字字字字字字字字字字字

请在/*【*/和/*】*/之间编写程序。

```
/***源程序***/
#include "stdio.h"
void main()
{
 char a[41]={0},s[3];
 scanf("%2s",s);
 __asm
 {
/*【*/



/*】*/
 }
 printf("%s",a);
}
```

4-23 从键盘输入任意两个字，然后用这两个字填充数组 a[41]（填充 10 次即可）。
运行后输入：

汉字

则输出结果为：

汉字汉字汉字汉字汉字汉字汉字汉字汉字汉字

请在/*【*/和/*】*/之间编写程序。

```
/***源程序***/
#include "stdio.h"
void main()
{
 char a[41]={0},s[5];
 scanf("%4s",s);
 __asm
 {
/*【*/



/*】*/
 }
 printf("%s",a);
}
```

4-24 通过编程判断字符串中是否有指定字符，运行程序后输入一个字符串和一个指定
字符，若存在指定字符，则返回该指定字符的位置（0~n−1），否则返回−1。

运行后输入：

abcdef c

则输出结果为：

2

运行后输入：

abcdef g

则输出结果为：

−1

4-25　通过编程判断字符串中是否有指定的汉字，运行程序后输入一个字符串和一个指定汉字，若存在指定汉字，则返回该指定汉字的位置（0~n-1），否则返回−1。

运行后输入：

零壹贰叁肆伍陆柒捌玖　叁

则输出结果为：

6

运行后输入：

零壹贰叁肆伍陆柒捌玖　拾

则输出结果为：

−1

4-26　通过编程实现字符替换，运行程序后输入一个字符串 s、一个被替换字符 c1、一个替换字符 c2，若字符串 s 中存在字符 c1，则用字符 c2 去替换它，否则不替换，然后输出字符串 s。

运行后输入：

abcdef c x

则输出结果为：

abxdef

运行后输入：

abcdef g h

则输出结果为：

abcdef

4-27 以整行输入字符串（用 C 的 gets(char *)函数输入），通过编程删除字符串中的前导空格和尾部空格。

运行后输入：

　　abcd

则输出结果为：

　　abcd

运行后输入：

　　ab　cd

则输出结果为：

ab　cd

4-28 根据例 4-36 所得的 CPU 主频数据，通过编程计算自开机或复位以后所经过的时间（使用 GetTickCount()函数，它获得的是自开机或复位以后所经过的以 ms 为单位的时间）。

输出结果为：

　　已经开机：00:09:23 即 563s

4-29 利用 RDTSC 指令测试以下程序段 n 取 10、100、1000、10000、100000、1000000 时运行所需的时钟周期数，并与编译时带 "/Fl /Sc" 参数获得的理论时钟周期数进行比较，分析二者产生差值的原因。

```
MOV  ECX,n
LOOP $
```

第**5**章

FPU 指令系统

本章主要介绍协处理器 FPU 指令系统，包括 FPU 寄存器、数据传送指令、加减乘除运算指令、浮点超越函数指令、FPU 控制指令等。FPU 指令系统的指令比较多，读者可以有选择地进行学习。例如掌握那些非用不可的指令，了解可替代指令，暂时不学特定权限指令等。通过本章的学习，读者应该能完成以下学习任务。

（1）掌握实数加载、保存指令（FLD/FSTP）和整数加载、保存指令（FILD /FISTP）。

（2）掌握浮点数的比较大小方法（FCOMP/FCOMIP），并掌握涉及的 JBE（x≤y）和 JB（x<y）指令。

（3）掌握浮点数的加（FADD）、减（FSUB）、乘（FMUL）、除（FDIV）运算。

（4）掌握浮点数的求正弦（FSIN）、求余弦（FCOS）、求反正切（FPATAN）、开方（FSQRT）、求绝对值（FABS）、求以 2 为底的对数（FYL2X/FYL2XP1）、取整（FRNDINT）、取余（FPREM/FPREM1）、求 2 的指数（FSCALE/F2XM1）等指令。

（5）了解 FPU 控制指令，结合 6.4 节掌握保存状态字指令（F[N]STSW AX/dest）等。

5.1　FPU 寄存器

FPU 是专门用于执行浮点指令的部件，浮点指令一般加前缀字母 F，用于实现浮点数的加载、保存和各种运算以及相关控制等。类似于 CPU，FPU 也有自己的寄存器。FPU 共有 8 个浮点数据寄存器（80 位）、一个控制寄存器（16 位）、一个状态寄存器（16 位）、一个指令指针寄存器（16+32 位）、一个操作数指针寄存器（16+32 位）、一个标记寄存器（16位）、一个操作码寄存器（11 位）。

5.1.1　浮点数据寄存器

协处理器（FPU）中共有 8 个 80 位的浮点数据寄存器 R(0)~R(7)，用于存储扩展精度浮点数。它们都是以先进后出的原则（堆栈）进行数据存取的，其中栈顶由状态寄存器的 TOP 字段指定。栈顶寄存器称为 ST(0)，简称 ST，之前入栈寄存器称 ST(1)，其他以此类推，最大为 ST(7)，如图 5-1 所示。每入栈一个数据，TOP 值减 1，每出栈一个数据，TOP 值加 1。

物理浮点数据寄存器R(i)　　　标记寄存器Tag(i)字段指示R(i)状态

状态字		R(0)		Tag(0)=11B
TOP字段	相对	R(1)		Tag(1)=11B
指示栈顶	寄存器	R(2)		Tag(2)=11B
TOP	ST(i)	R(3)		Tag(3)=11B

Tag(i)	意义
00B	有效数据
01B	数据为0
10B	特殊数据
11B	空

100B →	ST(0)	R(4)	1.#INF	Tag(4)=10B
	ST(1)	R(5)	1.#SNAN	Tag(5)=10B
	ST(2)	R(6)	1.0	Tag(6)=00B
	ST(3)	R(7)	0.0	Tag(7)=01B

图 5-1　80x87 协处理器的浮点数据寄存器及其对应标记字段示意图

浮点数据寄存器都是以堆栈的方式进行存取的，因此，在浮点指令中一般不直接指定操作哪个寄存器。

5.1.2　浮点标记寄存器

每一个物理浮点数据寄存器 R(i)都对应一个两位的标记 Tag(i)，用于指示 R(i)中数据的状态，如图 5-2 所示。

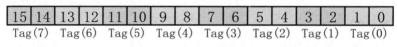

15	14	13	12	11	10	9	8	7	6	5	4	3	2	1	0

Tag(7)　Tag(6)　Tag(5)　Tag(4)　Tag(3)　Tag(2)　Tag(1)　Tag(0)

图 5-2　80x87 协处理器的浮点标记寄存器示意图

Tag(i)为 00B 表示 R(i)有有效的数据；Tag(i)为 01B 表示 R(i)的数据为 0；Tag(i)为 10B 表示 R(i)的数据是特殊数据，例如非数字（NaN）、无穷大（INF）等；Tag(i)为 11B 表示 R(i)没有数据，为空（Empty）状态，也是默认状态，因此，浮点标记寄存器初值为 FFFFH。

5.1.3　浮点状态寄存器

浮点状态寄存器各状态位示意图如图 5-3 所示。

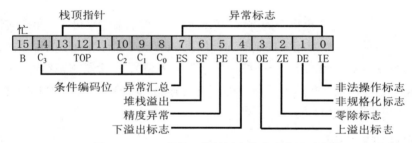

图 5-3　80x87 协处理器的浮点状态寄存器示意图

浮点状态寄存器各状态位（或组合位）的含义如下。

❑ B（Busy，忙）。

忙标志位用来表明协处理器是否在执行协处理器指令，它可用 FWAIT 指令来测试。在 80287 及其后的协处理器中，协处理器和 CPU 能自动实现同步。所以，现在在运行任务时，无须测试忙标志。

❑ C₃~C₀（条件编码字段）。

4 位条件编码字段的组合含义如表 5-1 所示。

表 5-1 状态寄存器中条件编码字段的组合含义

指　令	C_3	C_2	C_1	C_0	功　能
FTST、FCOM	0	0	X	0	ST(0)>操作数或（0 FTST）
	0	0	X	1	ST(0)<操作数或（0 FTST）
	1	0	X	0	ST(0)=操作数或（0 FTST）
	1	1	X	1	ST 不可比较
FPREM	Q_1	0	Q_0	Q_2	$Q_2Q_1Q_0$ 是商的右边 3 位
	?	1	?	?	未完成
FXAM	0	0	0	0	Unsupported（+unnormal）
	0	0	0	1	+NAN
	0	0	1	0	Unsupported（−unnormal）
	0	0	1	1	−NAN
	0	1	0	0	+normal
	0	1	0	1	Infinity（+∞）
	0	1	1	0	−normal
	0	1	1	1	Infinity（−∞）
	1	0	0	0	Zero（+0）
	1	0	0	1	Empty（空）
	1	0	1	0	Zero（−0）
	1	0	1	1	Empty（空）
	1	1	0	0	+denormal（非规格化）
	1	1	0	1	空（手册未定义）
	1	1	1	0	−denormal（非规格化）
	1	1	1	1	空（手册未定义）

其中，执行 FLD 和 FXAM 指令后，C_1 决定 st(0)符号位，$C_3C_2C_0$ 决定 st(0)其他特征；若阶码和尾数数值全为 0，则 $C_3C_2C_0$ 为 100（Zero）；若是扩展精度且阶码全为 0、尾数数值不全为 0，则 $C_3C_2C_0$ 为 110（Denormal）；若是扩展精度且阶码不全为 0、尾数数值最高位不是 1，则其值为#IND 且 $C_3C_2C_0$ 为 000（Unsupported）（因为扩展精度尾数部分整数 1 作为最高位，不能省）；若阶码全为 1、尾数数值全为 0（扩展精度尾数仅最高位为 1），则 $C_3C_2C_0$ 为 011（INF(∞)）；若阶码全为 1、尾数数值不全为 0（扩展精度尾数最高位为 1），则 $C_3C_2C_0$ 为 001（NAN 非数字，双精度尾数最高位是 0 时为 SNAN，一般表示无效的数，双精度尾数最高位是 1 时为 QNAN，一般表示不确定的数）。其他情况下 $C_3C_2C_0$ 为 010（normal 标准的浮点数）；若没有执行过 FLD 而直接执行 FXAM，则 $C_3C_2C_0$ 为 101（Empty）；若没有执行 FXAM，则 $C_3C_2C_0$ 为 000（Unsupported）；实际执行 FLD 和 FXAM 指令后，未见 111 状态（保留）。

❑ TOP（栈顶字段）。

该三位二进制 000B~111B 用来表明当前作为栈顶的物理浮点数据寄存器下标值，初值为 000。

❑ ES（异常汇总）。

ES=PE+UE+OE+ZE+DE+IE（逻辑或运算），在 8087 协处理器中，当 ES 为 1 时，将发出一个协处理器中断请求，但在其后的协处理器中，不再产生这样的协处理器中断申请。

❑ SF（堆栈溢出标志）。

该状态位用来表明协处理器内部的堆栈是否有上溢或下溢错误。

❑ PE（精度异常错误）。

该状态位用来表明运算结果或操作数是否超过先前设定的精度。

❑ UE（下溢出错误）。

该状态位用来表明一个非 0 的结果太小，不能用控制字节所选定的当前精度来表示。

❑ OE（上溢出错误）。

该状态位用来表明一个非 0 的结果太大，不能用控制字节所选定的当前精度来表示，即超过了当前精度所能表示的数据范围。

如果在控制寄存器中屏蔽该错误标志，即设控制寄存器中的 OM 为 1，那么协处理器把上溢结果定义为无穷大。

❑ ZE（除法错误）。

该状态位用来表明当前执行了"0 作为除数"的除法运算。

❑ DE（非规格化错误）。

该状态位用来表明当前参与运算的操作数中至少有一个操作数是没有规格化的。

❑ IE（非法操作错误）。

该状态位用来表明执行了一个错误的操作，如求负数的平方根，也可用来表明堆栈的溢出错误、不确定的格式（0/0，∞，−∞等）错误，或用 NAN 作为操作数。

5.1.4 浮点控制寄存器

控制寄存器用于控制协处理器的异常屏蔽、精度、舍入方法，如图 5-4 所示。FPU 初始化后控制字为 037FH，有关控制字的保存与加载详见 FSTCW 和 FLDCW 指令。

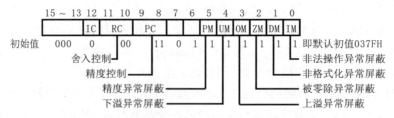

图 5-4 80x87 协处理器的浮点控制寄存器示意图

1. 异常屏蔽（exception mask control）

控制寄存器的低 6 位决定 6 种错误是否被屏蔽，其中任意一位为 1 表示屏蔽相应的异常。它们与状态寄存器的低 6 位相对应，分别是精度异常屏蔽（precision mask，PM）、下溢异常屏蔽（underflow mask，UM）、上溢异常屏蔽（overflow mask，OM）、被零除异常屏蔽（zero divide mask，ZM）、非规格化异常屏蔽（denormal operand mask，DM）、非法操作异常屏蔽（invalid operation mask，IM）。FPU 初始化后默认屏蔽所有异常。

2. 精度控制（precision control）

精度控制 PC 有两位，用于控制浮点计算结果的精度。当 PC=00 时，为 32 位单精度；当 PC=01 时，保留；当 PC=10 时，为 64 位双精度；当 PC=11 时，为 80 位扩展精度。

FPU 初始化后默认采用扩展精度。

3. 舍入控制（rounding control）

舍入控制 RC 有两位，对应 4 种舍入类型，如表 5-2 所示。

表 5-2　舍入控制对应的舍入原则

RC	舍 入 类 型	舍 入 原 则
00	就近舍入（偶）	舍入结果最接近准确值。若两个值一样接近，则取偶数结果（最低位为 0）
01	向下舍入（趋向−∞）	舍入结果接近但不大于准确值
10	向上舍入（趋向+∞）	舍入结果接近但不小于准确值
11	向零舍入（趋向 0）	舍入结果接近但绝对值不大于准确值

各种舍入类型说明如下。

（1）就近舍入是默认的舍入方法，类似四舍五入。例如实数 100.101B 的小数部分 0.101B=0.625>0.5，故舍入后为 101B；实数 100.011B 的小数部分 0.011B=0.375<0.5，故舍入后为 100B；实数 100.100B 的小数部分 0.100B=0.5，与该实数最接近的两个整数 100B 和 101B 一样接近，则取偶数 100B，相当于舍去小数 0.100B。又如实数 101.100B 的小数部分 0.100B=0.5，与该实数最接近的两个整数 101B 和 110B 一样接近，则取偶数 110B，相当于"入"小数 0.100B。就近舍入相当于小数部分是 0.1、0.2、0.3、0.4 时都舍去；小数部分是 0.6、0.7、0.8、0.9 时都进位。小数部分是 0.5 时舍去和进位的比例各占一半，即当其整数部分是偶数时舍去，结果为偶数；当其整数部分是奇数时进位，结果仍然为偶数。

（2）向下舍入用于得到运算结果的上界。对于正数，就是截尾，例如实数+100.101B 向下舍入后为+100B；对于负数，只要小数部分不为零，则都进位，例如实数−100.101B 向下舍入后为−101B。

（3）向上舍入用于得到运算结果的下界。对于负数，就是截尾，例如实数−100.101B 向上舍入后为−100B；对于正数，只要小数部分不为零，则都进位，例如实数+100.101B 向上舍入后为+101B。

（4）向零舍入就是向数轴原点舍入。不论是正数还是负数，都是截尾。例如实数+100.101B 向零舍入后为+100B；又如实数−100.101B 向零舍入后为−100B。

5.2　FPU 指令系统的约定

协处理器约有 70 条指令，汇编程序在遇到协处理器指令助记符时，都会将其转换成机器语言的 ESC 指令。ESC 指令代表协处理器的操作码。

协处理器指令在执行过程中，需要访问内存单元时，CPU 会为其形成内存地址。协处理器在指令执行期间利用数据总线来传递数据。从 80387 到 Pentium 协处理器，都是通过

I/O 地址 800000FAH~800000FFH 来实现与 CPU 之间的数据交换的。

协处理器指令的操作符（或助记符）在命名设计时，遵循了下列规则。

（1）在操作符后面加上字母 P：表示该指令执行完毕后，还要进行一次出栈操作，弹出栈顶数据以后要对其他寄存器进行相应的调整，如 FSTP/FADDP/FSUBP 等。

（2）在操作符后面加上字母 R：表示将两个操作数的源/目的位置先交换再进行运算，它仅限于减法、除法指令，因为加法和乘法的结果不受源/目的操作数的位置影响，如 FSUBR 和 FDIVR 等。

不加 R 时：目的操作数=目的操作数 op 源操作数。

加 R 时：目的操作数=源操作数 op 目的操作数。

例如，下列指令的执行结果相反。

FSUB	data	;ST(0)=ST(0)-data
FSUB**R**	data	;ST(0)=data-ST(0)
FSUB	ST(3),ST(0)	;指令执行后，ST(3)=ST(3)-ST(0)
FSUB**R**	ST(3),ST(0)	;指令执行后，ST(3)=ST(0)-ST(3)

（3）操作符的第 2 个字母是 I：表示内存操作数是整数（注意：不能是 BYTE 类型）。它对加、减、乘、除指令以及堆栈操作指令有效。

FIADD	data	;表示栈顶浮点数加上整数变量 data 存回栈顶，即 ST(0)=ST(0)+data

（4）操作符的第二个字母是 B：表示用于操作压缩 BCD 码格式的内存操作数（用 TBYTE 声明，10 个字节），如 FBLD 和 FBSTP 等。

（5）操作符的第 2 个字母是 N：表示在指令执行之前检查非屏蔽数值性错误。如 FSAVE 和 FNSAVE 等，前者称为等待形式（wait version），后者称为非等待形式（no-wait version）。

（6）对于操作数和注释做如下规定。

st(i)：代表浮点寄存器（i=0~7），i=0 时表示栈顶元素，简化为 st；每执行一次加载操作，相当于执行一次入栈操作，原栈顶元素 st(0)变成 st(1)，新加载的元素成为 st(0)；每执行一次带出栈的指令，相当于执行一次出栈操作，原栈顶元素 st(0)被弹出，原 st(1)变成 st(0)。

Src,Dst,Dest 等都是指令的操作数，Src 表示源操作数，Dst/Dest 表示目的操作数。

m8,m16,m32,m64,m80 等表示内存操作数，后面的数值表示该操作数的内存位数。

x←y 表示将 y 的值存入 x，例如 st(0)←st(0)−st(1)表示将 st(0)−st(1)的值放入浮点寄存器 st(0)，st(0)或 st 表示浮点寄存器栈顶元素。

在使用 8087 伪指令的情况下，汇编程序会在等待形式的指令前面加上指令 WAIT，而在非等待形式的指令前面加上空操作指令 NOP。

理解了上述操作符的命名规则，就可以很容易地区分出同类指令之间的差异。

5.3 实数传送指令

FPU 的数据传送指令类似于 CPU 的 MOV 数据传送指令，可以实现浮点寄存器 st(0)与浮点寄存器 st(i)之间的数据传送，也可以实现浮点寄存器 st(0)与内存变量之间的数据传送，还可以将若干个立即数传送给浮点寄存器 st(0)（详见下一小节），但不能实现内存变量与内存变量之间的数据传送，也不能将任意的立即数传送给浮点寄存器。

FPU 的数据传送指令可分为 3 类。第一类为内存变量传送给浮点寄存器 st(0)的加载指令 F[I/B]LD，第二类为浮点寄存器 st(0)传送给内存变量或浮点寄存器 st(i)的保存指令 F[I/B]ST[P]，第三类为浮点寄存器 st(0)与浮点寄存器 st(i)之间值的交换指令 FXCH。其中若含有字母[I]，表示操作的是整数；若含有字母[B]，表示操作的是压缩 BCD 码；若含有字母[P]，表示操作完成后还要执行一次出栈操作。最常用的两条指令是 FLD 和 FSTP。

每执行一次加载指令，例如 F[I/B]LD，就相当于执行一次入栈操作，原栈顶元素 st(0)变成 st(1)，新加载的元素成为 st(0)；每执行一次带出栈的指令，例如 F[I/B]STP，就相当于执行一次出栈操作，原栈顶元素 st(0)被弹出，原 st(1)变成 st(0)。

5.3.1 实数加载 FLD Src

FLD 指令的功能是将实数 Src 加载（存）到浮点寄存器的栈顶 st(0)。格式如下：

FLD	Src	;st(0)←Src(m32/m64/m80)

5.3.2 整数加载 FILD Src

FILD 指令的功能是将整数 Src 加载到 st(0)。格式如下：

FILD	Src	;st(0)←Src(m16/m32/m64)

5.3.3 BCD 数加载 FBLD Src

FBLD 指令的功能是将 10 字节压缩 BCD 码 Src 加载到 st(0)。格式如下：

FBLD	Src	;st(0)←Src(m80)

5.3.4 实数保存 FST Dst

FST 指令的功能是将 st(0)实数保存到 Dst。格式如下：

FST	Dst	;Dst(m32/m64/st(i))←st(0)

5.3.5 实数保存且出栈 FSTP Dst

FSTP 指令的功能是将 st(0)实数保存到 Dst 并执行 st(0)出栈。格式如下：

FSTP	Dst	;Dst(m32/m64/m80/st(i))←st(0)，然后 st(0)出栈

5.3.6 实数保存整数 FIST Dst

FIST 指令的功能是将 st(0)实数就近舍入（舍入原则详见浮点控制寄存器 RC 位）后以整数保存到 Dst。格式如下：

FIST	Dst	;Dst(m32/m64)←st(0)

5.3.7 保存整数且出栈 FISTP Dst

FISTP 指令的功能是将 st(0)实数就近舍入（舍入原则详见浮点控制寄存器 RC 位）后

以整数保存到 Dst 并执行 st(0)出栈。格式如下：

FISTP	Dst	;Dst(m16/m32/m64)←st(0)，然后 st(0)出栈

例 5-01　输入一个实数 x，然后以整数保存到 y，最后输出。

定义 QWORD 类型变量 x 用于存实数，定义 DWORD 类型变量 y 用于存整数，调用 scanf 函数给变量 x 输入一个实数，然后用 FLD x 指令将 x 加载到栈顶 st(0)，再执行 FISTP y 指令将栈顶实数就近舍入后保存到整型变量 y，最后输出 x 和 y 的值。

源程序如下：

```
        .386
        .model      flat, stdcall
        option      casemap:none
        include     kernel32.inc
        includelib  kernel32.lib
        includelib  msvcrt.lib
        scanf       PROTO    C:DWORD,:vararg
        printf      PROTO    C:DWORD,:vararg
        .data
InFmt       DB          '%lf',0
OutFmt      DB          '%g 整数值为%d',0
x           QWORD       ?
y           DD          ?
        .code
start:
        invoke      scanf,addr InFmt,addr x     ;给变量 x 输入一个实数
        FLD         x                           ;将 x 加载到栈顶 st(0)
        FISTP       y                           ;将栈顶实数就近舍入后保存到整型变量 y
        Invoke      printf,addr OutFmt,x,y       ;输出 x 和 y 的值
        Invoke      ExitProcess,0
        end         start
```

运行后输入：

3.49999999999

则输出结果为：

3.5 整数值为 3

运行后输入：

3.5

则输出结果为：

3.5 整数值为 4

运行后输入：

2.5

则输出结果为:

2.5 整数值为 2

5.3.8　保存 BCD 且出栈 FBSTP Dst

FBSTP 指令的功能是将 st(0)实数就近舍入（舍入原则详见浮点控制寄存器 RC 位）后以压缩 BCD 码保存到 Dst 并执行 st(0)出栈。格式如下:

FBSTP　　　Dst　　　　　　　　　　　　　　　　;Dst(m80)←st(0)，然后 st(0)出栈

需要注意的是，指令系统有 FISTP 指令，也有 FIST 指令；但指令系统有 FBSTP 指令，却没有 FBST 指令。

例 5-02　输入一个实数 x，然后以压缩 BCD 整数保存到 y，最后输出。

定义 QWORD 类型变量 x 用于存实数，定义 TBYTE/DT 类型变量 y 用于存整数，调用 scanf 函数给变量 x 输入一个实数，然后用 FLD x 指令将 x 加载到栈顶 st(0)，再执行 FISTP y 指令将栈顶实数就近舍入后保存到整型变量 y，最后输出 x 和 y 的值。

源程序如下:

```
        .386
        .model      flat, stdcall
        option      casemap:none
        includelib  msvcrt.lib
        scanf       PROTO   C:DWORD,:vararg
        printf      PROTO   C:DWORD,:vararg
        .data
        InFmt       DB          '%lf',0
        OutFmt      DB          '%gBCD 码为%x',0
        x           QWORD   ?
        y           TBYTE   ?
        .code
start:
        invoke      scanf,ADDR InFmt,ADDR x
        FLD         x
        FBSTP       y
        invoke      printf,ADDR OutFmt,x,y
        ret
        end         start
```

运行后输入:

135.4999

则输出结果为:

135.5BCD 码为 135

运行后输入:

135.5

则输出结果为：

135.5BCD 码为 136

运行后输入：

134.5

则输出结果为：

134.5BCD 码为 134

5.3.9　实数交换 FXCH[st(i)]

FXCH[st(i)]指令的功能是实现 st(0)与 st(1)或 st(i)之间值的交换。格式如下：

```
FXCH                    ;st(0)←st(1), st(1)←st(0)
FXCH   st(i)            ;st(0)←st(i), st(i)←st(0)
```

5.4　实数常量加载指令

FPU 指令可以实现将若干个立即数（实数常量）传送给浮点寄存器 st(0)，但不能实现将任意的立即数（实数常量）传送给浮点寄存器。

5.4.1　实数 0.0 加载 FLDZ

FLDZ 指令的功能是将 0.0 加载到 st(0)。格式如下：

```
FLDZ                    ;st(0)←0.0
```

5.4.2　实数 1.0 加载 FLD1

FLD1 指令的功能是将 1.0 加载到 st(0)。格式如下：

```
FLD1                    ;st(0)←1.0
```

5.4.3　实数 π 加载 FLDPI

FLDPI 指令的功能是将 π 加载到 st(0)。格式如下：

```
FLDPI                   ;st(0)←π 即 3.14159
```

5.4.4　实数 $\log_2 10$ 加载 FLDL2T

FLDL2T 指令的功能是将 $\log_2 10$ 加载到 st(0)。格式如下：

```
FLDL2T                  ;st(0)←log₂10 即 3.32193
```

5.4.5　实数 $\log_2 e$ 加载 FLDL2E

FLDL2E 指令的功能是将 $\log_2 e$ 加载到 st(0)。格式如下：

```
FLDL2E                  ;st(0)←log₂e 即 1.4427
```

5.4.6　实数 $\log_{10}2$ 加载 FLDLG2

FLDLG2 指令的功能是将 $\log_{10}2$ 加载到 st(0)。格式如下：

FLD**LG2**	;st(0)←$\log_{10}2$ 即 0.30103

5.4.7　实数 $\log_e2$ 加载 FLDLN2

FLDLN2 指令的功能是将 $\log_e2$ 加载到 st(0)。格式如下：

FLD**LN2**	;st(0)←$\log_e2$ 即 0.693147

5.5　实数比较指令

实数比较指令是将实数 st(0)与另一个操作数 Src 进行比较，结果状态存入浮点标志寄存器的 $C_3C_2C_0$ 字段。

若 st(0)>Src，则 $C_3C_2C_0$←000；若 st(0)<Src，则 $C_3C_2C_0$←001；若 st(0)=Src，则 $C_3C_2C_0$←100。

实数比较时，例如 FCOM[P/PP]，若 st(0)或 Src 有一个为 NaN 或不支持格式，则将导致无效算术操作数异常（#IA），同时若 FPU 控制字 IM 位为 1，则 $C_3C_2C_0$←111（无序）。

无序比较时，例如 FUCOM[P/PP]，若 st(0)或 Src 有一个为 QNaN（但不是 SNaN 或不支持格式），则 $C_3C_2C_0$←111（无序）；否则若 st(0)或 Src 有一个为 SNaN 或不支持格式，则将导致无效算术操作数异常（#IA），同时若 FPU 控制字 IM 位为 1，则 $C_3C_2C_0$←111（无序）。具体应用详见第 6 章。

5.5.1　实数比较 FCOM[P/PP]

FCOM 指令的功能是将实数 st(0)与实数 st(i)或 op(m32/m64)做比较，结果状态存入 $C_3C_2C_0$ 字段，并根据指令助记符中是否带有字母 P 决定是否出栈，共有 7 条指令。格式如下：

FCOM		;st(0)与 st(1)比较的结果状态存入 $C_3C_2C_0$ 字段
FCOM	op	;st(0)与 op(m32/m64) 比较的结果状态存入 $C_3C_2C_0$ 字段
FCOM	st(i)	;st(0)与 st(i)比较的结果状态存入 $C_3C_2C_0$ 字段
FCOMP		;st(0)与 st(1)比较的结果状态存入 $C_3C_2C_0$ 字段并执行出栈
FCOMP	op	;st(0)与 op(m32/m64)比较的结果状态存入 $C_3C_2C_0$ 字段并执行出栈
FCOMP	st(i)	;st(0)与 st(i)比较的结果状态存入 $C_3C_2C_0$ 字段并执行出栈
FCOMPP		;st(0)与 st(1)比较的结果状态存入 $C_3C_2C_0$ 字段并执行出栈两次

5.5.2　实数与整数比较 FICOM[P]

FICOM[P]指令的功能是将实数 st(0)与整数 op（m16/m32）做减法运算，结果状态存入 $C_3C_2C_0$ 字段，并根据指令助记符中是否带有字母 P 决定是否出栈，共有两条指令。格式如下：

FICOM	op	;st(0)与 op(m16/m32)比较的结果状态存入 $C_3C_2C_0$ 字段
FICOMP	op	;st(0)与 op(m16/m32)比较的结果状态存入 $C_3C_2C_0$ 字段并执行出栈

5.5.3 无序比较 FUCOM[P/PP]

FUCOM[P/PP]指令的功能是将实数 st(0)与 st(i)做无序比较,结果状态存入 $C_3C_2C_0$ 字段,并根据指令助记符中是否带有字母 P 决定是否出栈,共有 4 条指令。格式如下:

```
FUCOM                ;st(0)与 st(1)比较的结果状态存入 C₃C₂C₀ 字段
FUCOM     st(i)      ;st(0)与 st(i)比较的结果状态存入 C₃C₂C₀ 字段
FUCOMP    st(i)      ;st(0)与 st(i)比较的结果状态存入 C₃C₂C₀ 字段并执行 st(0)出栈
FUCOMPP   st(i)      ;st(0)与 st(i)比较的结果状态存入 C₃C₂C₀ 字段并执行出栈两次
```

5.5.4 实数零检测 FTST

FTST 指令的功能是将实数 st(0)与 0.0 比较,结果状态存入 $C_3C_2C_0$ 字段。格式如下:

```
FTST                 ;st(0)与 0.0 比较的结果状态存入 C₃C₂C₀ 字段
```

5.5.5 存 CPU 比较 F[U]COMI[P]

F[U]COMI[P]是 686+指令,功能是将实数 st(0)与实数 st(i)做比较或无序比较,结果状态存入 CPU 中 EFlags 标志寄存器的 ZFPFCF 标志位,并根据指令是否有字母 P 决定是否出栈。格式如下:

```
FCOMI     st,st(i)   ;st(0)与 st(i)比较的结果状态存入 ZFPFCF 标志位
FCOMIP    st,st(i)   ;st(0)与 st(i)比较的结果状态存入 ZFPFCF 标志位并执行出栈
FUCOMI    st,st(i)   ;st(0)与 st(i)无序比较的结果状态存入 ZFPFCF 标志位
FUCOMIP   st,st(i)   ;st(0)与 st(i)无序比较的结果状态存入 ZFPFCF 标志位并执行出栈
```

若 st(0)>st(i),则 ZFPFCF←000;若 st(0)<st(i),则 ZFPFCF←001;若 st(0)=st(i),则 ZFPFCF←100。

例 5-03 输入两个实数 x 和 y,用 FCOMI 指令比较大小,然后输出其大小关系。

定义 QWORD 类型变量 x 和 y 用于存实数,调用 scanf 函数给变量 x 和 y 各输入一个实数,然后用 FLD 指令分别将变量 y 和 x 的值加载到 st(1)和 st(0),再执行 FCOMI 指令实现栈顶 st(0)实数与 st(1)实数进行比较,比较结果存入 CPU 标志位,然后用 JBE(x≤y)和 JB(x<y)指令根据 x 和 y 的大小关系决定是否转移相应位置执行(详见第 6 章),最后输出 x 和 y 的大小关系表达式。

源程序如下:

```
.686
.model    flat,stdcall
option    casemap:none
includelib msvcrt.lib
scanf     PROTO   C:DWORD,:vararg
printf    PROTO   C:DWORD,:vararg
.data
x         QWORD   ?              ;存 x
y         QWORD   ?              ;存 y
infmt     BYTE    '%lf %lf',0
out1      BYTE    '%g>%g',0
```

```
out2        BYTE        '%g=%g',0
out3        BYTE        '%g<%g',0
.code
start:
invoke      scanf,addr infmt,addr x,addr y
FLD         y
FLD         x
FCOMIP      st,st(1)                        ;执行 st−st(1)，即 x−y，状态存入 CF
FSTP        y                               ;恢复堆栈
JBE         BELOWEQU                        ;若 x≤y，则转 BELOWEQU
Invoke      printf,addr out1,x,y            ;否则输出 x>y
JMP         Done                            ;转 Done 结束
BELOWEQU:                                   ;x≤y
JB          BELOW                           ;若 x<y，则转 BELOW
Invoke      printf,addr out2,x,y            ;否则输出 x=y
JMP         Done                            ;转 Done 结束
BELOW:                                      ;x<y
invoke      printf,addr out3,x,y            ;否则输出 x<y
Done:                                       ;Done 结束位置
ret
end         start
```

运行后输入：

2.5 3.5

则输出结果为：

2.5<3.5

运行后输入：

3.5 3.5

则输出结果为：

3.5=3.5

运行后输入：

4.5 3.5

则输出结果为：

4.5>3.5

5.5.6　检测栈顶实数特征 FXAM

FXAM 指令的功能是检测 st(0)是否为 0、±∞(INF)、非实数（NaN）、正常数等，结果存入浮点状态寄存器 $C_3C_2C_0$ 字段。格式如下：

FXAM   ;检测 st(0)是否为 0、±∞(INF)、非实数（Na）、正常数，状态存入 $C_3C_2C_0$ 字段

执行 FLD 和 FXAM 指令后，C_1 为 st(0)符号位，$C_3C_2C_0$ 决定 st(0)的其他特征；若阶码和尾数数值全为 0，则 $C_3C_2C_0$ 为 100（Zero）；若扩展精度且阶码全为 0、尾数数值不全为 0，则 $C_3C_2C_0$ 为 110（Denormal）；若扩展精度且阶码不全为 0、尾数数值最高位不是 1，则其值为#IND 且 $C_3C_2C_0$ 为 000（Unsupported）（因为扩展精度尾数部分整数 1 作为最高位，不能省）；若阶码全为 1、尾数数值全为 0（扩展精度尾数仅最高位为 1），则 $C_3C_2C_0$ 为 011（INF(∞)）；若阶码全为 1、尾数数值不全为 0（扩展精度尾数最高位为 1），则 $C_3C_2C_0$ 为 001（NAN 非数字，双精度尾数最高位是 0 时为 SNAN，一般表示无效的数，双精度尾数最高位是 1 时为 QNAN，一般表示不确定的数）；其他情况下 $C_3C_2C_0$ 为 010（normal 标准的浮点数）；若没有执行过 FLD 而直接执行 FXAM，则 $C_3C_2C_0$ 为 101（Empty）；若没有执行 FXAM，则 $C_3C_2C_0$ 为 000（Unsupported）；实际执行 FLD 和 FXAM 指令后，未见 111 状态（保留）。

不同精度类型，特殊数据的输出结果略有不同。下面给出 3 种精度有代表性的、不同情况机器数的输出结果，读者可以据此了解浮点数的表示思想，不必过于深入研究。

例 5-04 用 FXAM 指令检测 st(0)单精度实数是否为 0、±∞（INF）、非实数（NaN）、正常数等。

定义单精度（float）变量 d，将变量 d 地址强制转换为 int 地址后赋值给整型指针变量 p，然后将各种情况的单精度机器数（1 位尾符+8 位阶码+23 位尾数数值）通过指针变量 p 给变量 d 赋值（以下源程序中只保留一条赋值语句未被注释，能被执行到）；执行 FLD d 和 FXAM 指令产生检测结果，通过 fnstsw AX 指令将结果转存 AX，再通过移位操作将 AX 中 $C_3C_2C_0$ 字段（第 14、10、8 位，详见浮点状态寄存器相关章节）的值移到低 3 位，最后转存到变量 x，并输出实数 d 及其对应的实数类型 s[x]。单精度实数类型中非数字没有 SNAN 类型。

源程序如下：

```
#include"stdio.h"
void main()
{
    int x;float d;
    char s[8][30]={"000（Unsupported）","001（NaN）","010（Normal）",
        "011（Infinity）","100（Zero）","101（Empty）","110（Denormal）","111(未定义)"};
    int *p=(int *)&d;        //将 float 地址强制转换为 int 地址，再通过 p 给 d 赋值单精度机器数
/*p=0x0000 0000;        //0            对应 C3C2C0=100（Zero）
 *p=0x0000 0001;        //1.4013e-045        对应 C3C2C0=010（Normal）
 *p=0x007F FFFF;        //1.17549e-038       对应 C3C2C0=010（Normal）
 *p=0x7F7F FFFF;        //3.40282e+038       对应 C3C2C0=010（Normal）    */
 *p=0x7F80 0000;        //1.#INF 对应 C3C2C0=011（Infinity）
/*p=0x7F80 0001;        //1.#QNAN 对应 C3C2C0=001（NaN）
 *p=0x7FBF FFFF;        //1.#QNAN 对应 C3C2C0=001（NaN）
 *p=0x7FC0 0000;        //1.#QNAN 对应 C3C2C0=001（NaN）
 *p=0x7FFF FFFF;        //1.#QNAN 对应 C3C2C0=001（NaN）
 *p=0x8000 0000;        //0            对应 C3C2C0=100（Zero）
 *p=0x8000 0001;        //-1.4013e-045       对应 C3C2C0=010（Normal）
 *p=0x807F FFFF;        //-1.17549e-038      对应 C3C2C0=010（Normal）
 *p=0xFF7F FFFF;        //-3.40282e+038      对应 C3C2C0=010（Normal）
```

```
        *p=0xFF80 0000;        //−1.#INF    对应 C3C2C0=011（Infinity）
        *p=0xFF80 0001;        //−1.#QNAN  对应 C3C2C0=001（NaN）
        *p=0xFFBF FFFF;        //−1.#QNAN  对应 C3C2C0=001（NaN）
        *p=0xFFC0 0000;        //−1.#IND    对应 C3C2C0=001（NaN）
        *p=0xFFC0 0001;        //−1.#QNAN           对应 C3C2C0=001（NaN）
        *p=0xFFFF FFFF;        //−1.#QNAN  对应 C3C2C0=001（NaN） */
    _asm
    {                          //也可以用汇编指令直接给 d 赋值单精度机器数
    ;mov        DWORD PTR d,7F80 0000H
    FLD         d             ;加载要检测的实数
    FXAM                      ;检测栈顶实数
    mov         EAX,0         ;给 EAX 高 16 位清 0
    fnstsw      AX            ;取状态字保存到 EAX 低 16 位，即 AX
    shr         AX,1          ;AX 右移 1 位，第 14、10、8 位 C3C2C0 移入第 13、9、7 位
    shr         AH,1          ;AH 字节右移 1 位，第 13、9 位 C3C2 移入第 12、8 位
    shr         AX,1          ;AX 右移 1 位，第 12、8、7 位 C3C2C0 移入第 11、7、6 位
    shr         AH,3          ;AH 字节右移 3 位，第 11 位 C3 移入第 8 位
    shr         AX,6          ;AX 右移 6 位，第 8、7、6 位 C3C2C0 移入第 2、1、0 位
    mov         x,EAX         ;第 2、1、0 位 C3C2C0 存入 x
    }
    printf("%g   对应 C3C2C0=%s\n",d,s[x]);
}
```

输出结果为：

1.#INF   对应 C3C2C0=011（Infinity）

例 5-05　用 FXAM 指令检测 st(0)双精度实数是否为 0、±∞（INF）、非实数（NaN）、正常数等。

实现的原理同例 5-04，只是变量 d 的数据类型为 double，给它赋值的数据为 64 位机器数（1 位尾符+11 位阶码+52 位尾数数值）。若双精度阶码全为 1、尾数数值不全为 0 且尾数数值最高位为 0，则输出实数类型为 SNAN 类型。

源程序如下：

```
#include"stdio.h"
void main()
{
    int x;double d;
    char s[8][30]={"000（Unsupported）","001（NaN）","010（Normal）",
        "011（Infinity）","100（Zero）","101（Empty）","110（Denormal）","111(未定义)"};
    __int64 *p=(__int64 *)&d;    //将 double 地址强制转换为__int64 地址，以用 p 给 d 赋机器数
    /*p=0x0000 0000 0000 0000;    //0 对应 C3C2C0=100（Zero）
    *p=0x0000 0000 0000 0001;    //4.94066e−324 对应 C3C2C0=010（Normal）
    *p=0x000F FFFF FFFF FFFF;//2.22507e−308 对应 C3C2C0=010（Normal）
    *p=0x7FEF FFFF FFFF FFFF;//1.79769e+308 对应 C3C2C0=010（Normal）    */
    *p=0x7FF0 0000 0000 0000;    //1.#INF 对应 C3C2C0=011（Infinity）
    /*p=0x7FF0 0000 0000 0001;    //1.#SNAN 对应 C3C2C0=001（NaN）
    *p=0x7FF7 FFFF FFFF FFFF;//1.#SNAN 对应 C3C2C0=001（NaN）
    *p=0x7FF8 0000 0000 0000;    //1.#QNAN 对应 C3C2C0=001（NaN）
    *p=0x7FFF FFFF FFFF FFFF;//1.#QNAN 对应 C3C2C0=001（NaN）
```

```
                *p=0x8000 0000 0000 0000;  //0 对应 C3C2C0=100（Zero）
                *p=0x8000 0000 0000 0001;  //-4.94066e-324 对应 C3C2C0=010（Normal）
                *p=0x800F FFFF FFFF FFFF;  //-2.22507e-308 对应 C3C2C0=010（Normal）
                *p=0xFFEF FFFF FFFF FFFF;  //-1.79769e+308 对应 C3C2C0=010（Normal）
                *p=0xFFF0 0000 0000 0000;  //-1.#INF 对应 C3C2C0=011（Infinity）
                *p=0xFFF0 0000 0000 0001;  //-1.#SNAN 对应 C3C2C0=001（NaN）
                *p=0xFFF7 FFFF FFFF FFFF;  //-1.#SNAN 对应 C3C2C0=001（NaN）
                *p=0xFFF8 0000 0000 0000;  //-1.#IND 对应 C3C2C0=001（NaN）
                *p=0xFFF8 0000 0000 0001;  //-1.#QNAN 对应 C3C2C0=001（NaN）
                *p=0xFFFF FFFF FFFF FFFF;  //-1.#QNAN 对应 C3C2C0=001（NaN）   */
        _asm
        {                                 //也可以用汇编指令直接给 d 赋值双精度机器数
        ;mov        DWORD PTR d+4,7FF0 0000H//高字节高地址
        ;mov        DWORD PTR d+0,0000 0000H//低字节低地址
        FLD         d              ;加载要检测的实数
        FXAM                       ;检测栈顶实数
        mov         EAX,0          ;给 EAX 高 16 位清 0
        fnstsw  AX                 ;取状态字保存到 EAX 低 16 位，即 AX
        shr         AX,1     ;AX 整个右移 1 位，第 14、10、8 位 C3C2C0 移入第 13、9、7 位
        shr         AH,1     ;AH 单个字节右移 1 位，第 13、9 位 C3C2 移入第 12、8 位
        shr         AX,1     ;AX 整个右移 1 位，第 12、8、7 位 C3C2C0 移入第 11、7、6 位
        shr         AH,3     ;AH 单个字节右移 3 位，第 11 位 C3 移入第 8 位
        shr         AX,6     ;AX 整个右移 6 位，第 8、7、6 位 C3C2C0 移入第 2、1、0 位
        mov         x,EAX          ;第 2、1、0 位 C3C2C0 存入 x
        }
        printf("%g   对应 C3C2C0=%s\n",d,s[x]);
}
```

输出结果为：

1.#INF   对应 C3C2C0=011（Infinity）

例 5-06　用 FXAM 指令检测 st(0)扩展精度实数是否为 0、±∞（INF）、非实数（NaN）、正常数等。

实现原理同例 5-04，只是变量 d 的数据类型为 TBYTE，给它赋值的数据为 80 位机器数（1 位尾符+15 位阶码+64 位尾数数值）。与单、双精度不同的是，若扩展精度阶码全为 0，尾数数值不全为 0，则输出实数类型为非规格化（Denormal）类型；若扩展精度阶码不全为 0，尾数数值最高位不为 1，则输出实数为#IND，类型为不支持（Unsupported）；若扩展精度阶码全为 1，尾数数值最高位为 1，其他位全为 0，则输出实数为#INF(∞)（Infinity）类型。

对于尾符改 1 的情况，运行结果类似。

源程序如下：

例 5-06

```
.386
.model      flat, stdcall
option      casemap:none
include     kernel32.inc
includelib  kernel32.lib
includelib  msvcrt.lib
```

```
scanf        PROTO    C:DWORD,:vararg
printf       PROTO    C:DWORD,:vararg
.data
a            QWORD    ?
;d           TBYTE    0000 0000 0000 0000 0000H      ;0 对应 C3C2C0=100(Zero)
;d           TBYTE    0000 0000 0000 0000 0001H      ;0 对应 C3C2C0=110(Denormal)
;d           TBYTE    0000 FFFF FFFF FFFF FFFFH      ;0 对应 C3C2C0=110(Denormal)
;d           TBYTE    0001 0000 0000 0000 0000H      ;-1.#IND 对应 C3C2C0=000(不支持)
;d           TBYTE    0001 7FFF FFFF FFFF FFFFH      ;-1.#IND 对应 C3C2C0=000(不支持)
;d           TBYTE    0001 8000 0000 0000 0000H      ;0 对应 C3C2C0=010(Normal)
;d           TBYTE    0001 FFFF FFFF FFFF FFFFH      ;0 对应 C3C2C0=010(Normal)
;d           TBYTE    7FFF 0000 0000 0000 0000H      ;-1.#IND 对应 C3C2C0=000(不支持)
;d           TBYTE    7FFF 7FFF FFFF FFFF FFFFH      ;-1.#IND 对应 C3C2C0=000(不支持)
d            TBYTE    7FFF 8000 0000 0000 0000H      ;1.#INF 对应 C3C2C0=011(Infinity)
;d           TBYTE    7FFF 8000 0000 0000 0001H      ;1.#QNAN 对应 C3C2C0=001(NaN)
;d           TBYTE    7FFF FFFF FFFF FFFF FFFFH      ;1.#QNAN 对应 C3C2C0=001(NaN)
fmt          BYTE     '%g  对应 C3C2C0=%s',0          ;格式串，以下 8 串每串 16 字节
s            BYTE     "000（不支持）",3 dup(0),"001（NaN）",6 dup(0),"010（Normal）",3 dup(0),
"011（Infinity）",1 dup(0),"100（Zero）",5 dup(0),"101（Empty）",4 dup(0),
"110（Denormal）",1 dup(0),"111（未定义）",3 dup(0)
.code
start:
FLD          d
FXAM
mov          EAX,0           ;给 EAX 高 16 位清 0
fnstsw       AX              ;取状态字保存到 EAX 低 16 位，即 AX
shr          AX,1            ;AX 整个右移 1 位，第 14、10、8 位 C3C2C0 移入第 13、9、7 位
shr          AH,1            ;AH 单个字节右移 1 位，第 13、9 位 C3C2 移入第 12、8 位
shr          AX,1            ;AX 整个右移 1 位，第 12、8、7 位 C3C2C0 移入第 11、7、6 位
shr          AH,3            ;AH 单个字节右移 3 位，第 11 位 C3 移入第 8 位
shr          AX,2            ;AX 整个右移 2 位，第 8、7、6 位 C3C2C0 移入第 6、5、4 位
AND          AX,70H          ;只保留第 6、5、4 位的 C3C2C0
FSTP         a
invoke       printf,ADDR fmt,a,addr s[EAX];输出
invoke       ExitProcess,0
end          start
```

输出结果为：

1.#INF 对应 C3C2C0=011（Infinity）

第 03 讲

5.6 实数加法指令

加法指令比较多，一般只需掌握 FADD Src、FIADD Src 两条指令即可，前者用于实数加实数，后者用于实数加整数。

使用加法指令时，一般都要先用 FLD 指令将被加数加载到栈顶 st(0)，然后执行 FADD 或 FIADD 加法指令加上另一个加数，最后执行 FSTP 指令将和存到指定存储单元。

5.6.1 实数加 FADD

FADD 指令的功能是用实数 st(0)或 st(i)加上一个实数，结果存入 st(0)或 st(i)。格式如下：

```
FADD                            ;st(0)←st(1)+st(0)
FADD        Src                 ;st(0)←st(0)+Src(m32/m64)
FADD        st(i),st            ;st(i)←st(i)+st(0)
FADD        st,st(i)            ;st(0)←st(0)+st(i)
```

5.6.2 实数加且出栈 FADDP

FADDP 指令的功能是用实数 st(i)加上 st(0)，结果存入 st(i)，然后 st(0)出栈。格式如下：

```
FADDP       st(i),st            ;st(i)←st(i)+st(0)，然后 st(0)出栈
```

5.6.3 实数加整数 FIADD

FIADD 指令的功能是用实数 st(0)加上一个整数 Src，结果存入 st(0)。格式如下：

```
FIADD       Src                 ;st(0)←st(0)+Src(m16/m32)
```

例 5-07 用 C 程序嵌入汇编指令，求表达式 x+y+n 的值（其中 x、y 为实数，n 为整数）。

定义实数变量 x、y、z，定义整数变量 n，输入 x、y、n；用 FLD 指令将被加数 x 加载到栈顶 st(0)；执行 FADD y 指令，实现 x+y，结果存入 st(0)；再执行 FIADD n 指令实现 x+y+n，接下来执行 FSTP z 指令将和存入 z，最后输出和表达式。

源程序如下：

```
#include"stdio.h"
void main()
{
    double x,y,z;int n;
    scanf("%lf %lf %d",&x,&y,&n);
    _asm
    {
    FLD         x               ;加载被加数 x
    FADD        y               ;加上加数 y
    FIADD       n               ;加上整数 n
    FSTP        z               ;结果存入实数 z
    }
    printf("%g+%g+%d=%g\n",x,y,n,z);
}
```

运行后输入：

```
2.3 3.5 4
```

则输出结果为：

```
2.3+3.5+4=9.8
```

5.7　实数减法指令

减法指令比加法指令还要多，一般只需掌握 FSUB Src、FISUB Src 两条指令即可，前者用于实数减实数，后者用于实数减整数。

使用减法指令时，一般要先用 FLD 指令将被减数加载到栈顶 st(0)，然后执行 FSUB 或 FISUB 减法指令减去另一个减数，最后执行 FSTP 指令将差存到指定存储单元。

5.7.1　实数减 FSUB

FSUB 指令的功能是用实数 st(0)或 st(i)减去另一个实数，结果存入 st(0)或 st(i)。格式如下：

FSUB		;st(0)←st(1)-st(0)
FSUB	Src	;st(0)←st(0)-Src(m32/m64)
FSUB	st(i),st	;st(i)←st(i)-st(0)
FSUB	st,st(i)	;st(0)←st(0)-st(i)

5.7.2　实数减且出栈 FSUBP

FSUBP 指令的功能是用实数 st(i)减去实数 st(0)，结果存入 st(i)，然后 st(0)出栈。格式如下：

FSUBP	st(i),st	;st(i)←st(i)-st(0)，然后 st(0)出栈

5.7.3　实数减整数 FISUB

FISUB 指令的功能是用实数 st(0)减去整数 Src，结果存入 st(0)。格式如下：

FISUB Src		;st(0)←st(0)-Src(m16/m32)

5.7.4　反向减 FSUBR

FSUBR 指令的功能是先将两个操作数的源/目的位置交换再进行相减，结果存入目的操作数 st(0)或 st(i)。格式如下：

FSUBR		;st(0)←st(0)-st(1)
FSUBR	Src	;st(0)←Src(m32/m64)-st(0)
FSUBR	st(i),st	;st(i)←st(0)-st(i)
FSUBR	st,st(i)	;st(0)←st(i)-st(0)

5.7.5　反向减且出栈 FSUBRP

FSUBRP 指令的功能是用 st(0)减去 st(i)，结果存入 st(i)，然后 st(0)出栈。格式如下：

FSUBRP	st(i),st	;st(i)←st(0)-st(i)，然后 st(0)出栈

5.7.6　实数反向减整数 FISUBR

FISUBR 指令的功能是用 16 位或 32 位整数内存变量减去 st(0)，结果存入 st(0)。格式如下：

FISUBR	Src	;st(0)←Src(m16/m32)-st(0)

例 5-08 用 C 程序嵌入汇编指令求表达式 x−y−n 的值（其中 x、y 为实数，n 为整数）。

定义实数变量 x、y、z，定义整数变量 n，输入 x、y、n，用 FLD 指令将被减数 x 加载到栈顶 st(0)，然后执行 FSUB y 指令，将 x−y 的结果存入 st(0)，再执行 FISUB n 指令求出 x−y−n，接着执行 FSTP z 指令，将差存入 z，最后输出差表达式。

源程序如下：

```
#include"stdio.h"
void main()
{
        double x,y,z;int n;
        scanf("%lf %lf %d",&x,&y,&n);
        _asm
        {
        FLD             x                ;加载被减数 x
        FSUB            y                ;减去减数 y
        FISUB           n                ;减去整数 n
        FSTP            z                ;结果存入实数 z
        }
        printf("%g-%g-%d=%g\n",x,y,n,z);
}
```

运行后输入：

9.3 3.5 4

则输出结果为：

9.3−3.5−4=1.8

5.8 实数乘法指令

乘法一般只需掌握 FMUL Src、FIMUL Src 两条指令即可，前者用于实数乘以实数，后者用于实数乘以整数。

使用乘法指令时，一般要先用 FLD 指令将被乘数加载到栈顶 st(0)，然后执行 FMUL 或 FIMUL 乘法指令乘以乘数，最后执行 FSTP 指令将积存入指定存储单元。

5.8.1 实数乘 FMUL

FMUL 指令的功能是用实数 st(0) 乘以实数 st(i)/st(1) 或内存变量，结果存入 st(0) 或 st(i)。格式如下：

FMUL		;st(0)←st(1)×st(0)
FMUL	**Src**	;st(0)←st(0)×Src(m32/m64)
FMUL	st(i),st	;st(i)←st(i)×st(0)
FMUL	st,st(i)	;st(0)←st(0)×st(i)

5.8.2　实数乘且出栈 FMULP

FMULP 指令的功能是用实数 st(i)乘以 st(0)，结果存入 st(i)，然后 st(0)出栈。格式如下：

FMULP st(i),st　　　　　　　　　　　　　　　　;st(i)←st(i)×st(0)，然后 st(0)出栈

5.8.3　实数乘以整数 FIMUL

FIMUL 指令的功能是用实数 st(0)乘以整数 Src，结果存入 st(0)。格式如下：

FIMUL　　　　Src　　　　　　　　　　　　　;st(0)←st(0)×Src(m16/m32)

例 5-09　用 C 程序嵌入汇编指令求表达式 x×y×n 的值（其中 x、y 为实数，n 为整数）。

定义实数变量 x、y、z，定义整数变量 n，输入 x、y、n，用 FLD 指令将被乘数 x 加载到栈顶 st(0)，然后执行 FMUL y 指令求出 x×y，结果存入 st(0)，再执行 FIMUL n 指令求出 x×y×n，接着执行 FSTP z 指令将积存入 z，最后输出积表达式。

源程序如下：

```
#include"stdio.h"
void main()
{
    double x,y,z;int    n;
    scanf("%lf %lf %d",&x,&y,&n);
    _asm
    {
    FLD          x                  ;加载被乘数 x
    FMUL         y                  ;乘以乘数 y
    FIMUL        n                  ;乘以整数 n
    FSTP         z                  ;结果存入实数 z
    }
    printf("%g*%g*%d=%g\n",x,y,n,z);
}
```

运行后输入：

2.5 3.5 2

则输出结果为：

2.5*3.5*2=17.5

5.9　实数除法指令

除法一般只需掌握 FDIV Src、FIDIV Src 两条指令即可，前者用于实数除以实数，后者用于实数除以整数。使用除法指令时，一般要先用 FLD 指令将被除数加载到栈顶 st(0)，然后执行 FDIV 或 FIDIV 除法指令除以除数（多数情况是存于内存单元的变量），最后执行 FSTP 指令将商存入指定存储单元。

5.9.1　实数除 FDIV

FDIV 指令的功能是用实数 st(0)除以实数 st(i)或 st(1)或内存变量,结果存入 st(0)或 st(i)。格式如下:

FDIV		;st(0)←st(1)/st(0)
FDIV	**Src**	;st(0)←st(0)/Src(m32/m64)
FDIV	st(i),st	;st(i)←st(i)/st(0)
FDIV	st,st(i)	;st(0)←st(0)/st(i)

5.9.2　实数除且出栈 FDIVP

FDIVP 指令的功能是用实数 st(i)除以 st(0),结果存入 st(i),然后 st(0)出栈。格式如下:

FDIVP	st(i),st	;st(i)←st(i)/st(0),然后 st(0)出栈

5.9.3　实数除以整数 FIDIV

FIDIV 指令的功能是用实数 st(0)除以整数 Src,结果存入 st(0)。格式如下:

FIDIV	Src	;st(0)←st(0)*Src(m16/m32)

5.9.4　实数反向除 FDIVR

FDIVR 指令的功能是先将两个操作数的源/目的位置交换再进行相除,结果存入目的操作数 st(0)或 st(i)。格式如下:

FDIVR		;st(0)←st(0)/st(1)
FDIVR	Src	;st(0)←Src(m32/m64)/st(0)
FDIVR	st(i),st	;st(i)←st(0)/st(i)
FDIVR	st,st(i)	;st(0)←st(i)/st(0)

5.9.5　反向除且出栈 FDIVRP

FDIVRP 指令的功能是用 st(0)除以 st(i),结果存入 st(i),然后 st(0)出栈。格式如下:

FDIVRP	st(i),st	;st(i)←st(0)/st(i),然后 st(0)出栈

5.9.6　实数反向除整数 FIDIVR

FIDIVR 指令的功能是用整数 Src 除以实数 st(0),结果存入 st(0)。格式如下:

FIDIVR	Src	;st(0)←Src(m16/m32)/st(0),然后 st(0)出栈

例 5-10　用 C 程序嵌入汇编指令求表达式 x/y/n 的值(其中 x、y 为实数,n 为整数)。
定义实数变量 x、y、z,定义整数变量 n,输入 x、y、n,用 FLD 指令将被除数 x 加载到栈顶 st(0),然后执行 FDIV y 指令求出 x/y,结果存入 st(0),再执行 FIDIV n 指令求出 x/y/n,接着执行 FSTP z 指令将商存入 z,最后输出商表达式。
源程序如下:

```
#include"stdio.h"
void main()
```

例 5-10

```
    {
        double x,y,z;int n;
        scanf("%lf %lf %d",&x,&y,&n);
        _asm
        {
        FLD         x                           ;加载被除数 x
        FDIV        y                           ;除以除数 y
        FIDIV       n                           ;除以整数 n
        FSTP        z                           ;结果存入实数 z
        }
        printf("%g/%g/%d=%g\n",x,y,n,z);
    }
```

运行后输入：

```
17.5 2.5 2
```

则输出结果为：

```
17.5/2.5/2=3.5
```

5.10　浮点超越函数指令

浮点超越函数指令包括求三角函数指令、求平方根指令 FSQRT、求绝对值指令 FABS、求负数指令 FCHS、取尾数和阶码指令 FXTRACT、就近舍入取整指令 FRNDINT、求以 2 为底的对数指令 FYL2X[P1]、取实数余数指令 FPREM/FPREM1、求 2 的指数指令 FSCALE/F2XM1 等。

5.10.1　正弦函数 FSIN

FSIN 指令的功能是求 sin(st(0))，st(0)为弧度，结果存入 st(0)。格式如下：

```
    FSIN                                  ;st(0)←sin(st(0))，st(0)为弧度
```

例 5-11　输入实数 x（角度），求 sin(x)的值（用%g 格式）。

定义实数变量 x、y、pi（初值 3.14）和整数变量 a（初值 180），输入 x，用 FLD 指令将角度 x 加载到栈顶，则 st(0)=x。执行 FMUL pi（乘以 π）指令求出 x×π，存入 st(0)；再执行 FDIV a（除以 180）指令求出 x×π/180，弧度存入 st(0)；然后执行 FSIN 指令求 sin(st(0))即 sin(x×π/180)并存入 st(0)，再执行 FSTP y 指令将结果存入 y，最后输出结果。

源程序如下：

例 5-11

```
    .386
    .model      flat,stdcall
    option      casemap:none
    includelib  msvcrt.lib
    scanf       PROTO   C:DWORD,:vararg
    printf      PROTO   C:DWORD,:vararg
    .data
```

```
        Infmt       DB      '%lf',0                    ;输入格式字符串
        Outfmt      DB      'sin(%g°*π/180°)=%g',0      ;输出格式字符串
        x           DQ      ?                          ;定义变量 x 存角度
        y           DQ      ?                          ;定义变量 y 存 sin(x)
        pi          DQ      3.1415926                  ;定义常量 π 和 180，用于角度转换为弧度
        a           DD      180
        .code
        start:
        invoke      scanf,ADDR Infmt,ADDR x            ;输入角度
        FLD         x                                  ;加载 x 存入 st(0)
        FMUL        pi                                 ;st(0)←x×π
        FIDIV       a                                  ;st(0)←x×π/180，角度转换为弧度存入 st(0)
        FSIN                                           ;st(0)←sin(x×π/180)
        FSTP        y                                  ;y←sin(x×π/180)
        invoke      printf,ADDR Outfmt,x,y             ;输出正弦值
        ret
        end         start
```

运行后输入：

```
30
```

则输出结果为：

```
sin(30°*π/180°)=0.5
```

5.10.2　余弦函数 FCOS

FCOS 指令的功能是求 cos(st(0))，st(0)为弧度，结果存入 st(0)。格式如下：

```
FCOS                                                   ;st(0)←cos(st(0))，st(0)为弧度
```

例 5-12　用 C 程序嵌入汇编指令，输入实数 x（角度），求 cos(x)的值（用%g 格式）。

定义实数变量 x、y、t，输入角度 x，用公式 x×3.1415926/180 求出弧角并存入 t，用 FLD 指令将弧角 t 加载到栈顶，则 st(0)=t，执行 FCOS 指令求 cos(st(0))即 cos(x×π/180)并存入 st(0)，再执行 FSTP y 指令将结果存入 y，最后输出结果。

源程序如下：

例 5-12

```c
#include "stdio.h"
void main()
{
    double x,y,t;
    scanf("%lf",&x);                    //输入角度
    t=x*3.1415926/180;                  //角度转换为弧度存入 t
    __asm
    {
        FLD         t                   ;弧度存入 st(0)
        FCOS                            ;st(0)←cos(x×π/180)
        FSTP    y                       ;y←cos(x×π/180)
    }
    printf("cos(%g°*π/180°)=%g",x,y);
}
```

运行后输入：

60

则输出结果为：

cos(60°*π/180°)=0.5

5.10.3　正弦余弦函数 FSINCOS

FSINCOS 指令的功能是求 sin(st(0)) 和 cos(st(0))，st(0) 为弧度，sin(st(0)) 存入 st(1)，cos(st(0)) 存入 st(0)。格式如下：

FSINCOS　　　　　　　　;st(1)←sin(st(0))，st(0)←cos(st(0))，st(0) 为弧度

例 5-13　用 C 程序嵌入汇编指令，输入实数 x（角度），求 sin(x) 和 cos(x) 的值（用%g 格式）。

定义实数变量 x、y、z、t，输入角度 x，用公式 x×3.1415926/180 求出弧角并存入 t，用 FLD 指令将弧角 t 加载到栈顶，则 st(0)=t，执行 FSINCOS 指令求 sin(st(0)) 和 cos(st(0)) 即 sin(x×π/180) 和 cos(x×π/180) 并存入 st(1) 和 st(0)，再分别执行 FSTP z 和 FSTP y 指令将结果 cos(st(0)) 和 sin(st(0)) 分别存入 z 和 y，最后输出结果。

源程序如下：

```c
#include "stdio.h"
void main()
{
    double x,y,z,t;
    scanf("%lf",&x);
    t=x*3.1415926/180;
    __asm
    {
        FLD      t          ;弧度存入 st(0)
        FSINCOS             ;st(1)←sin(st(0))，st(0)←cos(st(0))
        FSTP  z             ;z←cos(st(0))
        FSTP  y             ;y←sin(st(0))
    }
    printf("sin(%g°*π/180°)=%g, cos(%g°*π/180°)=%g ",x,y,x,z);
}
```

运行后输入：

30

则输出结果为：

sin(30°*π/180°)=0.5，cos(30°*π/180°)=0.866025

5.10.4　正切函数 FPTAN

FPTAN 指令的功能是求 tan(st(0))，st(0) 为弧度，tan(st(0)) 存入 st(1)，1 存入 st(0)。格

式如下：

FPTAN	;st(0)←1，st(1)←tan(st(0))，st(0)为弧度

例 5-14　用 C 程序嵌入汇编指令，输入实数 x（角度），求 tan(x)的值（用%g 格式）。

定义实数变量 x、y、t，输入角度 x，用公式 x×3.1415926/180 求出弧角并存入 t，用 FLD 指令将弧角 t 加载到栈顶，则 st(0)=t，执行 FPTAN 指令求 tan(st(0))即 tan(x×π/180)并存入 st(1)，栈顶 st(0)值为 1，再执行两次 FSTP y 指令将结果 tan(st(0))存入 y，最后输出结果。

源程序如下：

```
#include "stdio.h"
void main()
{
    double x,y,t;
    scanf("%lf",&x);
    t=x*3.141592653/180;
    __asm
    {
        FLD     t               ;弧度存入 st(0)
        FPTAN                   ;st(0)←1，st(1)←tan(st(0))
        FSTP    y               ;栈顶 st(0)=1，弹出
        FSTP    y               ;新栈顶的值为 tan(st(0))，弹出给 y
    }
    printf("tan(%g°*π/180°)=%g",x,y);
}
```

运行后输入：

60

则输出结果为：

tan(60°*π/180°)=1.73205

5.10.5　反正切函数 FPATAN

FPATAN 指令的功能是求 arctan(st(0),st(1))，其中 st(0)为 x 坐标，st(1)为 y 坐标，返回值(-π,π)，结果存入 st(1)，然后 st(0)出栈，相当于结果存入 st(0)。格式如下：

FPATAN	;st(1)←arctan(st(0),st(1))，然后 st(0)出栈

例 5-15　用 C 程序嵌入汇编指令，输入实数 x 和 y，求 arctan(x,y)的值（用%g 格式）。

定义实数变量 x、y、z，输入 x、y，用 FLD 指令依次将实数 y、x 加载到栈顶，则 st(1)=y，st(0)=x，然后执行 FPATAN 指令求 arctan(st(0),st(1))即 arctan(x,y)，并存入 st(0)，再执行 FSTP z 指令将反正切弧度存入 z，最后用表达式 z×180/3.1415926 求出角度并输出。

源程序如下：

例 5-15

```
#include "stdio.h"
void main()
{
    double x,y,z;
    scanf("%lf %lf",&x,&y);
    __asm
    {
        FLD         y                    ;y 入栈，st(0)=y
        FLD         x                    ;x 入栈后，st(0)=x, st(1)=y
        FPATAN                           ;st(0)=arctan(st(0),st(1))
        FSTP        z                    ;保存弧度到 z
    }
    printf("arctan(%g,%g)=%g°",x,y,z*180/3.1415926);
}
```

运行后输入：

1 1

则输出结果为：

arctan(1,1)=45°

运行后输入：

1 −1

则输出结果为：

arctan(1,−1)=−45°

运行后输入：

−1 1

则输出结果为：

arctan(−1,1)=135°

运行后输入：

−1 −1

则输出结果为：

arctan(−1, −1)=−135°

5.10.6 实数平方根 FSQRT

FSQRT 指令的功能是求栈顶实数 st(0)的平方根，结果存入 st(0)。格式如下：

FSQRT   ;st(0)←sqrt(st(0))

例5-16 用 C 程序嵌入汇编指令求 x 的平方根（其中 x 为实数，各数用%g 格式）。

定义实数变量 x、y，输入 x，接着用 FLD x 指令将实数 x 加载到栈顶 st(0)，然后执行 FSQRT 指令求栈顶 st(0)中 x 的平方根并存入 st(0)，再执行 FSTP y 指令将 x 的平方根存入 y，最后输出结果。

源程序如下：

```
#include"stdio.h"
void main()
{
    double x,y;
    scanf("%lf",&x);
    __asm
    {
FLD          x              ;加载实数 x
FSQRT                       ;求 x 的平方根
FSTP         y              ;结果存入实数 y
    }
    printf("SQRT(%g)=%g\n",x,y);
}
```

运行后输入：

```
2
```

则输出结果为：

```
SQRT(2)=1.41421
```

5.10.7 绝对值 FABS

FABS 指令的功能是求 st(0)的绝对值。格式如下：

```
FABS                           ;st(0)←|st(0)|
```

例5-17 用 C 程序嵌入汇编指令求 x 的绝对值（其中 x 为实数，各数用%g 格式）。

定义实数变量 x、y，输入 x，接着用 FLD x 指令将实数 x 加载到栈顶 st(0)，然后执行 FABS 指令求栈顶 st(0)中 x 的绝对值并存入 st(0)，再执行 FSTP y 指令将结果存入 y，最后输出结果。

源程序如下：

```
#include "stdio.h"
void main()
{
    double x,y;
    scanf("%lf",&x);
    __asm
    {
    FLD      x              ;加载 x 作为 st(0)
    FABS                    ;st(0)←|st(0)|
```

```
                FSTP    y
            }
            printf("|%+g|=%g",x,y);
        }
```

运行后输入：

−7.5

则输出结果为：

|−7.5|=7.5

运行后输入：

7.5

则输出结果为：

|+7.5|=7.5

5.10.8 负数 FCHS

FCHS 指令的功能是求 st(0)的负数。格式如下：

```
    FCHS                                    ;st(0)←−st(0)，改变 st(0)符号位
```

例 5-18 用 C 程序嵌入汇编指令求 x 的负数（其中 x 为实数，各数用%g 格式）。

定义实数变量 x、y，输入 x，接着用 FLD x 指令将实数 x 加载到栈顶 st(0)，然后执行 FCHS 指令求栈顶 st(0)中 x 的负数并存入 st(0)，再执行 FSTP y 指令将结果存入 y，最后输出结果。

源程序如下：

```
        #include "stdio.h"
        void main()
        {
            double x,y;
            scanf("%lf",&x);
            __asm
            {
                FLD     x                   ;加载 x 作为 st(0)
                FCHS                        ;st(0)←−(st(0))
                FSTP    y
            }
            printf("−(%+g)=%g",x,y);
        }
```

运行后输入：

−7.5

则输出结果为：

−(−7.5)=7.5

运行后输入:

```
7.5
```

则输出结果为:

```
−(+7.5)=−7.5
```

5.10.9　取实数尾数和阶码 FXTRACT

FXTRACT 指令的功能是求栈顶实数 st(0)的阶码真值和尾数真值。尾数存入栈顶 st(0),
阶码存入 st(1)。格式如下:

```
FXTRACT                                    ;先 st(0)出栈,st(0)← 尾数真值,st(1)← 阶码真值
```

例 5-19　输入一个实数 r,输出其尾数真值 m 和阶码真值 e(用%g 格式)。

定义双精度(QWORD)类型变量 r 用于保存要处理的实数,定义双精度类型变量 m
用于保存尾数真值,定义双精度类型变量 e 用于保存阶码真值;调用 scanf 函数输入一个实
数存于变量 r,然后执行 FLD r 指令将实数 r 加载到栈顶 st(0),执行 FXTRACT 指令求 st(0)
的阶码真值和尾数真值分别存入 st(1)和 st(0),再执行 FSTP m 指令将尾数真值存入 m,执
行 FSTP e 指令将阶码真值存入 e,最后输出尾数真值 m 和阶码真值 e。

源程序如下:

```
.386
.model      flat, stdcall
option      casemap:none
includelib  msvcrt.lib
scanf       PROTO   C:DWORD,:vararg
printf      PROTO   C:DWORD,:vararg
.data
InFmt       DB      '%lf',0
OutFmt      DB      '%+g=%+g*2^%g',0
r           QWORD   12.0
m           QWORD   ?
e           QWORD   ?
.code
start:
invoke      scanf,ADDR InFmt,ADDR r      ;输入实数 r
FLD         r                            ;加载实数 r
FXTRACT                                  ;先 st(0)出栈,st(0)← 尾数真值,st(1)← 阶码真值
FSTP        m                            ;尾数真值存入 m
FSTP        e                            ;阶码真值存入 e
Invoke      printf,ADDR OutFmt,r,m,e      ;输出尾数真值 m 和阶码真值 e
ret
end         start
```

运行后输入:

```
12.0
```

则输出结果为：

+12=+1.5*2^3

5.10.10　以 2 为底的对数 FYL2X[P1]

FYL2X 指令的功能是求 $st(1)\times\log_2(st(0))$，结果存入 $st(1)$，然后 $st(0)$ 出栈。格式如下：

FYL2X　　　　　　　　　　　　;st(1)←st(1)×log₂(st(0))，然后 st(0) 出栈

FYL2XP1 指令的功能是求 $st(1)\times\log_2(st(0)+1)$，结果存入 $st(1)$，然后 $st(0)$ 出栈。格式如下：

FYL2XP1　　　　　　　　　　　;st(1)←st(1)×log₂(st(0)+1)，然后 st(0) 出栈

例 5-20　用 C 语言嵌入汇编指令，输入 x 和 a，求 $p=a\times\log_2(x)$ 的值（用%g 格式）。

定义实数变量 a、x、p，输入 x、a，用 FLD 指令依次将实数 a、x 加载到栈顶，则 $st(1)=a$，$st(0)=x$，然后执行 FYL2X 指令求 $st(1)\times\log_2(st(0))$ 即 $a\times\log_2(x)$ 并存入 $st(0)$，再执行 FSTP p 指令将结果存入 p，最后输出结果。

源程序如下：

```c
#include "stdio.h"
void main()
{
    double a,x,p;
    scanf("%lf %lf",&x,&a);
    __asm
    {
        fld     a       ;a 作为 st(1)先加载
        fld     x       ;x 作为 st(0)后加载
        FYL2X           ;st(1)←st(1)×log2(st(0))即 a×log2(x)，然后 st(0)出栈
        FSTP    p       ;st(0)已出栈一次，故只需再出栈一次即可保持浮点栈平衡
    }
    printf("%g*log2(%g)=%g",a,x,p);
}
```

运行后输入：

4　6

则输出结果为：

6*log₂(4)=12

例 5-21　用 C 语言嵌入汇编指令，输入 x 和 a，求 $p=a\times\log_2(x+1)$ 的值（用%g 格式）。

定义实数变量 a、x、p，输入 x、a，用 FLD 指令依次将实数 a、x 加载到栈顶，则 $st(1)=a$，$st(0)=x$，然后执行 FYL2XP1 指令求 $st(1)\times\log_2(st(0)+1)$ 即 $a\times\log_2(x+1)$ 并存入 $st(0)$，再执行 FSTP p 指令将结果存入 p，最后输出结果。

源程序如下：

```c
#include "stdio.h"
void main()
```

```
        {
            double a,x,p;
            scanf("%lf %lf",&x,&a);
            __asm
            {
                fld         a                ;a 作为 st(1)先加载
                fld         x                ;x 作为 st(0)后加载
                FYL2XP1                      ;st(1)←st(1)×log₂(st(0)+1)即 a×log₂(x+1)，然后 st(0)出栈
                FSTP    p                    ;st(0)已出栈一次，故只需再出栈一次即可保持浮点栈平衡
            }
            printf("%g*log2(%g+1)=%g",a,x,p);
        }
```

运行后输入：

```
3   5
```

则输出结果为：

```
5*log2(3+1)=10
```

5.10.11　就近舍入取整 FRNDINT

FRNDINT 指令的功能是求 st(0)取整的结果。取整原则为就近舍入取整，即取与 st(0) 最接近的整数，若与两个整数一样接近，则取偶数。舍入原则详见浮点控制寄存器 RC 位。指令语法格式如下：

```
    FRNDINT                              ;st(0)←st(0)就近舍入取整的结果
```

例 5-22　用 C 语言嵌入汇编指令实现对 x 取整（其中 x 为实数，各数用%g 格式）。

定义实数变量 x、y，输入 x，用 FLD x 指令将实数 x 加载到栈顶 st(0)，然后执行 FRNDINT 指令实现对栈顶 st(0)中 x 的取整并存入 st(0)，再执行 FSTP y 指令将 x 的取整结果存入 y，最后输出结果。

源程序如下：

```
        #include "stdio.h"
        void main()
        {
            double x,y;
            scanf("%lf",&x);
            __asm
            {
                FLD         x                ;加载 x 作为 st(0)
                FRNDINT                      ;st(0)←st(0)就近舍入取整
                FSTP    y
            }
            printf("%g 舍入后为%g",x,y);
        }
```

例 5-22

运行后输入：

```
7.5
```

则输出结果为：

7.5 舍入后为 8

运行后输入：

8.5

则输出结果为：

8.5 舍入后为 8

运行后输入：

−7.5

则输出结果为：

−7.5 舍入后为−8

运行后输入：

−8.5

则输出结果为：

−8.5 舍入后为−8

5.10.12　取余 FPREM/FPREM1

FPREM/FPREM1 指令的功能是求 st(0)除以 st(1)的余数，即 st(0)−Q×st(1)。执行 FPREM 时，Q 为 st(0)/st(1)取整数的值；执行 FPREM1 时，Q 为 st(0)/st(1)就近舍入的整数值（舍入原则详见浮点控制寄存器 RC 位）。格式如下：

FPREM/FPREM1 ;st(0)←st(0)−(Q*st(1))，Q 为 st(0)/st(1)取正整数或就近舍入整数

例如，执行前 st(0)为±5.5，st(1)为±3.5，执行取余指令后的结果见以下注释。

```
FPREM    ;5.5 MOD 3.5=2，5.5 MOD −3.5=2，−5.5 MOD 3.5=−2，−5.5 MOD −3.5=−2
FPREM1   ;5.5 MOD 3.5=−1.5，5.5 MOD −3.5=−1.5，−5.5 MOD 3.5=1.5，−5.5 MOD −3.5=1.5
```

例 5-23　输入两个实数 p 和 e，求实数 p 除以 e 的余数 r，即 r=p%e（用%g 格式）。

定义双精度（QWORD）类型变量 p 用于保存被除数，定义双精度（QWORD）类型变量 e 用于保存除数，定义双精度（QWORD）类型变量 r 用于保存余数；调用 scanf 函数输入两个实数存于变量 p 和变量 e 中，然后执行 FLD e 指令将实数 e 加载到栈顶 st(0)，执行 FLD p 指令将实数 p 加载到栈顶 st(0)，原存于栈顶的实数 e 成为 st(1)，执行 FPREM 或 FPREM1 指令求栈顶 st(0)（实数 p）除以 st(1)（实数 e）的余数并存入 st(0)，再执行 FSTP r 指令将余数存入 r，最后输出 p 除以 e 的余数 r。

源程序如下：

```
.386
.model    flat, stdcall
```

例 5-23

```
option      casemap:none
includelib  msvcrt.lib
scanf       PROTO   C:DWORD,:vararg
printf      PROTO   C:DWORD,:vararg
.data
InFmt       DB      '%lf %lf',0
OutFmt      DB      '%g MOD %g=%g',0
p           QWORD   7.5
e           QWORD   3.5
r           QWORD   ?
.code
start:
invoke      scanf,ADDR InFmt,ADDR p,ADDR e
FLD         e                                    ;e 作为 st(1)先加载
FLD         p                                    ;q 作为 st(0)后加载
FPREM       ;5.5 MOD 3.5=2,5.5 MOD −3.5=2,−5.5 MOD 3.5=−2,−5.5 MOD −3.5=−2
;FPREM1     ;5.5 MOD 3.5=−1.5,5.5 MOD −3.5=−1.5,−5.5 MOD 3.5=1.5,−5.5 MOD −3.5=1.5
FSTP        r
FSTP        e       ;加载两个实数，最好也保存两个实数，以保持浮点数据寄存器栈平衡
Invoke      printf,ADDR OutFmt,p,e,r
ret
end         start
```

运行后输入：

5.5 3.5

则输出结果为：

5.5 MOD 3.5=2

以上程序执行 FPREM 时，若 e=1.0，则 r=p%e 为 p 的小数部分，p 的整数部分 n=p−r。例如，若 p=4.2，则 r=0.2，n=4.0；若 p=−4.2，则 r=−0.2，n=−4.0。由此可知，n 为 p 先向零取整的值。

5.10.13　2 的指数 FSCALE/F2XM1

FSCALE 指令的功能是求 $st(0)×2^{st(1)}$，其中 st(1)先向零取整（即仅取 st(1)整数部分）再计算。格式如下：

FSCALE   ;$st(0)\leftarrow st(0)×2^{st(1)}$，其中 st(1)先向零取整再计算

F2XAM1 指令的功能是求 $2^{st(0)}−1$，st(0)介于−1 和 1 之间。格式如下：

F2XM1   ;$st(0)\leftarrow 2^{st(0)}−1$，st(0)介于−1 和 1 之间

例 5-24　用 C 语言嵌入汇编指令，输入 r，求 $v=2^r$ 的值（−1<r<1，用%g 格式）。
定义实数变量 r、v，输入 r，用 FLD 指令将 r 加载到栈顶，则 st(0)=r，然后执行 F2XAM1 指令求 $2^{st(0)}−1$ 即 $2^r−1$ 并存入 st(0)，再执行 FSTP v 指令将结果存入 v，最后输出结果。

源程序如下：

例 5-24

```c
#include "stdio.h"
void main()
{
    double    r,v,e=1;
    scanf("%lf",&r);
    __asm
    {
        fld      r              ;加载 r 存入 st(0)
        F2XM1                   ;st(0)←2^st(0)−1，st(0)介于−1 和 1 之间
        FADD    e               ;st(0)←2^st(0)−1+1
        FSTP    v
    }
    printf("2^%g=%g",r,v);
}
```

运行后输入：

0.5

则输出结果为：

2^0.5=1.414214

 注意

r 的取值只能是（−1,1），否则计算结果不可预测，可能的输出结果是 r+1 的值；以上源程序本身含 FADD e 即加 1 操作，故若 r 的取值超出规定的范围，则 F2XM1 相当于不做任何操作。

运行后输入：

3.5

则输出结果为：

2^3.5=4.5

例 5-25 用 C 语言嵌入汇编指令，输入 v 和 n，求 w=v×2^n 的值（用%g 格式）。

定义实数变量 n、v、w，输入 v、n，用 FLD 指令依次将实数 n 和 v 加载到栈顶，则 st(1)= n, st(0)=v，然后执行 FSCALE 指令求 st(0)×2^st(1)即 v×2^n 并存入 st(0)，再执行 FSTP w 指令将结果存入 w，最后输出结果。

源程序如下：

例 5-25

```c
#include "stdio.h"
void main()
{
    double n,v,w;
    scanf("%lf %lf",&v,&n);
```

```
    __asm
    {
        FLD    n              ;n 作为 st(1)先加载
        FLD    v              ;v 作为 st(0)后加载
        FSCALE                ;st(0)←st(0)×2^(st(1)向零取整)，即 st(0)←x×2^(y 向零取整)
        FSTP   w
        FSTP   n              ;加载两个实数，最好也保存两个实数，以保持浮点栈平衡
    }
    printf("%g*2^%g=%g",v,n,w);
}
```

运行后输入：

```
    4    1.8
```

则输出结果为：

```
    4*2^1.8=8
```

运行后输入：

```
    4    −1.8
```

则输出结果为：

```
    4*2^−1.8=2
```

由以上计算结果可知，指数部分 n 只取整数进行计算，零头的小数 ".8" 被舍去了。

由以上两个例子可知，若要计算如下表达式的值：

$$w=2^p$$

其中，p=整数（n）+小数（r），则

$$w=2^{n+r}=2^n \times 2^r$$

可令

$$v=2^r$$

则

$$w=2^n \times 2^r = v \times 2^n$$

若要求解一个表达式 $w=x^a$，则必须转换成以 2 为底的指数形式，转换过程为：

$$w=x^a=2^{\log_2 x^a}=2^{a\log_2 x}$$

再令

$$p = a\log_2 x$$

则

$$w=2^p$$

其中，p 的计算详见 5.10.10 节以 2 为底的对数指令 FYL2X。

5.11* FPU 控制指令

5.11.1 初始化 FPU 操作 F[N]INIT

F[N]INIT 指令的功能是初始化 FPU。设置 FPU 控制字为 037FH，状态字为 0，标记字为 FFFFH；最近执行浮点指令地址为 0；最近执行浮点指令操作码低 11 位为 0；最近执行浮点指令操作数地址为 0。格式如下：

```
FINIT        ;初始化前检查并处理未决的未屏蔽的浮点异常
FNINIT       ;初始化前不检查未决的未屏蔽的浮点异常
```

5.11.2 保存状态字 F[N]STSW

F[N]STSW 指令的功能是保存状态字的值到 AX 或 16 位内存变量。格式如下：

```
FSTSW     AX    ;保存状态字的值到 AX，检查并处理未决的未屏蔽的浮点异常之后再保存
FSTSW     m16   ;保存状态字的值到 16 位变量，检查并处理未决的未屏蔽的浮点异常之后再保存
FNSTSW    AX    ;保存状态字的值到 AX，不检查未决的未屏蔽的浮点异常而直接保存
FNSTSW    m16   ;保存状态字的值到 16 位变量，不检查未决的未屏蔽的浮点异常而直接保存
```

5.11.3 保存控制字 F[N]STCW

F[N]STCW 指令的功能是保存控制字的值到 16 位内存变量。格式如下：

```
FSTCW     m16   ;保存控制字的值到 16 位变量，检查并处理未决的未屏蔽的浮点异常之后再保存
FNSTCW    m16   ;保存控制字的值到 16 位变量，不检查未决的未屏蔽的浮点异常而直接保存
```

5.11.4 加载控制字 FLDCW

FLDCW 指令的功能是把 16 位内存变量的值加载到控制字。格式如下：

```
FLDCW     m16   ;把 16 位内存变量的值加载到控制字
```

5.11.5 保存环境 F[N]STENV

F[N]STENV 指令的功能是保存 FPU 当前操作环境到 Dst 内存变量指定的 14 或 28 字节位置，然后屏蔽所有浮点异常。格式如下：

```
FSTENV Dst     ;检查并处理未决的未屏蔽的浮点异常后保存 FPU 当前操作环境到 Dst，再屏蔽异常
FNSTENV Dst    ;不检查未决的未屏蔽的浮点异常而直接保存 FPU 当前操作环境到 Dst，再屏蔽异常
```

FPU 操作环境包括控制字、状态字、标记字、最近执行的浮点指令地址、最近执行的浮点指令操作码低 11 位、最近执行的浮点指令操作数地址等。图 5-5 所示为保护模式 FPU 环境存储结构图，实模式和虚拟 86 模式略有不同。

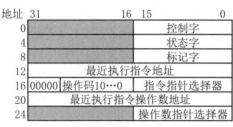

（a）32 位格式（28 字节，32 位操作数时用）　　　（b）16 位格式（14 字节，16 位操作数时用）

图 5-5　保护模式 FPU 环境存储结构图

例 5-26　输出 FPU 操作环境相关数据（用十六进制显示 28 字节数据）。

定义双精度变量 a 的值为 INF（+∞），定义双精度变量 b 的值为 SNAN，定义双字变量 x，共 7 个元素即 28 字节，用于存 FPU 操作环境数据；分别加载 0.0、1.0、a 的值、b 的值（结果见图 5-1），然后执行 FSTENV x 指令保存 FPU 当前操作环境数据到 x 位置，最后依次输出结果。

源程序如下：

```
.386
.model      flat, stdcall
option      casemap:none
includelib  msvcrt.lib
scanf       PROTO    C:DWORD,:vararg
printf      PROTO    C:DWORD,:vararg
.data
a     DQ  7FF0 0000 0000 0000H;操作数 a 的地址为 00403000,阶码全为 1,尾数全为 0,即 INF(+∞)
b     DQ  7FF0 0000 0000 0001H;操作数 b 的地址为 00403008,阶码全为 1,尾数不全为 0,即 SNAN
x     DD  7 DUP(0)
fmt   DB  '%08X',13,10,'%08X',13,10,'%08X',13,10,'%08X',13,10,'%08X',13,10,'%08X',13,10,'%08X',0
.code
start:
FLDZ                     ;加载 0.0
FLD1                     ;加载 1.0
FLD       b             ;FLD b 指令机器码为 DD05 08304000, 操作码为 DD05H
FLD       a             ;当前 FLD a 指令地址为 0040100AH, 低 11 位操作码为 505H
FNSTENV x                ;保存 FPU 当前操作环境到 x 位置
Invoke    printf,ADDR fmt,x[0],x[4],x[8],x[12],x[16],x[20],x[24]
ret
end       start
```

输出结果为：

```
FFFF027F
FFFF2001
FFFF4AFF
0040100A
0505001B
```

```
00403000
FFFF0023
```

根据运行结果可知,第 1 个输出结果低 16 位是控制字,值为 027FH,说明 PC 字段(第 9、8 位)为 10B,表示采用 64 位双精度。

第 2 个输出结果低 16 位是状态字,值为 2001H,说明 TOP 字段(第 13、12、11 位)为 100B,表示栈顶指针为 4,因为加载了 4 个实数,存储了 R(7)、R(6)、R(5)、R(4) 4 个寄存器。

第 3 个输出结果低 16 位是标记字,值为 4AFFH,说明 Tag(7)字段(第 15、14 位)为 01B,表示 R(7)存的是 0,因为加载的第 1 个实数为 0.0,Tag(6)字段(第 13、12 位)为 00B,表示 R(6)存的是正常数据,因为加载的第 2 个实数为 1.0,Tag(5)字段(第 11、10 位)和 Tag(4)字段(第 9、8 位)都是 10B,表示 R(5)、R(4)存的是特殊数据,因为加载的第 3、4 个实数为 INF(+∞)和 SNAN,Tag(3)字段(第 7、6 位)~Tag(0)字段(第 1、0 位)都是 11B,表示 R(3) ~R(0)都没有存数据(空)。

第 4 个输出结果为 0040100AH,说明最近一条浮点指令 FLD a 的地址为 0040100AH。

第 5 个输出结果为 0505001BH,说明最近一条浮点指令 FLD a 的操作码为低 11 位即 505H,指令指针选择器为 001BH。

第 6 个输出结果为 00403000H,说明最近一条浮点指令 FLD a 的操作数的地址为 00403000H。

第 7 个输出结果低 16 位是状态字,值为 0023H,说明最近一条浮点指令 FLD a 的操作数的指针选择器为 0023H。

5.11.6 加载环境 FLDENV

FLDENV 指令的功能是将 Src 内存变量指定的 14 或 28 字节 FPU 操作环境数据加载到 FPU 寄存器,FPU 操作环境数据一般由 F[N]STENV 指令保存。格式如下:

FLDENV Src   ;将 Src 内存变量指定的 14 或 28 字节 FPU 操作环境数据加载到 FPU 寄存器

5.11.7 存环境与数据 F[N]SAVE

F[N]SAVE 指令的功能是保存 FPU 当前状态(包括操作环境数据和浮点数据寄存器)到 Dst 内存变量指定的 94 或 108 字节位置,然后重新初始化 FPU。格式如下:

FSAVE Dst;检查并处理未决的未屏蔽的浮点异常之后保存 FPU 当前状态到 Dst,重新初始化 FPU
FNSAVE Dst;不检查未决的未屏蔽的浮点异常而直接保存 FPU 当前状态到 Dst,重新初始化 FPU

F[N]SAVE 指令除了要保存 F[N]STENV 指令所保存的环境数据,还要保存浮点数据寄存器,且 8 个 80 位浮点数据寄存器按 st(0)到 st(7)顺序紧随其后存储。

例 5-27 输出 FPU 操作环境相关数据和浮点数据寄存器数据(用十六进制显示)。

定义双精度变量 a 的值为 INF(+∞),定义双精度变量 b 的值为 SNAN,定义双字变量 x 共 27 个元素即 108 字节,用于存 FPU 操作环境数据和浮点数据寄存器数据;分别加载 0.0、1.0、a 的值、b 的值(结果见图 5-1),然后执行 FSTENV x 指令保存 FPU 当前操作环境数据到 x 位置,最后依次输出结果。输出时一定要注意:① TBYTE 类型要拆分成两个 DWORD 类型和一个 WORD 类型,再按十六进制数输出;② 将 WORD 类型无符号扩展成

DWORD 类型，然后作为实参进行参数传递，否则 INVOKE 伪指令会引入 PUSH 0 的漏洞。

源程序如下：

```
.386
.model      flat, stdcall
option      casemap:none
includelib  msvcrt.lib
scanf       PROTO    C:DWORD,:vararg
printf      PROTO    C:DWORD,:vararg
.data
a           TBYTE    0000 0000 0000 0000 0000H,8000 0000 0000 0000 0000H; ±0
b           TBYTE    3FFF 8000 0000 0000 0000H,0BFFF 8000 0000 0000 0000H; ±1
c1          TBYTE    7FFF 8000 0000 0000 0000H,0FFFF 8000 0000 0000 0000H; ±∞
d           TBYTE    7FFF FFFF FFFF FFFF FFFFH,0FFFF FFFF FFFF FFFF FFFFH; ±1.#QNAN
x           DWORD  27 DUP(0)
f1          DB       '%08X',13,10,'%08X',13,10,'%08X',13,10
            DB       '%08X',13,10,'%08X',13,10,'%08X',13,10,'%08X',13,10,0
f2          DB       '%04X%08X%08X',13,10,'%04X%08X%08X',13,10
            DB       '%04X%08X%08X',13,10,'%04X%08X%08X',13,10,0
.code
start:
FLD         a                           ;加载+0
FLD         a+10                         ;加载-0
FLD         b                           ;加载+1
FLD         b+10                         ;加载-1
FLD         c1                          ;加载+∞
FLD         c1+10                       ;加载-∞
FLD         d                           ;加载+1.#QNAN
FLD         d+10                        ;加载-1.#QNAN
FNSAVE      x                           ;保存 FPU 当前操作环境到 x 位置
invoke      printf,ADDR f1,x[0],x[4],x[8],x[12],x[16],x[20],x[24];输出
MOVZX       EAX,WORD PTR x[36]          ;WORD 类型无符号扩展成 DWORD 类型
MOVZX       EBX,WORD PTR x[46]
MOVZX       ECX,WORD PTR x[56]
MOVZX       EDX,WORD PTR x[66]
Invoke      printf,ADDR f2,EAX,x[32],x[28],EBX,x[42],x[38],ECX,x[52],x[48],EDX,x[62],x[58];
MOVZX       EAX,WORD PTR x[76]          ;WORD 类型无符号扩展成 DWORD 类型
MOVZX       EBX,WORD PTR x[86]
MOVZX       ECX,WORD PTR x[96]
MOVZX       EDX,WORD PTR x[106]
invoke      printf,ADDR f2,EAX,x[72],x[68],EBX,x[82],x[78],ECX,x[92],x[88],EDX,x[102],x[98];
ret
end         start
```

输出结果为：

```
FFFF027F
FFFF0000
FFFF50AA
0040102A
032D001B
```

```
00403046
FFFF0023
FFFFFFFFFFFFFFFFFFFF
7FFFFFFFFFFFFFFFFFFF
FFFF8000000000000000
7FFF8000000000000000
BFFF8000000000000000
3FFF8000000000000000
8000000000000000000
0000000000000000000
```

根据运行结果可知，第 1 个输出结果低 16 位是控制字，值为 027FH，说明 PC 字段（第 9、8 位）为 10B，表示采用 64 位双精度。

第 2 个输出结果低 16 位是状态字，值为 0000H，说明 TOP 字段（第 13、12、11 位）为 000B，表示栈顶指针为 0，因为加载了 8 个实数，存储了 R(7)到 R(0) 8 个寄存器。

第 3 个输出结果低 16 位是标记字，值为 50AAH，说明 Tag(7)字段（第 15、14 位）和 Tag(6)字段（第 13、12 位）都是 01B，表示 R(7)和 R(6)存的是 0，因为加载的前两个实数为+0.0 和−0.0；Tag(5)字段（第 11、10 位）和 Tag(4)字段（第 9、8 位）都是 00B，表示 R(5)、R(4)存的是正常数据，因为加载的第 3、4 个实数为+1 和−1；Tag(3)字段（第 7、6 位）~Tag(0)字段（第 1、0 位）都是 10B，表示 R(3)~R(0)存的是特殊数据，因为加载的第 5、6 个实数为+∞和−∞，加载的第 7、8 个实数为+1.#QNAN 和−1.#QNAN。

第 4 个输出结果为 0040102AH，说明最近一条浮点指令 FLD d+10 的地址为 0040102AH。

第 5 个输出结果为 032D001BH，说明最近一条浮点指令 FLD d+10 的操作码为低 11 位即 32DH，指令指针选择器为 001BH。

第 6 个输出结果为 00403046H，说明最近一条浮点指令 FLD d+10 的操作数的地址为 00403046H。

第 7 个输出结果低 16 位是状态字，值为 0023H，说明最近一条浮点指令 FLD d+10 的操作数的指针选择器为 0023H。

第 8 到 15 个输出结果对应 ST(0)到 ST(7)8 个寄存器的值，即−1.#QNAN、+1.#QNAN、−∞、+∞、−1、+1、−0.0、+0.0。

5.11.8　读环境与数据 FRSTOR

FRSTOR 指令的功能是将 Src 内存变量指定的 94 或 108 字节 FPU 环境与数据加载到 FPU 寄存器，FPU 环境与数据一般由 F[N]SAVE 指令保存。格式如下：

FRSTOR Src 　　;将 Src 内存变量指定的 94 或 108 字节 FPU 状态数据加载到 FPU 寄存器

5.11.9　增加 FPU 栈指针 FINCSTP

FINCSTP 指令的功能是将 FPU 状态寄存器中 TOP 字段的值加 1，相当于将 st(0)出栈后原 st(0)变成 st(7)，原 st(1)变成 st(0)，原 st(2)变成 st(1)，其他以此类推。格式如下：

FINCSTP　　　　;将 FPU 状态寄存器中 TOP 字段的值加 1,相当于将 st(0)出栈后原 st(0)变成 st(7)

FINCSTP 指令的执行不等于出栈，若是出栈操作，原 st(0)寄存器的值将不存在。

例 5-28 用 C 语言嵌入汇编指令实现验证 FINCSTP 指令的功能。汇编指令将输入的 3 个实数入栈，然后执行 FINCSTP 指令将最后入栈的实数变成 st(7)，再执行 FXCH st(7) 指令，将 st(7)交换到栈顶，最后出栈剩下的两个实数并输出，观察第 2、3 个输入的实数被交换的结果（用%g 格式）。

源程序如下：

```
#include "stdio.h"
void main()
{
    double x,y,z,t,p;
    scanf("%lf %lf %lf",&x,&y,&z);
    __asm
    {
        FLD         x           ;x 入栈后，st(0)=x
        FLD         y           ;y 入栈后，st(1)=x, st(0)=y
        FLD         z           ;z 入栈后，st(2)=x, st(1)=y, st(0)=z
        FINCSTP                 ;z 出栈后，st(1)=x, st(0)=y, 存 z 位置成 st(7), z 的值还在
        ;FSTP        z           ;z 出栈后，st(1)=x, st(0)=y, 存 z 位置成 st(7), 但 z 没有值
        FXCH        st(7)       ;将存 z 位置的 st(7)的值通过交换指令转存到 st(0)
        FSTP        t           ;将 st(0)的值即 z 出栈，转存 t
        FSTP        p           ;将原 st(1)的值即 x 出栈，转存 p
    }
    printf("%g %g",p,t);
}
```

运行后输入：

3 4 5

则输出结果为：

3 5

若以上程序不执行 FINCSTP 指令，改执行 FSTP z 指令，然后执行 FXCH st(7)指令将 st(7)交换到栈顶，则栈顶是一个无效的实数，运行情况如下。

运行后输入：

3 4 5

则输出结果为：

3 −1.#IND

5.11.10 减少 FPU 栈指针 FDECSTP

FDECSTP 指令的功能是将 FPU 状态寄存器中 TOP 字段的值减 1，相当于将 st(7)入栈后原 st(7)变成 st(0)，原 st(0)变成 st(1)，原 st(1)变成 st(2)，其他以此类推。格式如下：

FDECSTP   ;将 FPU 状态寄存器中 TOP 字段的值减 1,相当于将 st(7)入栈后原 st(7)变成 st(0)

FDECSTP 指令的执行相当于将一个空值（无效的值）入栈。

例 5-29　用 C 语言嵌入汇编指令实现验证 FDECSTP 指令的功能。汇编指令将输入的两个实数入栈，然后执行 FDECSTP 指令后将一个空值（无效的值）入栈，再出栈 3 个实数并输出，观察 FDECSTP 指令入栈的空值（用%g 格式）。

源程序如下：

```
#include "stdio.h"
void main()
{
    double   y,z,u,v,w;
    scanf("%lf %lf",&y,&z);
    __asm
    {
        FLD          y          ;y 入栈后，st(0)=y
        FLD          z          ;z 入栈后，st(1)=y, st(0)=z
        FDECSTP                 ;st(7)入栈后，st(2)=y, st(1)=z, st(0)未定义
        FSTP         w          ;将 st(0)的值即空值（无效的值）出栈，转存 w
        FSTP         v          ;将原 st(0)的值即 z 出栈，转存 v
        FSTP         u          ;将原 st(1)的值即 y 出栈，转存 u
    }
    printf("%g %g %g",u,v,w);
}
```

运行后输入：

```
4 5
```

则输出结果为：

```
4 5 −1.#IND
```

5.11.11　st(i)清空 FFREE st(i)

FFREE 指令的功能是将与 st(i)对应的 FPU 标记寄存器中的 tag(i)标记位设置为空（11B），栈顶指针 TOP 不受影响。格式如下：

```
FFREE        st(i)                      ;tag(i)←11B
```

例 5-30　用 C 语言嵌入汇编指令实现验证 FFREE 指令的功能。汇编指令将输入的一个实数入栈，然后执行 FFREE 指令将 st(0)对应的 tag(i)标记位设置为空（11B），再出栈并输出，观察被标记为空的值（用%g 格式）。

源程序如下：

```
#include "stdio.h"
void main()
{
    double x,y;
    scanf("%lf",&x);
    __asm
    {
```

```
        FLD             x           ;x 入栈，st(0)=x
        FFREE           st(0)       ;设置 st(0)对应的 tag(i)标记位为空（11B）
        FSTP            y           ;将 st(0)的值即被标记为空的 x 值出栈，转存 y
    }
    printf("%g",y);
}
```

运行后输入：

```
3
```

则输出结果为：

```
−1.#IND
```

5.11.12 清除异常 F[N]CLEX

F[N]CLEX 指令的功能是清除浮点异常标志。格式如下：

```
FCLEX                               ;检查并处理未决的未屏蔽的浮点异常之后清除浮点异常标志
FNCLEX                              ;不检查未决的未屏蔽的浮点异常而直接清除浮点异常标志
```

5.11.13 FPU 空操作 FNOP

FNOP 指令类似 CPU 的 NOP 指令，不产生任何操作，只是其机器码在可执行程序中会占用若干个字节的存储空间，在执行时会占用若干个 FPU 周期，对程序不产生任何影响（除指令指针寄存器 EIP）。格式如下：

```
FNOP
```

5.11.14 FPU 与 CPU 同步[F]WAIT

[F]WAIT 指令的功能是检查并处理未决的未屏蔽的浮点异常。格式如下：

```
WAIT
FWAIT                               ;FWAIT 是 WAIT 的另一个助记符
```

WAIT 指令用于同步异常事件，在浮点指令之后安排一条 WAIT 指令可以确保任何未屏蔽的浮点异常在处理器修改指令执行结果之前被处理。

习题 5

习题 05

5-1 从键盘输入实数 x、y、z 的值，求表达式 x×y+x/y−z 的值并显示结果。
运行后输入：

```
6 4 2
```

则输出结果为：

```
6*4+6/4−2=23.5
```

5-2　从键盘输入实数 x 的值，求如下表达式的值（保留 6 位小数）。

$$\frac{1+\sin x}{2+\cos x}$$

运行后输入：

30

则输出结果为：

0.523373

5-3　已知机器人当前位置为(x0,y0)，它的下一个目标位置为(x1,y1)，求机器人移动的方向角（角度）和移动的距离（保留两位小数）。运行后输入(x0,y0)坐标和(x1,y1)坐标，输出前进方向和前进距离。

运行后输入：

1 1 0 2

则输出结果为：

前进方向 135.00°，前进距离 1.41

5-4　从键盘输入实数 a、b 的值，求如下公式的值（保留两位小数）。

$$\sqrt{|a\times b|+a/b}$$

运行后输入：

5.2 2.0

则输出结果为：

sqrt(abs(5.2*2)+5.2/2)=3.61

运行后输入：

−5.2 2.0

则输出结果为：

sqrt(abs(−5.2*2)−5.2/2)=2.79

5-5　求一元二次方程 $ax^2+bx+c=0$ 的解，输入实数 a、b、c 的值，输出方程的两个根。

$$\frac{-b\pm\sqrt{b^2-4ac}}{2a}$$

运行后输入：

1 −5 6

则输出结果为：

2 3

5-6 从键盘输入实数 x，求出其尾数真值和阶码真值，然后以指数表达式显示。
运行后输入：

12

则输出结果为：

12=1.5*2^3

5-7 从键盘输入实数 x 和 y，求出 y*lg (x)的值，然后以表达式显示结果。
运行后输入：

100 1

则输出结果为：

1*lg(100)=2

5-8 从键盘输入实数 x 和 y，求出 y*ln(x)的值，然后以表达式显示结果。
运行后输入：

2.7182282 2

则输出结果为：

2*ln(2.71828)=2

5-9 从键盘输入实数 x，求出其就近舍入取整的值及其与原值之间的差值，然后以表达式显示这三者的关系。
运行后输入：

7.5

则输出结果为：

7.5=8−0.5

运行后输入：

8.5

则输出结果为：

8.5=8+0.5

5-10 从键盘输入实数 r（−1<r<1），求 $v=2^r$ 的值（保留 4 位小数）。
运行后输入：

0.5

则输出结果为：

2^0.5=1.4142

5-11　从键盘输入实数 n 和 v，求 $w=v*2^n$ 的值（保留 1 位小数）。

运行后输入：

0.6　1.5

则输出结果为：

0.6*2^1.5=1.2

运行后输入：

0.6　2.5

则输出结果为：

0.6*2^2.5=2.4

5-12　从键盘输入实数 x 和实数 a 的值，求 $w=x^a$ 的值（保留两位小数）。

运行后输入：

0.5　2

则输出结果为：

0.25

运行后输入：

0.5　2.5

则输出结果为：

0.18

第 **6** 章
选择结构程序设计

本章介绍选择结构程序设计的实现方法，主要包括使用.IF 伪指令实现选择程序设计、使用 JMP 和 Jcc 转移指令实现选择程序设计，此外，将特别介绍根据浮点数的大小实现选择程序设计方法等。通过本章的学习，读者应该能完成以下学习任务。

第 05 讲 1

（1）掌握使用.IF 伪指令和.IF….ELSEIF 伪指令实现选择程序设计，掌握使用关系运算符、逻辑运算符、强制类型转换及.IF 伪指令分别实现无符号整数与有符号整数比较的方法。

（2）掌握使用 JMP 和 Jcc 转移指令实现选择程序设计，掌握无符号条件转移指令(JA">"、JB"<"、JE"=="、JNE"!=") 与有符号条件转移指令（JG">"、JL"<"、JE"=="、JNE"!=" ）的实现方法，了解其他条件转移指令的使用。

（3）了解条件设置字节指令；掌握根据浮点数的大小实现选择程序设计的方法。

（4）掌握散转程序设计的解题方法。

6.1 .IF 伪指令实现双分支选择

选择结构就是根据条件从多个程序段中选择一个进行执行。在汇编语言中，要实现双分支选择，可以用.IF…[.ELSE…].ENDIF 伪指令（简称.IF 伪指令）实现，也可以用条件转移指令 Jcc 和无条件转移指令 JMP 配合实现。.IF 伪指令实现的方法比较简单，但不是最终的表示形式，汇编后都要转换成相应的条件转移指令和无条件转移指令。要实现多分支选择，可用.IF…[.ELSEIF…[.ELSE…]].ENDIF 伪指令（简称.IF….ELSEIF 伪指令），也可用类似单片机的散转指令，先根据一个表达式值转移到存放多个转移指令的位置，再通过这些转移指令转移到各功能模块。

.IF 伪指令常用语法格式如图 6-1 所示。

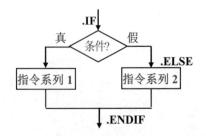

图 6-1　.IF 伪指令实现双分支结构示意图

.IF 伪指令的具体语法格式如下：

```
.IF 条件表达式                        ;以英文"句号"开头
    指令序列 1                        ;满足"条件表达式"时执行指令序列 1
[.ELSE
    指令序列 2]                       ;不满足"条件表达式"时执行指令序列 2
.ENDIF
```

程序执行到.IF 伪指令时，若条件表达式的值为真，则执行指令序列 1，否则执行指令序列 2。若省略[.ELSE 指令序列 2]，则表示：若条件表达式的值为真，执行指令序列 1，否则直接执行后续指令；执行完指令序列 1 或指令序列 2 后按顺序执行后续指令。

条件表达式可用的关系运算符类似 C 语言，有==（等于）、!=（不等于）、>（大于）、>=（大于或等于）、<（小于）、<=（小于或等于）共 6 个，例如，x>=60、c1>='A'、EAX>0 等。

若含有多个关系运算符，则用逻辑运算符进行连接。常用的逻辑运算符有&&（逻辑与）、||（逻辑或）和!（逻辑非）。例如，数学表达式'A'<=c1<='Z'可用&&（逻辑与）连接，可表示为 c1>='A' && c1<='Z'.

类似 C 语言，条件表达式也是零为假，非零为真；反过来，假为 0，真为-1。

📝 **注意**

（1）关系运算仅限于整数（含字符）类型，浮点数 QWORD 等类型不允许采用关系运算，后面 6.5 节专门介绍浮点数的比较。

（2）关系运算符左边不能是常量或表达式（详见 2.2.2 节），例如 60<=x、'A'<=c1 是不允许的，因为关系比较一般转换成相应的比较指令，而比较指令 CMP 60,x、CMP 'A', c1 是不允许的。

（3）关系运算符两边不能是两个变量或表达式，例如 x<y、x*y>0 是不允许的。

（4）C 语言的位运算符除"&"（按二进制位与）外，"|"（按二进制位或）、"~"（按二进制位取反）和"^"（按二进制位异或）在汇编语言中不能使用。例如 AH&40H 是允许的，但 AH|40H、AH^40H、~AH 是不允许的，要实现这些功能可以用 OR 指令或 OR 运算符、NOT 指令或 NOT 运算符、XOR 指令或 XOR 运算符。

（5）运算符&&前后最好用空格隔开，且表达式'A'<=c1<='Z'最好表示成 c1<='A' && c1<='Z'，否则可能导致编译器无法识别。

若要在条件表达式中检测标志位的信息，则可以使用的符号名有 CARRY?（相当于 CF==1，以下类似）、OVERFLOW?（OF==1）、PARITY?（PF==1）、SIGN?（SF==1）、ZERO?（ZF==1）等。例如：

```
.IF CARRY? && EAX!=EBX                ;检测 CF==1 且 EAX!=EBX 是否成立
    ;汇编语言指令序列
.ENDIF
```

例 6-01　分别用 C 语言和汇编语言输入一个整数 x 代表成绩，判断 x 是否及格，并显示相应信息。

C 语言实现思路：定义 int 类型变量 x 用于存整数成绩，调用 scanf 函数给变量 x 输入一个成绩，然后用 if(x>=60)语句判断成绩是否及格，若及格，则按顺序执行程序，输出 "x 是及格"，否则转 else 位置执行程序，输出 "x 是不及格"。

源程序如下：

```
#include "stdio.h"
void main()
{
    int x;
    scanf("%d",&x);                    //输入整数成绩
    if(x>=60)                          //若成绩>=60
        printf("%d 是及格",x);          //则输出"x 是及格"
    else
        printf("%d 是不及格",x);        //否则输出"x 是不及格"
}
```

汇编语言实现思路：定义 DWORD 类型变量 x 用于存整数成绩，调用 scanf 函数给变量 x 输入一个成绩，然后用.IF x>=60 伪指令判断成绩是否及格，若及格，则按顺序执行程序，输出 "x 是及格"，否则输出 "x 是不及格"。

源程序如下：

```
.386
.model       flat, stdcall
option       casemap:none
include      kernel32.inc
includelib   kernel32.lib
includelib   msvcrt.lib
scanf        PROTO   C:DWORD,:vararg
printf       PROTO   C:DWORD,:vararg
.data
x            DWORD   ?
infmt        DB      '%d',0
outfmt1      DB      '%d 是及格',0
outfmt2      DB      '%d 是不及格',0
.code
start:
invoke       scanf,addr infmt,addr x        ;输入整数成绩
.IF          x>=60                          ;若成绩 x>=60
invoke       printf,addr outfmt1,x          ;则输出"x 是及格"
.ELSE
invoke       printf,addr outfmt2,x          ;否则输出"x 是不及格"
.ENDIF
invoke       ExitProcess,0
End          start
```

运行后输入：

70

则输出结果为：

70 是及格

运行后输入：

40

则输出结果为：

40 是不及格

以上程序存在问题，若输入的 x 为负数，会出现如下意外情况，负数是及格的。
运行后输入：

−1

则输出结果为：

−1 是及格

出现这种情况是因为 x 是 DWORD 类型，即无符号类型，类似 C 语言的 unsigned int 类型，导致表达式 x>=60 按无符号数比较，而−1 对应的无符号数为 4294967295（补码知识），故−1 是及格的。至于是显示−1 还是显示 4294967295，与 printf 函数的格式控制符%d 和%u 有关，与关系表达式是按有符号比较还是按无符号比较无关。

解决问题的方法是，将 x 的数据类型改为有符号数类型，即在 x 定义时改为 SDWORD 类型（类似 C 语言的 int 类型），或者将条件表达式中任意一个运算对象强制转换为 SDWORD 类型，则关系表达式就按有符号比较，可以得到预期的结果。

运行后输入：

−1

则输出结果为：

−1 是不及格

当条件表达式中比较对象是寄存器和常量时，只需要将其中一个运算对象强制转换为有符号数，如图 6-2 所示，则表达式按有符号比较，否则按无符号比较。

| .IF EAX>0
指令序列1
.ELSE
指令序列 2
.ENDIF | .IF SDWORD PTR EAX>0
指令序列1
.ELSE
指令序列 2
.ENDIF | 或 | .IF EAX>SDWORD PTR 0
指令序列1
.ELSE
指令序列 2
.ENDIF |

（a）.IF 伪指令寄存器按无符号比较　　　　（b）.IF 伪指令寄存器按有符号比较

图 6-2　.IF 伪指令条件表达式强制转换成有符号数类型

例 6-02　编写一个程序，输入一个字符给 c1，若 c1 是大写字母，则将其转换为小写字母，否则不转换，最后输出 c1 的值。

本例的关键是判断是否为大写字母的条件表达式'A'<=c1<='Z'，要转换为用逻辑运算符进行连接的逻辑表达式 c1>='A' && c1<='Z'，但不能写成'A'<=c1 && c1<='Z'。

定义 BYTE 类型变量 c1 用于存大写字母，调用 scanf 函数给变量 c1 输入一个字母，然后用.IF c1>='A' && c1<='Z'伪指令判断其是否为大写字母，若是大写字母，则执行 ADD 指令加 20H 转换为小写字母，否则不处理，最后输出结果。

源程序如下：

```
        .386
        .model      flat, stdcall
        option      casemap:none
        include     kernel32.inc
        includelib  kernel32.lib
        includelib  msvcrt.lib
        scanf       PROTO   C:DWORD,:vararg
        printf      PROTO   C:DWORD,:vararg
        .data
        c1          BYTE        ?
        fmt         BYTE        '%c',0
        .code
        start:
        invoke      scanf,ADDR fmt,ADDR c1
        .IF         c1>='A' && c1<='Z'          ;用.IF 伪指令判断是否为大写字母
            ADD     c1,20H                      ;若是，则加 20H 即 32 转换为小写字母
        .ENDIF
        invoke      printf,ADDR fmt,DWord PTR c1
        invoke      ExitProcess,0
        end         start
```

例 6-02

运行后输入：

```
A
```

则输出结果为：

```
a
```

例 6-03　输入两个整数 x 和 y，判断是否同号。

本例的关键是判断两个整数 x 和 y 是否同号的条件，若 $x*y<0$，则表示异号，否则表示同号。

定义 SDWORD 类型变量 x 和 y 用于存两个整数，调用 scanf 函数给变量 x 和 y 输入两个整数，然后用适当的指令判断两个整数是否异号，若是异号，则输出"x 和 y 是异号"，否则输出"x 和 y 是同号"。

存在问题的源程序如下：

```
        .386
        .model      flat, stdcall
        option      casemap:none
        includelib  msvcrt.lib
        scanf       PROTO   C:DWORD,:vararg
        printf      PROTO   C:DWORD,:vararg
        .data
```

例 6-03

```
x               SDWORD      ?
y               SDWORD      ?
infmt           BYTE        '%d %d',0
outfmt1         BYTE        '%d 与%d 是异号的',0
outfmt2         BYTE        '%d 与%d 是同号的',0
.code
start:
invoke          scanf,ADDR infmt,addr x,addr y
.IF             x*y<0                           ;error A2026: constant expected
invoke          printf,ADDR outfmt1,x,y         ;满足条件则异号
.else
invoke          printf,ADDR outfmt2,x,y         ;否则同号
.ENDIF
ret
end             start
```

编译时发现指令.IF x*y<0 编译失败，要求必须是常量表达式，处理方法是：将 x*y 用 IMUL 乘法指令计算出结果，再判断标志位 SF 是否为负，但乘法指令运算后对标志位 SF 无定义，无法以此判断。为判断运算结果 EDX|EAX 中的符号，可让 EDX 与其自身做逻辑与操作，再用 SIGN?符号名判断运算结果 EDX 中的符号。当然，通常运算结果小于 32 位，所以可以直接判断 EAX 是否小于 0（SDWORD ptr EAX< 0），以此判断运算结果是否为负数。

改正后的源程序如下：

```
.386
.model          flat, stdcall
option          casemap:none
include         kernel32.inc
includelib      kernel32.lib
includelib      msvcrt.lib
scanf           PROTO   C:DWORD,:vararg
printf          PROTO   C:DWORD,:vararg
.data
x               SDWORD ?
y               SDWORD ?
infmt           DB '%d %d',0
outfmt1         DB '%d 与%d 是异号的',0
outfmt2         DB '%d 与%d 是同号的',0
.code
start:
invoke          scanf,addr  infmt,addr  x,addr  y
MOV             EAX,x
IMUL            y           ;受影响的标志位：CF 和 OF（AF、PF、SF 和 ZF 无定义）
TEST            EAX,EAX     ;判断测试结果中低 32 位符号，影响 SF 标志位
.IF             SIGN?       ;若是负号（SF==1），建议用.IF sdword ptr eax<0
invoke          printf,ADDR outfmt1,x,y      ;则异号
.else
Invoke          printf,ADDR outfmt2,x,y      ;否则同号
.ENDIF
```

```
        invoke      ExitProcess,0
        end         start
```

运行后输入：

−3 −4

则输出结果为：

−3 与−4 是同号的

运行后输入：

3 −4

则输出结果为：

3 与−4 是异号的

运行后输入：

3 4

则输出结果为：

3 与 4 是同号的

运行后输入：

−3 4

则输出结果为：

−3 与 4 是异号的

6.2   .IF⋯.ELSEIF 实现多分支选择

当选择的情况超过两个时，可用.IF⋯.ELSEIF 伪指令实现多分支选择。语法格式如下：

```
    .IF 条件表达式 1
        指令序列 1                          ;满足"条件表达式 1"时执行指令序列 1
    [.ELSEIF 条件表达式 2
        指令序列 2                          ;满足"条件表达式 2"时执行指令序列 2
    [  ;⋯]                                ;满足其他条件时执行其他指令序列
    [.ELSE
        指令序列 n+1]]                     ;所有条件都不满足时执行指令序列 n+1
    .ENDIF
```

程序执行到.IF⋯.ELSEIF 伪指令时，若条件表达式 1 的值为真，则执行指令序列 1，
否则若条件表达式 2 的值为真，则执行指令序列 2，以此类推。若所有条件都不满足，则
执行指令序列 n+1。若省略[.ELSE 指令序列 n+1]，则表示：若所有条件都不满足，则直接

执行后续指令。

例 6-04 用.IF….ELSEIF 伪指令实现输入一个分数（0~100 的整数），输出相应的成绩等级。分数与成绩等级对应关系如下：90~100 分为优秀，80~89 分为良好，70~79 分为中，60~69 分为及格，0~59 分为不及格。

各分数段取值范围都是闭区间，一般要用逻辑表达式，例如 90<=x<=100 要用 x>=90 && x<=100，但是若能巧妙利用.IF….ELSEIF 伪指令的特点，只要用一个关系表达式即可。

源程序如下：

```
        .386
        .model      flat, stdcall
        option      casemap:none
        include     kernel32.inc
        includelib  kernel32.lib
        includelib  msvcrt.lib
        scanf       PROTO   C:DWORD,:vararg
        printf      PROTO   C:DWORD,:vararg
        .data
fmt         BYTE        '%d',0              ;输入格式串
ft          BYTE        '%s',0              ;输出格式串
s0          BYTE        '不及格',0           ;以下是各种成绩等级文字信息
s1          BYTE        '及格',0
s2          BYTE        '中',0
s3          BYTE        '良好',0
s4          BYTE        '优秀',0
x           DWORD       ?                   ;分数 x
        .code
start:
        invoke      scanf,ADDR fmt,ADDR x   ;输入分数 x
        .IF         x<60
        invoke      printf,ADDR ft,ADDR s0  ;满足 x<60 时输出成绩等级：不及格
        .ELSEIF     x<70
        invoke      printf,ADDR ft,ADDR s1  ;满足 x<70 时输出成绩等级：及格
        .ELSEIF     x<80
        invoke      printf,ADDR ft,ADDR s2  ;满足 x<80 时输出成绩等级：中
        .ELSEIF     x<90
        invoke      printf,ADDR ft,ADDR s3  ;满足 x<90 时输出成绩等级：良好
        .ELSE
        invoke      printf,ADDR ft,ADDR s4  ;所有条件都不满足时输出成绩等级：优秀
        .ENDIF
        invoke      ExitProcess,0
        end         start
```

运行后输入：

95

则输出结果为：

优秀

运行后输入：

65

则输出结果为：

及格

6.3　JMP 和 Jcc 转移指令

.IF 伪指令可以实现选择结构的程序设计，但真正的目标程序不存在.IF 伪指令，而是用 JMP 和 Jcc 转移指令表示，通过调试器等软件可以发现这一点。所以，若要使用调试器等软件进行逆向工程，就必须学习转移指令。

用转移指令实现双分支选择结构，首先要用 CMP 等指令进行比较，然后用 Jcc 指令判断是否满足条件，当不满足条件时，转 else 位置即指令序列 2 执行，否则顺序执行满足条件的代码即指令序列 1，最后用 JMP 指令转结束位置，如图 6-3 所示。

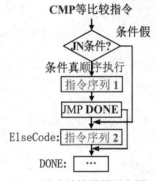
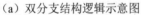

（a）双分支结构逻辑示意图　　　　（b）双分支结构语法格式

图 6-3　用转移指令实现双分支结构（满足条件时执行指令序列 1，否则执行指令序列 2）

CMP 指令和 SUB 指令都是做相减操作，都影响标志寄存器中的标志位，不同的是 SUB 指令的结果存回目的操作数，而 CMP 指令不保存结果。例如，下面两条指令执行后，对标志位的影响相同，都可以作为 Jcc 指令的转移条件。

```
SUB x,60        ;x←x-60，相减结果存回 x，结果特征存入标志位
CMP x,60        ;x-60，相减结果不存回 x，结果特征存入标志位
```

转移指令分为无条件转移指令和条件转移指令两大类。

1. 无条件转移指令

无条件转移指令包括 JMP、子程序调用 CALL 和返回指令 RET、中断调用和返回指令 RETF 等。

下面介绍无条件转移指令 JMP。

JMP 指令的一般形式如下：

```
JMP   标号/Reg/Mem
```

JMP 指令是从当前指令（JMP 指令）的下一条指令位置无条件转移到另一个指令位置执行，指令机器码的操作码为 EB，操作数为目标指令地址与当前指令（JMP 指令）的下一条指令地址之差，用 1 个字节（短转移）或 4 个字节（长转移）的补码表示。例如：

```
Backward:
    JMP        Forward ;向前转移，偏移量之差为正数
    JMP        Backward        ;向后转移，偏移量之差为负数
Forward:
    …
```

以上指令序列经过汇编转换成的机器码如下：

```
00000017              Backward:
00000017 EB 02    JMP    Forward;向前，偏移量之差为正，目标地址 1B−(当前地址 17+2)=2=02H
00000019 EB FC    JMP    Backward;向后，偏移量之差为负，目标地址 17−(当前地址 19+2)=−4=FCH
0000001B              Forward:
    …
```

该转移指令的执行不影响任何标志位。

2. 条件转移指令

条件转移指令是根据标志寄存器 EFlags 中的一个或多个标志位来决定是否转移。条件转移指令又分为三大类：无符号数条件转移指令、有符号数条件转移指令、特殊算术标志位条件转移指令。具体如表 6-1~表 6-3 所示。

表 6-1　无符号数条件转移指令

指　　令	关　系	检 测 条 件	功 能 描 述
JE/JZ	==	ZF=1	Jump Equal or Jump Zero，等于即 zero?时转移
JNE/JNZ	!=	ZF=0	Jump Not Equal or Jump Not Zero，不等于即!zero?时转移
JA/JNBE	>	CF=0 && ZF=0	Jump Above or Jump Not Below or Equal，高于时转移
JAE/JNB	>=	CF=0	Jump Above or Equal or Jump Not Below，高于或等于时转移
JB/JNAE	<	CF=1	Jump Below or Jump Not Above or Equal，低于时转移
JBE/JNA	<=	CF=1 ‖ ZF=1	Jump Below or Equal or Jump Not Above，低于或等于时转移

表 6-2　有符号数条件转移指令

指　　令	关　系	检 测 条 件	功 能 描 述
JE/JZ	==	ZF=1	Jump Equal or Jump Zero，等于即 zero?时转移
JNE/JNZ	!=	ZF=0	Jump Not Equal or Jump Not Zero，不等于即!zero?时转移
JG/JNLE	>	SF=OF && ZF=0	Jump Greater or Jump Not Less or Equal，大于时转移
JGE/JNL	>=	SF=OF ‖ ZF=1	Jump Greater or Equal or Jump Not Less，大于或等于时转移
JL/JNGE	<	SF≠OF && ZF=0	Jump Less or Jump Not Greater or Equal，小于时转移
JLE/JNG	<=	SF≠OF ‖ ZF=1	Jump Less or Equal or Jump Not Greater，小于或等于时转移

表 6-3 特殊算术标志位条件转移指令

指　　　令	关　系	检　测　条　件
JC/JB/JNAE	CF=1	Jump Carry，有进（借）位即 carry?时转移
JNC/JNB/JAE	CF=0	Jump Not Carry，无进（借）位即!carry?时转移
JO	OF=1	Jump Overflow，溢出即 overflow?时转移
JNO	OF=0	Jump Not Overflow，不溢出即!overflow?时转移
JP/JPE	PF=1	Jump Parity or Jump Parity Even，偶数个 1 即 parity?时转移
JNP/JPO	PF=0	Jump Not Parity or Jump Parity Odd，奇数个 1 即!parity?时转移
JS	SF=1	Jump Sign （negative），符号位为"1"（负）即 sign?时转移
JNS	SF=0	Jump No Sign （positive），符号位为"0"（非负）即!sign?时转移

指令很多，但只要记住 E、N、A、B、G、L 6 个字母分别表示等于、不等于、高于、低于、大于、小于，就基本可以掌握表 6-1 和表 6-2 的内容，而表 6-3 使用较少。

以下是例 6-01.IF 伪指令实现的二分支选择结构：

```
.if          x>=60                             ;若成绩 x>=60
invoke       printf,addr outfmt1,x             ;则输出"x 是及格"
.else
Invoke       printf,addr outfmt2,x             ;否则输出"x 是不及格"
.endif
```

改写成转移指令实现的二分支选择结构（伪指令已被注释）：

```
;.if         x>=60                             ;若成绩 x>=60
CMP          x , 60
JNGE         ElseCode                          ;若成绩 x!>=60 即判断 x>=60 为假时，转 ElseCode
Invoke       printf,addr outfmt1,x             ;输出"x 是及格"
JMP          DONE                              ;完成顺序执行部分转结束
;.else
ElseCode:
invoke       printf,addr outfmt2,x             ;否则输出"x 是不及格"
;.endif
DONE:
```

以上修改包括 3 个步骤：

（1）将.IF 语句改写成 CMP 和 Jcc 两条指令，其中 CMP 比较的两个操作数就是关系运算比较的两个运算对象；一般将关系运算符转换成 Jcc 的相应条件，有符号为 G、L、E 的组合，无符号为 A、B、E 的组合，再加前缀 JN。对于以上程序，当为 ">=" 时有符号比较转换成 GE 加前缀 JN，得到转移条件为 JNGE，表示 x!>=60 时转移（"!>=" 表示不大于或等于，仅用于描述，汇编编译器不支持，下同）；转移的目标为.else 位置的标号 ElseCode。

（2）将.else 转换成 JMP DONE 和否则部分的标号 ElseCode:。

（3）将.endif 转换成标号 DONE，作为选择结构的结束位置。

当然，还有其他很多种改写方法。

例 6-05 用转移指令求输入的整数 x 的绝对值，然后输出 x 的绝对值。

本例若用.IF 伪指令实现，只需用一个关系表达式判断整数 x 是否为负数，即 x<0。用

转移指令实现，则要用 CMP 指令先对 x 和 0 两个操作数进行比较，然后用条件转移指令判断比较结果是否为负数，若为负数，说明 x<0，则用 NEG 指令求其负数（负数的负数变为正数），否则不处理。

定义 SDWORD 类型变量 x，用 scanf 函数给 x 输入一个整数，然后用 MOV 指令将 x 备份到 EAX，再用 CMP 指令对 x 和 0 进行比较，接着用 JNL 指令判断比较结果是否不小于 0，若不小于 0，则直接转 Done，否则执行 NEG 指令求其负数并存回 x，实现将其变为正数，最后输出 EAX 和 x 的结果（若 x 是负数，则为处理过的数，否则 x 是未处理的数）。

源程序如下：

```
.386
.model      flat, stdcall
option      casemap:none
includelib  msvcrt.lib
scanf       PROTO   C:DWORD,:vararg
printf      PROTO   C:DWORD,:vararg
.data
x           SDWORD ?
infmt       DB '%d',0
outfmt      DB '|%+d|=%d',0
.code
start:
invoke      scanf,ADDR infmt,ADDR x
MOV         EBX, x                  ;备份 x 值
;.if        x<0                     ;若 x<0
CMP         x,0                     ;比较
JNL         DONE                    ;若 x!<0 即 x<0 为假则转结束，可用 JG，但不能用 JA
NEG         x                       ;x←−x，也可以：MOV EAX,0;SUB EAX,x; MOV x,EAX
;.endif
DONE:
invoke      printf,ADDR outfmt,EBX,x ;输出结果
ret
end         start
```

运行后输入：

```
3
```

则输出结果为：

```
|+3|=3
```

运行后输入：

```
−3
```

则输出结果为：

```
|−3|=3
```

例 6-06 输入一个字符，用转移指令判断其是否为大写字母，若是则将其转换为小写

字母，最后输出。

本例若用.IF 伪指令实现，只需用一个逻辑表达式判断字符 c1 是否为大写字母，即 c1>='A' && c1<='Z'。若用转移指令实现，则要用 CMP 指令分别完成 c1 和'A'、c1 和'Z'的比较，然后通过两次条件转移指令判断比较结果，因为两次比较是逻辑与关系，意味着两次比较中只要有一次为假，结果即假。所以任意一次不满足条件，程序都会转向结束，否则按顺序执行指令，即 c1 加 20H 转换为小写字母，最后输出结果。

定义 BYTE 类型变量 c1 用于存放字符，调用 scanf 函数给变量 c1 输入一个字符，然后用 CMP 指令对 c1 和'A'进行比较，若 c1!>='A'，则转 DONE，否则用 CMP 指令对 c1 和'Z'进行比较，若 c1!<='Z'，则转 DONE，否则按顺序执行 c1 加 20H 转换为小写字母，最后输出 c1 中的结果。

源程序如下：

```
            .386
            .model      flat, stdcall
            option      casemap:none
            includelib  msvcrt.lib
            scanf       PROTO    C:DWORD,:vararg
            printf      PROTO    C:DWORD,:vararg
            .data
            c1          BYTE     ?
            fmt         BYTE     '%c',0
            .code
            start:
            invoke      scanf,ADDR fmt,ADDR c1 ;输入字符
            ;.if        c1>='A' && c1<='Z'          ;若 c1>='A' && c1<='Z'
            CMP         c1,'A'                      ;对 c1 和'A'进行比较
            JNAE        DONE                        ;若 c1!>='A'则转结束，&&表达式任意一次不满足则退出
            CMP         c1,'Z'                      ;否则再用 CMP 指令对 c1 和'Z'进行比较
            JNBE        DONE                        ;若 c1!<='Z'则转结束
            ADD         c1,20H                      ;满足 c1>='A' && c1<='Z'，则 c1 加 20H 变为小写字母
            ;.endif
            DONE:
            invoke      printf,ADDR fmt,dword ptr c1  ;输出结果
            RET
            end         start
```

运行后输入：

A

则输出结果为：

a

运行后输入：

@

则输出结果为：

> @

例 6-07　输入一个字符，用转移指令判断其是否为非数字字符，若是则输出，否则不输出。

本例若用.IF 伪指令实现，只需用一个逻辑表达式判断字符 c1 是否为非数字字符，即 c1<'0' || c1>'9'。若用转移指令实现，则要用 CMP 指令分别完成 c1 和'0'、c1 和'9'的比较，然后通过两次条件转移指令判断比较结果，因为两次比较是逻辑或关系，意味着两次比较中只要有一次为真，结果即真。所以除最后一次判断外，任意一次满足条件，程序都会转向输出，最后一次判断若不满足条件则转结束，否则按顺序执行输出。

定义 BYTE 类型变量 c1 用于存放字符，调用 scanf 函数给变量 c1 输入一个字符，然后用 CMP 指令对 c1 和'0'进行比较，若满足 c1<'0'，则转 Output，否则再用 CMP 指令对 c1 和'9'进行比较，若 c1!>'9'，则转 DONE，否则输出 c1 中的结果。

源程序如下：

```
        .386
        .model      flat, stdcall
        option      casemap:none
        includelib  msvcrt.lib
        scanf       PROTO    C:DWORD,:vararg
        printf      PROTO    C:DWORD,:vararg
        .data
        c1          BYTE     ?
        fmt         BYTE     '%c',0
        .code
        start:
        invoke      scanf,ADDR fmt,ADDR c1      ;输入字符
        ;.if        c1<'0' || c1>'9'            ;若 c1<'0' || c1>'9'
        CMP         c1,'0'                      ;对 c1 和'0'进行比较
        JB          Output                      ;若 c1<'0'（判真）则转结束，||表达式有一个为真，结果即真
        CMP         c1,'9'                      ;否则用 CMP 指令对 c1 和'9'进行比较
        JNA         DONE                        ;若 c1!>'9'则转结束
        Output:
        invoke      printf,ADDR fmt,dword ptr c1 ;输出结果
        ;.endif
        DONE:
        RET
        end         start
```

运行后输入：

> A

则输出结果为：

> A

运行后输入：

%

则输出结果为：

%

运行后输入：

8

则输出结果为：

（没有输出）

例 6-08 输入一个字符，用转移指令判断其是否为字母，若是则输出，否则输出"非字母"。

若用.IF 伪指令实现，只需用一个逻辑表达式判断字符 c1 是否为字母，即(c1>='A' && c1<='Z')||(c1>='a' && c1<='z')。若用转移指令实现，则首先对 c1 和'A'进行比较，若 c1!>='A' 为真，则转小写比较，否则按顺序比较 c1 和'Z'，若 c1<='Z'为真，则转输出字母，否则按顺序执行小写比较；进入小写比较后对 c1 和'a'进行比较，若 c1!>='a'为真，则转输出非字母，否则按顺序比较 c1 和'z'，若 c1!<='z'为真，则转输出非字母，否则按顺序执行输出字母并转结束；输出非字母后按顺序结束，流程如图 6-4 所示。

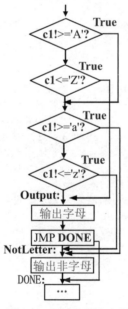

图 6-4　判断是否为字母

源程序如下：

```
        .386
        .model    flat, stdcall
        option    casemap:none
```

```
includelib    msvcrt.lib
scanf         PROTO    C:DWORD,:vararg
printf        PROTO    C:DWORD,:vararg
.data
c1            BYTE     ?
fmt           BYTE     '%c',0
s             BYTE     '非字母',0
.code
start:
invoke        scanf,ADDR fmt,ADDR c1        ;输入字符
;.if          (c1>='A'&&c1<='Z')||(c1>='a'&&c1<='z')
CMP           c1,'A'                        ;对 c1 和'A'进行比较
JNGE          LowCMP                        ;若 c1!>='A'即 c1<'A'则转小写比较
CMP           c1,'Z'                        ;否则再对 c1 和'Z'进行比较
JLE           Output                        ;若满足 c1<='Z'则转输出字母
LowCMP:
CMP           c1,'a'                        ;对 c1 和'a'进行比较
JNGE          NotLetter                     ;若 c1!>='a'即 c1<'a'则转输出非字母
CMP           c1,'z'                        ;否则再对 c1 和'z'进行比较
JNLE          NotLetter                     ;若不满足 c1<='z'则转输出非字母
Output:
invoke        printf,ADDR fmt,dword ptr c1  ;输出字母
JMP           DONE
;.Else
NotLetter:
invoke        printf,ADDR s                 ;输出非字母
;.endif
DONE:
RET
end           start
```

运行后输入：

A

则输出结果为：

A

运行后输入：

b

则输出结果为：

b

运行后输入：

8

则输出结果为：

非字母

例 6-09　用条件转移指令实现分段函数的计算。其中，变量 x 和 y 都是双字类型。

$$y = \begin{cases} x+500, & x<0 \\ x+100, & 0 \leqslant x \leqslant 500 \\ x-100, & x>500 \end{cases}$$

二分支结构用一次比较处理两种情况，三分支结构要用两次比较处理 3 种情况，因此，要用两次 CMP 指令分别完成 x 和 0、x 和 500 的比较，再用两次条件转移指令判断比较结果处理 3 种不同情况。

定义 SDWORD 类型变量 x，调用 scanf 函数给 x 输入一个整数，然后用 CMP 指令对 x 和 0 进行比较，若 x 不小于 0，则转 GE0，否则按顺序执行 x+500 并转结束；再用 CMP 指令对 x 和 500 进行比较，若 x 不小于或等于 500，则转 G500，完成 x-100，否则按顺序执行 x+100 并转结束，最后输出结果。

源程序如下：

```
.386
.model      flat, stdcall
option      casemap:none
includelib  msvcrt.lib
scanf       PROTO   C:DWORD,:vararg
printf      PROTO   C:DWORD,:vararg
.data
x           SDWORD      ?
fmt         BYTE        '%d',0
.code
start:
invoke      scanf,ADDR fmt,ADDR x
;.if        x<0                          ;若 x<0
CMP         x,0                          ;与 0 比较
JNL         GE0                          ;若 x!<0 即 x>=0 转 GE0
ADD         x,500                        ;否则 x←x+500
JMP         DONE
;.Elseif    x>=0 && x<=500               ;若 0<=x<=500
GE0:
CMP         x,500                        ;与 500 比较
JNLE        G500                         ;若 x!<=500 即 x>500 转 G500
ADD         x,100                        ;否则 x←x+100
JMP         DONE
;.Else                                   ;否则 x>500
G500:
SUB         x,100                          ;x←x-100
;.endif
DONE:
invoke      printf,ADDR fmt,x
RET
end         start
```

运行后输入：

−200

则输出结果为：

300

运行后输入：

300

则输出结果为：

400

运行后输入：

600

则输出结果为：

500

6.4* 测试条件转存指令 SETcc

测试条件转存指令的功能是将测试条件的值 1 或 0 转存到字节操作数，即测试条件的值只能转存 8 位寄存器（AH、AL、BH、BL、CH、CL、DH、DL）或 BYTE 类型变量。该组指令可以用 MOV 等指令配合条件转移指令来实现其功能。

条件设置字节指令的一般格式如下：

SETcc Reg8/Mem8   ;80386+

其中：cc 表示测试的条件（见表 6-4），操作数只能是 8 位寄存器或一个字节单元。

表 6-4 条件设置字节指令列表

指令的助记符	操作数和检测条件之间的关系
SETZ/SETE	Reg/Mem←ZF
SETNZ/SETNE	Reg/Mem←not ZF
SETS	Reg/Mem←SF
SETNS	Reg/Mem←not SF
SETO	Reg/Mem←OF
SETNO	Reg/Mem←not OF
SETP/SETPE	Reg/Mem←PF
SETNP/SETPO	Reg/Mem←not PF
SETC/SETB/SETNAE	Reg/Mem←CF
SETNC/SETB/SETAE	Reg/Mem←not CF
SETNA/SETBE	Reg/Mem←(CF or ZF)
SETA/SETNBE	Reg/Mem←not (CF or ZF)
SETL/SETNGE	Reg/Mem←(SF xor OF)
SETNL/SETGE	Reg/Mem←not (SF xor OF)

续表

指令的助记符	操作数和检测条件之间的关系
SETLE/SETNG	Reg/Mem←(SF xor OF) or ZF
SETNLE/SETG	Reg/Mem←not ((SF xor OF) or ZF)

这组指令的执行不影响任何标志位。

例 6-10 通过编程求输入的 8 位十六进制数中有几个 0,并输出统计结果。

要统计十六进制数中 0 的个数,可以将每一位十六进制数(四位二进制数)与 0FH 进行逻辑与操作,若结果为 0(ZF=1),则说明该位十六进制数为 0 并将 n 的值加 1,否则不为 0,n 的值也不加 1。逻辑与操作后可以通过 SETZ 条件设置字节指令,将 ZF 的值转存至某个 8 位寄存器,然后累加到变量 n 中,也可以用 JNZ 条件转移指令来决定是否对变量 n 的值直接加 1。由于每个十六进制数有 8 位,因此要重复执行 8 次,可将 ECX 作为循环计数器,初值为 8,每执行一次 ECX 的值减 1,若不为 0,则重复执行。

定义 DWORD 类型变量 x,调用 scanf 函数给变量 x 输入一个十六进制数,设置循环计数器 ECX 的初值为 8,然后用 TEST 指令让 x 跟 0FH 进行逻辑与操作,通过 SETZ 将 ZF 的值转存至 BL,再累加到变量 n 中,接着将 x 的值右移 4 位,循环计数器 ECX 的值减 1,用条件转移指令 JNZ 判断 ECX 是否回 0,若不为 0,转 NEXT 处重复执行,直到回 0 退出重复执行操作,并输出结果。

源程序如下:

```
.386
.model      flat, stdcall
option      casemap:none
include     kernel32.inc
includelib  kernel32.lib
includelib  msvcrt.lib
scanf       PROTO   C:DWORD,:vararg
printf      PROTO   C:DWORD,:vararg
.data
x           DWORD   ?
n           BYTE    0,0,0,0
fmt         BYTE    '%x',0
.code
start:
invoke      scanf,ADDR fmt,ADDR x        ;输入一个十六进制数
mov         ECX,8                         ;要重复执行 8 次,用 ECX 作为循环计数器,初值为 8
NEXT:                                     ;要重复执行的起点
TEST        x,0FH                         ;让 x 跟 0FH 进行逻辑与操作
SETZ        BL      ← 或 →   JNZ SKIP     ;将 ZF 的值转存至 BL
ADD         n,BL             INC n        ;将 BL 的值累加到变量 n 中
SKIP:ROR    x,4                           ;将 x 的值右移 4 位,以便下一次统计更高的 4 位
DEC         ECX                           ;循环计数器 ECX 的值减 1
JNZ         NEXT                          ;若不为 0,转 NEXT 处重复执行
invoke      printf,ADDR fmt,DWORD PTR n  ;输出 0~8,0~8 十进制和十六进制显示的结果相同
invoke      ExitProcess,0
end         start
```

例 6-10

运行后输入：

F000000a

则输出结果为：

6

第 05 讲 2

6.5 浮点数的大小比较

对于整型数据的大小，算术或逻辑运算后，用条件转移指令或选择与循环伪指令都可以直接进行判断。对于实数的大小，用 FCOMP 等比较指令进行比较运算之后，要通过 F[N]STSW AX/m16 指令将浮点状态寄存器中的状态值（条件编码）保存到 AX 寄存器或双字节存储空间中，然后通过 TEST 等指令对状态值进行判断或将状态值保存到 CPU 状态寄存器低 8 位，再用无符号条件转移指令进行判断，相当于对条件编码 C_3 和 C_0 位的判断。80686 以后的 CPU 增加了 FCOMI 比较指令，其比较结果状态存在 CPU 中 EFlags 标志寄存器的 ZFPFCF 标志位，使用条件转移指令可直接判断，详见第 5 章 F[U]COMI[P]指令。

使用 FCOMP 指令进行比较后，若浮点状态寄存器 D_{14}（即 C_3）为 1，表示两个实数相等；若 D_8（即 C_0）为 1，表示 st(0)小于另一个实数。因此，要判断两个实数的大小可用表 6-5 和表 6-6 所示的方法。

表 6-5   用.IF 伪指令判断 x 与 y 两个数的大小

浮点数比较后，取状态寄存器值存入 AX，再用.IF 判断		.IF 可用的条件表达式	表示意义
FEQU=40H	;D_{14}（即 C_3）为 1 表示两个实数相等	AH & FLESS	x<y
FLESS=1	;D_8（即 C_0）为 1 表示 st(0)小于另一个操作数	AH & FEQU	x==y
FLD	x ;加载 x 到栈顶	AH &(FLESS or FEQU)	x<=y
FCOMP	y ;x 与 y 比较，也可以用其他比较指令	!(AH &(FLESS or FEQU))	!(x<=y)即 x>y
fnstsw	AX ;取浮点状态寄存器低 16 位值存入 AX	!(AH & FEQU)	!(x==y)即 x!=y
.IF !(AH &(FLESS or FEQU));若!(x<=y)，即 x>y···		!(AH & FLESS)	!(x<y)即 x>=y

其中=是定义符号常量，&是位与运算，or 是常量位或运算，详见前面章节。

表 6-6   用无符号条件转移指令判断 x 与 y 两个数的大小

浮点数比较后，取状态寄存器值存入 AX，再把 AH 值存入 CPU 状态寄存器低 8 位，最后用无符号条件转移指令判断		无符号条件转移指令转相应目标位置	表示意义
FLD	x	JB/JNAE Below	x<y
FCOMP	y ;也可以用其他比较指令	JE/JZ Equal	x==y
fnstsw	AX ;取浮点状态寄存器低 16 位值存入 AX	JBE/JNA BelowEqual	x<=y
SAHF	;把 AH 值存入 CPU 状态寄存器低 8 位	JNBE/JA NotBelowEqual	!(x<=y)即 x>y
JNBE NotBelowEqual;若!(x<=y)即 x>y 转移		JNE/JNZ NotEqual	!(x==y)即 x!=y
;*不能用 JG 、JL 等有符号条件转移指令*		JNB/JAE NotBelow	!(x<y)即 x>=y

例 6-11   用 FCOMP 比较指令和.IF 伪指令比较两个实数的大小。

要比较两个实数的大小，先用 FCOMP 等实数比较指令进行比较运算，再通过

F[N]STSW AX/m16 指令将浮点状态寄存器中的状态值（条件编码）保存到 AX 寄存器或双字节存储空间，然后用.IF 伪指令对状态值进行判断并分别处理不同的情况。

本例定义 QWORD 类型实数变量 x 和 y，调用 scanf 函数给 x 和 y 各输入一个实数，然后用 FLD 指令将 x 加载到栈顶，再用 FCOMP 指令与变量 y 做比较运算，接着通过 F[N]STSW AX 指令将浮点状态寄存器中的状态值（条件编码）转存到 AX 寄存器中，再用.IF 伪指令判断是否有指定的条件编码并执行不同的程序，最后输出结果。

源程序如下：

例 6-11

```
        .386
        .model      flat, stdcall
        option      casemap:none
        includelib  msvcrt.lib
scanf       PROTO   C:DWORD,:vararg
printf      PROTO   C:DWORD,:vararg
        .data
Infmt       BYTE        '%lf %lf',0             ;定义变量
Outfmt1     BYTE        '%g>%g',0
Outfmt2     BYTE        '%g<=%g',0
x           QWORD   ?
y           QWORD   ?
        .code
start:
        invoke      scanf,addr Infmt,addr   x,addr   y    ;输入浮点数 x 和 y 的值
        FEQU=40H                             ;D14（即 C3）为 1 表示两个实数相等，即 x==y
        FLESS=1                              ;D8（即 C0）为 1 表示 st(0)小于另一个操作数 y，即 x<y
        FLD         x                        ;加载 x 到栈顶
        FCOMP       y                        ;x 与 y 比较，也可以用其他比较指令
        fnstsw      ax                       ;取浮点状态寄存器低 16 位值存入 AX
        .IF         !(ah &(FLESS or FEQU))   ;若!(x<=y)，即 x>y
        invoke      printf,ADDR Outfmt1,x,y  ;输出 x>y
        .ELSE
        invoke      printf,ADDR Outfmt2,x,y  ;输出 x<=y
        .ENDIF
        RET                                  ;退出
        end         start
```

运行后输入：

2.1 3

则输出结果为：

2.1<=3

运行后输入：

3.1 3.1

则输出结果为：

3.1<=3.1

运行后输入：

4 3.1

则输出结果为：

4>3.1

例 6-12　用 FCOMP 比较指令和条件转移指令比较两个实数的大小。

本例实现原理同例 6-11，只是把.IF 伪指令改为无条件转移指令。

源程序如下：

```
.386
.model      flat, stdcall
option      casemap:none
includelib  msvcrt.lib
scanf       PROTO   C:DWORD,:vararg
printf      PROTO   C:DWORD,:vararg
.data
Infmt       BYTE    '%lf %lf',0             ;定义变量
Outfmt1     BYTE    '%g>%g',0
Outfmt2     BYTE    '%g<=%g',0
x           QWORD   ?
y           QWORD   ?
.code
start:
invoke      scanf,addr Infmt,addr   x,addr   y    ;输入 x 和 y 的值
FLD         x                                     ;加载 x 到栈顶
FCOMP       y                                     ;x 与 y 比较，也可以用其他比较指令
fnstsw      ax                                    ;取浮点状态寄存器低 16 位值存入 AX
;.IF        !(ah &(FLESS or FEQU))                ;若!(x<=y)，即 x>y
SAHF                                              ;把 AH 值存入 CPU 状态寄存器低 8 位
JNA         LESSEQU                               ;若 x!>y（即 x<=y）则转移到 LESSEQU
invoke      printf,ADDR Outfmt1,x,y               ;输出 x>y
JMP         DONE
;.ELSE
LESSEQU:
invoke      printf,ADDR Outfmt2,x,y               ;输出 x<=y
;.ENDIF
DONE:
RET                                               ;退出
end         start
```

6.6　散转程序设计

在汇编语言中，程序经常会根据不同的输入或运算结果转移到不同的程序模块执行，这就是散转程序。常用方法有用转移指令表实现散转程序和用转移地址表实现散转程序两种。

例 6-13 用转移地址表从工资管理系统主菜单转到各个功能模块。界面如下，运行程序后输入 0~3，显示执行了相应的模块。

工资管理系统

0 显示工资信息
1 增加工资信息
2 删除工资信息
3 修改工资信息

请输入 0~3 进行选择……

运行后输入：

> 1

则输出结果为：

> 执行了增加工资信息

运行后输入：

> 3

则输出结果为：

> 执行了修改工资信息

实现方法： 首先将各模块入口地址（即标号）存于 pt 表中，输入的模块序号 i 转存至 esi，再通过基址变址寻址方式（pt[esi*4]）取第 i 个标号（地址）作为转移目标实现转模块 i。

源程序如下：

```
.386
.model      flat, stdcall
option      casemap:none
includelib  msvcrt.lib
scanf       PROTO   C:DWORD,:vararg
printf      PROTO   C:DWORD,:vararg
.data
fmt         BYTE    '%d',0                        ;输入格式串
ft          BYTE    '%s',0                        ;输出格式串
s           BYTE    '工资管理系统',13,10,13,10,'0 显示工资信息',13,10 ;菜单信息
            BYTE    '1 增加工资信息',13,10,'2 删除工资信息',13,10
            BYTE    '3 修改工资信息',13,10,13,10,'请输入 0~3 进行选择……',13,10,0
s0          BYTE    '执行了显示工资信息',13,10,0    ;以下是进入各模块后的提示信息
s1          BYTE    '执行了增加工资信息',13,10,0
s2          BYTE    '执行了删除工资信息',13,10,0
s3          BYTE    '执行了修改工资信息',13,10,0
i           DWORD   ?                             ;输入所选择的模块序号（0~3）
```

290

```
pTab        DWORD   Disp,Insert,Delete,Update   ;各模块入口地址（标号）表
.code
start:
invoke      printf,ADDR ft,ADDR s              ;输入模块序号 i 的值
invoke      scanf,ADDR fmt,ADDR i              ;输入所选择的模块序号 i 的值
mov         esi,i                              ;模块序号 i 的值转存至变址寄存器 esi
JMP         pTab[esi*4]                        ;取第 i 个标号作为转移目标实现转移到第 i 模块
Disp:
invoke      printf,ADDR ft,ADDR s0             ;第 0 模块执行的内容
JMP         Done
Insert:
invoke      printf,ADDR ft,ADDR s1             ;第 1 模块执行的内容
JMP         Done
Delete:
invoke      printf,ADDR ft,ADDR s2             ;第 2 模块执行的内容
JMP         Done
Update:
invoke      printf,ADDR ft,ADDR s3             ;第 3 模块执行的内容
Done:
RET                                            ;退出
end         start
```

例 6-14 用转移指令表从工资管理系统主菜单转到各个功能模块。界面和功能同例 6-13。
运行后输入：

```
1
```

则输出结果为：

```
执行了增加工资信息
```

运行后输入：

```
3
```

则输出结果为：

```
执行了修改工资信息
```

实现方法：首先将转移到各模块的转移指令集中于转移指令表 JTab 中，然后输入要执行的模块序号 i，将 i 左移 1 位（即乘 2）。因为每条转移指令的机器码都是 2 字节，所以第 i 条转移指令的地址是 JTab+2*i，将该地址存入 ebx，再执行 JMP ebx 就可以转移到第 i 条转移指令，然后通过第 i 条转移指令转移到模块 i。

源程序如下：

例 6-14

```
.386
.model      flat, stdcall
option      casemap:none
includelib  msvcrt.lib
scanf       PROTO   C:DWORD,:vararg
printf      PROTO   C:DWORD,:vararg
```

```
.data
fmt         BYTE      '%d',0              ;输入格式串
ft          BYTE      '%s',0              ;输出格式串
s           BYTE      '工资管理系统',13,10,13,10,'0 显示工资信息',13,10 ;菜单信息
            BYTE      '1 增加工资信息',13,10,'2 删除工资信息',13,10
            BYTE      '3 修改工资信息',13,10,13,10,'请输入 0~3 进行选择……',13,10,0
s0          BYTE      '执行了显示工资信息',13,10,0    ;以下是进入各模块后的提示信息
s1          BYTE      '执行了增加工资信息',13,10,0
s2          BYTE      '执行了删除工资信息',13,10,0
s3          BYTE      '执行了修改工资信息',13,10,0
i           DWORD     ?                   ;输入所选择的模块序号（0~3）
.code
start:
invoke      printf,ADDR ft,ADDR s        ;输入模块序号 i 的值
invoke      scanf,ADDR fmt,ADDR i        ;输入所选择的模块序号 i 的值
shl i,1                                   ;模块序号 i 的值左移 1 位即乘 2,因 JMP 机器码为 2 字节
mov         ebx,offset JTab              ;取转移指令表首地址
add         ebx,i                         ;JTab+2*i 存入 ebx
JMP         ebx                           ;以 JTab+2*i 作为转移目标,实现转到第 i 个转移指令
JTab:
JMP         Disp
JMP         Insert
JMP         Delete
JMP         Update
Disp:
invoke      printf,ADDR ft,ADDR s0       ;第 0 模块执行的内容
JMP         Done
Insert:
invoke      printf,ADDR ft,ADDR s1       ;第 1 模块执行的内容
JMP         Done
Delete:
invoke      printf,ADDR ft,ADDR s2       ;第 2 模块执行的内容
JMP         Done
Update:
invoke      printf,ADDR ft,ADDR s3       ;第 3 模块执行的内容
Done:
RET                                       ;退出
end         start
```

例 6-15 用转移地址表实现：输入一个分数（0~100 的整数），输出相应的成绩等级。分数与成绩等级的对应关系分别为：90~100 分为优秀，80~89 分为良好，70~79 分为中，60~69 分为及格，0~59 分为不及格。

各分数段取值个数较多，无法逐个列举，但将分数除以 10 取整后可减少个数，且不交叉，这样可以构造出如下映射关系。

$$90\sim100/10 \longleftrightarrow 9,10 \longleftrightarrow 优秀$$
$$80\sim89/10 \longleftrightarrow 8 \longleftrightarrow 良好$$
$$70\sim79/10 \longleftrightarrow 7 \longleftrightarrow 中$$
$$60\sim69/10 \longleftrightarrow 6 \longleftrightarrow 及格$$

$$0\sim59/10\longleftrightarrow0,1,2,3,4,5\longleftrightarrow \text{不及格}$$

由此，可以构造一个地址表，其中 0~5 用相同的地址（L0），6~8 各用一个地址（L6、L7、L8），9~10 用相同的地址（L9），因此，地址为 L0,L0,L0,L0,L0,L0, L6,L7,L8,L9, L9。

源程序如下：

```
.386
.model      flat, stdcall
option      casemap:none
includelib  msvcrt.lib
scanf       PROTO   C:DWORD,:vararg
printf      PROTO   C:DWORD,:vararg
.data
fmt         BYTE        '%d',0              ;输入格式串
ft          BYTE        '%s',0              ;输出格式串
s0          BYTE        '不及格',0          ;以下是进入各模块后的提示信息
s1          BYTE        '及格',0
s2          BYTE        '中',0
s3          BYTE        '良好 ',0
s4          BYTE        '优秀',0
x           DD      ?                       ;分数 x/10 作为模块序号，i=0~10
pTab        DD   L0,L0,L0,L0,L0,L0,L6,L7,L8,L9,L9;各模块入口地址（标号）表
.code
start:
invoke      scanf,ADDR fmt,ADDR x         ;输入分数
mov         eax,x                  ;分数 x 的值转存至 eax，以便 AAM 除以 10 取整，分数转模块序号 i
AAM                                ;AH←AL/10（商，十位数），AL←AL%10（余数，个位数）
Shr         eax,8                         ;右移 8 位，将 AL 中的个位数（余数）移出
JMP         pTab[eax*4]            ;取第 i 个标号作为转移目标,实现转移到第 i 个模块
L0:
invoke      printf,ADDR ft,ADDR s0        ;输出成绩等级：不及格
JMP         Done
L6:
invoke      printf,ADDR ft,ADDR s1        ;输出成绩等级：及格
JMP         Done
L7:
invoke      printf,ADDR ft,ADDR s2        ;输出成绩等级：中
JMP         Done
L8:
invoke      printf,ADDR ft,ADDR s3        ;输出成绩等级：良好
JMP         Done
L9:
Invoke      printf,ADDR ft,ADDR s4        ;输出成绩等级：优秀
Done:
RET                                       ;退出
end         start
```

运行后输入：

95

则输出结果为：

优秀

运行后输入：

65

则输出结果为：

及格

散转程序设计思想也可以用在数据处理上，根据不同的输入或运算结果取不同的数据执行。

例 6-16 输入一个分数（0~100 的整数），输出相应的成绩等级。分数与成绩等级的对应关系为：90~100 分为 A，80~89 分为 B，70~79 分为 C，60~69 分为 D，0~59 分为 E。

各分数段取值个数较多，将分数除以 10 取整后可以减少个数，且不交叉，这样可以构造出如下映射关系。

$$90~100/10 \longleftrightarrow 9,10 \longleftrightarrow A$$
$$80~89/10 \longleftrightarrow 8 \longleftrightarrow B$$
$$70~79/10 \longleftrightarrow 7 \longleftrightarrow C$$
$$60~69/10 \longleftrightarrow 6 \longleftrightarrow D$$
$$0~59/10 \longleftrightarrow 0,1,2,3,4,5 \longleftrightarrow E$$

用字符串'EEEEEEDCBAA'即可实现这个映射关系，元素下标与对应的元素即满足这个映射关系。

源程序如下：

例 6-16

```
.386
.model      flat, stdcall
option      casemap:none
include     kernel32.inc
includelib  kernel32.lib
includelib  msvcrt.lib
scanf       PROTO   C:DWORD,:vararg
printf      PROTO   C:DWORD,:vararg
.data
fmt         BYTE        '%d',0              ;输入格式串
ft          BYTE        '%c',0              ;输出格式串
s           BYTE        'EEEEEEDCBAA',0
x           DWORD       ?                   ;分数 x/10 作为字符串元素下标，i=0~10
.code
start:
invoke      scanf,ADDR fmt,ADDR x           ;输入分数 x 的值
mov         eax,x           ;分数 x 的值转存至 eax，以便 AAM 除以 10 取整，分数转元素下标 i
AAM                         ;AH←AL/10（商，十位数），AL←AL%10（余数，个位数）
shr         eax,8           ;右移 8 位，将 AL 中的个位数（余数）移出
movzx       eax,s[eax]      ;取 s[x/10]=s[i]（即成绩等级）存入 eax，高 24 位以 0 填充
invoke printf,ADDR ft,eax   ;输出成绩等级
```

invoke	ExitProcess,0
end	start

运行后输入：

95

则输出结果为：

A

运行后输入：

65

则输出结果为：

D

习题 6

习题 06

6-1　求一元二次方程 $ax^2+bx+c=0$ 的解，从键盘输入实数 a、b、c 的值，输出方程的两个根。

$$\frac{-b \pm \sqrt{b^2 - 4ac}}{2a}$$

运行后输入：

1 −5 6

则输出结果为：

方程有两个不等实根：2、3

运行后输入：

1 2 1

则输出结果为：

方程有两个相等实根：−1

运行后输入：

1 2 2

则输出结果为：

方程无解

6-2　输入一个整数，判断能否被 3、5、7 整除。具体情况如下。

（1）若同时能被 3、5、7 整除，输出 357。

（2）若同时能被 3、5 整除，输出 35。

（3）若同时能被 3、7 整除，输出 37。

（4）若同时能被 5、7 整除，输出 57。

（5）若只能被 3 整除，输出 3。

（6）若只能被 5 整除，输出 5。

（7）若只能被 7 整除，输出 7。

（8）若都不整除，则不输出信息。

运行后输入：

```
105
```

则输出结果为：

```
357
```

运行后输入：

```
15
```

则输出结果为：

```
35
```

运行后输入：

```
14
```

则输出结果为：

```
7
```

运行后输入：

```
121
```

则输出结果为：

```
（没有输出）
```

6-3 输入三角形三点坐标，求相应三角形的面积，若不能构成三角形，则输出"错"。

运行后输入：

```
0 0  0.3 0  0.1 0
```

则输出结果为：

```
错
```

运行后输入：

```
0 0 50 7 0 999.4 0
```

则输出结果为:

错

运行后输入:

0 0　300 0　0 400

则输出结果为:

60000

6-4　编写一段程序,完成下面计算公式。其中,变量 x 和 y 都是 REAL8 类型,结果保留两位小数。

$$y = \begin{cases} \sin x, & x < -1 \\ 2x, & -1 \leqslant x \leqslant 1 \\ \cos x, & x > 1 \end{cases}$$

运行后输入:

−2.0

则输出结果为:

−0.91

运行后输入:

0.52

则输出结果为:

1.04

运行后输入:

2.0

则输出结果为:

−0.42

6-5　编写一段程序,完成下面计算公式。其中,变量 x 和 y 都是 REAL8 类型,结果保留两位小数。

$$y = \begin{cases} \dfrac{3 + \sqrt{|x| + 2}}{e^{2x} + 1}, & x < 1 \\ \lg x, & 1 \leqslant x < 4.5 \\ \lfloor x \rfloor, & x \geqslant 4.5 \end{cases}$$

提示:$e^x = 2^{(x\log_2 e)}$。

运行后输入:

0

则输出结果为：

2.20711

运行后输入：

2

则输出结果为：

0.30103

运行后输入：

4.99

则输出结果为：

4

6-6 企业根据利润提成发放奖金。当利润 I 低于 10000 元时，奖金可提 10%；当利润高于（或等于）10000 元，低于 20000 元（10000<I≤20000）时，低于 10000 元部分按 10% 提成，高于 10000 元部分按 7.5%提成；当利润高于 20000 元，低于 40000 元（20000<I≤40000）时，低于 20000 元部分仍按上述办法提成，高于 20000 元部分按 5%提成；当 40000<I≤60000 时，高于 40000 元部分按 3%提成；当 60000<I≤100000 时，高于 60000 元部分按 1.5%提成；当 I>100000 时，超过 100000 元部分按 1%提成。从键盘输入利润 I，计算并输出应发奖金额。

运行后输入：

110000

则输出结果为：

4050

6-7 十二地支，即子（zǐ）、丑（chǒu）、寅（yín）、卯（mǎo）、辰（chén）、巳（sì）、午（wǔ）、未（wèi）、申（shēn）、酉（yǒu）、戌（xū）、亥（hài），对应十二生肖，即鼠、牛、虎、兔、龙、蛇、马、羊、猴、鸡、狗、猪。已知 1996 年是鼠年，1997 年是牛年，其他以此类推，现要求输入任意一个年份，输出相应的地支和生肖。

运行后输入：

1996

则输出结果为：

子（zǐ）->鼠

运行后输入：

2015

则输出结果为：

未（wèi）->羊

6-8 已知 2015 年 01 月 01 日为星期四，求该月份任一日期是星期几。

运行后输入：

4

则输出结果为：

星期日

运行后输入：

31

则输出结果为：

星期六

6-9 已知 1980 年 01 月 01 日为星期二，求该日期之后 2100 年前任意一个日期是星期几。

运行后输入：

2016-01-03

则输出结果为：

2016 年 01 月 03 日是星期日

运行后输入：

2015-01-31

则输出结果为：

2015 年 01 月 31 日是星期六

第 **7** 章

循环结构程序设计

本章介绍循环结构程序设计的实现方法，主要包括.WHILE 和.REPEAT 伪指令循环程序设计、LOOP 和 JECXZ 指令循环程序设计、LOOP 和 JECXZ 指令存在的问题以及汇编语言处理一维数组和二维数组的方法等。通过本章的学习，读者应该能完成以下学习任务。

（1）掌握使用.WHILE 循环伪指令实现循环程序设计的方法。

（2）掌握使用.REPEAT 重复伪指令实现循环程序设计的方法。

（3）掌握使用汇编语言处理一维数组和二维数组的方法。

（4）了解.BREAK 和.CONTINUE 伪指令在循环程序中的作用。

（5）掌握使用 LOOP 和 JECXZ 循环指令实现循环程序设计的方法。

（6）了解 LOOP 和 JECXZ 循环指令存在的问题及解决方法。

第 06 讲 1

7.1 当循环伪指令.WHILE

汇编语言的循环结构程序设计可以通过循环伪指令实现，也可以通过循环指令或转移指令实现。循环伪指令汇编后可以转换成相应的循环指令或转移指令。

汇编语言当循环伪指令.WHILE 可以根据条件表达式的真假来控制循环体内容是否继续重复执行。语法格式如下：

```
.while 条件表达式  可插入的代码          [.break [.if 退出条件]]
指令系列                               [.continue [.if 结束当前循环条件]]
.endw
```

.WHILE 伪指令的特点是先判断后执行，主要用于循环次数不确定的情况。类似 C 语言，条件表达式也是零为假，非零为真。程序执行到.WHILE 循环时，先计算并判断条件的值是否为真，当条件的值为真时，执行循环体中的指令，然后返回去重新计算并判断条件的值，直到条件的值为假，才结束.WHILE 循环体中指令的执行，转而执行后续指令。

例 7-01 用.WHILE 伪指令求 s=1+2+…+n（n 是由键盘输入的正整数）。

要求 n 个数的累加和，可以指定 ESI 作为循环计数器（相当于循环变量 i，初值为 1，每循环一次 i 值加 1），再定义一个累加和变量 s（初值为 0），重复累加 n 次，每次加 ESI 的值，因第 ESI 次要累加的值恰好为 ESI，所以可用 s←s+ESI 实现累加，循环 n 次实现 1+2+…+n 的累加和。

源程序如下：

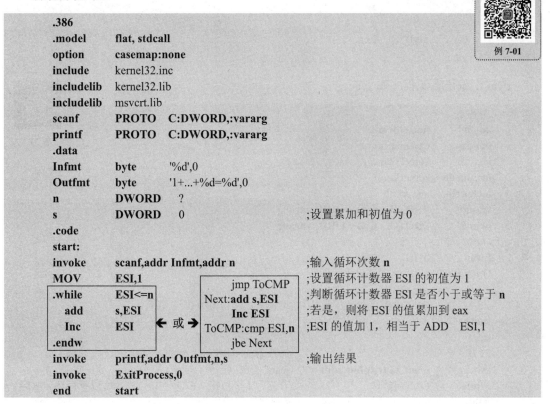

例 7-01

```
        .386
        .model      flat, stdcall
        option      casemap:none
        include     kernel32.inc
        includelib  kernel32.lib
        includelib  msvcrt.lib
        scanf       PROTO   C:DWORD,:vararg
        printf      PROTO   C:DWORD,:vararg
        .data
        Infmt       byte        '%d',0
        Outfmt      byte        '1+...+%d=%d',0
        n           DWORD   ?
        s           DWORD   0                       ;设置累加和初值为 0
        .code
start:
        invoke      scanf,addr Infmt,addr n         ;输入循环次数 n
        MOV         ESI,1                           ;设置循环计数器 ESI 的初值为 1
        .while      ESI<=n                          ;判断循环计数器 ESI 是否小于或等于 n
            add     s,ESI                           ;若是，则将 ESI 的值累加到 eax
            Inc     ESI                             ;ESI 的值加 1，相当于 ADD   ESI,1
        .endw
        invoke      printf,addr Outfmt,n,s          ;输出结果
        invoke      ExitProcess,0
        end         start
```

或：
```
        jmp ToCMP
Next:add s,ESI
    Inc ESI
ToCMP:cmp ESI,n
    jbe Next
```

运行后输入：

100

则输出结果为：

1+...+100=5050

例 7-02　用.WHILE 伪指令求若干个实数的和（在控制台中按 Ctrl+Z 组合键和 Enter 键结束输入）。

要求若干个实数的和，意味着要用循环实现，同时，由于不限定输入数据的个数，意味着要根据 scanf 函数是否有输入来决定是否继续循环，这就要根据 scanf 函数的返回值来判断是否有输入。在汇编语言中，scanf 函数的返回值通过 EAX 寄存器获得。执行完 scanf 函数后，若 EAX=n（n 为正整数），表示 scanf 函数已读入 n 个数据；若 EAX=-1，则表示 scanf 函数没有读到数据。在 C 语言中，可以通过如下代码输入若干个数据。

```
while(scanf("%lf",&x)!=EOF)
{
    s=s+x;
}
```

为了便于理解和更接近汇编语言的表示形式，可以将以上程序做如下改进：

```
EAX=scanf("%lf",&x);
```

```
    while(EAX==1)
    {
        s=s+x;
        EAX=scanf("%lf",&x);
    }
```

改成汇编语言源程序如下：

例 7-02

```
        .386
        .model      flat, stdcall
        option      casemap:none
        include     kernel32.inc
        includelib  kernel32.lib
        includelib  msvcrt.lib
        scanf       PROTO   C:DWORD,:vararg
        printf      PROTO   C:DWORD,:vararg
        .data
        Infmt       byte        '%lf',0
        Outfmt      byte        '%g',0
        x           QWORD       ?
        s           QWORD       0.0            ;设置累加和初值为 0
        .code
        start:
        FLD         s                          ;加载累加和初值 0.0 到栈顶 st(0)
        invoke      scanf,addr Infmt,addr x    ;scanf 函数返回值存于 EAX 中
        .while      EAX==1                     ;若读到 1 个数据（EAX==1），则执行以下循环体内容
        fadd        x                          ;x 值累加到栈顶 st(0)，相当于 s=s+x
        invoke      scanf,addr Infmt,addr x    ;再读一个数据，为下一次循环做准备，EAX=scanf("%lf",&x)
        .endw
        FSTP        s                          ;将累加结果存回 s 中
        invoke      printf,addr Outfmt,s       ;输出结果
        invoke      ExitProcess,0
        end         start
```

运行后输入：

1.1	2.2	3.3

则输出结果为：

6.6

7.2　重复伪指令.REPEAT

第 06 讲 2

重复伪指令.REPEAT 也是能让程序重复执行多次的指令。它的语法格式有两种。

格式一：

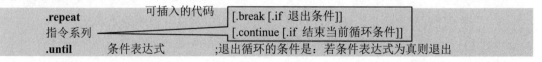

.repeat　　　　　可插入的代码　　　[.break [.if 退出条件]]
指令系列　　　　　　　　　　　　　[.continue [.if 结束当前循环条件]]
.until　　　　条件表达式　　　　;退出循环的条件是：若条件表达式为真则退出

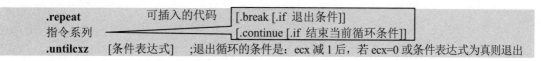

格式二：

.repeat	可插入的代码	[.break [.if 退出条件]]
指令系列		[.continue [.if 结束当前循环条件]]
.untilcxz	[条件表达式]	;退出循环的条件是：ecx 减 1 后，若 ecx=0 或条件表达式为真则退出

　　.REPEAT 伪指令的特点是先执行后判断，主要用于循环次数不确定且至少要求执行一次的情况。当程序执行到.REPEAT 循环时，首先执行一遍循环体中的指令，然后计算并判断条件表达式的值是否为真，直到条件表达式的值为真时，才退出循环，否则返回.REPEAT 伪指令处重新执行循环。

　　格式二中的退出条件为.UNTILCXZ [条件表达式]，表示以 ECX（不是 CX）作为循环计数器，每执行一次.UNTILCXZ，循环计数器 ECX 自动减 1，直到 ECX 的值为 0 或条件表达式的值为真时，才退出循环，否则返回.REPEAT 伪指令处重新执行循环。若格式二省略[条件表达式]，则仅以 ECX 回 0 作为退出条件。

　　格式一和格式二表面上相似，但本质上不同。.UNTIL 汇编后转换成相应的条件转移指令，而.UNTILCXZ 汇编后转换成 LOOP 指令，用 ECX 作为计数器，循环体不能超过 128 字节。

　　例 7-03　用.REPEAT 伪指令求 s=1+2+⋯+n（n 是由键盘输入的正整数）。

　　要求 n 个数的累加和，可定义一个累加和变量 s（初值为 0），再指定一个循环计数器 ECX（初值为 n，每循环一次 n 值减 1），重复累加 n 次，每次加 ECX 的值，即 s←s+ECX，循环 n 次实现 n+(n−1)+⋯+1 的累加和。

　　源程序如下：

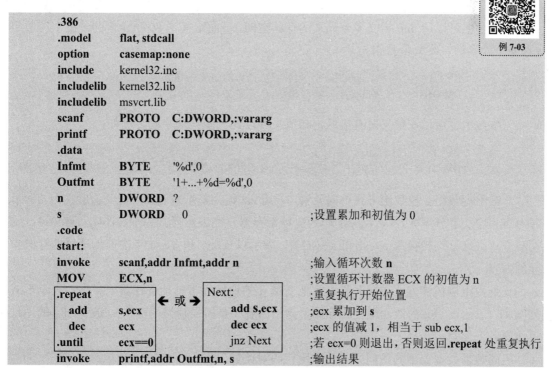

```
        .386
        .model      flat, stdcall
        option      casemap:none
        include     kernel32.inc
        includelib  kernel32.lib
        includelib  msvcrt.lib
        scanf       PROTO    C:DWORD,:vararg
        printf      PROTO    C:DWORD,:vararg
        .data
        Infmt       BYTE     '%d',0
        Outfmt      BYTE     '1+...+%d=%d',0
        n           DWORD    ?
        s           DWORD    0                    ;设置累加和初值为 0
        .code
        start:
        invoke      scanf,addr Infmt,addr n       ;输入循环次数 n
        MOV         ECX,n                         ;设置循环计数器 ECX 的初值为 n
        .repeat          ← 或 →   Next:           ;重复执行开始位置
            add     s,ecx                 add s,ecx    ;ecx 累加到 s
            dec     ecx                   dec ecx      ;ecx 的值减 1，相当于 sub ecx,1
        .until      ecx==0                jnz Next     ;若 ecx=0 则退出，否则返回.repeat 处重复执行
        invoke      printf,addr Outfmt,n, s           ;输出结果
```

```
        invoke      ExitProcess,0
        end         start
```

运行后输入：

```
100
```

则输出结果为：

```
1+...+100=5050
```

在上述程序中，将 .repeat 到 .until ecx==0 的部分改成以下形式，则运行结果相同。

其中，.untilcxz 相当于 dec ecx 和 .until ecx==0 两条指令，Loop Next 相当于 dec ecx 和 jnz Next 两条指令。以上左边 3 行代码等价于右边 3 行代码（Loop 指令详见后续章节）。

7.3 数组的使用

在汇编语言中，数组元素的访问主要有两种方式：数组方式和指针方式。详见 4.7.6 节基址变址寻址方式。

7.3.1 一维数组的使用

一维数组可以用 dup 定义多个元素的存储空间，下面定义了 80 个元素的一维字符数组 s 和 4 个元素的一维整型数组 a。

```
s       BYTE        80 dup(?)       ;类似 C 语言的 char   s[80];
a       DWORD       4 dup(?)        ;类似 C 语言的 int    a[4];
```

一维数组也可以在定义时直接给定初值，并以此分配存储空间。例如：

```
s       BYTE        'abc',0
a       DWORD       1,3,5,7         ;一个整数占 4 个字节
```

一维整型数组 a 按数组方式访问元素，若用 esi 作为基址寄存器，则表示形式为 a[esi]，esi=0,4,8,12（字节下标）；若用 esi 作为变址寄存器，则表示形式为 a[esi*4]，esi=0~3。这两种方式最终分别转换成[a+esi]和[a+esi*4]，表示以 a+esi 和 a+esi*4 的值为地址的存储单元的内容。

一维数组按指针方式访问元素，常把变量 a 的地址存于基址寄存器 ebx 中，表示形式为[ebx]，表示以 ebx 的值为地址的存储单元的内容（要加强制类型转换）。改变 ebx 的地址可访问各个元素。

不同数据类型、不同访问方式的常用代码对比如下。

（1）数组方式。

```
s BYTE 'abc',0
;s[0]='a';s[1]='b';s[2]='c'…
mov esi,0            ;esi=0~3
.while s[esi]!=0
mov s[esi],?
…
add esi,1
.endw
```

```
a DWORD 1,3,5,7
;a[0]=1;a[4]=3;a[8]=5…
mov esi,0    ;esi=0,4,8,12
.while a[esi]!=0
mov a[esi],?
…
add esi,4  ;加 4 字节
.endw
```

```
a DWORD 1,3,5,7
;a[0*4]=1;a[1*4]=3;a[2*4]=5…
mov esi,0
    ;esi=0~3
.while a[esi*4]!=0
mov a[esi*4],?
…
add esi,1            ;加 1 元素
.endw
```

（2）指针方式。

```
;字符数组 s
mov ebx,offset s 或 lea ebx,s ;s 的地址存入 ebx,相当于 p=s
.while    byte ptr [ebx]!=0    ;[ebx]相当于*p
mov    ?,byte ptr [ebx]
…
add ebx,1
.endw
```

```
;整型数组 a
mov ebx,offset a 或 lea ebx,a ;a 的地址存入 ebx
.while    dword ptr [ebx]!=0
mov    ? ,dword ptr [ebx]
…
add ebx,4
.endw
```

例 7-04　输入一个字符串，用.REPEAT/.UNTILCXZ 伪指令实现求字符串的长度。

求字符串长度本质上是查找字符串结束标志即数值 0，实现的方法主要有两种，即地址差值法和下标法，如图 7-1 所示。

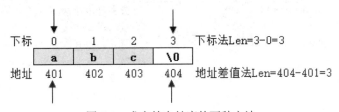

图 7-1　求字符串长度的两种方法

地址差值法：字符串结束标志 0 所在的地址与字符串的起始地址的差值为字符串长度（n）。

下标法：字符串结束标志 0 所在的下标为字符串长度（n）。

地址差值法可用 ecx 保存要比较的字符串空间大小，用 esi 保存字符串 s 中字符的地址，用[esi]取 esi 指定的字符，用.REPEAT/.UNTILCXZ 伪指令实现[esi]字符与 0 重复比较，直到[esi]为 0 或比较完成（ecx=0），退出时 esi 所存的地址与字符串首地址的差值即字符串长度。

下标法可用 ecx 保存要比较的字符串空间大小，用 esi 保存字符串 s 的下标，用 s[esi]取第 esi 个字符，用.REPEAT/.UNTILCXZ 伪指令实现 s[esi]字符与 0 重复比较，直到 s[esi]为 0 或比较完成（ecx=0），退出时 esi 的值即字符串长度。

有关地址和下标访问存储单元的方式详见寻址方式。

实现步骤如下。

（1）定义字符串变量 s 用于保存要比较的字符串，调用 scanf 函数并给它输入一个字符串。

（2）让 ecx 保存要比较的次数 80，让 esi 指向字符串 s 的前一个字符即 s[−1]（或−1）。

（3）执行.REPEAT/.UNTILCXZ 伪指令实现[esi]字符（或 s[esi]字符）与 0 重复比较 ecx 次，直到[esi]为 0（或 s[esi]为 0）或比较完成（ecx=0）。

（4）求字符串结束标志 0 所在的地址与字符串首地址的差值（或 esi），即得字符串长度。

源程序如下：

例 7-04

```
.386
.model          flat,stdcall
option          casemap:none
includelib      msvcrt.lib
scanf           PROTO   C:DWORD,:vararg
printf          PROTO   C:DWORD,:vararg
.data
s               BYTE        80 Dup(0)
fmt1            BYTE        '%s',0
fmt2            BYTE        '%d',0
.code
start:
invoke          scanf,addr fmt1,addr s
mov             ecx,80                        ;ecx 保存要比较的字符数 80，意味着最多比较 80 次
```

再比较

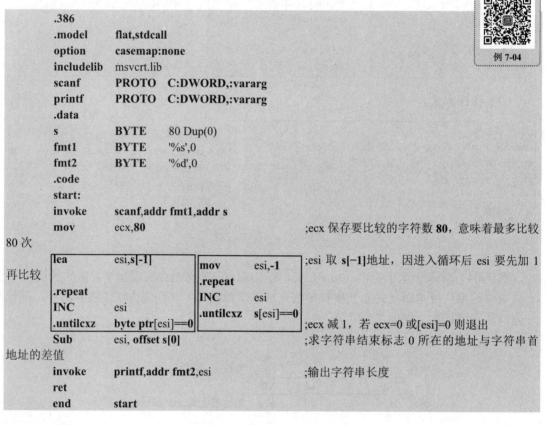

```
lea         esi,s[-1]          ;esi 取 s[-1]地址，因进入循环后 esi 要先加 1

.repeat
INC         esi
.untilcxz   byte ptr[esi]==0
```

```
mov         esi,-1
.repeat
INC         esi
.untilcxz   s[esi]==0          ;ecx 减 1，若 ecx=0 或[esi]=0 则退出
```

```
Sub             esi, offset s[0]              ;求字符串结束标志 0 所在的地址与字符串首地址的差值
invoke          printf,addr fmt2,esi          ;输出字符串长度
ret
end             start
```

运行后输入：

```
abc
```

则输出结果为：

```
3
```

例 7-05　求一维整型数组 s 中元素值为 0 的元素之前的所有元素和。

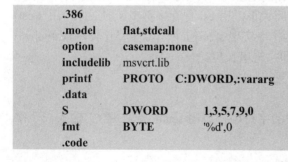
例 7-05

```
.386
.model          flat,stdcall
option          casemap:none
includelib      msvcrt.lib
printf          PROTO   C:DWORD,:vararg
.data
S               DWORD       1,3,5,7,9,0
fmt             BYTE        '%d',0
.code
```

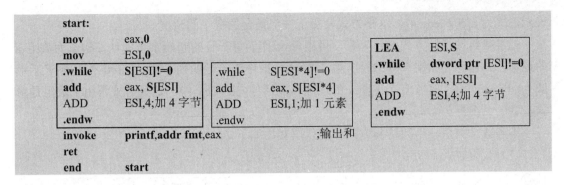

输出结果为:

25

7.3.2 二维数组的使用

二维数组可以用二重 dup 定义二维的存储空间,下面定义了一个 3 行每行 80 个元素的二维字符数组 s 和 3 行 4 列的二维整型数组 a。

s	BYTE	3 dup(80 dup(?))	;类似 C 语言的 char s[3][80];
a	DWORD	3 dup(4 dup(?))	;类似 C 语言的 int a[3][4];

二维数组也可以在定义时直接给定初值,并以此分配存储空间,但与传统编程语言不同的是,必须要保证每行的元素个数是相同的,不足部分补 0。例如:

s	BYTE	'Yes',0,0	;类似 char s[3][5],每行 5 个元素,不足部分补 0
	BYTE	'Good',0	
	BYTE	'OK',0,0,0	
a	DWORD	1,2,3,4	;类似 int a[3][4]={{1,2,3,4},{5,6,7,8},{9,10,11,12}}
	DWORD	5,6,7,8	;每行 4 个元素
	DWORD	9,10,11,12	

要访问二维数组中的元素,首先要知道二维数组的内部是先按行顺序再按一维数组的顺序进行存储的,如图 7-2 所示,相当于将 a[i][j] 转换为 a[0][i*4+j]。

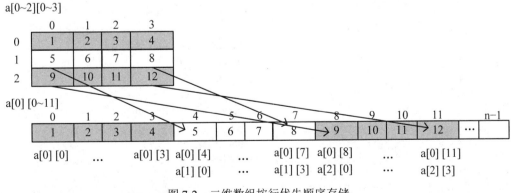

图 7-2 二维数组按行优先顺序存储

二维数组 a 按数组方式访问元素,可用 ebx 作为每一行的起始字节下标,初值为 0,外循环一次加一行的字节数 16,即 ebx=0,16,32;用 edi 作为每一行的列下标(edi=0~3),则表示形式为 a[ebx+edi*4]。这种方式常用于数组是全局变量的情况。

二维数组按指针方式访问元素，可用 ebx 作为每一行的起始字节地址，初值为数组 a 的地址，外循环一次加一行的字节数 16，用 edi 作为一行的列下标（edi=0~3），则表示形式为[ebx+edi*4]，相当于把变量 a 的地址移入括号内的 ebx 中。这种方式常用于数组是形式参数的情况。

不同数据类型、不同访问方式常用代码对比如下。

（1）数组方式。

```
s        BYTE      'Yes',0,0
         BYTE      'Good',0
         BYTE      'OK',0,0,0
i        DWORD     0
j        DWORD     0
mov      ebx,0         ;字节下标，初值为 0
.while   i<Row         ;常量 Row=3
mov      j,0
.while   j<Col         ;常量 Col=5
mov      edi,j
mov      ?,s[ebx+edi]  ;类似 s[i][j]
…
inc      j
.endw
inc      i
add      ebx,Col;加一行字节数，即 ebx+=Col
.endw
```

```
a        DWORD     1,2,3,4
         DWORD     5,6,7,8
         DWORD     9,10,11,12
i        DWORD     0
j        DWORD     0
mov      ebx,0         ;字节下标，初值为 0
.while   i<Row         ;常量 Row=3
mov      j,0
.while   j<Col         ;常量 Col=4
mov      edi,j
mov      ?,a[ebx+edi*4]
…
inc      j
.endw
inc      i
lea      ebx,[ebx+Col*4];加一行字节数，即 ebx+=Col*4
.endw
```

（2）指针方式。

```
s        BYTE      'Yes',0,0
         BYTE      'Good',0
         BYTE      'OK',0,0,0
i        DWORD     0
j        DWORD     0
…
Lea      ebx, s 或 mov ebx, offset s
.while   i<Row    ;Row 行
mov      j,0
.while   j<Col    ;Col 列
mov      edi,j
mov      ? , [ebx+edi]
…
inc      j
.endw
inc      i
add      ebx,Col;下一行 ebx+=Col
.endw
```

```
a        DWORD     1,2,3,4
         DWORD     5,6,7,8
         DWORD     9,10,11,12
i        DWORD     0
j        DWORD     0
…
Lea      ebx, a 或 mov ebx, offset a
.while   i<Row    ;Row 行
mov      j,0
.while   j<Col    ;Col 列
mov      edi,j
mov      ? , [ebx+edi*4]
…
inc      j
.endw
inc      i
lea      ebx,[ebx+Col*4];下一行 ebx+=Col*4
.endw
```

例 7-06 定义一个二维整型数组 a，共 4×4 个元素，求其所有元素的和。

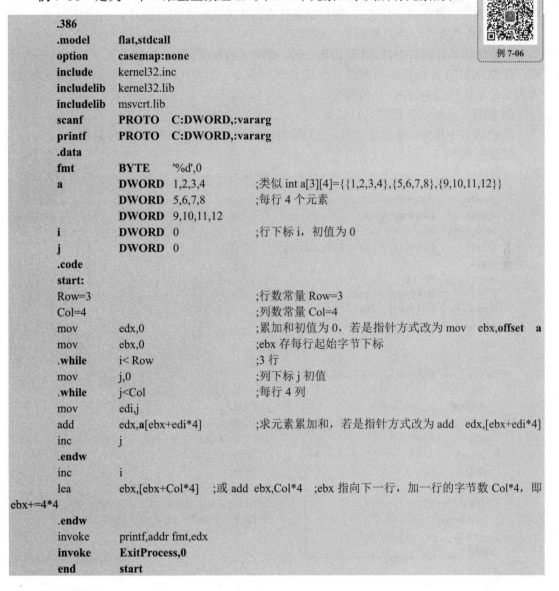

例 7-06

```
        .386
        .model      flat,stdcall
        option      casemap:none
        include     kernel32.inc
        includelib  kernel32.lib
        includelib  msvcrt.lib
        scanf       PROTO  C:DWORD,:vararg
        printf      PROTO  C:DWORD,:vararg
        .data
        fmt         BYTE    '%d',0
        a           DWORD   1,2,3,4        ;类似 int a[3][4]={{1,2,3,4},{5,6,7,8},{9,10,11,12}}
                    DWORD   5,6,7,8        ;每行 4 个元素
                    DWORD   9,10,11,12
        i           DWORD   0              ;行下标 i，初值为 0
        j           DWORD   0
        .code
        start:
        Row=3                              ;行数常量 Row=3
        Col=4                              ;列数常量 Col=4
        mov         edx,0                  ;累加和初值为 0，若是指针方式改为 mov  ebx,offset a
        mov         ebx,0                  ;ebx 存每行起始字节下标
        .while      i< Row                 ;3 行
        mov         j,0                    ;列下标 j 初值
        .while      j<Col                  ;每行 4 列
        mov         edi,j
        add         edx,a[ebx+edi*4]       ;求元素累加和，若是指针方式改为 add   edx,[ebx+edi*4]
        inc         j
        .endw
        inc         i
        lea         ebx,[ebx+Col*4]   ;或 add ebx,Col*4   ;ebx 指向下一行，加一行的字节数 Col*4，即
ebx+=4*4
        .endw
        invoke      printf,addr fmt,edx
        invoke      ExitProcess,0
        end         start
```

输出结果为：

78

7.4 .BREAK 和.CONTINUE 伪指令

第 06 讲 4

在汇编语言的循环体中，也有类似 C 语言的 break 和 continue 语句，只是表现形式略有不同。语法格式如下：

.break [.if 条件表达式]		;若条件表达式为真则退出循环
.continue [.if 条件表达式]		;若条件表达式为真则结束当前循环

当循环体执行到.BREAK 伪指令时，将强制退出循环，若.BREAK 伪指令后面跟一个.IF 测试伪指令（二者在同一行上），则测试条件表达式为真时才退出循环。

.BREAK 伪指令一次只能退出一层循环。

当循环体执行到.CONTINUE 伪指令时，将结束当前次循环，直接进入下一次循环的判断。若.CONTINUE 伪指令后面跟一个.IF 测试伪指令（二者在同一行上），则测试条件表达式为真时才执行.CONTINUE 伪指令。

例 7-07 分析以下程序运行结果。

在 C 语言中用%运算符求余数，在汇编语言中用 idiv 或 div 求余数，结果存入 EDX 中。
源程序如下：

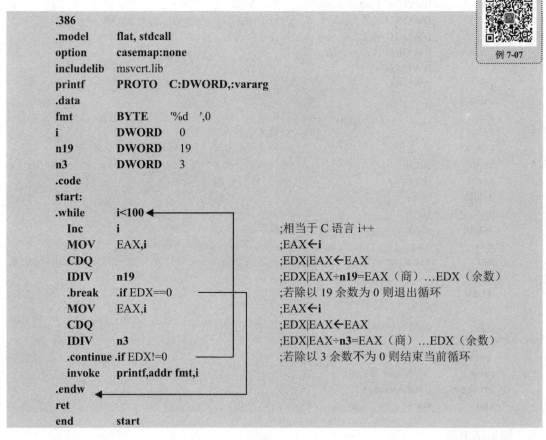

```
.386
.model      flat, stdcall
option      casemap:none
includelib  msvcrt.lib
printf      PROTO   C:DWORD,:vararg
.data
fmt         BYTE    '%d  ',0
i           DWORD   0
n19         DWORD   19
n3          DWORD   3
.code
start:
.while      i<100
    Inc     i                   ;相当于 C 语言 i++
    MOV     EAX,i               ;EAX←i
    CDQ                         ;EDX|EAX←EAX
    IDIV    n19                 ;EDX|EAX÷n19=EAX（商）…EDX（余数）
    .break  .if EDX==0          ;若除以 19 余数为 0 则退出循环
    MOV     EAX,i               ;EAX←i
    CDQ                         ;EDX|EAX←EAX
    IDIV    n3                  ;EDX|EAX÷n3=EAX（商）…EDX（余数）
    .continue .if EDX!=0        ;若除以 3 余数不为 0 则结束当前循环
    invoke  printf,addr fmt,i
.endw
ret
end         start
```

则输出结果为：

```
3   6   9   12   15   18
```

7.5 循环指令 LOOP[N][EZ][WD]

第 06 讲 5

汇编语言提供了多种 LOOP 循环指令，其循环次数保存在循环计数器 ECX 中（若为 16 位 CPU 则用 CX，下同）。每执行一次循环，ECX 值自动减 1，然后判断 ECX 是否回零以决定是否退出循环。因此，最多可循环 4294967296（即 2^{32}）次（ECX 初值为 0，0 减 1 等于 $2^{32}-1$，即还要再执行 $2^{32}-1$ 次，所以共执行 2^{32} 次）。执行 LOOP[N][EZ]循环指令时，标志位 ZF 也能决定是否提前退出循环。

 注意

（1）虽然每执行一次 LOOP 循环，ECX 值就自动减 1，但不影响任何标志位，因此可用于实现多字节加减运算；而.WHILE 等循环指令则不同，因其循环计数器值是用减法指令实现的，所以会影响进位/借位。

（2）用 LOOP/JECXZ 指令（若 16 位则用 JCXZ 指令）实现循环，其循环体所有指令的机器码不能超过 128 字节，否则要用条件转移指令来实现。

LOOP[N][EZ][WD]循环指令是先执行后判断，当满足终止循环条件时，就退出循环，执行循环指令后面的指令，否则重新执行循环体。

7.5.1 循环指令 LOOP

LOOP[WD]循环指令的一般格式如下：

LOOP	标号	;16 位环境以 CX 作为循环计数器，32 位环境以 ECX 作为循环计数器
LOOPW	标号	;以 16 位的 CX 作为循环计数器，80386+
LOOPD	标号	;以 32 位的 ECX 作为循环计数器，80386+

循环指令的功能描述如下，流程如图 7-3 所示。

（1）ECX=ECX−1（不改变任何标志位）。

（2）若 ECX≠0，则转"标号"位置执行，否则退出循环，执行其后指令。

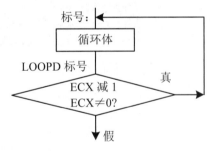

图 7-3 循环指令 LOOPD 的功能示意图

例 7-08 用 LOOP 循环指令求 s=1+2+…+n（n 是由键盘输入的正整数）。

因为计数器 ECX 只能递减，所以求和顺序变为 n+(n−1)+…+2+1。

源程序如下：

例 7-08

```
.386
.model      flat, stdcall
option      casemap:none
includelib  msvcrt.lib
scanf       PROTO   C:DWORD,:vararg
printf      PROTO   C:DWORD,:vararg
.data
Infmt       BYTE    '%d',0
```

```
Outfmt      BYTE        '1+...+%d=%d',0
n           DWORD       ?
s           DWORD       0                   ;设置累加和初值为 0
.code
start:
invoke      scanf,addr Infmt,addr n
MOV         ECX,n                           ;设置循环计数器 ECX 初值为 n
again:
add         s,ECX                           ;ECX 累加到 s
LOOP        again                           ;若 ECX 减 1 后不为 0，则转向 again，否则退出循环
Invoke      printf,addr Outfmt,n, s         ;输出结果
ret
end         start
```

运行后输入：

```
100
```

则输出结果为：

```
1+...+100=5050
```

当然，求和部分也可以不用循环计数器进行累加。可以增加一个计数器，这样，求和式子就仍为 1+2+…+n。代码如下：

```
MOV         ECX,n
MOV         EBX,1                           ;增加一个 EBX 计数器，初值为 1
again:
ADD         s,EBX                           ;EBX 累加到 s
INC         EBX                             ;EBX 计数器加 1
LOOPD       again                           ;若 ECX 减 1 后不为 0，则转向 again，否则退出循环
```

例 7-09   用 LOOP 循环指令在 C 语言中嵌入汇编指令，给数组 a[40]赋初值 x，x 由键盘输入。

源程序如下：

```
#include "stdio.h"
void main()
{
    int a[40]={0},i,x;
    scanf("%d ",&x);
    __asm
    {//此处用 Loop 循环的方法，其他实现方法见 rep stosd 指令相关章节
        lea         edi,a           ;将数组 a 的首地址给 edi，相当于 int *edi=&a[0];或 edi=a
        mov         ecx,40          ;40 个元素循环 40 次
        mov         eax,x
again:  MOV         [edi],eax       ;给 a 数组赋初值 x，相当于在 C 语言中执行*edi=eax;
        ADD         edi,4           ;edi 指向下一元素，相当于在 C 语言中执行 edi++
        Loop        again           ;ecx 减 1 后若不为 0 则转 again
    }
    for(i=0;i<40;i++)printf("%d ",a[i]);
}
```

运行后输入:

1

则输出结果为:

1111111111111111111111111111111111111111111

7.5.2　相等或为零循环 LOOP[EZ]

相等或为零循环指令 LOOP[EZ][WD]的一般格式如下:

```
LOOPE/LOOPZ    标号
LOOPEW/LOOPZW  标号        ;CX 作为循环计数器,80386+
LOOPED/LOOPZD  标号        ;ECX 作为循环计数器,80386+
```

这是一组有条件循环指令,它们除了要受 CX 或 ECX 的影响,还要受标志位 ZF 的影响。其具体规定如下,流程如图 7-4 所示。

(1) ECX=ECX−1(不改变任何标志位)。

(2) 当 ECX≠0 且 ZF=1(相等)时,转"标号"位置执行,否则退出循环,执行其后指令。

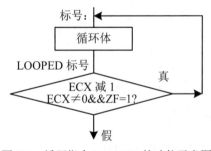

图 7-4　循环指令 LOOPED 的功能示意图

例 7-10　从键盘输入若干个整数,统计有多少个连续的前导 0。

由于事先不知道要统计多少个整数,所以将计数器 ECX 的值设置为最大值,即初值为 0,则最多可循环 2^{32} 次;设置统计个数的变量 s 的初值为−1,因为 LOOP 循环至少执行一次,而每循环一次个数都会加 1,所以若第 1 次就不满足条件(x≠0),则变量 s 的值刚好加一次(为 0);进入 again 开始循环后,在调用 scanf 函数之前,要执行 PUSH ECX 指令将 ECX 寄存器的值入栈保存,否则会被 scanf 函数修改,因为该函数也会用到 ECX 寄存器;先执行 INC s 指令,统计 0 的个数,后执行 CMP x,0 指令,让 x 的值与 0 比较,以让 LOOPE again 指令检测的是 CMP 的执行结果,否则 CMP 指令执行的结果(ZF 标志位的值)会被 INC 指令修改;在执行 LOOPE 指令之前,要执行 POP ECX 指令将 ECX 寄存器的值从堆栈弹出(不影响 ZF 标志位的值),否则 LOOPE 指令检测的是被 scanf 函数改变后的值;执行 LOOPE 指令,若 ECX 减 1 后 ECX≠0 且 x=0(ZF=1),则转 again 继续执行,否则退出循环;最后输出结果。

源程序如下:

```
.386
.model      flat, stdcall
option      casemap:none
```

例 7-10

```
includelib   msvcrt.lib
scanf        PROTO    C:DWORD,:vararg
printf       PROTO    C:DWORD,:vararg
.data
fmt          BYTE     '%d',0
s            DWORD    -1              ;统计个数的变量 s 初值为-1，因进入循环，s 先加 1 后判断
x            DWORD    ?
.code
start:
MOV          ECX,999                  ;设置计数器 ECX 的初值为 999
again:
PUSH         ECX                      ;将 ECX 的值放入堆栈中保存，以防止被 scanf 函数破坏
invoke       scanf,addr fmt,addr x    ;输入 x 的值
POP          ECX                      ;从堆栈中恢复循环计数器值
INC          s                        ;每循环一次个数加 1
CMP          x,0                      ;输入的 x 的值与 0 比较
LOOPE        again                    ;若 ECX 减 1 后≠0 且 x=0（ZF=1）则转 again，否则退出循环
invoke       printf,addr fmt,s        ;输出结果
ret
end          start
```

运行后输入：

```
0 0 0 0 5 0 6
```

则输出结果为：

```
4
```

7.5.3　不为零循环 LOOPN[EZ]

不等或不为零循环指令 LOOPN[EZ][WD]的一般格式如下：

```
LOOPNE/LOOPNZ      标号
LOOPNEW/LOOPNZW    标号              ;CX 作为循环计数器，80386+
LOOPNED/LOOPNZD    标号              ;ECX 作为循环计数器，80386+
```

这也是一组有条件循环指令，它们与相等或为零循环指令在循环结束条件上有所不同。其具体规定如下，流程如图 7-5 所示。

（1）ECX＝ECX−1（不改变任何标志位）。

（2）当 ECX≠0 且 ZF=0（不相等）时，转"标号"位置执行，否则退出循环，执行其后指令。

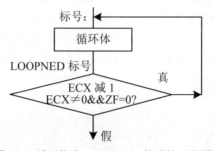

图 7-5　循环指令 LOOPNED 的功能示意图

例 7-11 从键盘输入若干非零整数并求和,若输入 0 或输入整数达到 4 个则退出循环。

由于退出条件有两个,即输入 0 或满足 4 个整数,所以让计数器 ECX 的初值为 4;设置累加和的变量 s 初值为 0。进入 again 开始循环后,在调用 scanf 函数之前,要执行 PUSH ECX 指令将 ECX 寄存器的值入栈保存,否则会被 scanf 函数修改,因为该函数也会用到 ECX 寄存器;要求累加和,先取 s 中之前累加和的结果转存至 EBX,然后将 x 的值累加到 EBX,最后将累加结果保存回变量 s 中。求完累加和之后,让 x 的值与 0 比较,以便 LOOPNE 检测。执行 LOOPNE 指令之前,要执行 POP ECX 指令将 ECX 寄存器的值从堆栈弹出(不影响 ZF 标志位的值),否则 LOOPE 指令检测的是被 scanf 函数改变后的值。执行 LOOPNE 指令,若 ECX 减 1 后 ECX≠0 且 x≠0(ZF=0),则转到 again 处继续执行,否则退出循环,最后输出结果。

源程序如下:

```
.386
.model      flat, stdcall
option      casemap:none
include     kernel32.inc
includelib  kernel32.lib
includelib  msvcrt.lib
scanf       PROTO   C:DWORD,:vararg
printf      PROTO   C:DWORD,:vararg
.data
fmt         BYTE     '%d',0
s           DWORD    0              ;累加和初值
x           DWORD    0
.code
start:
MOV         ECX,4
again:
PUSH        ECX                     ;ECX 值放入堆栈中保存,以防止被 scanf 函数破坏
invoke      scanf,addr fmt,addr x   ;输入 x 的值
POP         ECX                     ;从堆栈中恢复循环计数器值
MOV         EBX,s                   ;取 s 中之前累加和的结果转存至 EBX
ADD         EBX,x                   ;将 x 的值累加到 EBX
MOV         s,EBX                   ;累加结果保存回变量 s 中
CMP         x,0                     ;让 x 的值与 0 比较,以便 LOOPNE 检测
LOOPNE      again                   ;若 ECX 减 1 后 ECX≠0 且 x≠0(ZF=0),则转 again 处,否则退出
invoke      printf,addr fmt,s       ;输出结果
invoke      ExitProcess,0
end         start
```

运行后输入:

1 2 3 4 5 0 6

则输出结果为:

10

运行后输入：

12304506

则输出结果为：

6

若将上述程序中保护循环计数器 ECX 的指令 PUSH ECX 和恢复循环计数器 ECX 的指令 POP ECX 删除，然后运行以上第一组输入的数据，则输出结果为 15。

7.6　ECX 为零转移指令 JECXZ

在各种 LOOP 循环指令中，不管 ECX 的初值为多少，循环体至少会被执行一次。根据前一节的介绍可知，当 ECX 的初值为 0 时，循环体不是不被执行，而是会被执行 2^{32}=4294967296 次（用 CX 计数执行 65536 次），因为 ECX 是先减 1 再判断是否为 0。

为此，指令系统又提供了一条不带计数器减 1 且不判断标志位而只判断计数器值的转移指令，即循环计数器为零转移指令。该指令一般用于循环的开始处，其指令格式如下：

| JCXZ | 标号 | ;当 CX=0 时，程序转到标号处执行 |
| JECXZ | 标号 | ;当 ECX=0 时，程序转到标号处执行，80386+ |

例 7-12　通过编程求 1+2+…+n（n 非负整数）之和并输出。

根据前一节的介绍可知，当 ECX 的初值为 0 时，LOOP 会被执行 2^{32} 次或 65536 次，所以在进入循环体之前，要先执行 JECXZ 指令判断 ECX 的值是否为 0。其他操作类似前面的例子。

源程序如下：

```
.386
.model      flat, stdcall
option      casemap:none
include     kernel32.inc
includelib  kernel32.lib
includelib  msvcrt.lib
scanf       PROTO    C:DWORD,:vararg
printf      PROTO    C:DWORD,:vararg
.data
Infmt       BYTE     '%d',0
Outfmt      BYTE     '1+...+%d=%d',0
n           DWORD    ?
.code
start:
invoke      scanf,addr Infmt,addr n
MOV         ECX,n              ;设置循环计数器 ECX 的初值为 n
MOV         EAX,0              ;设置累加和寄存器 EAX 的初值为 0
JECXZ       Done               ;若 ECX 为 0，则结束，转 Done
again:
```

```
add          eax,ecx              ;计算过程为 n+(n-1)+…+2+1
LOOPW        again                ;若 CX 减 1 后不为 0，则转 again 处执行，否则退出循环
Done:
invoke       printf,addr Outfmt,n,eax
invoke       ExitProcess,0
end          start
```

运行后输入：

```
0
```

则输出结果为：

```
1+…+0=0
```

运行后输入：

```
10
```

则输出结果为：

```
1+…+10=55
```

以上循环体部分也可以改为：

```
again:
JECXZ        Done                 ;若 ECX=0，则退出循环
add          eax,ecx              ;计算过程为 n+(n-1)+…+2+1
DEC          ecx
JMP          again                ;转向 again 处重新循环判断
Done:
```

思考

若变量 n 的值为 0 且以上程序没有写指令 JECXZ Done，则求出的值是什么？

运行后输入：

```
0
```

则输出结果为：

```
1+…+0=2147450880
```

因其累加的和为：0+65535+65534+…+2+1=(0+65535)×65536/2=2147450880。

7.7 LOOP/JECXZ 循环指令存在的问题

第 06 讲 7

由前述章节可知，LOOP/JECXZ 循环指令和.REPEAT/.UNTILCXZ 循环伪指令实现循

环时，若其循环体所有指令（含循环指令）的机器码字节数超过 128 字节，将无法通过编译。通过生成的机器码可知，LOOP/JECXZ 这两条指令的机器码都是 2 字节，第 1 字节为操作码，第 2 字节为操作数，表示转移目标地址与当前指令取指后的地址之差，用补码表示，取值范围为−128~127。

例 7-13　若循环体中指令机器码字节数超过 128 字节，则会出现如下错误提示，试改写该循环。

编译时会出现错误的程序：

```
        .386
        .model      flat, stdcall
        option      casemap:none
        includelib  msvcrt.lib
        scanf       PROTO   C:DWORD,:vararg
        printf      PROTO   C:DWORD,:vararg
        .data
        Infmt       BYTE    '%d',0              ;00H~02H=3 字节
        Outfmt      BYTE    '1+...+%d=%d',0     ;03H~0EH=12 字节
        n           DWORD   ?                   ;0FH~12H=4 字节
        x           DWORD   ?                   ;13H~16H=4 字节
        .code
        start:
        invoke      scanf,addr Infmt,addr n     ;00H~11H=18 字节
        MOV         ECX,n                       ;机器码 8B 0D 0000000F，共 6 个字节
        MOV         EAX,0                       ;机器码 B8 00000000，共 5 个字节
        again:
        add         eax,ecx     ;计算过程为 n+(n−1)+···+2+1，当前指令机器码 03 C1 共两个字节
        mov         x,00H       ;以下指令用于凑循环体机器码字节数（10 字节/条），使其超过 128 个字节
        mov         x,01H       ;00H 到 0CH 共 13 条指令 130 个字节，加 add 和 LOOP 各两个字节，共
134 个字节
        mov         x,02H       ;mov x,XXH 机器码：C7 05 00000013 000000XX
        mov         x,03H
        mov         x,04H
        mov         x,05H
        mov         x,06H
        mov         x,07H
        mov         x,08H
        mov         x,09H
        mov         x,0AH
        mov         x,0BH
        mov         x,0CH
        LOOP        again ;ECX 减 1，若 ECX≠0，则转 again，否则退出。机器码 E2 ??（−134 补码溢出）
        invoke      printf,addr Outfmt,n,eax
        ret
        end         start
```

编译时产生的提示信息如下：

```
D:\masm32>ml.exe /c /coff /Fl   C001.asm
```

```
Microsoft (R) Macro Assembler Version 6.14.8444
Copyright (C) Microsoft Corp 1981-1997.   All rights reserved.

Assembling: D:\MASM32\c001.asm
D:\MASM32\c001.asm(34) : error A2075: jump destination too far : by 6 byte(s)
```

解决方法是，将 LOOP 循环指令改为条件转移指令。源程序如下：

```
        .386
        .model      flat, stdcall
        option      casemap:none
        includelib  msvcrt.lib
scanf       PROTO   C:DWORD,:vararg
printf      PROTO   C:DWORD,:vararg
        .data
Infmt       BYTE    '%d',0              ;00H~02H=3 字节
Outfmt      BYTE    '1+...+%d=%d',0     ;03H~0EH=12 字节
n           DWORD   ?                   ;0FH~12H=4 字节
x           DWORD   ?                   ;13H~16H=4 字节
        .code
start:
        invoke      scanf,addr Infmt,addr n   ;00H~11H=18 字节
        MOV         ECX,n           ;机器码 8B 0D 0000000F，共 6 个字节
        MOV         EAX,0           ;机器码 B8 00000000，共 5 个字节
again:
        add         eax,ecx     ;计算过程为 n+(n-1)+…+2+1，当前指令机器码 03 C1 共两个字节
        mov         x,00H       ;以下指令用于凑循环体机器码字节数（10 字节/条），使其超过 128 个字节
        mov         x,01H       ;00H 到 0CH 共 13 条指令 130 个字节，加 add 和 LOOP 各两个字节，共
134 个字节
        mov         x,02H       ;mov x,XXH 机器码：C7 05 00000013 000000XX
        mov         x,03H
        mov         x,04H
        mov         x,05H
        mov         x,06H
        mov         x,07H
        mov         x,08H
        mov         x,09H
        mov         x,0AH
        mov         x,0BH
        mov         x,0CH
        ;LOOP       again       ;ECX 减 1，若 ECX≠0，则转 again，否则退出。机器码 E2 ??（-134 补码
溢出）
        DEC         ECX
        JNZ         again                   ;LOOP 指令改为条件转移指令
        invoke      printf,addr Outfmt,n,eax
        ret
        end         start
```

编译运行以上源程序，得到期望的结果。

习题 7

7-1 求 n!（n 是由键盘输入的正整数）。

运行后输入：

> 5

则输出结果为：

> 120

7-2 从键盘输入若干对实数 x、y，求各对实数乘积的和。

运行后输入：

> 2.5　2
> 1.5　4
> 2.2　2

则输出结果为：

> 15.4

7-3 从键盘输入若干对整数 x、y，求其相应的最大公约数。

运行后输入：

> 18　12
> 8　12
> 10　12

则输出结果为：

> 6
> 4
> 2

7-4 从键盘输入若干对整数 x、y，求其相应的最小公倍数。

运行后输入：

> 18　12
> 8　12
> 10　12

则输出结果为：

> 36
> 24
> 60

7-5 分析以下程序，运行后若输入 65537（=10001H），则输出的结果是什么？

源程序如下：

```
        .386
        .model      flat,stdcall
        option      casemap:none
        include     kernel32.inc
        includelib  kernel32.lib
        includelib  msvcrt.lib
        scanf       PROTO   C:DWORD,:vararg
        printf      PROTO   C:DWORD,:vararg
        .data
        Infmt       BYTE        '%d',0
        Outfmt      BYTE        '1+...+%d=%d',0
        n           DWORD       ?
        .code
        start:
        invoke      scanf,addr Infmt,addr n
        MOV         ECX,n                   ;设置循环计数器 ECX 的初值为 n
        MOV         EAX,0                   ;设置累加和寄存器 EAX 的初值为 0
        again:
        add         eax,ecx                 ;ecx 累加到 eax
        LOOPW       again
        invoke      printf,addr Outfmt,n,eax  ;输出结果
        invoke      ExitProcess,0
        end         start
```

7-6　通过编程求两个 20 位数字字符串之和。

运行后输入：

```
12345678901234567890
12345678901234567890
```

则输出结果为：

```
24691357802469135780
```

7-7　通过编程求两个 20 位数字字符串之差。

运行后输入：

```
32345678901234567890
12345678901234567891
```

则输出结果为：

```
19999999999999999999
```

7-8　输入两个 16 位十进制数（QWORD 类型），通过编程求和并输出。

运行后输入：

```
0102030455060708
1020304050607080
```

则输出结果为:

1122334505667788

7-9 输入两个 16 位十进制数,通过编程求差并输出。

运行后输入:

0102030405060708
1020304050607080

则输出结果为:

9081726354453628

7-10 通过编程实现简易加密算法,规则是:将每个大写字母循环后移 4 个位置,即 A→E, B→F, C→G, …, V→Z, W→A, X→B, Y→C, Z→D。

运行后输入:

ABCDEFGHIJKLMNOPQRSTUVWXYZ

则输出结果为:

EFGHIJKLMNOPQRSTUVWXYZABCD

7-11 输入若干整数,从小到大排序后再输出。

运行后输入:

5 1 4 3 2

则输出结果为:

1 2 3 4 5

7-12 从键盘输入正整数 n,通过编程求 1 到正整数 n 之间的所有奇数之和并输出。

运行后输入:

5

则输出结果为:

1 到 5 的奇数和为 9

运行后输入:

10

则输出结果为:

1 到 10 的奇数和为 25

7-13 Fibonacci 数列的特点是每项是前两项之和,例如:1,1,2,3,5,8,13,21,34,…。从键盘输入正整数 n,输出前 n 项(每 4 项一行)。

运行后输入：

40

则输出结果为：

1	1	2	3
5	8	13	21
34	55	89	144
233	377	610	987
1597	2584	4181	6765
10946	17711	28657	46368
75025	121393	196418	317811
514229	832040	1346269	2178309
3524578	5702887	9227465	14930352
24157817	39088169	63245986	102334155

7-14 从键盘输入一个正整数 n，判断其是否为素数。

运行后输入：

5

则输出结果为：

5 是素数

运行后输入：

4

则输出结果为：

4 不是素数

7-15 从键盘输入一个正整数 n（=1~9），显示九九乘法表前 n 行。

运行后输入：

9

则输出结果为：

```
1*1=1
1*2=2    2*2=4
1*3=3    2*3=6    3*3=9
1*4=4    2*4=8    3*4=12   4*4=16
1*5=5    2*5=10   3*5=15   4*5=20   5*5=25
1*6=6    2*6=12   3*6=18   4*6=24   5*6=30   6*6=36
1*7=7    2*7=14   3*7=21   4*7=28   5*7=35   6*7=42   7*7=49
1*8=8    2*8=16   3*8=24   4*8=32   5*8=40   6*8=48   7*8=56   8*8=64
1*9=9    2*9=18   3*9=27   4*9=36   5*9=45   6*9=54   7*9=63   8*9=72   9*9=81
```

7-16 从键盘输入正整数 n，打印 n 行由"*"构成的正三角形（灰色*部分代表空格，只显示黑色*部分）。
　　运行后输入：

```
9
```

　　则输出结果为：

```
*****     1
***＊＊＊    2
**＊＊＊＊＊   3
*＊＊＊＊＊＊＊  4
＊＊＊＊＊＊＊＊＊ 5
```

　　7-17　从键盘输入正整数 n，打印每边由 n 个"*"构成的菱形（灰色*部分代表空格，只显示黑色*部分）。
　　运行后输入：

```
5
```

　　则输出结果为：

```
*****      1=5-|-4|
***＊＊＊     2=5-|-3|
**＊＊＊＊＊    3=5-|-2|
*＊＊＊＊＊＊＊   4=5-|-1|
＊＊＊＊＊＊＊＊＊  5=5-|+0|
*＊＊＊＊＊＊＊   4=5-|+1|
**＊＊＊＊＊    3=5-|+2|
***＊＊＊     2=5-|+3|
*****      1=5-|+4|=n-abs(i)
```

　　7-18　从键盘输入正整数 n，打印每边由 n 个字母构成的菱形，且菱形的中心是字母 A，字母 A 的外层是字母 B，以此类推。
　　运行后输入：

```
5
```

　　则输出结果为：

```
        E
       EDE
      EDCDE
     EDCBCDE
    EDCBABCDE
     EDCBCDE
      EDCDE
       EDE
        E
```

　　7-19　打印由"*"构成的顺时针旋转 90° 的正弦波。
　　运行后输出：

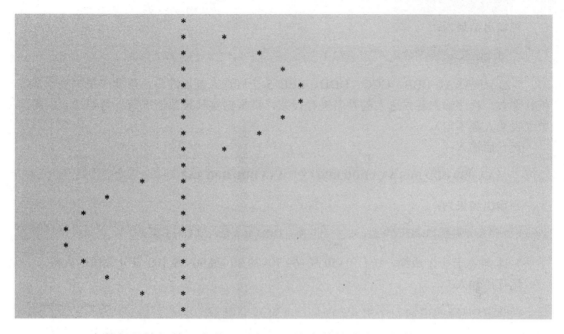

7-20 一个数如果恰好等于它的因子之和，这个数就称为"完数"，例如，6=1+2+3。通过编程求 10000 以内的所有完数，并按以下格式输出。

6=1+2+3

7-21 已知有如下 10 个元素，请用二分查找搜索指定的元素 x，并输出搜索过程中比较过的每个元素值。

1,3,5,6,7,9,11,17,19,25

运行后输入：

6

则输出结果为：

比较过的每个元素:7,3,5,6,第 4 次找到

运行后输入：

2

则输出结果为：

比较过的每个元素:7,3,1,未找到 2

7-22 有 5 个候选人参加选举，现要求根据投票情况统计票数，程序输入 0~4 分别表示对第 1~5 个候选人的投票，试根据实际投票情况统计各候选人的得票数（投票人数不定）。

运行后输入：

1 0 1 2 1 2 3 1 2 4

则输出结果为:

5 个候选人的得票数分别是:1 4 3 1 1

7-23 有 AAA、BBB、CCC、DDD、EEE 5 个候选人参加选举,现要求根据投票情况统计票数。程序输入各候选人的姓名进行投票,试根据实际投票情况统计各候选人的得票数(投票人数不定)。

运行后输入:

AAA BBB DDD BBB AAA DDD BBB CCC AAA DDD BBB AAA

则输出结果为:

AAA 有 4 票,BBB 有 4 票,CCC 有 1 票,DDD 有 3 票,EEE 有 0 票

7-24 输入若干个成绩,统计 0~59,60~69,70~79,80~89,90~99,100 各分数段的人数。

运行后输入:

65 73 46 83 90 67 80 74 69 45 82 75 64 91 100 25 72 85 71 94

则输出结果为:

3 4 5 4 3 1

7-25 从键盘输入正整数 n(n 为 1~15 的奇数),输出 n 阶"魔方阵"。

"魔方阵"的特点是每一行、每一列、每一对角线之和相等,如图 7-6 所示。

图 7-6 3 阶"魔方阵"类似古代洛书九宫图

确定每个数位置的原则如下。

(1)第一个数为第 1 行中间位置。

(2)若当前为右上(下)角位置,则下一个数放在其下(上)方。

(3)否则放在减(加)1 行加 1 列位置。

(4)若所在位置已经有数,则退回到原数下(上)方位置。

运行后输入:

3

则输出结果为:

8 1 6
3 5 7
4 9 2

运行后输入：

5

则输出结果为：

```
17   24    1    8   15
23    5    7   14   16
 4    6   13   20   22
10   12   19   21    3
11   18   25    2    9
```

7-26 从键盘输入正整数 n，然后用筛选法求 2~n 的全部素数。

运行后输入：

55

则输出结果为：

2   3   5   7   11   13   17   19   23   29   31   37   41   43   47   53 素数个数为:16

7-27 从键盘输入正整数 n，输出 n 行的杨辉三角形。

杨辉三角形的特点是每个元素值为其上一行相邻两个元素值之和。

运行后输入：

6

则输出结果为：

```
            1
          1   1
        1   2   1
      1   3   3   1
    1   4   6   4   1
  1   5  10  10   5   1
```

7-28 输入一行字符串，统计字符"s"出现的次数。

运行后输入：

This is a test string

则输出结果为：

有 4 个's'字符

7-29 输入一行字符串，统计其中有多少个单词（假设都是以空格作为分隔符）。

运行后输入：

This is a test string

则输出结果为：

有 5 个单词

7-30 根据习题 1-13 的知识，输入一个由 3 个字组成的姓名，输出其拼音缩写。
运行后输入：

司马光

则输出结果为：

smg

第**8**章
模块化程序设计

本章介绍子程序即函数的程序设计方法，主要包括子程序定义的基本语法和完整语法、子程序的调用与返回方法及声明的方法、不同数据类型作为形参时的数据传递方法、递归函数程序设计的方法、C 程序调用汇编语言子程序和汇编程序调用 C 函数的方法、C 程序调用汇编语言数组和汇编程序调用 C 数组的方法、汇编实现函数重载的方法、C 程序与汇编程序混合编程实现俄罗斯方块游戏等。通过本章的学习，读者应该能完成以下学习任务。

（1）掌握用子程序定义基本语法，理解用子程序定义完整语法。

（2）掌握用 CALL 指令或 INVOKE 伪指令调用子程序的方法，理解返回指令的功能及调用过程中堆栈的保护与恢复，了解 C 语言与 stdcall 返回主程序时恢复堆栈的区别。

（3）掌握不同数据类型作为形参时的数据传递方法，理解 32 位系统实现 64 位数据的出入栈方法。

（4）掌握用汇编语言递归函数实现程序设计的方法。

（5）理解用 C 程序调用汇编语言子程序和用汇编程序调用 C 函数的方法、用 C 程序调用汇编语言数组和用汇编程序调用 C 数组的方法，以及函数重载的实现方法。

（6）理解用 C 程序与汇编程序混合编程实现俄罗斯方块游戏的方法。

第 08 讲 1

8.1 子程序的定义

在 C 语言中常把要实现某一功能的程序段独立成一个函数，在汇编语言中则将这样的程序段称为子程序或过程，二者本质上是一样的。

8.1.1 子程序定义的基本语法

子程序定义完整的语法格式比较复杂，其基本的语法格式如下：

```
子程序名    PROC    [参数:数据类型]…[,参数:数据类型]
指令系列
RET                                ;返回值存于 EDX|EAX、EAX 或 st(0)中
子程序名    ENDP
```

程序说明如下。

（1）子程序名类似 C 语言的函数名，PROC 和 ENDP 用于指示子程序定义的开始和结束位置。

（2）参数即形参，用于接收主程序给子程序传递的数据或地址。

（3）RET 指令类似 C 语言的 return 语句，用于返回主程序位置。

（4）返回值通过约定的寄存器传给主程序，例如 32 位整数用 EAX，64 位整数用 EDX 和 EAX，实数用 st(0)。

 注意

> （1）返回值不是通过 RET 指令返回，而是通过 EAX、EDX 和 EAX 或 st(0)返回。
>
> （2）形参不能与变量同名。
>
> （3）数据类型若是 DWORD，则可以省略。
>
> （4）子程序定义最好放在 start 标号之前，否则要对函数的原型进行声明；子程序定义不能放在 end start 之后，编译器对 end 之后的代码是不编译的。

子程序的调用如之前的 scanf 和 printf 函数，常用语法格式如下：

```
INVOKE   子程序名,参数 1,…,参数 n
```

例 8-01 定义函数 Max(int x, int y)求 x 和 y 的最大值，然后用输入的两个正整数调用该函数并输出结果。

在定义函数时，可假设 a 为最大值，并存于 EAX 中，然后与 b 比较，若 b 更大，则将 b 的值存入 EAX，作为新的最大值。最后，EAX 的值正好作为最大值返回主程序。

源程序如下：

```
.386
.model     flat,stdcall
option     casemap:none
includelib msvcrt.lib
scanf      PROTO   C:DWORD,:vararg
printf     PROTO   C:DWORD,:vararg
.data
fmt        DB    '%d %d',0              ;输入格式字符串
fmt2       DB    'Max(%d,%d)=%d',0      ;输出格式字符串
x          DD    ?
y          DD    ?
.code
Max        PROC  a:dword ,b:dword       ;定义子程序名 Max
mov        EAX,a                        ;假设 a 为最大值，存入 EAX
.IF        EAX<=b                       ;当 EAX<= b 时
mov        EAX,b                        ;b 的内容作为新的最大值存入 EAX
.ENDIF
RET                                     ;返回值已经存于 EAX 中
Max        ENDP
start:
invoke     scanf,addr fmt,addr x,addr y ;输入 x 和 y 的值
invoke     Max,x, y                     ;调用 Max 函数求最大值
invoke     printf,ADDR fmt2, x, y,EAX   ;输出最大值
RET
```

end	start

运行后输入：

3　4

则输出结果为：

Max(3,4)=4

8.1.2　子程序定义的完整语法

子程序定义的完整语法格式如下：

子程序名	PROC [距离] [可视区域] [语言类型] [uses 寄存器列表] [参数[:类型]]···[,参数[:vararg]]
LOCAL	变量名[[数量]][:数据类型][,变量名[[数量]][:数据类型]···]　　　;定义局部变量
指令系列	;子程序体
RET	;返回值存于 EDX|EAX、EAX 或 t(0)中
子程序名	ENDP

子程序的属性如下。

- ❑ 距离：表示调用位置与定义位置的距离，可以是 NEAR、FAR、NEAR32、FAR32
  等，Flat 存储模式整个程序只有一个段，默认为 NEAR，多段时用 FAR。
- ❑ 可视区域：可以是 PRIVATE、PUBLIC、EXPORT。PRIVATE 表示私有的子程序，
  只对本模块可调用；PUBLIC 表示公有的子程序，对所有的模块可调用；EXPORT
  表示导出的函数，常用于动态链接库 DLL。默认情况下使用 PUBLIC。
- ❑ 语言类型：决定了实参的传递顺序（从右到左或从左到右）和传参后堆栈的恢复
  方式（主程序中用 add esp, n*4 恢复，子程序中用 ret n*4 恢复），可以是 stdcall、
  c、syscall、basic、fortran、pascal，若省略，则使用.model 指定的语言。
- ❑ uses 寄存器列表：用于指定进入子程序后会被保护的多个寄存器，使用空格隔开。
- ❑ 参数和类型：参数即形参，类型是指形参数据类型，默认为 DWORD 类型，可以
  省略，最后一个参数可以是 vararg 类型，表示实参个数可变。
- ❑ LOCAL：定义局部变量。

8.1.3　变参 VARARG 的使用

VARARG 表示实参的个数是可变的，例如 scanf、printf 等函数，它们的实参个数是不
固定的。例如以下代码，可以调用 2~4 个实参。

```
scanf("%d",&x);              //2 个实参
scanf("%d %d",&x,&y);        //3 个实参
scanf("%d %d %d",&x,&y,&z);  //4 个实参
```

在定义子程序时可以将形参指定为 VARARG 类型。此时，形参相当于一个数组名，可
用数组方式访问各个实参的值，详见 4.7.6 节基址变址寻址方式。

定义带 VARARG 类型的子程序时，必须声明子程序的语言类型为 C 或 syscall 类型。

例 8-02　定义函数 Sum(int n,···)，用于求参数 n 之后的 n 个整数和。在主程序中调用

Sum(4,10,20,30,40)，求 4 之后的 4 个整数之和并输出结果；调用 Sum(5,2,4,6,8,10)，求 5 之后的 5 个整数之和并输出结果。

由于主程序传递给子程序的数据个数可变，所以在定义子程序时，除参数 n 外，还要再指定一个 VARARG 类型的可变参数，这里指定为 s；由于可变参数语言类型只能是 C 或 SYSCALL，与.model 声明的 stdcall 不同，所以还需要指定一种语言，这里指定为 C 语言。由 4.7.6 节寻址方式可知，可以用 s[ESI*4]访问各个变参（ESI=0~n-1），所以可用一个.WHILE 循环将各个变参累加到 EAX，最后正好按子程序返回值的约定通过 EAX 将累加结果返回主程序。

源程序如下：

```
        .386
        .model      flat,stdcall
        include     kernel32.inc
        includelib  kernel32.lib
        includelib  msvcrt.lib
        scanf       PROTO    C:DWORD,:vararg
        printf      PROTO    C:DWORD,:vararg
        .data
        fmt         DB          '%d',13,10,0
        .code
        Sum         PROC  C   n:dword , s:vararg   ;定义子程序 Sum，语言类型 C，s 为变参类型
        MOV         EAX,0                          ;累加和 EAX 的初值为 0
        MOV         ESI,0                          ;设循环变量 ESI 的初值为 0
        .while      ESI<n                          ;当 ESI<n 时
        ADD         EAX,s[ESI*4]
        ADD         ESI,1
        .endw
        RET                                        ;累加结果通过 EAX 返回主程序
        Sum         ENDP
        start:
        invoke      Sum,4,10,20,30,40              ;Sum(4,10,20,30,40)
        invoke      printf,addr fmt,EAX            ;输出和
        invoke      Sum,5,2,4,6,8,10               ;Sum(5,2,4,6,8,10)
        invoke      printf,addr fmt,EAX            ;输出和
        invoke      ExitProcess,0
        end         start
```

输出结果为：

```
100
30
```

8.1.4 USES 的使用

在定义子程序时，若指定 USES 寄存器列表，则表示编译器在子程序指令开始前自动安排 PUSH 指令将指定的寄存器值入栈保护，然后在 RET 前按相反顺序自动安排 POP 指令，将这些寄存器的值出栈恢复，以保护主程序中的寄存器不受子程序的影响。

当然，也可以在子程序的开头和结尾处，分别用 PUSHA 和 POPA 指令一次保存和恢

复所有寄存器，但若用 EAX 作为返回值则不能这样操作。

例 8-03　定义函数 Print(int n)，用于输出 n 个"*"和一个回车换行。在主程序中输入一个整数 x 作为循环计数器 ECX 的初值，然后用 LOOP 循环调用该函数，依次输出由 n~1 个"*"构成的倒直角三角形。

主程序用 ECX 作为循环计数器，为防止 ECX 的值被破坏，在定义子程序时必须用 USES ECX 子句保护该寄存器；在子程序中可用 ESI 作为循环计数器，用一个.WHILE 循环输出 n 个"*"，并输出一个回车换行，本子程序无返回值，可执行 RET 直接返回主程序。

源程序如下：

```
        .386
        .model      flat,stdcall
        includelib  msvcrt.lib
        scanf       PROTO   C:DWORD,:vararg
        printf      PROTO   C:DWORD,:vararg
        .data
        Infmt       DB          '%d',0              ;输入格式字符串
        Ofmt        DB          '%c',0              ;输出格式字符串
        CRLF        DB          13,10,0             ;回车换行
        x           DD          ?
        .code
        Print       PROC  USES  ECX  n:dword        ;定义子程序名，保护 ECX
        MOV         ESI,1                            ;设循环计数器初值为 1
        .while      ESI<=n                           ;当 ESI<=n 时
        invoke      printf,addr Ofmt,dword ptr  '*'  ;输出"*"，调用 printf 函数会破坏 ECX 的值
        INC         ESI
        .endw
        invoke      printf,addr   CRLF               ;输出回车换行
        RET
        Print       ENDP
start:
        invoke      scanf,addr Infmt,addr x          ;输入 x 的值
        MOV         ECX,x                            ;主程序用 ECX 作为循环计数器
again:
        invoke      Print,ECX                        ;调用自定义函数输出 ECX 个"*"
        LOOP        again                            ;ECX 的值减 1，若不为 0 则转至 again
        ret
        end         start
```

运行后输入：

```
5
```

则输出结果为：

```
*****
****
***
**
*
```

以上子程序定义时若没有指定 USES ECX，则主程序的 ECX 值在调用 printf 函数后会被破坏。因为进入 printf 函数后只保护 EBX、ESI、EDI 3 个寄存器，所以运行后会进入死循环。

8.1.5 局部变量的定义

在子程序代码的开始位置，可以用若干个 LOCAL 伪指令定义若干个局部变量。虽然局部变量的作用域只限于当前子程序，但是局部变量仍不能与全局变量或形参同名。语法格式如下：

> **LOCAL**　　变量名[[数量]][:数据类型][,变量名[[数量]][:数据类型]…]

语法说明如下。

（1）若指定"[数量]"，则表示定义一个数组，否则为普通变量。

（2）数据类型可以是任何合法的类型，若不指定数据类型，则默认为 DWORD 类型。

（3）局部变量的内容存于堆栈中，采用寄存器相对寻址方式访问，详见 4.7.5 节。

例如，定义含 10 个元素的字符串 fmt、整型变量 n 和 i，语句如下：

> **LOCAL**　　fmt[10]:**BYTE**,n:**DWORD**,i　　　　;变量 i 默认的数据类型为 DWORD

例 8-04　定义函数 Print(int n,int i)用于输出 n−i 个空格、2×i−1 个"*"和 1 个回车换行（i=1~n），要求输出格式串在子程序中定义；主程序输入一个整数 x，然后用.WHILE 循环调用 Print(x,i)（i=1~x），输出 x 行的等腰三角形。

在主程序中用 ESI 作为循环计数器，为防止 ESI 的值被破坏，在定义子程序时必须用 USES ESI 子句保护 ESI 寄存器。在子程序中定义两个字符串数组，即 fmt[10]和 CRLF[4]，分别初始化为"'%c',0"和"13,10,0"，作为输出格式字符串和回车换行；局部变量字符串数组的初始化只能用 MOV 指令实现；用两个循环分别输出空格和"*"，都用 ESI 作为循环计数器，第一个.WHILE 循环输出 n−i 个空格，第二个.WHILE 循环输出 2×i−1 个"*"，最后输出一个回车换行。本子程序无返回值，可执行 RET 直接返回主程序。

源程序如下：

```
.386
.model      flat,stdcall
option      casemap:none
includelib  msvcrt.lib
scanf       PROTO   C:DWORD,:vararg
printf      PROTO   C:DWORD,:vararg
.data
Infmt       DB      '%d',0              ;输入格式字符串
x           DD      ?
.code
Print       PROC    uses ESI   n,i     ;定义子程序名 Print，保护 ESI，形参 DWORD 可以省略
LOCAL       fmt[10]:byte,CRLF[4] :byte ;输出格式字符串
MOV         fmt[0],'%'                  ;fmt 初始化为'%c',0
MOV         fmt[1],'c'
MOV         fmt[2],0
MOV         CRLF[0],13                  ;CRLF 初始化为 13,10,0
MOV         CRLF[1],10
```

例 8-04

```
        MOV         CRLF[2],0
        ;输出 n−i 个空格，0~n−i 等价于 i~n
        MOV         ESI,i                                   ;设循环变量初值为 i
        .while      ESI<n                                   ;当 ESI<n 时
        invoke      printf,addr fmt,dword ptr   ' '         ;输出空格
        INC         ESI
        .endw
        ;输出 2×i−1 个 "∗"
        SHL         i,1                                     ;i 左移 1 位相当于乘 2，类似 C 语言中的 i<<1
        MOV         ESI,1                                   ;设循环变量初值为 1
        .while      ESI<i                                   ;当 ESI<2×i 时，即 ESI=1~2×i−1
        invoke      printf,addr fmt,dword ptr   '*'         ;输出 "∗"
        INC         ESI
        .endw
        invoke      printf,addr    CRLF                     ;输出回车换行
        RET
Print   ENDP
```

```
start:
        invoke      scanf,addr Infmt,addr x                 ;输入 x 的值
        MOV         ESI,1                                   ;设循环变量 ESI 的初值为 1
        .while      ESI<=x
        invoke      Print,x,ESI                             ;调用函数输出 x−ESI 个空格、2×ESI−1 个 "∗"
        INC         ESI
        .endw
        RET
        end         start
```

运行后输入：

```
5
```

则输出结果为：

```
    *
   ***
  *****
 *******
*********
```

8.2 子程序的调用与返回

第 08 讲 2

　　子程序的调用是指通过子程序调用指令（CALL）或伪指令（INVOKE）实现主程序到子程序的转移操作；子程序的返回是指通过返回指令（RET）实现子程序回到主程序的转移操作。

8.2.1 子程序用 CALL 调用

　　C 语言中的函数调用格式如下：

```
函数名(参数 1,…,参数 n)
```

在汇编语言中用 CALL 指令调用 C、syscall 或 stdcall 函数的语法格式如下：

```
PUSH      参数 n        ;C、syscall、stdcall 函数参数 n 先入栈，其他语言参数 1 先入栈
…
PUSH      参数 1
CALL      函数名        ;Call 调用函数
ADD       ESP, n*4      ;C 或 syscall 函数调用恢复到传参前栈顶，相当于出栈 n*4 字节即 n 个整数
```

在以上调用中，若是 C、syscall、stdcall 函数，则右边的参数即参数 n 先入栈，否则参数 1 先入栈；若是 C 或 syscall 函数，CALL 指令之后必须添加 ADD esp,n*4 指令，用于将堆栈恢复到传递参数前的栈顶位置；stdcall 函数不能添加此指令，因为 stdcall 函数不在主程序中恢复堆栈，而是在子程序中用 RETN n*4 指令恢复堆栈。

执行 CALL 指令时，将 EIP 中的返回地址（CALL 指令的下一条指令的地址）压入堆栈，然后将函数名对应的地址给程序计数器 EIP，实现从主程序到子程序的转移。子程序调用期间，堆栈中数据的状态如图 8-1 所示。

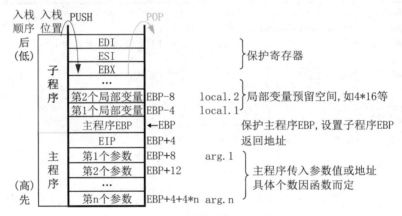

图 8-1　子程序调用期间堆栈中的数据状态

📝 注意

（1）用 CALL 调用时，所调用的函数可以用 EXTRN 或 EXTERN 声明，也可以使用 PROTO 声明。

（2）若传递的参数是地址，则参数只能用前缀 OFFSET，而不能用前缀 ADDR。

例 8-05　定义 stdcall 函数 fun(int x, int y)，求 x/y 的整数商，然后输入两个整数，用 CALL 指令调用该函数并输出结果。

源程序如下：

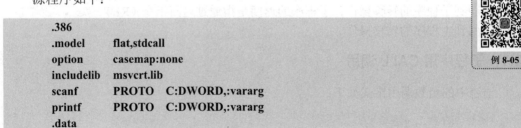

```
.386
.model      flat,stdcall
option      casemap:none
includelib  msvcrt.lib
scanf       PROTO    C:DWORD,:vararg
printf      PROTO    C:DWORD,:vararg
.data
```

例 8-05

fmt	DB '%d %d',0	;输入格式字符串
fmt2	DB '%d/%d=%d',0	;输出格式字符串
x	DD ?	
y	DD ?	
.code		
fun	PROC a:dword ,b:dword	;定义子程序名 fun，默认为 stdcall 函数
mov	EAX,a	;a 作为被除数
CDQ		
IDIV	b	;商存于 **EAX** 中
RET		;系统自己改为 RETN 2*4
fun	ENDP	
start:		
invoke	scanf,addr fmt,addr x,addr y	;输入 x 和 y 的值
PUSH	y	;stdcall 调用右边的参数先入栈
PUSH	x	
CALL	fun	;调用函数求 x/y，等价于 invoke fun, x, y
invoke	printf,ADDR fmt2, x, y,EAX	;输出商
ret		
end	start	

运行后输入：

14 5

则输出结果为：

14/5=2

以上子程序按 stdcall 调用，实参堆栈的恢复在子程序中通过 RET 指令恢复，源程序编译后，编译系统会将 RET 指令改为 RETN 2*4，实现实参堆栈的恢复。

例 8-06 定义 C 或 syscall 函数 fun(int x, int y)，求 x/y 的整数商，然后输入两个整数，用 CALL 指令调用该函数并输出结果。

源程序如下：

例 8-06

.386		
.model	flat,stdcall	
option	casemap:none	
includelib	msvcrt.lib	
scanf	PROTO C:DWORD,:vararg	
printf	PROTO C:DWORD,:vararg	
.data		
fmt	DB '%d %d',0	;输入格式字符串
fmt2	DB '%d/%d=%d',0	;输出格式字符串
x	DD ?	
y	DD ?	
.code		
fun	PROC C a:dword ,b:dword	;定义子程序名 fun，指定 C 或 syscall 函数
mov	EAX,a	;a 作为被除数
CDQ		
IDIV	b	;商存于 **EAX** 中

RET		;此处，系统不会改为 RETN　8
fun	**ENDP**	
start:		
invoke	scanf,addr fmt,addr x,addr y	;输入 x 和 y 的值
PUSH	y	;以下 4 行代码等价于 **invoke fun, x, y**
PUSH	x	
CALL	fun	;调用函数求 x/y
ADD	**ESP, 2*4**	;C 函数必须手工添加恢复堆栈到传参前的栈顶位置
invoke	printf,ADDR fmt2, x, y,EAX	;输出商
ret		;若无 **ADD　ESP, 2*4**，会出现退出异常
end	start	;invoke　　ExitProcess,0 代 ret 可修正错误

运行后输入：

14　5

则输出结果为：

14/5=2

8.2.2　子程序用 INVOKE 调用

用 INVOKE 伪指令调用的语法格式如下：

INVOKE　　子程序名,参数 1,…,参数 n

用 INVOKE 方式调用，系统最后会将其转换成 CALL 调用语法格式。在 C 或 syscall 子程序中，INVOKE 转换成 CALL 指令时，会在该指令之后自动添加 ADD ESP,n*4 指令，即在主程序中将堆栈恢复到参数传递前的栈顶位置；stdcall 调用不会添加此指令，而是在子程序中用 RETN n*4 指令将主程序中的堆栈恢复到参数传递前的栈顶位置。

 注意

（1）所调用的函数只能用 PROTO 声明，不能用 EXTRN 声明。

（2）参数取地址有 3 种方法，其中 OFFSET 可用于任何能取操作数指令的取地址，但仅限于全局变量的地址；ADDR 可用于取任何形式存储单元的地址，但仅限于在 INVOKE 语句中使用；LEA 可用于取任何形式存储单元的地址，但取得的地址只能转存到寄存器。

8.2.3　函数原型 PROTO 声明

当子程序的代码在 INVOKE 调用位置之后或属于外部函数时，要对函数原型进行声明。声明的语法格式有两种，即 PROTO 声明和 EXTRN 声明。

PROTO 声明的格式如下：

函数名　　**PROTO** [距离] [语言类型] [[参数]:类型]…[,[参数]:类型]

其中，距离、语言类型、参数同子程序的定义，相当于将定义子程序的第一行代码中的 PROC 改为 PROTO，即对应函数的原型声明。与定义子程序不同的是，这里的参数名可以省略，但参数的类型不能省略，也没有 uses 子句和可视区域。

例如，子程序定义的第一行代码如下：

Print	**PROC** uses ESI n,i	;定义子程序名，省略参数类型 dword

则对应的原型声明如下：

Print	**PROTO** n :dword,i :dword	;可省略形参名 n 和 i，但 ":" 和类型名不能省略

又如，为调用 C 语言的 **printf** 函数可进行如下声明：

printf	**PROTO** C :ptr sbyte,:vararg

或

printf	**PROTO** C :DWORD,:vararg

本地定义的子程序用 CALL 调用可以不声明。

例 8-07 在主程序 RET 之后定义函数 fun(int x, int y)，求 x/y 的整数商，在声明位置进行 fun 函数的声明，然后输入两个整数调用该函数并输出结果。

源程序如下：

```
        .386
        .model      flat,stdcall
        include     kernel32.inc
        includelib  kernel32.lib
        includelib  msvcrt.lib
        scanf       PROTO   C:DWORD,:vararg
        printf      PROTO   C:DWORD,:vararg
        fun         PROTO   a:dword ,b:dword      ;fun 函数原型声明
        .data
        fmt         DB   '%d %d',0                ;输入格式字符串
        fmt2        DB   '%d/%d=%d',0             ;输出格式字符串
        x           DD   ?
        y           DD   ?
        .code
        start:
        invoke      scanf,addr fmt,addr x,addr y  ;输入 x 和 y 的值
        PUSH        y                             ;以下 3 行等价于 invoke fun, x, y
        PUSH        x
        CALL        fun                           ;调用函数求 x/y
        invoke      printf,ADDR fmt2, x, y,EAX    ;输出商
        invoke      ExitProcess,0
        fun         PROC    a:dword ,b:dword      ;在调用 fun 子程序之后定义子程序
        mov         EAX,a                         ;a 作为被除数
        CDQ
        IDIV        b                             ;商存于 EAX 中
        RET                                       ;系统自动改为 RETN   8
        fun         ENDP
        end         start
```

例 8-07

8.2.4　函数 EXTRN 声明

外部定义的函数可用 EXTRN 或 EXTERN 声明。语法格式如下：

EXTRN	函数名:距离

其中，距离可以是 NEAR、FAR 等，一般是 NEAR。

例如，为调用 C 语言的 printf 函数，可进行如下声明：

EXTRN	**printf:NEAR**	;只能用 CALL 指令调用 printf 函数,不能用 INVOKE 指令调用

按以上格式声明后,就可以按如下格式调用 printf 函数,按 fmt 格式输出字符串 s 的值：

PUSH	**OFFSET s**	;调用 C 函数,右边的参数即 **s** 的地址（**OFFSET s**）先入栈
PUSH	**OFFSET fmt**	;左边的参数即 fmt 的地址（**OFFSET fmt**）后入栈
CALL	**printf**	;调用 C 的 **printf** 函数
ADD	ESP,8	;c 或 syscall,主程序中用此指令将栈顶恢复到传参前位置

INVOKE 调用可以用 PROTO 声明；CALL 调用既可以用 PROTO 声明，也可以用 EXTRN 声明。

8.2.5　返回指令 RET

当子程序执行完，要返回主程序时，可以使用 RET 指令。语法格式如下：

RET	[Imm]	;stdcall 函数,系统会自己计算参数个数,返回时 ESP+n*4

RET 指令的主要功能是从栈顶中取出返回地址给 EIP，实现返回主程序。RET 指令之后的立即数 Imm 不是用于子程序的返回值，它是 stdcall 函数用于将堆栈指针恢复到传参前的栈顶位置，该立即数 Imm 的值一般为 n*4，n 为参数个数，4 为每个参数字节数。C 或 syscall 函数不指定立即数（用 ADD ESP,n*4 指令在主程序中恢复堆栈指针）。执行 RETN n*4 相当于执行以下两条指令：

RETN		;先返回主程序,放在子程序中执行
ADD	ESP,n*4	;再恢复到传参前的栈顶,放在主程序 CALL 指令之后执行

无论采用什么调用方式，子程序的最后一条指令只需写 RET，编译器自己会根据不同的语言，决定是否需要立即数 Imm，若需要则计算出 n*4 的值。若我们给它指定了立即数 Imm，编译器将不再判断是否需要立即数 Imm，也不再计算 n*4 的值，意味着若我们的计算是错的，编译器也不会给予纠正。

编译器在编译时会将 RET 指令转换成 RETN 或 RETF，并添加 LEAVE 指令，例如：

LEAVE		;子程序有形式参数或局部变量时有此指令,否则没有
RETN	[Imm]	;stdcall 函数,系统会自己计算参数个数,返回 n*4

其中，LEAVE 指令在子程序有形参或局部变量的情况下用于恢复堆栈指针（释放局部变量），否则没有这条指令；RETN 表示近返回（RET NEAR），只取段内地址给 EIP，不含段地址；RETF 指令表示远返回（RET FAR），取段内地址给 EIP，取段地址给 CS；定义子程序时默认 NEAR，故此默认 RETN，若定义子程序时指定 FAR，则转换为 RETF。若我们

直接将 RET 写成 RETN 或 RETF，则编译器不再做以上判断和转换，要由我们自己决定是否需要 LEAVE 指令。

8.2.6 堆栈保护与恢复

若子程序有形式参数或局部变量，则会在子程序的开始位置加入以下 3 条指令：

PUSH	EBP	;保护主程序基址指针
MOV	EBP,ESP	;设置子程序基址指针，保护主程序堆栈指针
ADD	ESP,−n*4	;申请 n 个整型数堆栈空间，若无局部变量则无此指令

以上 3 条指令也可以用 **Enter n*4,0** 指令代替。EBP 是子程序形参和局部变量的基址寄存器，所以以上程序中第一条指令用于保护主程序的基址值到堆栈；第二条指令用于设置子程序的基址值；而第三条指令则用于分配 n 个整型局部变量的存储空间，若没有定义局部变量则无此指令。

在有形参或局部变量时，子程序的结束位置 RET 指令之前会加入以下两条指令：

MOV	ESP,EBP	;恢复堆栈指针，相当于释放局部变量的存储空间
POP	EBP	;恢复主程序基址指针

也可以用 LEAVE 指令代替以上两条指令。以上第一条指令用于恢复堆栈指针，相当于释放局部变量的存储空间，而以上第二条指令用于恢复主程序基址值。

若子程序没有形参和局部变量，则不会添加以上堆栈保护和恢复的指令。

以下是通过调试器看到的例 8-01 的代码：

```
00401000   />PUSH EBP                      ;系统添加的两条指令
00401001   |>MOV EBP,ESP
00401003   |>mov eax,[arg.1]               ;mov EAX,a
00401006   |>cmp eax,[arg.2]               ;.IF   EAX<=b
00401009   |>ja Xc001.0040100E
0040100B   |>mov eax,[arg.2]               ;mov EAX,b
0040100E   |>LEAVE                         ;.ENDIF
0040100F   \>retn 0x8                      ;stdcall 调用子程序中恢复到传参前的栈顶，+2*4
00401012 >/>push c001.00403018             ;invoke scanf,addr fmt,addr x,addr y   ;3 个实参
00401017   |>push c001.00403014
0040101C   |>push c001.00403000
00401021   |>call <jmp.&MSVCRT.scanf>
00401026   |>add esp,0xC                   ;C 调用主程序中恢复到传参前的栈顶，+3*4
00401029   |>push dword ptr ds:[0x403018]  ;invoke Max,x,y       ;2 个实参
0040102F   |>push dword ptr ds:[0x403014]
00401035   |>call c001.00401000           ;stdcall 调用不需要 add esp,0x8
0040103A   |>push eax                      ;invoke printf,ADDR fmt2, x, y,EAX   ;4 个实参
0040103B   |>push dword ptr ds:[0x403018]
00401041   |>push dword ptr ds:[0x403014]
00401047   |>push c001.00403006
0040104C   |>call <jmp.&MSVCRT.printf>
00401051   |>add esp,0x10                  ;C 调用主程序中恢复到传参前的栈顶，+4*4
00401054   \>retn
```

若将例 8-01 改成用寄存器传递参数，则无须形参。源程序如下：

```
.386
.model      flat,stdcall
includelib  msvcrt.lib
scanf       PROTO   C:DWORD,:vararg
printf      PROTO   C:DWORD,:vararg
.data
fmt         DB    '%d %d',0              ;输入格式字符串
fmt2        DB    'Max(%d,%d)=%d',0      ;输出格式字符串
x           DD    ?
y           DD    ?
.code
Max         PROC                         ;定义子程序名 Max
.IF         EAX<=EBX                     ;当 EAX<=y 时
mov         EAX, EBX                     ;y 的内容作为新的最大值存入 EAX
.ENDIF
RET                                      ;返回值已经存于 EAX 中
Max         ENDP
start:
invoke      scanf,addr fmt,addr x,addr y ;输入 x 和 y 的值
mov         EAX,x
mov         EBX,y
invoke      Max                          ;调用函数求最大值
invoke      printf,ADDR fmt2, x, y,EAX   ;输出最大值
RET
end         start
```

无形参和局部变量，无堆栈保护和恢复代码，通过调试器看到的代码如下：

```
00401000    />cmp eax,ebx                        ;.IF  EAX<= EBX
00401002    |>ja Xc001.00401006
00401004    |>mov eax,ebx                        ;.ENDIF
00401006    |>retn                               ;直接返回，无形参不需要恢复到传参前的栈顶
00401007 >|>push c001.00403018                   ;invoke scanf,addr fmt,addr x,addr y ;3 个实参
0040100C    |>push c001.00403014
00401011     >push c001.00403000
00401016    |>call <jmp.&MSVCRT.scanf>
0040101B    |>add esp,0xC                        ;C 调用主程序中恢复到传参前的栈顶，+3*4
0040101E    |>mov eax,dword ptr ds:[0x403014]
00401023    |>mov ebx,dword ptr ds:[0x403018]
00401029    |>call c001.00401000                 ;invoke Max          ;无实参
0040102E    |>push eax                           ;invoke printf,ADDR fmt2, x, y,EAX   ;4 个实参
0040102F    |>push dword ptr ds:[0x403018]
00401035    |>push dword ptr ds:[0x403014]
0040103B    |>push c001.00403006
00401040    |>call <jmp.&MSVCRT.printf>
00401045    |>add esp,0x10                       ;C 调用主程序中恢复到传参前的栈顶，+4*4
00401048    |>retn
```

若将例 8-01 改成有 2 个局部变量，则源程序如下：

```
.386
.model      flat,stdcall
```

```
includelib    msvcrt.lib
scanf         PROTO    C:DWORD,:vararg
printf        PROTO    C:DWORD,:vararg
.data
fmt           DB    '%d %d',0                          ;输入格式字符串
fmt2          DB    'Max(%d,%d)=%d',0                  ;输出格式字符串
x             DD    ?
y             DD    ?
.code
```

Max	**PROC**	Max:		;定义子程序名 Max
LOCAL	**m,n**	enter	2*4,0	;定义 2 个局部变量
mov	**n, EBX**	mov	[ebp-8], EBX	
.IF	**EAX<=n**	.IF	EAX<=[ebp-8]	;当 **EAX<=n** 时
mov	**EAX, n**	mov	EAX, [ebp-8]	;**n** 的内容作为新的最大值存入 **EAX**
.ENDIF		.ENDIF		
RET		leave		;返回值已经存于 **EAX** 中
Max	**ENDP**	retn		

```
start:
invoke    scanf,addr fmt,addr x,addr y              ;输入 x 和 y 的值
mov       EAX,x
mov       EBX,y
CALL      Max                                        ;调用函数求最大值，invoke Max 要求子程序原型
invoke    printf,ADDR fmt2, x, y,EAX                 ;输出最大值
RET
end       start
```

无形参和有局部变量，有堆栈保护和恢复代码，通过调试器看到的代码如下：

```
00401000  />push ebp                                ;系统添加的 3 条指令
00401001  |>mov ebp,esp
00401003  |>add esp,-0x8                            ;申请 2 个整型数堆栈空间，2*4=8 字节
00401006  |>mov [local.2],ebx                       ;mov n, EBX
00401009  |>cmp eax,[local.2]                       ;.IF   EAX<=n
0040100C  |>jg Xc001.00401011
0040100E  |>mov eax,[local.2]                       ;mov EAX, n
00401011    >leave                                  ;.ENDIF
00401012  />retn                                    ;stdcall 调用子程序中恢复到传参前的栈顶，+0*4
00401013 >|>push c001.00403018                      ;invoke scanf,addr fmt,addr x,addr y   ;3 个实参
00401018  |>push c001.00403014
0040101D  |>push c001.00403000
00401022  |>call <jmp.&MSVCRT.scanf>
00401027  |>add esp,0xC                             ;C 调用主程序中恢复到传参前的栈顶，+3*4
0040102A  |>mov eax,dword ptr ds:[0x403014]
0040102F  |>mov ebx,dword ptr ds:[0x403018]
00401035  |>call c001.00401000                      ;invoke Max           ;无实参
0040103A  |>push eax                                ;invoke printf,ADDR fmt2, x, y,EAX   ;4 个实参
0040103B  |>push dword ptr ds:[0x403018]
00401041  |>push dword ptr ds:[0x403014]
00401047  |>push c001.00403006
0040104C  |>call <jmp.&MSVCRT.printf>
00401051  |>add esp,0x10                            ;C 调用主程序中恢复到传参前的栈顶，+4*4
00401054  |>retn
```

若将例 8-01 中的子程序改成 C（或 syscall）函数，则应将子程序定义的第一行代码进行如下修改：

Max	PROC C a:dword ,b:dword ;定义子程序名 Max

通过调试器可以看到，传参栈顶的恢复是在主程序，代码如下：

```
00401000  />PUSH EBP                          ;系统添加的两条指令
00401001  |>MOV EBP,ESP
00401003  |>mov eax,[arg.1]                   ;mov EAX,a
00401006  |>cmp eax,[arg.2]                   ;.IF   EAX<=b
00401009  |>ja Xc001.0040100E
0040100B  |>mov eax,[arg.2]                   ;mov EAX,b
0040100E  |>LEAVE                             ;.ENDIF
0040100F  \>retn                              ;C 函数不在子程序恢复栈
00401010  >>push c001.00403018               ;invoke scanf,addr fmt,addr x,addr y   ;3 个实参
00401015  |>push c001.00403014
0040101A  |>push c001.00403000
0040101F  |>call <jmp.&MSVCRT.scanf>
00401024  |>add esp,0xC                       ;C 调用主程序中恢复到传参前的栈顶，+3*4
00401027  |>push dword ptr ds:[0x403018]     ;invoke Max,x,y       ;2 个实参
0040102D  |>push dword ptr ds:[0x403014]
00401033  |>call c001.00401000
00401038  |>add esp,0x8                       ;C 调用主程序中恢复到传参前的栈顶，+2*4
0040103B  |>push eax                          ;invoke printf,ADDR fmt2, x, y,EAX   ;4 个实参
0040103C  |>push dword ptr ds:[0x403018]
00401042  |>push dword ptr ds:[0x403014]
00401048  |>push c001.00403006
0040104D  |>call <jmp.&MSVCRT.printf>
00401052  |>add esp,0x10                      ;C 调用主程序中恢复到传参前的栈顶，+4*4
00401055  >retn
```

8.3 不同数据类型作为形参的传递方法

第 08 讲 3

8.3.1 整数参数的传递

整数（DWORD 类型）作为子程序的形参时，可以直接调用。

例 8-08 定义子程序 Sum 实现求 1+…+n 的和，并在主程序中调用该函数。

在子程序中定义 DWORD 类型的形参 n，在主程序中用 DWORD 类型变量 a 作为实参将值传递给 n。

源程序如下：

```
.386
.model    flat, stdcall
option    casemap:none
includelib msvcrt.lib
```

例 8-08

scanf	PROTO	C:DWORD,:vararg	
printf	PROTO	C:DWORD,:vararg	
.data			
Infmt	BYTE	'%d',0	
Outfmt	BYTE	'1+…+%d=%d',0	
a	DWORD	?	
.code			
Sum	PROC	n:DWORD	
mov	EAX,0		;设置累加和 EAX 初值为 0
mov	ESI,1		;设置循环计数器 ESI 初值为 1
.while	ESI<=n		;当 ESI<=n 时重复执行以下循环体
add	EAX,ESI		;将计数器 ESI 的值累加到局部变量 s
INC	ESI		;将计数器 ESI 的值加 1
.endw			
RET			;返回值存于 EAX 寄存器中
Sum	ENDP		
start:			
invoke	scanf,ADDR Infmt,ADDR a		;输入 a 的值
invoke	Sum,a		;求 1+…+a 的和，通过 EAX 返回和
invoke	printf,ADDR Outfmt,a,EAX		;输出和表达式
ret			
end	start		

运行后输入：

100

则输出结果为：

1+…+100=5050

8.3.2　字符参数的传递

字符型数据作为参数时，要转化成 DWORD 类型，否则会产生漏洞（PUSH 0）。

例 8-09　编写一个子程序 Upper，将小写字母变成大写字母，然后在主程序中用输入的字符调用该子程序并显示结果。

用字符型参数进行传递时，要转化成 DWORD 类型的数据再进行传递，同时，在子程序中接收数据时，用 MOVZX 或 MOVSX 指令只读取形参的字节数据，形参前缀用 BYTE PTR 表示强制类型。

源程序如下：

.386		
.model	flat, stdcall	
option	casemap:none	
includelib	msvcrt.lib	
scanf	PROTO	C:DWORD,:vararg
printf	PROTO	C:DWORD,:vararg
.data		
fmt	BYTE	'%c',0
c1	BYTE	?

```
        .code
Upper   PROC c2:DWORD              ;接收 32 位数据
MOVZX   EAX,BYTE PTR c2            ;读一个字符到 EAX，高 24 位用 0 填充，详见 4.8.1 节
.IF     EAX>='a' && EAX<='z'       ;若是小写字母则转换成大写字母
SUB     EAX,20H                    ;转换后结果存于 EAX 中返回
.ENDIF
RET
Upper   ENDP
start:
invoke  scanf,ADDR fmt,ADDR c1    ;输入 c1 的值
invoke  Upper,DWORD PTR c1        ;求 c1 字符的大写通过 EAX 返回
invoke  printf,addr fmt,eax       ;输出大写
ret
end     start
```

运行后输入：

d

则输出结果为：

D

8.3.3 整型数组参数的传递

整型数组作为参数进行数据传递时，传递的是 32 位地址。实参表示为：

ADDR 数组名   ;仅用于 INVOKE 调用

或

OFFSET 数组名   ;仅限于全局变量

或

LEA E??,数组名   ;取变量地址到某个寄存器

形参表示为：

参数名:DWORD

或

参数名:ptr DWORD

其中，ptr DWORD 表示指向整型的指针类型，与 DWORD ptr 表示的意义不同，后者表示强制类型转换为整型类型。

因此，主程序中的全局变量名和子程序中的形参名所代表的意义是不同的，是不能等价替换的。

主程序数据段（.data）中定义的变量，变量名经编译后转换成直接寻址方式。若数据段第 1 个变量为整型数组 a，则第 1 个元素可表示为 a、a+0、a[0]或[a+0]，编译后都转换成[00403000H]（具体地址不同的系统略有不同）；第 2 个元素可表示为 a+4 或 a[4]，编译

后都转换成[00403000H+4]，即[00403004H]；第 ESI+1 个元素可表示为[a+ESI*4]或 a[ESI*4]，编译后都转换成[00403000H+ESI*4]。

子程序中定义的形参，形参名经编译后转换成相对寻址方式。若子程序所有形参都是整型的且第 1 个形参名为 a，则第 1 个形参可表示为 a、a+0、a[0]，编译后都转换成[EBP+8]；第 2 个形参可表示为 a+4 或 a[4]，编译后都转换成[EBP+12]；第 ESI+1 个形参可表示为[a+ESI*4]或 a[ESI*4]，编译后都转换成[EBP+ESI*4+8]。

因此，同一个表示形式 a+4 或 a[4]，在主程序中表示整型数组 a 的第 2 个元素，而在子程序中表示以第 1 个整型形参 a 为起始位置的第 2 个形参。

为了访问主程序中整型数组 a 从[00403000H]开始到[00403000H+ESI*4]之间的存储空间，只能把数组 a 的地址 00403000H 传递给子程序，子程序中再将该地址转存给寄存器，例如 EBX，然后通过寄存器间接寻址方式（例如[EBX]）或基址变址寻址方式（例如[EBX+ESI*4]）访问主程序中的数组元素。关键代码如下：

```
...
a              DWORD  80 Dup(0)          ;主程序定义数组 a
...
子程序名       PROC s:DWORD,...          ;形参 s 用于接收地址，相当于:...函数名(int *s...)
mov            EBX,s                     ;取数组地址转存至 EBX
mov            ESI,0                     ;ESI 相当于循环变量 i，指向第 0 个元素
                                         ;s[ESI*4]是第 ESI+1 个形参，不是第 ESI+1 个元素
...            ...,[EBX+ESI*4]           ;访问第 ESI+1 个元素（ESI=0~n-1），相当于 C 的 s[i]
...            ...,[EBX]                 ;访问某元素（EBX 加 4 指向下一个元素），相当于 C 的*s
RET
子程序名       ENDP
...
invoke         子程序名,ADDR a,...       ;将数组 a 的地址传递给形参 s
...
```

例 8-10 编写子程序 SumN(s,n)，求若干整数的和，所计算数据由数组 s 传入、数据个数由 n 传入，主程序输入数据并调用该子程序，最后输出统计结果。

在主程序中将输入的整数存入数组 a，然后在子程序调用时，将数组 a 的地址和实际输入的数据个数传递给子程序，在子程序中通过该地址访问主程序中数组 a 的内容并求和，最后将结果返回。

源程序如下：

```
.386
.model     flat, stdcall
option     casemap:none
includelib msvcrt.lib
scanf      PROTO   C:DWORD,:vararg
printf     PROTO   C:DWORD,:vararg
.data
a          DWORD 80 Dup(0)              ;定义数组 a
Infmt      BYTE    '%d',0
Outfmt     BYTE    '和为%d',0
.code
```

```
SumN        PROC s:dword,n:dword        ;或 SumN PROC s:ptr dword,n:dword
mov         EAX,0                       ;累加和初值为 0
mov         EBX,s                       ;取数组地址
mov         ESI,0                       ;ESI 相当于循环变量 i，指向第 0 个元素
.while      ESI<n                       ;当 ESI<n 时循环，ESI=0~n-1
add         EAX,[EBX+ESI*4]             ;EAX 累加第 ESI 个元素（ESI=0~n-1）后存回 EAX
INC         ESI                         ;ESI 指向下一个元素
.endw                                   ;返回值的和存于 EAX 中
RET
SumN        ENDP
```

```
start:
mov         esi,0
invoke      scanf,addr Infmt,addr a[esi*4]     ;输入 a[i]的值
.while      EAX==1
INC         esi
invoke      scanf,addr Infmt,addr a[esi*4]
.endw
invoke      SumN,addr a,esi                    ;求 a 数组的和通过 EAX 返回
invoke      printf,addr Outfmt,EAX             ;输出结果
ret
end         start
```

运行后输入：

1 3 5

则输出结果为：

和为 9

8.3.4 字符串参数的传递

字符串数据作为子程序的形参时，传递的是 32 位地址，可以是 DWORD 类型，也可以是 ptr sbyte 类型。字符数组中的元素是字节型的，若将其值传送给 32 位寄存器，则要用传送填充指令 MOVSX 或 MOVZX，将 8 位扩充到 32 位。其他操作同整型数组。

例 8-11 编写求字符串长度子程序，实现 C 语言 int strlen(char *)函数功能，在主程序 main 函数中输入数据并用 CALL 指令调用该子程序，最后输出统计结果。

求字符串长度就是查找字符串结束标志所在地址，然后用该地址减去字符串首地址，得到字符串的长度。查找指定字符，可以用第 4 章介绍的串扫描指令 SCASB 实现，也可以自己写一个循环实现，本例使用后者。

源程序如下：

例 8-11

```
.386
.model      flat, stdcall
option      casemap:none
includelib  msvcrt.lib
scanf       PROTO   C:DWORD,:vararg
printf      PROTO   C:DWORD,:vararg
.data
```

Infmt	YTE '%s',0	
Outfmt	BYTE '%d',0	;输出格式串
.code		

strlen	PROC s:dword	;或 strlen PROC s:ptr sbyte
mov	EAX,s	;取字符串首地址
.while	BYTE PTR [EAX]!=0	;不是字符串结束标志
INC	EAX	;EAX 加 1，指向下一个字符
.endw		
sub	EAX,s	;字符串结束标志地址减字符串首地址即串长，通过 EAX 返回
RET		
strlen	ENDP	

main	proc	
LOCAL	s1[80]:BYTE	
invoke	scanf,addr Infmt,addr s1	;输入 s1 的值
Lea	eax,s1 ;invoke strlen,addr s1	;求 s1 字符串的长度，通过 EAX 返回
Push	eax	;不能用 push offset s1
Call	strlen	
invoke	printf,addr Outfmt,eax	;输出
RET		
main	endp	
end	main	

运行后输入：

ABCD

则输出结果为：

4

8.3.5 双精度浮点数参数的传递

用双精度浮点数作为子程序的参数，若是用 INVOKE 调用，则类似整型参数，除了形参定义时要将 DWORD 类型改为 QWORD 类型或 REAL8 类型，没有其他差别。

若是用 CALL 指令调用，则比较麻烦，因为 PUSH 入栈指令在 32 位系统中不能一次将一个 8 字节的实参压入堆栈。

为此，要采用以下两种变通的方法。

方法 1：将 8 字节实参分两次入栈，按照高高低低原则（高字节存高地址、低字节存低地址），先将高 4 字节入栈，再将低 4 字节入栈。

方法 2：直接将栈顶指针减 8（相当于入栈一个 8 字节数据），然后用 FSTP 指令将浮点数存入栈顶。

例 8-12 编写求双精度浮点数负数的子程序 FuShu，在主程序中输入一个实数并调用，最后显示结果（用%g 格式）。

用 INVOKE 伪指令调用程序比较简单，源程序如下：

例 8-12

.386	
.model	flat, stdcall
option	casemap:none
includelib	msvcrt.lib

```
scanf       PROTO    C:DWORD,:vararg
printf      PROTO    C:DWORD,:vararg
.data
Infmt       BYTE     '%lf',0
Outfmt      BYTE     '[%+g]负数为%g',0
x           QWORD    ?
y           QWORD    ?
.code
FuShu       PROC f:QWORD              ;接收 64 位数据
FLD         f                        ;取双精度数
FCHS                                 ;转换后结果存于 st(0)中返回
RET
FuShu       ENDP
start:
invoke      scanf,ADDR Infmt,ADDR x  ;输入 x 的值
invoke      FuShu,x                  ;求 x 的负数通过 st(0)返回
FSTP        y                        ;取负数
invoke      printf,ADDR Outfmt,x,y   ;输出
ret
end         start
```

运行后输入：

3.14

则输出结果为：

[+3.14]负数为−3.14

运行后输入：

−3.14

则输出结果为：

[−3.14]负数为3.14

若要用 CALL 指令实现 invoke FuShu,x 调用，按照方法 1 分两次入栈。代码如下：

```
PUSH      DWORD PTR   x+4   ;将浮点数高 4 字节入栈，或 push   DWORD PTR x[4]
PUSH      DWORD PTR   x     ;将浮点数低 4 字节入栈
CALL      FuShu
;ADD      ESP, 8            ;若是用 C 或 syscall 方式调用则需恢复堆栈指针
```

按照方法 2，先用 SUB 指令将栈顶指针减 8，以腾出 8 字节空间，然后用 FSTP 指令将一个 8 字节的浮点数直接存入栈顶。代码如下：

```
SUB       ESP,8            ;直接修改堆栈指针以腾出 8 字节空间
FLD       x                ;加载浮点数 x 到浮点寄存器 st(0)
FSTP      QWORD PTR[ESP]   ;用 FSTP 指令将浮点寄存器 st(0)中的值存入栈顶
CALL      FuShu
;ADD      ESP, 8           ;若是用 C 或 syscall 方式调用则需恢复堆栈指针
```

第 09 讲

8.4 递归程序设计

函数间接或直接地调用其自身，称为函数的递归调用。递归方法解决
问题的关键是：一个 n 规模问题必须能分解成若干常量规模问题和若干 n−1（或更小）规
模问题，常量规模问题是 n 规模问题经过若干次迭代后的出口。

8.4.1 用 C 语言的递归方法求累加和

例 8-13 编写递归函数 fun(n)，求 1+⋯+(n−1)+n 的和，在主程序中输入整数调用该函
数并输出结果。

先观察一下累加和的表示形式：

$$\sum_{i=1}^{n} i = n + \sum_{i=1}^{n-1} i$$

$$\sum_{i=1}^{n-1} i = n-1 + \sum_{i=1}^{n-2} i$$

$$\cdots$$

$$\sum_{i=1}^{1} i = 1$$

由以上表示可以发现，1 到 n 的累加和可表示为 1 到 n−1 的累加和，然后再加 n，且 1
到 n−1 仍是累加和问题，只是规模更小，因此，可以用递归方法解决。假设 n 规模的总目
标——1 到 n 的累加和，可表示为 fun(n)，那么问题可分情况描述如下。

（1）当 n≤1 时，1 到 1 的累加和，可直接返回 1。

（2）当 n>1 时，n 规模问题可迭代表示为 n−1 规模的表达式：n+fun(n−1)。

问题可用分段函数表示为：

$$\sum_{i=1}^{n} i = \mathrm{fun}(n) = \begin{cases} 1 & ,n \leq 1 \\ n + \sum_{i=1}^{n-1} i & ,n > 1 \end{cases} = \begin{cases} 1 & ,n \leq 1 \\ n + \mathrm{fun}(n-1) & ,n > 1 \end{cases}$$

该分段函数的计算可用 C 语言描述如下：

```c
#include <stdio.h>
int fun(int n)
{
    int     eax;
    if      (n<=1)
            eax=1;
    else
            eax=n+fun(n-1);
    return eax;
}
void main()
{
    int     n;
```

```
        scanf("%d",&n);
        printf("和为%d",fun(n));
}
```

8.4.2 用汇编语言的递归方法求累加和

用汇编语言的递归方法求累加和的源程序如下:

```
.386
.model      flat, stdcall
option      casemap:none
includelib  msvcrt.lib
scanf   PROTO   C:DWORD,:vararg
printf  PROTO   C:DWORD,:vararg
.data
x       DD  ?
fmt     DB  "%d",0
Outfmt  DB  "和为%d",0
.code
```

fun	PROC n:dword			;if(n<=1)return 1;else return n+fun(n−1);
.IF	n<=1	cmp	n,1	;若 n<=1
mov	eax,1	jnle	G1	;返回 1
.Else		mov	eax,1	
mov	ecx,n	jmp	Done	;ecx←n,将 n 的值转存至 ecx
dec	ecx	G1:		;ecx←ecx−1 即 ecx=n−1
invoke	fun,ecx	mov	ecx,n	;求 fun(ecx)即 fun(n−1), 返回值存入 eax
add	eax,n	dec	ecx	;eax←eax+n 即 eax=fun(n−1)+n
.EndIF		invoke	fun,ecx	
ret		add	eax,n	
fun	ENDP	Done:		

```
start:
invoke  scanf,addr   fmt, addr   x
invoke  fun,x                         ;求 fun(x)
invoke  printf,addr Outfmt,eax
ret
end     start
```

运行后输入:

```
100
```

则输出结果为:

```
和为 5050
```

若将以上程序中的 fun 函数改为如下形式,则是错误的:

fun	PROC n:dword	;if(n<=1)return 1;else return n+fun(n-1);
.IF	n<=1	;若 n<=1
mov	eax,1	;返回 1
.Else		
mov	ecx,n	;ecx←n,将 n 的值转存至 ecx
dec	n	; n←n−1 即 n =n−1

invoke	fun, n	;求 fun(n−1)，返回值存入 eax，此调用改变 ecx 的值
add	eax,ecx	;期望 eax=fun(n−1)+n，其实 ecx 已不是 n，而是 2
.EndIF		;最后求的是 1+2+⋯+2=199，因递归后 ecx 减到 2
ret		
fun	ENDP	

正确的方法是子程序定义时指定保护 ecx，则能得到正确的结果。代码如下：

fun	PROC uses ecx n:dword	;if(n<=1)return 1;else return n+fun(n−1);
.IF	n<=1	;若 n<=1
mov	eax,1	;返回 1
.Else		
mov	ecx,n	;ecx←n，将 n 的值转存至 ecx
dec	n	; n←n−1 即 n =n−1
invoke	fun, n	;求 fun(n−1)，此调用虽改变 ecx 的值，但 ecx 被保护
add	eax,ecx	;eax=fun(n−1)+n，由于 ecx 的值被保护，因此仍为 n
.EndIF		
ret		
fun	ENDP	

8.4.3 递归案例

例 8-14 用递归方法求解 Hanoi（汉诺）塔问题。传说梵天创造世界时做了 3 根宝石针 A、B、C，在 A 针上从下往上按照从大到小的顺序穿着 64 个大小不同的圆盘（见图 8-2）。梵天命令僧侣借助 B 针把圆盘从 A 针移到 C 针上，移动的规则是：一次只能移动一片，且不管在哪根针上，小盘必须在大盘之上。现请编写 fun(n,A,B,C) 函数，将 n 个盘由 A 借助 B 移到 C，程序运行后输入圆盘数 n，然后调用该函数输出每一步移动的顺序。

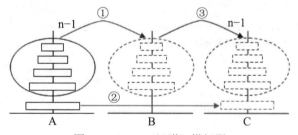

图 8-2　Hanoi（汉诺）塔问题

由图 8-2 可以发现，要将 n 个盘由 A 借助 B 移到 C，可分解为：先将 n−1 个盘由 A 借助 C 移到 B，然后剩余 1 个盘直接从 A 移到 C，最后将 n−1 个盘由 B 借助 A 移到 C。分解后的各步骤仍是汉诺问题，只是规模更小，因此，可以用递归方法解决。假设 n 规模的总目标——将 n 个盘由 A 借助 B 搬到 C 可表示为 fun(n,A,B,C)，那么问题可分情况描述为：

（1）当 n≤1 时，直接输出将 1 个盘由 A 搬到 C，表示为 printf("%c->%c\n",A,C)。

（2）当 n>1 时，n 规模问题可迭代表示为 n−1 规模的 3 个步骤。

① 将 n−1 个盘借助 C 由 A 搬到 B，可表示为 fun(n−1,A,C,B)。

② 将 1 个盘由 A 搬到 C，可表示为 printf("%c->%c\n",A,C)。

③ 将 n−1 个盘由 B 借助 A 搬到 C，可表示为 fun(n−1,B,A,C)。

问题可用分段函数表示为:

$$\text{fun}(n, A, B, C) = \begin{cases} A \rightarrow C & ,n \leq 1 \\ \begin{cases} \text{①} \ \text{fun}(n-1, A, C, B) \\ \text{②} \ A \rightarrow C \\ \text{③} \ \text{fun}(n-1, B, A, C) \end{cases} & ,n > 1 \end{cases}$$

该分段函数可用 C 语言描述如下:

```c
void fun(int n,char A,char B,char C)
{
    if(n<=1)
        printf("%c->%c\n",A,C);
    else
    {
        fun(n-1,A,C,B);
        printf("%c->%c\n",A,C);
        fun(n-1,B,A,C);
    }
}
```

调用方法如下:

```c
fun(n, 'A', 'B', 'C')
```

汇编源程序如下:

例 8-14

```
.386
.model      flat, stdcall
includelib  msvcrt.lib
scanf       PROTO   C:DWORD,:vararg
printf      PROTO   C:DWORD,:vararg
.data
x           DD   ?
Infmt       DB   "%d",0
Outfmt      DB   "%c->%c",13,10,0
.code
fun         PROC    n:dword,A:dword,B:dword,D:dword
.IF         n<=1                        ;若 n<=1
invoke      printf,addr Outfmt, A, D    ;printf("%c->%c\n",A,C);
.Else
DEC         n
invoke      fun, n, A, D, B             ;①fun(n−1,A,C,B);
invoke      printf,addr Outfmt, A, D    ;②printf("%c->%c\n",A,C);
invoke      fun, n, B, A, D             ;③fun(n−1,B,A,C);
.EndIF
ret
fun         ENDP
start:
invoke      scanf,addr Infmt,addr x
invoke fun,x, 'A', 'B', 'C'                 ;fun(n, 'A', 'B', 'C')
```

```
    ret
    end         start
```

运行后输入：

```
3
```

则输出结果为：

```
A->C
A->B
C->B
A->C
B->A
B->C
A->C
```

例 8-15 设有一棵完全二叉树（该二叉树除最底下一层右侧结点可以不存在，其他结点都存在），其每个结点的值都是一个字母。该二叉树 n 个结点的值按层（同层的按从左到右的顺序）存储于 n 个元素的字符数组 B 中，如图 8-3 所示。二叉树对应的字符数组 B 的值为 ABCDEFGHIJKLMNOPQRST。现要编写 fun(B,i,n) 函数，实现从根结点 i 开始按中序遍历输出有 n 个结点的二叉树 B，程序运行后输入字符数组 B 的值，然后调用该函数从根结点 0 开始按中序遍历输出各结点的值。

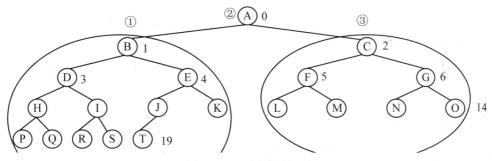

图 8-3　二叉树遍历问题

　提示

中序遍历指任何时候都是先输出左子树，再输出根结点，最后输出右子树。

用各结点对应的数组下标作为编号，若父结点编号为 i，则左儿子编号为 2i+1、右儿子编号为 2i+2，分别简称左儿子 2i+1、右儿子 2i+2。

由图 8-3 可以发现，要遍历整棵二叉树 n 个元素，可分解为遍历左子树、根结点、右子树 3 个步骤，且分解后的各子树仍是二叉树，只是规模更小。因此，可以用递归方法解决。假设 n 规模的总目标——输出以结点 i=0 为根结点共有 n 个结点的二叉树 B，可表示为 fun(B,i,n)，那么问题可分情况描述如下。

（1）当 i≥n 即根结点不存在时，输出空（或不输出），可表示为 printf("")。

（2）当 i<n 时，n 规模问题可迭代表示为更小规模的 3 个步骤。

① 输出以左儿子 2i+1 为根结点共有 n 个结点的二叉树 B，可表示为 fun(B,2i+1,n)。

② 输出根结点 i，可表示为 printf("%c",B[i])。

③ 输出以右儿子 2i+2 为根结点共有 n 个结点的二叉树 B，可表示为 fun(B,2i+2,n)。

问题可用分段函数表示为：

$$\text{fun}(B,i,n)=\begin{cases} \text{空} & ,i \geq 1 \\ \begin{cases} ①\ \text{fun}(B,2i+1,n) \\ ②\ \text{printf}("\%c",B[i]), i<n \\ ③\ \text{fun}(B,2i+2,n) \end{cases} \end{cases}$$

该分段函数可用 C 语言描述如下：

```c
void fun(char B[],int i,int n)
{
   if(i>=n)
     printf("");
   else
   {
     fun(B,2*i+1,n);
     printf("%c",B[i]);
     fun(B,2*i+2,n);
   }
}
```

调用方法如下：

```c
fun(B,0,n);
```

汇编源程序如下：

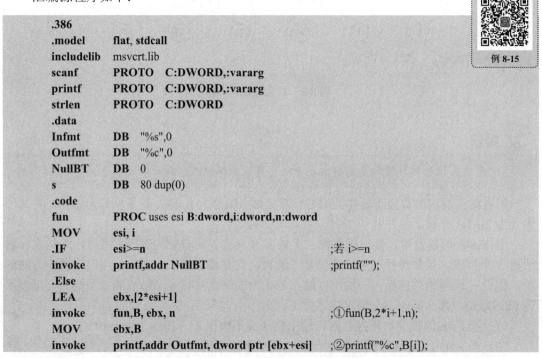

例 8-15

```
        .386
        .model      flat, stdcall
        includelib  msvcrt.lib
        scanf       PROTO   C:DWORD,:vararg
        printf      PROTO   C:DWORD,:vararg
        strlen      PROTO   C:DWORD
        .data
Infmt       DB      "%s",0
Outfmt      DB      "%c",0
NullBT      DB      0
s           DB      80 dup(0)
        .code
fun         PROC uses esi B:dword,i:dword,n:dword
        MOV         esi, i
        .IF         esi>=n                              ;若 i>=n
        invoke      printf,addr NullBT                  ;printf("");
        .Else
        LEA         ebx,[2*esi+1]
        invoke      fun,B, ebx, n                       ;①fun(B,2*i+1,n);
        MOV         ebx,B
        invoke      printf,addr Outfmt, dword ptr [ebx+esi]   ;②printf("%c",B[i]);
```

```
        LEA         ebx,[2*esi+2]
        invoke      fun,B, ebx, n                              ;③fun(B,2*i+2,n);
        .EndIF
        ret
        fun         ENDP
        start:
        invoke      scanf,addr Infmt,addr s
        invoke      strlen,addr s
        invoke      fun,addr s, 0,eax
        ret
        end         start
```

运行后输入：

```
ABCDEFG
```

则输出结果为：

```
DBEAFCG
```

例 8-16　编写一个函数 fun(int n)，用递归方法将十进制数 n 转换为二进制数，运行后输入正整数 n，然后调用该函数并输出 n 的二进制数。

将十进制数 250 转换成二进制数的前两个步骤如下：

$$250 = \boxed{1111101}0B$$
$$250/2 = \boxed{125} \cdots 0B$$

$$125 = \boxed{1111101}1B$$
$$125/2 = \boxed{62} \cdots 1B$$

由以上转换过程可以发现，要转换整数 n 为 N 位二进制数，可将其分解为前 N−1 位即 n/2 的二进制数和最后一位即 n%2 的二进制数两部分，且分解后的各部分仍是最终二进制数的组成部分，只是规模更小。因此，可以用递归方法解决。假设 n 规模的总目标——将整数 n 转换为二进制数，可表示为 fun(n)，那么问题可分情况描述如下。

（1）当 n<2 时，直接输出 n 的二进制数，可表示为 printf("%d",n)。

（2）当 n≥2 时，n 规模问题可迭代表示为更小规模的两个步骤。

① 输出前 N−1 位即 n/2 的二进制数，可表示为 fun(n/2)。

② 输出最后一位即 n%2 的二进制数即余数，可表示为 printf("%d",n%2)。

问题可用分段函数表示为：

$$fun(n) = \begin{cases} \text{输出 } n & ,n < 2 \\ \begin{cases} ① \text{ 求 } fun(n/2) \\ ② \text{输出} n\%2 \end{cases} & ,n \geq 2 \end{cases}$$

该分段函数可用 C 语言描述如下：

```
void fun(int n)
{
```

```
        if(n<2)
            printf("%d",n);
        else
        {
            fun(n/2);
            printf("%d",n%2);
        }
        }
```

调用方法如下：

```
    fun(n)
```

汇编源程序如下：

```
        .386
        .model      flat, stdcall
        include     kernel32.inc
        includelib  kernel32.lib
        includelib  msvcrt.lib
        scanf       PROTO   C:DWORD,:vararg
        printf      PROTO   C:DWORD,:vararg
        .data
        fmt         DB    "%d",0
        x           DD    ?
        .code
        fun         PROC    uses EDX n:dword
        LOCAL       two:DWORD
        MOV         two,2
        .IF         n<2                         ;若 n<2
        invoke      printf,addr fmt, n          ;printf("%d",n);
        .Else
        MOV         EAX,n                       ;n 除以 2
        CDQ
        IDIV        two
        invoke      fun,EAX                     ;求 fun(n/2);
        invoke      printf,addr fmt, EDX        ;printf("%d",n%2);
        .EndIF
        ret
        fun         ENDP
        start:
        invoke      scanf,addr fmt,addr x
        invoke      fun,x                       ;fun(n)
        invoke      ExitProcess,0
        end         start
```

例 8-16

运行后输入：

```
    250
```

则输出结果为：

```
    11111010
```

在以上源程序中，若将 2 改为 8、16，则为求八进制、十六进制问题。十六进制输出时要将 10~15 转换成字母 A~F，可定义一个数组 d[16]="0123456789ABCDEF"，再将数字 0~15 作为数组的下标，转换成输出第 0~15 个元素的字符；也可以用'%X'作为输出格式字符串输出 0~15。

8.5　C 程序调用汇编子程序

要用 C 程序调用汇编语言的子程序（函数），可先将汇编源程序单独编译生成.obj 文件，然后将.obj 文件加入 C 工程，最后在 C 工程中链接生成可执行文件；也可以直接在 C 工程中添加汇编源程序（*.asm），然后设置该文件的汇编命令，生成的.obj 文件即可在 C 工程中直接与 C 源程序生成的.obj 文件一起链接生成可执行文件。

在 VC 工程菜单中添加汇编语言的.obj 文件到 C 工程，操作如图 8-4 所示。

　　（a）向 VC 工程添加文件的菜单项　　　（b）向 VC 工程添加.obj 文件的对话框

图 8-4　向 VC 工程添加文件的操作

8.5.1　C 程序调用汇编子程序的方式

C 程序调用汇编语言子程序（函数）的方式主要有 3 种。原则上，汇编语言源程序中指定的函数调用方式要与 C 程序中原型声明时指定的实际调用方式一致。

若在 C 程序中以 C 方式调用汇编子程序，则在汇编源程序中必须指定为.model flat,C 或者在子程序定义时指定为 C；在 C++源程序（*.CPP）中必须声明为外部 C 函数，函数原型声明时加前缀 extern "C"，若是在 C 源程序（*.C）中就不用这个前缀。

若在 C++源程序中以 C++方式调用汇编子程序，则在汇编源程序中必须指定为.model flat,syscall 或者在子程序定义时指定为 syscall，且子程序名要按_cdecl 规则重新命名，并在 C++源程序中声明为外部 C++函数。

若在 C 程序中以_stdcall 方式调用汇编子程序，则在汇编源程序中必须指定为.model flat,stdcall 或者在子程序定义时指定为 stdcall（注意：stdcall 子程序名不要重新命名，系统会自动重新命名），且在 C 源程序中声明为以_stdcall 方式调用的外部函数。

_stdcall 调用约定，在 C 程序中，函数名变为汇编源程序中的子程序名时，必须前缀一个下画线，后缀一个@及形参字节数，_stdcall 函数名对应的汇编语言格式子程序名为：

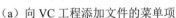

　　_函数名@形参字节数

例如，若 C 程序中函数名为 int_stdcall he(int x,int y)，则汇编语言中必须重命名为_he@8。汇编语言中只要指定为 stdcall 方式的 he，系统就会自动重新命名为_he@8。

C++函数名按_cdecl 规则重新命名的方法如图 8-5 所示，示例如图 8-6 所示。按_cdecl 规则重新命名时数据类型对应的代号如表 8-1 所示。

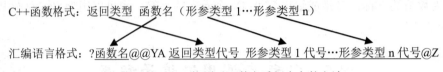

C++函数格式：返回类型 函数名（形参类型 1…形参类型 n）

汇编语言格式：?函数名@@YA 返回类型代号 形参类型 1 代号…形参类型 n 代号@Z

图 8-5　按_cdecl 规则对函数名重新命名的方法

C++函数格式：signed char MyFunc(char,int,double)

汇编语言格式：?MyFunc@@YAC D H N@Z

图 8-6　C++函数 signed char MyFunc(char,int,double)对应的子程序名为?MyFunc@@YACDHN@Z

表 8-1　按_cdecl 规则重新命名时数据类型对应的代号

数 据 类 型	代　　号	数 据 类 型	代　　号	数 据 类 型	代　　号	数 据 类 型	代　　号
signed char	C	unsigned short	G	unsigned long	K	void	X
char	D	int	H	float	M	_int64	J
unsigned char	E	unsigned	I	double	N	bool	_N
short	F	long	J	long double	O	X 类型指针	PAX

其中代号 PAX 表示指针，PA 后面的 X 为指针基类型代号，若同类型指针连续出现则以 "0"（零）代替；若函数没有形参（void 类型），则后缀@Z 改为 Z，相当于去掉最后一个@。

若读者不理解如何将函数名按_cdecl 规则重新命名，可以在 C++源程序中直接声明相应的函数原型并进行调用，然后编译链接该源程序文件，系统会产生如下出错提示信息，在提示信息中有所要调用的函数原型及按_cdecl 规则重新命名的子程序名。

```
Linking...
ccc.obj : error LNK2001: unresolved external symbol "int __cdecl he(int,int)" (?he@@YAHHH@Z)
Debug/ddd.exe : fatal error LNK1120: 1 unresolved externals
执行  link.exe 时出错.
```

8.5.2　将 C 程序中的整型参数传入汇编程序

下面通过案例介绍 C 程序中的整型参数以不同调用方式传入汇编程序的实现方法。

例 8-17　用汇编语言编写求两个整数和的函数 he(int x,int y)并存为 he.asm，再编写 C 程序调用该函数。

下面给出 3 种常用调用方式和一种混合调用方式的实现方法和代码。

1．C 方式调用

第一步：将如下求和的汇编语言源程序 he.asm 用 ml.exe 或 VC 事先单独编译成目标文件 he.obj，或者直接将源程序 he.asm 添加到 C 源程序所在工程，再设置汇编语言源程序的编译命令，以便生成目标文件 he.obj。

设置汇编语言源程序编译命令的方法如下。选择"工程"菜单下的"设置"命令，在弹出的工程设置（Project Settings）对话框中，单击左侧工程资源树中的"+"，找到 he.asm

文件，然后选择"自定义组建"选项卡，设置汇编源程序的汇编命令如下：

D:\masm32\bin\ml.exe /c /coff he.asm

或

D:\KSTemp\ml.exe /c /coff he.asm

在"输出"文本框中设置汇编源程序生成的目标文件名为 he.obj。

用这种方式编译后，目标文件 he.obj 就位于当前的工程中，不需要另行添加，以下类似。

```
.386
.model      flat,C                          ;C 方式自动加下画线
option      casemap:none
.code
he          proc x:dword,y:dword            ;C 方式编译器自动重命名为_he
mov         eax,x
add         eax,y
ret                                         ;不用修改 ret 后的值，在主程序中恢复堆栈
he          endp
end
```

例 8-17

第二步：将目标文件 he.obj 添加到以下 C 源程序所在的工程中（若已存在则不需要再添加），然后编译运行。

```
#include <stdio.h>
extern  "C"  int  _cdecl  he(int,int);//将 he 函数声明为外部函数且是 C 格式，_cdecl 可省略
void main()
{
    printf("和为%d\n",he(3,4));             //extern  "C"方式自动改为调用_he
}
```

输出结果为：

和为 7

2. C++方式调用

第一步：将如下求和的汇编语言源程序 he.asm 用 ml.exe 或 VC 事先单独编译成目标文件 he.obj，或者直接将源程序 he.asm 添加到 C 源程序所在工程，然后在工程中设置汇编语言源程序的编译命令（D:\KSTemp\ml.exe /c /coff he.asm）和输出的目标文件（he.obj）。

```
.386
.model      flat,syscall                    ;syscall 方式不会重命名函数名
option      casemap:none
.code
?he@@YAHHH@Z        proc x:dword,y:dword ;将 int he(int,int)重命名为?he@@YAHHH@Z
mov         eax,x
add         eax,y
ret                                         ;不用修改 ret 后的值，在主程序中恢复堆栈
```

```
?he@@YAHHH@Z      endp
end
```

第二步：将目标文件 he.obj 添加到以下 C++程序所在工程，然后编译运行。

```
#include <stdio.h>
extern int _cdecl he(int x,int y);        //将 he 函数声明为外部函数，_cdecl 可省略
void main()
{
    printf("和为%d\n",he(3,4));          //_cdecl（C++）方式自动改为调用?he@@YAHHH@Z
}
```

3. stdcall 方式调用

第一步：将如下求和的汇编语言源程序 he.asm 用 ml.exe 或 VC 事先单独编译成目标文件 he.obj，或者直接将源程序 he.asm 添加到 C 源程序所在工程，然后在工程中设置汇编语言源程序的编译命令（D:\KSTemp\ml.exe /c /coff he.asm）和输出的目标文件（he.obj）。

```
.386
.model      flat,stdcall              ;stdcall 方式会重命名函数名
option      casemap:none
.code
he          proc x:dword,y:dword      ;he(int,int)函数按 stdcall 自动重命名为_he@8
mov         eax,x
add         eax,y
ret                                   ;stdcall 方式，编译器自动改为 ret 8
he          endp
end
```

第二步：将目标文件 he.obj 添加到以下 C/C++程序所在工程，然后编译运行。

```
#include <stdio.h>
extern  "C"  int  _stdcall  he(int,int); //he 函数声明为外部函数，C++中指定"C"，C 中不指定
void main()
{
    printf("和为%d\n",he(3,4));        //_stdcall 方式自动改为调用_he@8
}
```

4. syscall 汇编代码 stdcall 方式调用

第一步：将如下求和的汇编语言源程序 he.asm 用 ml.exe 或 VC 事先单独编译成目标文件 he.obj，或者直接将源程序 he.asm 添加到 C/C++程序所在工程，然后在工程中设置汇编语言源程序的编译命令（D:\KSTemp\ml.exe /c /coff he.asm）和输出的目标文件（he.obj）。

```
.386
.model      flat,syscall              ;syscall 方式不会重命名函数名，也不会修改 ret 后的值
option      casemap:none
.code
_he@8       proc x:dword,y:dword      ;he(int,int)函数按 stdcall 手动重命名为_he@8
            mov eax,x
            add eax,y
```

```
                ret 8                        ;按 stdcall 规则，手动改为 ret 8
        _he@8 endp
        end
```

第二步：将目标文件 he.obj 添加到以下 C/C++程序所在工程，然后编译运行。

```
#include <stdio.h>
extern "C" int _stdcall he(int,int) ;//he 函数声明为外部函数，C++中指定"C"，C 中不指定
void main()
{
        printf("和为%d\n",he(3,4));                //_stdcall 方式自动改为调用_he@8
}
```

8.5.3　将 C 程序中的整型数组参数传入汇编程序

例 8-18　用汇编语言编写求平均值的函数 int mean(int d[],int num)并存为 MN.asm，再编写 C 程序调用该函数。

第一步：为以下求平均值的汇编语言源程序 MN.asm 设置编译命令（D:\KSTemp\ml.exe /c /coff MN.asm），编译成目标文件 MN.obj。

```
        .386
        .model     flat,C
        option     casemap:none
        .code
        mean       proc uses ebx ecx edx,d:ptr dword,num:dword
                   LOCAL temp:dword
                   mov ebx,d            ;取数组首地址，不能用 LEA ebx,d
                   mov ecx,num          ;取循环次数（数组元素个数）
                   mov temp,0           ;累加和初值
                   mov esi,0            ;以 esi 作为循环变量，相当于 i=0
        mean1:     mov eax,[ebx+esi*4]  ;eax<==d[i]
                   add temp,eax         ;temp=temp+d[i];
                   inc esi              ;add esi,1              ;i++
                   cmp esi,ecx          ;比较 i（存于 esi）与 num（存于 ecx）
                   jb    mean1          ;如果 esi 低于 ecx（即 i<num）则转 mean1
                   mov eax,temp         ;累加和 temp 转存至 eax
                   cdq                  ;扩展 eax，即 edx|eax<==eax
                   idiv ecx             ;作为整数除，即(edx|eax)/ecx=eax...edx
                   ret
        mean       endp
        end
```

第二步：添加到以下 C++程序所在的工程，编译运行。

```
#include "stdio.h"
extern "C" {int mean(int d[],int num);}//将 mean 函数声明为外部函数，采用 C 格式的函数
void main()
{
        int array[10]={1,2,3,4,5,6,7,8,9,10};
        printf("平均值为%d\n",mean(array,10));
}
```

输出结果为：

平均值为5

8.5.4 将 C 程序中的字符数组参数传入汇编程序

将 C 源程序中的字符数组作为参数传递给汇编语言源程序的函数，与整型数组参数的传递方法类似。

例 8-19 用汇编语言编写读 CPUID 函数 int GetCpuId(char s[])并存为 CPU.asm，再编写 C 程序调用该函数，以显示 CPU 系列号和厂商名称。

第一步：将求 CPU 系列号和厂商名称的汇编源程序 CPU.asm 用编译命令（D:\KSTemp\ml.exe /c /coff CPU.asm）编译成目标文件 CPU.obj。

```
.586
.model      flat,C
option      casemap:none
.code
GetCpuId proc uses ebx ecx edx,s:ptr SBYTE
        mov eax,0       ;设置 EAX 的值为 0
        cpuid           ;执行 CPUID 指令后，ebx|edx|ecx 返回 CPU 厂商名，如 GenuineIntel
        mov eax,s       ;取数组 s 地址，不能用 LEA ebx,s
        mov [eax],ebx   ;ebx 中的厂商名前 4 个字符"Genu"用 eax 寄存器间接寻址转存至 s
        mov [eax+4],edx ;edx 中的厂商名中间 4 个字符"ineI"用 eax+4 寄存器相对寻址转存至 s+4
        mov [eax+8],ecx ;ecx 中的厂商名后 4 个字符"ntel"用 eax+8 寄存器相对寻址转存至 s+8
        mov eax,1       ;设置 EAX 的值为 1
        cpuid           ;执行 CPUID 指令后，edx 返回 CPU ID，如 3219913727
        mov eax,edx     ;存于 edx 中的 CPU ID 值转存至 eax，返回主程序
        ret
GetCpuId endp
End
```

第二步：添加到以下 C 程序所在工程，编译运行。

```
#include "stdio.h"
extern "C" {int GetCpuId(char s[]);}
void main()
{
    char s[20]={0,0,0,0,0,0,0,0,0,0,0,0,0,0,0,0,0,0,0,0};
    int n=GetCpuId(s);
    printf("CPU ID:%u,CPU 厂商名:%s\n",n,s);
}
```

输出结果为：

CPU ID:3219913727,CPU 厂商名:GenuineIntel

8.5.5 用 C 程序调用汇编函数重载

C++中函数的重载可以用同一个函数名调用不同的函数，这大大方便了程序设计。而在 C 语言中，要求绝对值必须用两个函数，一个是求整数的绝对值 int abs(int)，另一个是

求实数的绝对值 double fabs(double)，这不方便读者学习和使用。有了重载功能以后，就可以用一个函数实现这两个功能，至于是调用求整数的绝对值函数还是调用求实数的绝对值函数，则由编译器自动匹配。

函数可重载的必要条件是：函数名相同而参数的个数或类型不同（返回类型是否不同不作为可重载依据）。编译时由编译器根据函数名和实参个数与类型自动匹配并决定调用哪个函数。

要在汇编语言中定义可被 C++重载的函数，必须按 C++规则（_cdecl 规则）对函数进行重新命名，命名规则如图 8-5 所示。

例 8-20　在汇编语言中定义求若干整数和的可重载函数 int f(int x,int y)和 int f(int x,int y,int z)，并用 C++调用该函数。

第一步：在汇编语言中定义可重载函数 int f(int x,int y)和 int f(int x,int y,int z)，存为源程序 he.asm，用编译命令（D:\KSTemp\ml.exe /c /coff he.asm）编译成目标文件 he.obj。

```
.386
.model      flat,syscall              ;syscall 方式不会重命名函数名，也不会修改 ret 后的值
option      casemap:none
.code
?f@@YAHHH@Z PROC x:dword,y:dword;对应 C++函数名 int f(int x,int y)
mov         eax,x
add         eax,y
ret
?f@@YAHHH@Z endp
?f@@YAHHHH@Z PROC x:dword,y:dword,z:dword;对应 C++函数名 int f(int x,int y,int z)
mov         eax,x
add         eax,y
add         eax,z
ret
?f@@YAHHHH@Z endp
end
```

第二步：添加到以下 C++程序所在工程，编译运行。

```
#include"stdio.h"
extern int f(int x,int y);
extern int f(int x,int y,int z);
void main()
{
printf("%d %d\n",f(2,3),f(3,4,5));
}
```

输出结果为：

5   12

8.6　汇编程序调用 C/C++函数

汇编语言如何调用 C/C++系统定义的函数（如 scanf、printf 函数），前面

已经介绍。这里将介绍使用汇编语言调用 C 或 C++自定义函数，实现的步骤如下。

（1）创建一个新工程。

用 VC 创建一个 Win32 控制台应用（Win32 Console Application）工程，命名为 M_CALL_C，并新建两个 C++源程序（C++ Source File）文件，分别命名为 M.asm 和 C.CPP。

（2）设置汇编源程序编译命令。

选择"工程"菜单下的"设置"命令，在弹出的工程设置（Project Settings）对话框中，单击左侧工程资源树中的"+"，找到 M.asm 文件，然后选择"自定义组建"选项卡，如图 8-7 所示，设置汇编源程序的汇编命令如下。

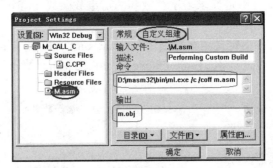

图 8-7　设置汇编源程序的汇编命令

D:\masm32\bin\ml.exe　/c　/coff　m.asm

或

D:\KSTemp\ml.exe　/c　/coff　m.asm

在"输出"文本框中设置汇编源程序生成的目标文件名为 m.obj。

这里假设汇编程序解压在 D:\masm32 文件夹中，且 D:\masm32\bin\文件夹下有汇编程序 ML.exe；若没有以上汇编程序，可在 FTP 中的 masm 文件夹里下载 masm32.rar 到 D 盘根目录，并右击 masm32.rar，在弹出的快捷菜单中选择"解压到当前文件夹"命令。注意：不要解压成 D:\masm32\masm32\...。

（3）设置主程序（入口函数）。

在 VC 6.0 集成开发环境中，若汇编语言源程序作为主调用者（首先被执行的主程序，含有 start 标号），C/C++源程序中的函数作为被调用者（被调用执行的，不含 main 函数），则必须保证汇编语言源程序对应的目标文件首先被链接。设置方法如下：选择"工程"主菜单下的"设置"命令，在弹出的工程设置（Project Settings）对话框中，选择"连接"选项卡，在底部的"工程选项"文本框中，增加汇编源程序对应的目标文件，例如，若汇编源程序是 M.asm，则添加.\M.OBJ，如图 8-8 所示。

（4）编写汇编源程序 M.asm。

在汇编源程序头部必须声明要调用的 C 或 C++函数原型，然后用 INVOKE 或 CALL 调用 C 或 C++函数。

需要注意的是，函数名必须按 C 或_cdecl 等规则进行命名，同时要引用动态链接库 msvcrt.lib。

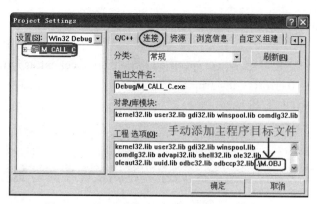

图 8-8 设置汇编源程序目标文件首先被链接

例 8-21 用汇编源程序 M.asm 调用 C 格式函数 C_Fun()和 C++格式函数 CPP_Fun()。
M.asm 源程序如下:

```
.386
.model        flat, stdcall
option        casemap:none
includelib    msvcrt.lib
C_Fun         PROTO    C
?CPP_Fun@@YAXXZ    PROTO    syscall
.code
start:
invoke        C_Fun                         ;调用 C 格式函数 C_Fun()
invoke        ?CPP_Fun@@YAXXZ               ;调用 C++格式函数 CPP_Fun()
RET
end           start
```

(5)编写 C++源程序 C.CPP。

在 C++源程序(源程序文件扩展名为*.CPP)中,函数定义时必须指明是 C 格式的函数还是 C++格式的函数。若加前缀 extern "C",则表示 C 格式,否则表示 C++格式。

在 C 源程序(源程序文件扩展名为*.C)中,定义的函数都是 C 格式的函数。

在 C++源程序(C.CPP)中定义 C 格式函数 C_Fun()和 C++格式函数 CPP_Fun(),具体源程序如下:

```
#include  <stdio.h>
extern  "C"  void  C_Fun()
{
printf("这是 C 函数\n");
}
void  CPP_Fun()
{
printf("这是 C++函数");
}
```

(6)编译链接运行。

单击工具栏中的组建(Build)按钮,将提示如下警告信息,意思是目标文件 M.obj 被指定了两次,额外的指定将被忽略。

-----------Configuration: M_CALL_C - Win32 Debug-------------

Linking...

.\m.obj : warning LNK4042: object specified more than once; extras ignored

M_CALL_C.exe - 0 error(s), 0 warning(s)

运行结果如下，界面如图 8-9 所示。

这是 C 函数
这是 C++函数

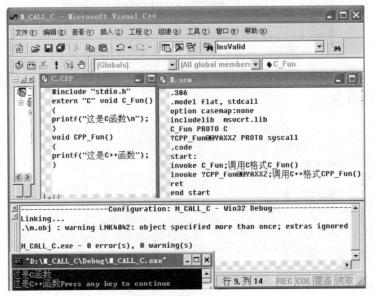

图 8-9 运行结果界面

8.7 汇编程序引用 C 程序中的数组

课设 7

首先，在 C++源程序 C.CPP 中定义二维数组 C_ARR[3][3]，并用前缀
extern "C"指定为 C 格式的数组。

C.CPP 源程序如下：

```
extern  "C"  int  C_ARR[3][3]={   //C++格式不指定"C"，汇编中为：?C_ARR@@3PAY02HA
    {2,4,6},
    {22,44,66},
    {222,444,666}
};
```

其次，在汇编源程序 M.asm 中声明引用外部 C 格式的数组 C_ARR，类型为整型，语
句如下：

```
extern    C_ARR:DWORD; 若是 C++数组：extern syscall ?C_ARR@@3PAY02HA:DWORD
```

然后即可引用数组 C_ARR，汇编对数组的使用不区分是一维数组还是二维数组，要在
汇编源程序中通过汇编指令进行区分。

例 8-22　用汇编源程序引用 C 源程序中定义的 C 格式数组 C_ARR[3][3]，并输出。

汇编程序要设置编译命令（D:\KSTemp\ml.exe /c /coff m.asm）和输出文件 M.obj，同时在工程连接中添加.\M.obj，使本程序作为主程序。

M.asm 源程序如下：

```
        .386
        .model      flat, stdcall
        includelib  msvcrt.lib
        printf      PROTO   C:DWORD,:vararg
        extern      C_ARR:DWORD; 若是 C++数组: extern syscall ?C_ARR@@3PAY02HA:DWORD
        .data
        fmt         BYTE        '%3d ',0
        fmt2        BYTE        13,10,0
        L           DD          12
        .code
        start:
        MOV         ESI,0;
        .WHILE      ESI<3
        MOV         EAX,ESI
        IMUL        EAX,L
        MOV         EDI,0;
        .WHILE      EDI<3
        PUSHA
        invoke      printf,ADDR fmt,C_ARR[EAX+EDI*4];若 C++，C_ARR 改为?C_ARR@@3PAY02HA
        POPA
        ADD         EDI,1
        .ENDW
        ADD         ESI,1
        invoke      printf,ADDR fmt2
        .ENDW
        ret
        end         start
```

输出结果如下：

```
  2   4   6
 22  44  66
222 444 666
```

8.8　C 程序引用汇编程序中的数组

课设 8

首先，在 C++源程序 C.CPP 中通过以下语句声明引用外部 C 格式的数组 M_ARR，然后定义 C 格式函数 Disp()，并在函数中引用汇编程序中定义的数组 M_ARR。

```
extern  "C"  int  M_ARR[3][3];
```

完整的 C.CPP 源程序如下：

```
#include "stdio.h"
extern   "C"   int   M_ARR[3][3];//声明引用外部 C 格式的数组 M_ARR,不能省略 extern 和"C"
extern   "C"   void   Disp()
{
    int   i,j;
    for(i=0;i<3;i++)
    {
        for(j=0;j<3;j++)
            printf("%3d ",M_ARR[i][j]);
        printf("\n");
    }
}
```

其次,在汇编源程序 M.asm 中定义二维数组 M_ARR,包含 3 行 3 列的数据。

然后,在汇编源程序 M.asm 头部声明引用 C 格式函数 Disp(),同时,通过以下语句声明数组 M_ARR 是公共的(PUBLIC),即表示其他文件(模块)可以引用。

```
PUBLIC    M_ARR                      ;声明为公有,若为 C++格式改为?M_ARR@@3PAY02HA
```

最后,在汇编源程序 M.asm 中调用 C++源程序中的 C 格式函数 Disp(),通过该函数引用汇编源程序中的数组 M_ARR。

例 8-23   用汇编源程序调用 C 源程序中的函数 Disp(),该函数引用汇编源程序中定义的数组 M_ARR。

汇编程序要设置编译命令(D:\KSTemp\ml.exe /c /coff m.asm)和输出文件 M.obj,同时在工程连接中添加.\M.obj,使本程序作为主程序。

M.asm 源程序如下:

```
.386
.model      flat, stdcall
option      casemap:none
includelib  msvcrt.lib
;?Disp@@YAXXZ   PROTO   syscall   ;引用 C++格式函数 Disp()的声明
Disp        PROTO   C             ;引用 C 格式函数 Disp()的声明
PUBLIC      M_ARR                 ;声明为公有,若为 C++格式则改为?M_ARR@@3PAY02HA
.data
M_ARR       DD 1,3,5
            DD 11,33,55
            DD 111,333,555
.code
start:
;invoke     ?Disp@@YAXXZ          ;调用 C++格式函数 Disp()
invoke      Disp                  ;调用 C 格式函数 Disp()
RET
end         start
```

例 8-23

输出结果如下:

```
  1   3   5
 11  33  55
111 333 555
```

若将数组改为 C++格式，需要将 M.asm 源程序中的数组名 M_ARR 改为?M_ARR@@3PAY02HA，同时，M.asm 源程序的调用方式要改成 syscall，标号也要加前缀下画线，即将 start 改为_start。源程序如下：

```
.386
.model      flat, syscall
option      casemap:none
includelib  msvcrt.lib
;?Disp@@YAXXZ  PROTO   syscall   ;引用 C++格式函数 Disp()的声明
Disp          PROTO   C          ;引用 C 格式函数 Disp()的声明
PUBLIC        ?M_ARR@@3PAY02HA   ;声明为公有，若为C++格式，则改为?M_ARR@@3PAY02HA
.data
?M_ARR@@3PAY02HA   DD 1,3,5
                   DD 11,33,55
                   DD 111,333,555
.code
_start:
;invoke    ?Disp@@YAXXZ   ;调用 C++格式函数 Disp()
invoke     Disp           ;调用 C 格式函数 Disp()
RET
end        _start
```

C.CPP 源程序数组名 M_ARR 的声明改为如下形式：

extern   int   M_ARR[3][3]; //**extern** 不能省略（否则重新定义），不能指定为"C"格式

8.9　C 程序与汇编程序混合编程俄罗斯方块

课设9

俄罗斯方块游戏的全景状态用一个 Height 行 Width 列的二维数组 s 来表示，元素值 0 表示空白，1 表示不可动的方块，2 表示可移动的方块；初定游戏过程可随机生成的方块为 K=5 种，如图 8-10 所示，3 行 3 列，存于三维数组 a[K][3][3]中；定义 Left、Right、Rotate、Down 函数分别实现方块的左移、右移、旋转、下移，分别用←、→、↑、↓光标移动键控制；按 Esc 键退出游戏。

程序运行 main 函数后进入 while(1)死循环，进入游戏状态。用 kbhit 函数判断是否有按键，若没有按键（返回 0），则用下移（chr=Dn）作为当前输入值，否则用 getch 函数读取一个字符存入 chr；若读取的是光标移动键（chr==0xE0），则读取的是扩展字符，要再读一个字符合起来作为光标移动字符（chr=0xE000+getch()）；若读取的字符为'p'，则暂停游戏，执行 getch 函数输入任意一个字符继续进入游戏；然后清屏，并根据 chr 的值（←、→、↑、↓、Esc），决定左移、右移、旋转、下移和退出；接着设置程序恢复默认下移（chr=Dn），并调用 NoBlock 函数判断当前是否有可移动的方块，若没有，则调用 Insert 函数随机生成并添加一个方块，然后调用 Disp 函数显示最新状态并延时 600ms，之后进入死循环的下一次判断。

图 8-10　游戏过程中可随机生成的方块

C 源程序如下（保存为 C++文件）：

```
#pragma warning(disable:4996)              //VS 下让 kbhit()、getch()可用
enum Key {Up=0xE048, Dn = 0XE050, Lf = 0XE04B, Rt = 0XE04D, Escap = 0X1B };/* ↑ ↓ ←→*/
#include "stdio.h"
#include "conio.h"
#include "stdlib.h"
#include "windows.h"
#include "time.h"
#define random(x) (rand()%x)
#define Height 13
#define Width 10
#define K 5
int s[Height][Width] = { {0,0,0,2,2,2},{0,0,0,0,2},{0},{0},{0},{0},{0},
{0},{0},{0},{1},{1,0,0,1},{1,1,1,1,1,1,1,0,1,1,1} };
/*初始状态：0 表示空白，1 表示不可动的方块，2 表示可移动的方块*/
int a[K][3][3] = {
{{0,2,0},
    {2,2,2}},
{2,0,0,
    2,2,2},
{2,0,0,
    2,0,0,
    2,2},
{2,2,2,0,0,2},
{{2},{2},{2}}
};
void Disp()
{/*显示当前状态*/
    int i, j;
    for (i = 0; i < Height; i++)
    {
        for (j=0; j<Width; j++)printf("%c",s[i][j]?48 + s[i][j] : ' ');//非 0 按字符显示，0 以空格显示
        printf("\n");
    }
    printf("\n\n 操作说明：按←左移，按→右移，按↓下移，按↑旋转，按 p 暂停\n");
    Sleep(600);/*睡眠 600ms,windows.h*/
}
void Down()
{
    int i, j, k;
    for (j = 0; j < Width; j++)if (s[Height − 1][j] == 2)break;/*判断是否到达下边界*/
    if (j < Width)/*若方块到达下边界，则将方块由 2 变 1*/
    {
        for (i = 0; i < Height; i++)for (j = 0; j < Width; j++)if (s[i][j] == 2)s[i][j] = 1;
        for (i = Height − 1; i >= 0; i−−)
```

```
            {
                for (j = 0; j < Width; j++)if (s[i][j] == 0)break;//判断第 i 行是否有空格
                if (j == Width)/*若第 i 行没有空格，则消去第 i 行*/
                    for (k = i++ - 1; k >= 0; k--)for (j = 0; j < Width; j++)s[k + 1][j] = s[k][j];
                /*新的第 i 行要重新判断能否消去*/
            }
            return;
        }
        for (i = 0; i < Height - 1; i++)/*判断方块下方是否为空*/
        {
            for (j = 0; j < Width; j++)
                if (s[i][j] ==2)if (s[i + 1][j] !=0 && s[i + 1][j] != 2)break;/*方块下方不空退出内循环*/
            if (j < Width)break;/*方块下方不空退出外循环*/
        }
        if (i < Height - 1 || j < Width)/*若已触到，即方块下方非空，则将方块由 2 变 1*/
        {
            for (i = 0; i < Height; i++)for (j = 0; j < Width; j++)if (s[i][j] == 2)s[i][j] = 1;
            for (i = Height - 1; i >= 0; i--)
            {
                for (j = 0; j < Width; j++)if (s[i][j] == 0)break;//判断第 i 行是否有空格
                if (j == Width)/*若第 i 行没空格即全 1，则消去第 i 行*/
                    for (k = i++ - 1; k >= 0; k--)for (j = 0; j < Width; j++)s[k + 1][j] = s[k][j];
            }
            return;
        }
        for (i = Height - 1; i >= 0; i--)
            for (j = 0; j < Width; j++)
                if (s[i][j] == 2)s[i + 1][j] = s[i][j], s[i][j] = 0;/*方块下移*/
}

void Right()/*  向右移动  */
{
    int i, j;
    for (i = 0; i < Height; i++)if (s[i][Width - 1] == 2)return;/* 已经在右边界退出  */
    for (i = 0; i < Height; i++)
        for (j = 0; j < Width - 1; j++)
            if (s[i][j]==2)if (s[i][j + 1] != 0 && s[i][j + 1] != 2)return;/*方块右方不空退出  */
    for (j = Width - 2; j >= 0; j--)
        for (i = 0; i < Height; i++)
            if (s[i][j] == 2)s[i][j + 1] = s[i][j], s[i][j] = 0;/*  方块右移  */
}
void Left()/*  向左移动  */
{
    int i, j;
    for (i = 0; i < Height; i++)if (s[i][0] == 2)return;/*  已经在左边界退出  */
    for (i = 0; i < Height; i++)
        for (j = 1; j < Width; j++)
            if (s[i][j] == 2)if (s[i][j-1] != 0 && s[i][j - 1] != 2)return;/*  方块左方不空退出  */
    for (j = 1; j < Width; j++)
        for (i = 0; i < Height; i++)
            if (s[i][j] == 2)s[i][j - 1] = s[i][j], s[i][j] = 0;/*  方块左移  */
```

```
}

int NoBlock()/*判断是否有可移动方块，没有方块返回1，否则返回0*/
{
    int i, j;
    for (i = 0; i < Height; i++)for (j = 0; j < Width; j++)if (s[i][j] == 2)return 0;
    return 1;
}
void Insert()/*随机生成方块*/
{/*生成两个随机数 t 和 x，分别作为第 t 种方块和第 x 位置出现*/
    int t = random(K), x = random(Width − 3);
    int i, j; if (x < 0)x = −x % (Width − 3);
    for (i = 0; i < 3; i++)for (j = x; j < x + 3; j++)s[i][j] = a[t][i][j − x]; return;
}
void Rotate()/*旋转 90°*/
{
    int i, j, x = −1, y = −1, t[3][3];
    for (i = 0; i < Height; i++)for (j = 0; j < Width; j++)
    {
        if (s[i][j] == 2) { y = i; break; }/*找到方块左上角的行坐标值存入 y*/
        if (y >= 0)break;
    }
    for (j = 0; j < Width; j++)for (i = 0; i < Height; i++)
    {
        if (s[i][j] == 2) { x = j; break; }/*找到方块左上角的列坐标值存入 x*/
        if (x >= 0)break;
    }
    if (y > Height − 3)y = Height − 3; if (x > Width − 3)x = Width − 3;
    for (i = y; i < y + 3; i++)for (j = x; j < x + 3; j++)if (s[i][j] == 1)return;/*方块内有 1 不能旋转*/
    for (i = y; i < y + 3; i++)for (j = x; j < x + 3; j++)
    {
        t[j − x][2 − i + y] = s[i][j]; if (s[i][j] == 1)return;
    }/*按旋转位置存临时矩阵*/
    for (i = y; i < y + 3; i++)for (j = x; j < x + 3; j++)s[i][j] = t[i − y][j − x];
}

int main()
{
    unsigned chr = 'A';
    while (1)/*游戏状态进入循环*/
    {
        if (kbhit()==0)chr = Dn; else chr = getch();//若没有输入按下移，否则按读输入字符
        if (chr == 0xE0)chr = 0xE000 + getch();//若是光标移动扩展字符，则读取第二个字符
        if (chr == 'p')getch();//暂停
        system("CLS");/*清屏*/
        switch (chr) //根据不同字符做不同处理
        {
        case    Lf:Left(); break; /*←左移*/
        case    Rt:Right(); break; /*→右移*/
        case    Up:Rotate(); break; /*↑旋转*/
        case    Escap: return 0; /*按 Escap(=27)键退出*/
```

```
                case    Dn:; /*下移↓*/
                default:Down();
                }
                chr = Dn; //默认按下移处理
                if (NoBlock()!=0)Insert();//若没有可移动块则添加
                Disp();//重新显示当前状态并延时 600ms
            }
        return 0;
    }
```

将以上 C++源程序中的 main 函数改成 main0 函数，然后添加汇编源程序，并设置编译命令（例如，D:\KSTemp\ml.exe /c /coff /I "d:\KSTemp\Include_M" M.asm）和输出目标文件名（例如，M.OBJ），同时将其设置为主程序（在工程设置连接选项添加 ".\M.OBJ"，详见8.6 节），接着将以上 main0 函数的代码改成如下汇编代码：

```
        .386
        .model          flat, stdcall
        option          casemap:none
        includelib      D:\kstemp\lib_C\msvcrt.lib      ;考试系统下 C 函数库文件
        includelib      D:\kstemp\lib_M\oldnames.lib    ;考试系统下 getch 函数库文件
;main0           PROTO   C
;?main0@@YAHXZ   PROTO   syscall
        printf          PROTO   C :DWORD,:vararg
        kbhit           PROTO   C
        getch           PROTO   C
        system          PROTO   C :DWORD
?Left@@YAXXZ     PROTO   syscall
?Right@@YAXXZ    PROTO   syscall
?Rotate@@YAXXZ   PROTO   syscall
?Down@@YAXXZ     PROTO   syscall
?NoBlock@@YAHXZ  PROTO   syscall
?Insert@@YAXXZ   PROTO   syscall
?Disp@@YAXXZ     PROTO   syscall
        .data
fmt             DB      '%s',0
chr             DWORD 'A'
cls             DB      'CLS',0
Up=0E048H
Dn=0E050H
Lf=0E04BH
Rt=0E04DH
Escap=01BH
        .code
start:
;invoke         main0                           ;调用 C 格式函数 C_Fun()
;invoke         ?main0@@YAHXZ                   ;调用 C++格式函数 CPP_Fun()
        .while          1
        invoke          kbhit
        .if             (EAX==0)
        MOV             chr,Dn
```

```
                .else
                invoke      getch
                MOV         chr,EAX
                .endif
                .if         chr==0E0H
                invoke      getch
                ADD         EAX,0E000H
                MOV         chr,EAX
                .endif
                .if         chr=='p'
                invoke      getch
                .endif
                invoke      system,ADDR cls
                .if         chr==Lf
                invoke      ?Left@@YAXXZ
                .elseif     chr==Rt
                invoke      ?Right@@YAXXZ
                .elseif     chr==Up
                invoke      ?Rotate@@YAXXZ
                .elseif     chr==Escap
                MOV         EAX,0
                ret
                .else
                invoke      ?Down@@YAXXZ
                .endif
                MOV         chr,Dn
                invoke      ?NoBlock@@YAHXZ
                .if         EAX!=0
                invoke      ?Insert@@YAXXZ
                .endif
                invoke      ?Disp@@YAXXZ
                .endw
                RET
                end         start
```

运行结果界面如图 8-11 所示。

图 8-11　俄罗斯方块运行界面

说明

若安装了 360 安全卫士，可能出现闪退的情况，此时退出 360 安全卫士即可。

其他函数改为汇编代码的方法与之类似。

习题 8

习题 08

8-1 编写一个汇编子程序，实现 C 函数 int fact(int n)求整数 n 阶乘（即 n!）的功能，然后输入正整数 a 和 b（a<b），调用该函数输出其间所有阶乘。

运行后输入：

```
2  5
```

则输出结果为：

```
2 6 24 120
```

8-2 编写一个子程序 Lower，实现将大写字母变为小写字母。

运行后输入：

```
A
```

则输出结果为：

```
a
```

8-3 编写一个复制串的子程序，实现 C 语言的 char* strcpy(char *Dst,char *Src)函数，然后在主程序中调用 strcpy(s1,s2)，将串 s2 复制到串 s1。

源程序如下：

```
.386
.model      flat, stdcall
option      casemap:none
include     kernel32.inc
includelib  kernel32.lib
includelib  msvcrt.lib
scanf       PROTO   C:DWORD,:vararg
printf      PROTO   C:DWORD,:vararg
.data
fmt         BYTE    '%s',0量
s1          BYTE    80 Dup(0)
s2          BYTE    80 Dup(0)
.code
;*【*/


;*】*/
start:
```

```
    invoke    scanf,ADDR fmt,ADDR s2 ;输入 s2 的值
    invoke    strcpy,ADDR s1,ADDR s2 ;将串 s2 复制到串 s1
    invoke    printf,ADDR fmt,ADDR s1;输出
    invoke    ExitProcess,0
    end       start
```

运行后输入：

ABCD

则输出结果为：

ABCD

8-4 编写一个子程序，实现函数 int IsPrime(int n)，用于判断整数 n 是否为素数，然后输入正整数 a 和 b（a<b），输出其间所有素数。

运行后输入：

2 9

则输出结果为：

2 3 5 7

8-5 用递归方法实现 n!，运行程序后输入正整数 n，输出 n!。

运行后输入：

5

则输出结果为：

120

8-6 解决 Hanoi（汉诺）塔问题。传说梵天创造世界时做了 3 根宝石针 A、B、C，在 A 针上从下往上按照从大到小的顺序穿着 64 个大小不同的圆盘（见图 8-12）。梵天命令僧侣借助 B 针把圆盘从 A 针移到 C 针，移动的规则是：一次只能移动一片，且不管在哪根针上，小盘必须在大盘之上。要求通过编程实现僧侣的工作，程序运行后输入圆盘数 n，输出每一步移动的顺序。

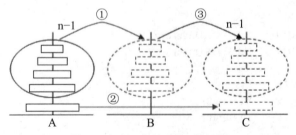

图 8-12 Hanoi（汉诺）塔问题

运行后输入：

1

则输出结果为：

> A 移 1 个盘到 C

运行后输入：

> 2

则输出结果为：

> A 移 1 个盘到 B
> A 移 1 个盘到 C
> B 移 1 个盘到 C

运行后输入：

> 3

则输出结果为：

> A 移 1 个盘到 C
> A 移 1 个盘到 B
> C 移 1 个盘到 B
> A 移 1 个盘到 C
> B 移 1 个盘到 A
> B 移 1 个盘到 C
> A 移 1 个盘到 C

8-7 设有一棵完全二叉树，其每个结点的值都是一个字母。该二叉树各结点的值按层（同层的按从左到右的顺序）存储于字符数组 B 中，如图 8-13 所示，对应字符数组 B 的值为 ABCDEFGHIJKLMNOPQRST。

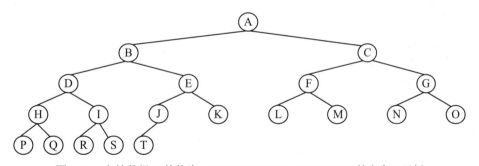

图 8-13 字符数组 B 的值为 ABCDEFGHIJKLMNOPQRST 的完全二叉树

现要求通过编程输入字符数组 B 的值，然后按先序遍历输出各结点的值。
运行后输入：

> ABCDEFG

则输出结果为：

> ABDECFG

8-8 用递归方法将十进制数转换为二进制数,运行后输入正整数 n,输出 n 的二进制数。
运行后输入:

250

则输出结果为:

11111010

8-9 用递归方法将十进制数转换为八进制数,运行后输入正整数 n,输出 n 的八进制数。
运行后输入:

255

则输出结果为:

377

8-10 用递归方法求十进制数各位数字的和,运行后输入正整数 n,输出 n 各位数字的和。
运行后输入:

123456789

则输出结果为:

45

8-11 用递归方法将一个十进制数的各位数字按逆序输出。
运行后输入:

123456789

则输出结果为:

987654321

8-12 在汇编语言中定义求绝对值的可重载函数 int abs(int x)和 double abs(double x),并用 C++进行调用。
运行后输入:

−3 −3.14

则输出结果为:

|−3|=3,|−3.14|=3.14

运行后输入:

3 3.14

则输出结果为:

|+3|=3,|+3.14|=3.14

第 **9** 章
调试器使用简介

在汇编语言程序设计中，程序的调试与跟踪运行是查找程序错误的一个非常重要的环节，常用的工具有 Ollydbg、x64dbg、IDA、Immunity Debugger 等。这里主要介绍 Ollydbg、x64dbg 和 IDA 的使用。

第 10 讲

9.1　32 位程序调试器 Ollydbg

Ollydbg 简称 OD，该软件可以很方便地看到每一条指令的运行情况和 CPU、FPU 中寄存器的相关数据或状态，以及内存中数据段和堆栈段数据的变化情况。现以如下源程序运行情况进行介绍。

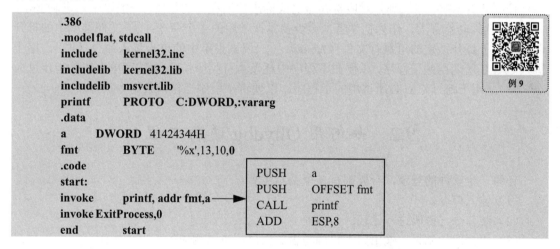

```
.386
.model flat, stdcall
include      kernel32.inc
includelib  kernel32.lib
includelib  msvcrt.lib
printf       PROTO   C:DWORD,:vararg
.data
a       DWORD  41424344H
fmt         BYTE      '%x',13,10,0
.code
start:
invoke      printf, addr fmt,a  ─────▶
invoke ExitProcess,0
end         start
```

```
PUSH     a
PUSH     OFFSET fmt
CALL     printf
ADD      ESP,8
```

例 9

将以上源程序编译后生成 c001.exe，然后用 OD 软件打开，界面如图 9-1 所示。

根据主界面可知，整个界面由四大部分组成，左上角是代码段信息，左下角是数据段信息，右下角是堆栈段信息，右上角是 CPU 和 FPU 寄存器信息。

左上角的第一列是代码段反汇编后对应的每条指令的起始地址；第二列是代码段每条指令的机器码，该列每行空格左边的是操作码，空格右边是按高高低低原则存储的操作数；第三列是用助记符表示的指令；第四列是与指令相关的注释，例如操作数地址对应的存储单元的内容。

左下角的第一列是数据段的地址，默认起始地址是 00403000H，然后根据每行所显示数据的字节数递增；第二列是数据段按高高低低原则存储的数据，可以是 8 字节一行，也可以是 18 字节一行，一般以十六进制显示；第三列是对应的字符，可以是 ASCII 码/机内码，也可以是 Unicode 编码。

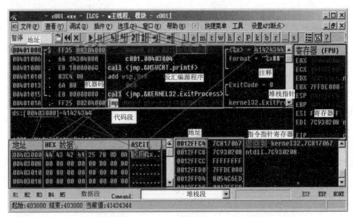

图 9-1   OD 汉化版软件主界面

右下角的第一列是堆栈段的地址，默认起始地址是 0012FFC4H，默认以 4 字节入栈，地址默认以 4 字节递增；第二列是堆栈段对应的双字数据，一般以十六进制显示；第三列是与地址对应的存储单元的内容。

右上角的第一列是 CPU 寄存器名、CPU 标志位、FPU 数据寄存器、FPU 状态寄存器、FPU 控制寄存器等；第二列是对应寄存器名或标志位所存储的数值，一般以十六进制显示。

OD 软件功能强大，作为初学者，至少要掌握常用的 3 个命令：① 文件菜单中的打开命令，用于打开指定的可执行文件（*.exe）；② 调试菜单中的单步步入命令（F7），用于进入 CALL 所调用的子程序，以便在子程序中逐条执行指令；③ 调试菜单中的单步步过命令（F8），用于跨过 CALL 所调用的子程序，以便将子程序当作一条指令执行。

9.2   如何用 Ollydbg 逆向工程

任何一个软件的登录，一般都有 3 个基本步骤。

（1）输入口令。

（2）将口令与密码进行比较。

（3）根据比较结果，输出口令正确与否的信息或进入相应的下一步操作。

类似以下的程序结构：

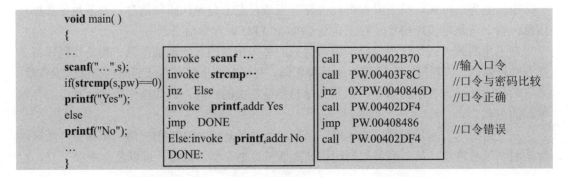

因此，要找到密码，就要找到两个重要函数：① 类似 scanf 功能的函数；② 类似 strcmp 功能的函数。为简化叙述，这里将其称为 scanf 函数和 strcmp 函数。

首先要明确的一点是，任何一个函数的调用一般都看不到函数名，都是一个十六进制的地址，例如 call PW.00402B70。

判断 scanf 函数的重要标志是：步过（F8）该函数对应的 CALL 指令时，程序会等待用户输入，输入完成并按 Enter 键后才能进入下一条指令的执行。

找到 scanf 函数后，接下来有一个 CALL 指令，可能是 strcmp 函数，因此要步入（F7）该函数，同时，在步入前后注意观察堆栈段中地址所指向的字符串或变址寄存器所指向的字符串，若同时出现所输入的口令（为方便观察，一般输入 1111111 之类的数据）和另一个字符串，则另一个字符串就是密码，如图 9-2 所示。

图 9-2 口令与一个字符串出现在寄存器所指向的地址

实际逆向工程过程中，可能会更复杂一些，例如在进入 main 函数之前，要调用一些系统函数，如 GetVersion、GetCommandLineA 等，用于获得操作系统版本、命令行参数、环境变量的值等；还有可能会嵌套多层的 main 函数和多层的 strcmp 函数。程序结构如下：

```
strcmp1( )
{
return strcmp(s,pw)
}
void main1( )
{
…
scanf("…",s);          invoke   scanf …          call   PW01.00401270     //输入口令
if(strcmp1( )!=0)       invoke   strcmp1           call   PW01.004011E0     //口令与密码比较
printf("No");          je       Else             je     0XPW01.0040845E   //口令错误
else                   invoke   printf,addr No    call   PW01.00401160
printf("Yes");         jmp      DONE              jmp    PW01.00401101
…                                                                          //口令正确
}                      Else:invoke  printf,addr Yes   call   PW01.00401160
void main( )           DONE:
{
…
GetVersion();
…
GetCommandLineA();
…
void main1( );
}
```

所以，这时要跳过无关的函数，要逐层进入 main 函数，才能找到 scanf 函数；也要逐

层进入 strcmp 函数，才能发现口令与密码的比较。

若口令与密码是明文比较，则安全性比较差，实际应用系统应避免使用。好的方法是加入算法，即将输入的口令按特定的算法进行运算后，再判断是否满足特定的结果。这种情况逆向的难度比较大，一般在实际应用系统或网络攻防比赛中才会出现。

9.3 用 Ollydbg 修改并保存

在确定出 strcmp 函数所在的位置之后，一般在该指令之后会有一条 jnz 或 je 指令，用于转移不同的位置，以便输出口令正确与否的提示信息。可以右击该指令，在弹出的快捷菜单中选择"汇编"命令，如图 9-3 所示。

结果显示汇编对话框，如图 9-4 所示。

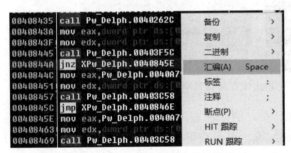

图 9-3 OD 软件汇编功能修改指令

图 9-4 OD 软件汇编一条指令

在汇编对话框中将当前要汇编的指令 jnz 改为 je，或将 je 改为 jnz，相当于将比较指令不相等条件改为相等条件，或将比较指令相等条件改为不相等条件，转移地址要前缀 0（这可能是软件的漏洞，十六进制数没有自带前缀 0），之后单击一次"汇编"按钮，然后单击"取消"按钮退出汇编。

这样，输入不正确的口令就会输出口令正确的提示信息；输入正确的口令反而会输出口令不正确的提示信息。

右击程序，在弹出的快捷菜单中选择"复制到可执行文件"下的"所有修改"命令，如图 9-5 所示。

在弹出的对话框中单击"全部复制"按钮，如图 9-6 所示。

图 9-5 将所有修改复制到可执行文件的
快捷菜单

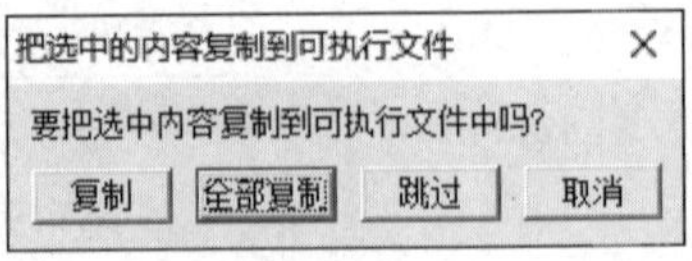

图 9-6 将所有修改复制到可执行
文件的提示对话框

在弹出的窗口中右击，然后在弹出的快捷菜单中选择"保存文件"命令，如图 9-7 所示。

在弹出的"另存为"对话框中输入文件名，这里假设为 pw_delphi2.exe，单击"保存"按钮，即保存为修改后的可执行文件。

进入命令提示符界面，找到 pw_delphi2.exe 所在的文件并运行该文件，输入口令，如

123456，则输出"yes!"，如图 9-8 所示。

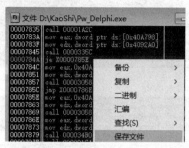

图 9-7 将所有修改复制到可执行文件后进行保存

图 9-8 运行修改的可执行文件，输入不正确的口令，输出正确的提示信息

9.4 64 位程序调试器 x64dbg

OD 软件多数为 V 1.10 版本，只能调试 32 位应用程序，若要调试 64 位应用程序，可以使用 x64dbg。运行该软件的 x64dbg.exe，实现 64 位应用程序的调试，显示图 9-9 和图 9-10 所示的界面。该软件的操作方法与 Ollydbg 基本相同，界面也基本相同。

图 9-9 x64dbg 代码段、数据段部分

图 9-10　x64dbg 寄存器、堆栈段部分

9.5　32/64 位程序调试器 IDA

IDA 是 32/64 位应用程序反汇编软件，双击 ida64.exe 进入该软件。打开可执行文件后，展示各模块之间的调用关系，还能显示各模块名称、变量名称等信息，图 9-11 展示了 64 位应用程序反汇编后的界面。

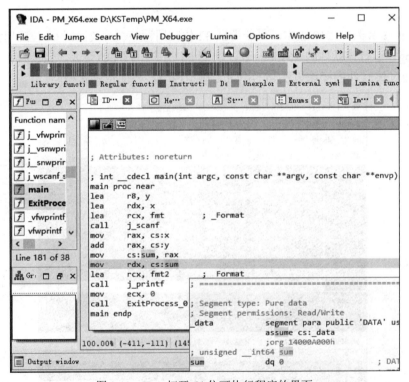

图 9-11　IDA 打开 64 位可执行程序的界面

IDA 若要调试运行，需要在 Debugger 菜单或工具栏中选择一种调试器，如 Windbg(x64) debugger，然后运行。图 9-12 所示是 32 位应用程序反汇编后调试运行的界面，在调试过程中，鼠标所指位置显示相应变量的当前值。

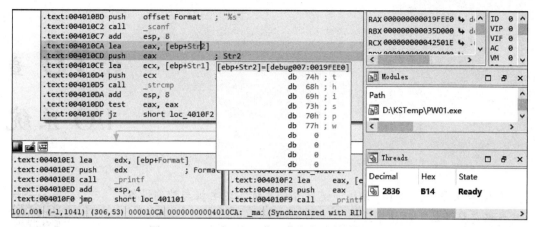

图 9-12 IDA 打开 32 位可执行程序的调试界面

习题 09

习题 9

使用 Ollydbg 调试器单步跟踪运行 PW1.exe，该可执行程序存于 PW.RAR 压缩包中，用于模拟输入登录口令并验证口令的正确性。经过跟踪运行回答以下 3 个问题。

（1）输入不正确的口令将输出____。

（2）正确的口令是____。

（3）输入正确的口令后输出____。

说明：

（1）通过考试系统完成本单元作业或考试时，考试系统会自动下载调试器和 PW.RAR 压缩包，并自动解压到考试系统临时文件夹（D:\KSTemp）中。

（2）在考试系统"IDE 环境等"界面中，单击"打开调试器"按钮，将自动运行调试器，并自动打开 PW1.exe，单击"打开运行界面"按钮，将打开 PW1.exe 的运行界面，用于输入口令和显示口令是否正确的信息。

（3）完成本单元作业或考试时，考试系统的窗口以最大化的形式置于桌面顶层，不可切换界面，也不可打开其他界面。

（4）调试器和 PW1.exe 的运行界面显示于考试系统的窗口中，在跟踪运行过程中不可打开其他对话框，即使打开了其他对话框，也不会显示于考试系统的窗口中或窗口之上，会被考试系统的窗口覆盖（考试系统的窗口始终处于顶层），导致无法操作。

（5）解压软件必须是 WinRAR、好压、360、Bandizip、PeaZip 5 个软件之一，否则考试系统无法自动解压相关的压缩包。

第 *10* 章

I/O 系统

输入/输出系统简称 I/O 系统，是计算机系统实现主机与外部设备进行数据交换的软、硬件系统。

第 13 讲 2

10.1　I/O 系统概述

10.1.1　I/O 系统的组成

I/O 系统通常包括 I/O 设备、设备控制器以及与 I/O 操作有关的软、硬件。

I/O 设备即输入/输出设备，又称为外围设备、外部设备、外设等。I/O 设备有很多种，按信息传输方向可分为输入设备、输出设备、输入输出设备。输入设备包括键盘、鼠标等；输出设备包括显示器、打印机、音箱等；输入输出设备包括硬盘、网卡等。

设备控制器又称为设备适配器、I/O 控制器、I/O 控制接口、I/O 接口控制器、I/O 模块、I/O 接口、设备接口等，如网卡、声卡、显卡等，现在多集成在主板上。

与 I/O 操作有关的软件主要有外设配套的驱动程序和操作系统配套的管理软件。

I/O 系统的基本功能如下。

（1）为数据传输操作选择 I/O 设备。

（2）使选定的 I/O 设备与主存之间进行数据交换。

10.1.2　I/O 设备编址

为了从多个外设中选择所需的外设与主机进行数据交换，必须对挂在主机上的外设进行编号，通常称为编址，以区别不同的外设。I/O 设备的编址方式有两种：一种是统一编址方式；另一种是独立编址方式。

1. 统一编址方式

统一编址方式又称为存储器映射方式，是将 I/O 设备和内存单元统一进行编址，将每个外设视为一个内存单元，将所有外设视为内存的一部分，访问外设不需要专门的 I/O 指令，而是用访问内存的数据传送指令。例如，8051 单片机用 MOV 指令可以访问内存，也可以访问外设，只是访问的地址不同。

2. 独立编址方式

独立编址方式又称为单独编址方式、I/O 映射方式，外设的编址与内存的编址各自独立，通常将外设的地址称为端口（但不同于网络端口），访问外设需要专门的 I/O 指令。例如 IN AL,DX 和 OUT DX,AL 指令，其中 DX 用于指定外设的端口号，AL 用于存放输入输出的数据。不能用访问内存的数据传送指令来访问外设，例如 Intel 80386 等，还有专门的信号线 M/$\overline{\text{IO}}$，用于区分当前 CPU 是访问内存还是访问 I/O 设备。

10.2 I/O 接口

由于外设与主机在结构、工作原理、技术特性等方面有很大的差异，且它们都有各自的时钟、独立的时序控制逻辑和状态标志，在工作速度上也相差很大，数据格式也可能不同，因此，当二者相连时，必须有相应的逻辑部件来解决二者之间的同步与协调、速度匹配以及数据格式转换等问题，这个逻辑部件称为 I/O 接口（或设备控制器、适配器等），这方面的技术称为接口技术。

10.2.1 I/O 接口的基本功能

I/O 接口的基本功能包括以下几个方面。

1. 数据缓冲或锁存解决主机与外设速度不匹配问题

由于 CPU 速度比较快，在输出数据时一般通过锁存信号（如 $\overline{\text{ADS}}$）将要输出的数据锁存入接口部件的锁存器（如 74LS373），然后启动外设，等待外设取走数据，此时 CPU 可以从事其他工作，直到外设通过特定的方式通知 CPU 外设已经取走数据；输入数据的过程与此类似，只是外设一般先将要输入的数据存入缓冲寄存器（类似 MDR 或 MBR），等待 CPU 取走数据。

2. 实现数据格式转换、电平转换、数/模转换

主机一般采用并行格式处理和存储数据，而外设（如 USB、RS232）可能采用串行格式进行传送，因此，需要接口实现并行与串行格式之间的转换；CPU 一般采用 ±1.5V 的电平，而外设（如 RS232）可能采用 ±12V 的电平，因此，需要接口实现电平转换；CPU 内部一般采用数字量，而外设可能采用模拟量，因此，需要接口实现数/模或模/数转换。

3. 实现主机与外设之间的通信联络控制

主机与外设之间一般要通过命令字、状态字等实现二者之间的通信或应答。

10.2.2 I/O 接口的分类

1. 并行接口和串行接口

在并行接口中，一个字或字节的数据，其所有位同时进行传输，一般用于主机与外设之间距离比较近的情况。

在串行接口中，每个字节的数据按位依次进行传输，因此，串行接口必须具有带移位功能的寄存器，以实现数据的串-并转换，同时，还要有同步定时脉冲信号来控制信息传送

的速率，以及根据字符编码格式，在连续的串行信号中识别出所传输数据的措施，例如识别出一帧数据的开始与结束。一般用于低速的外设和通信设备，优点是物理线路少，成本低，有利于远距离的数据传输；缺点是多数速度较慢，控制较复杂。

2. 同步接口和异步接口

同步接口的数据传送按照统一的时钟信号进行，这种接口控制逻辑比较简单，但其操作时间必须与 CPU 的时钟同步，且在速度上也必须能够很好地匹配。

异步接口不受 CPU 的时钟控制，采用异步应答方式进行数据传送。通常把交换信息的两个设备分成主设备和从设备，例如，将 CPU 看作主设备，将 I/O 设备看作从设备。在信息交换时，主设备首先提出交换信息的请求信号，经总线和接口传送给从设备，从设备完成主设备指定的操作后，又通过接口和总线向主设备发出回答信号。按照这种一问一答的方式分步完成信息的交换。其中，从请求到回答之间的时间间隔是由操作的实际时间决定的，与 CPU 的时钟节拍无关。

10.2.3　总线结构

计算机中用于传送信息的公共通路称为总线。总线可分为内部总线、系统总线和外部总线。内部总线主要是指 CPU 内部连接各寄存器及运算部件之间的总线；系统总线是指计算机系统主要部件，如 CPU、内存和各种 I/O 接口之间互相连接的总线；外部总线又称为通信总线，用于计算机之间、计算机与远程终端、计算机与外部设备以及计算机与测量仪器仪表之间的通信。

按所传送信息的不同，系统总线又可分为数据总线、地址总线和控制总线。

系统总线按结构又可分为单总线结构、双总线结构、三总线结构。

1. 单总线结构

在单总线结构中，计算机系统各主要部件都连接到同一组总线上，如图 10-1 所示。CPU、内存、接口之间相互独立且采用异步通信方式，其传输速率只与设备固有速率有关，与总线上其他部件无关。

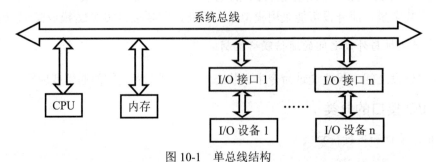

图 10-1　单总线结构

单总线结构简单，控制易于实现，设备扩充灵活，但是，在同一时间只能有一个部件在总线上传送信息，当有更多个部件要传送信息时，只能等待，影响系统效率，适用于小型机与微型机。

2. 双总线结构

双总线结构中的一种是在单总线的基础上在 CPU 与内存之间增加一组内存总线，如图 10-2 所示，这样可以提高 CPU 访问内存的速度，也能减轻系统总线的负担，适用于大、中型机。

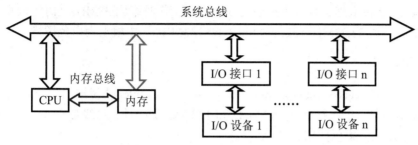

图 10-2 双总线结构

由于 I/O 设备速度比 CPU 慢很多，为解决速度匹配问题，提出了"通道"的概念。

通道是一种具有处理机功能的专门用来管理 I/O 操作的控制部件，存在于 CPU 与接口之间。

此时的系统总线主要用于 CPU 与 I/O 设备之间的数据传送，有时又称为 I/O 总线。

3. 三总线结构

三总线结构是指在内存总线和 I/O 总线的基础上增加 DMA 总线，如图 10-3 所示。内存总线连接 CPU 与内存，用于指令执行过程中的取指、取数等；I/O 总线用于 CPU 与外设之间的信息传送；DMA 总线用于内存与高速外设之间的大容量信息传送。

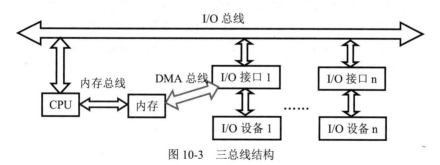

图 10-3 三总线结构

10.2.4 常用系统总线

1. ISA 总线

工业标准体系结构（industry standard architecture，ISA）总线有 ISA-8 总线和 ISA-16 总线两种，数据线分别为 8 根和 16 根，是 IBM 公司分别为 PC/XT 机（Intel 8088）和 PC/AT 机（Intel 80286）制定的系统总线标准。ISA 总线在早期应用广泛，主板上为黑色插槽。工作频率为 8MHz，总线带宽最高可达 8MHz×16bit÷8bit/Byte=16MB/s，不适用于 32 位（bit）CPU。

扩充的工业标准体系结构（extended ISA，EISA）总线对 ISA 做了扩充，数据总线从 16 位扩展到 32 位，地址总线从 24 位扩展到 32 位，总线带宽最高可达 32MB/s。

2. PCI 总线

外围部件互连（peripheral component interconnect，PCI）总线是 Intel 公司推出的局部总线，定义了 32 位数据总线（可扩展为 64 位），工作频率为 33MHz（时钟周期为 30ns），总线带宽最高可达 33.33MHz×32bit÷8bit/Byte=133MB/s，主板上为白色插槽。

3. AGP 总线

加速图像接口（accelerated graphics port，AGP）是 Intel 公司推出的一种 3D 标准图像接口，专用于显卡，工作频率有 66.7MHz 和 133.3MHz 两种，总线带宽分别为 266MB/s 和 533MB/s，主板上为褐色插槽。

4. IDE 接口

硬盘总线主要有 IDE、SCSI、SATA 3 种。

电子集成驱动器（integrated device electronics，IDE）接口也称为高级技术附件（advanced technology attachment，ATA）接口，是并行接口，早期用于主板与硬盘之间的连接；ATA-7 也称为 ATA133，支持 133MB/s 的数据传输速度。

5. SCSI 接口

小型计算机系统接口（small computer system interface，SCSI）是一套用于计算机与外围设备之间进行物理连接和数据传输的标准，一般用于主机和硬盘之间的连接。具有以下特点：SCSI 可连接 7~15 个设备；SCSI 还允许在对一个设备传输数据的同时，另一个设备对其进行数据查找，SCSI 占用 CPU 极低；SCSI 设备还具有智能化特征，SCSI 卡自己可对 CPU 指令进行排队，提高了工作效率；传输速度快（Ultra 160 可达 160MB/s，Ultra 320 可达 320MB/s，Ultra 640 可达 640MB/s）。

6. SATA 接口

串行高级技术附件（serial ATA，SATA）也称为串行 ATA，是一种基于行业标准的串行硬件驱动器接口（见图 10-4），用于主板与硬盘等大容量存储器的连接，支持热插拔，传输速度快（SATA1.0 可达 150MB/s，SATA2.0 可达 300MB/s，SATA3.0 可达 600MB/s），执行效率高。

7. M.2 接口

M.2 是固态硬盘的接口，可以兼容多种通信协议，如 SATA、PCIe、USB、HSIC、UART、SMBus 等。

M.2 接口有两种类型：Socket 2（B 型——NGFF）和 Socket 3（M 型——NVME）。B 型支持 SATA、PCI-E×2 接口，防呆键位于插槽的左方，短边引脚 6 个，若采用 PCI-E×2 接口标准，最大的读取速度可以达到 700MB/s，写入速度也能达到 550MB/s。M 型可支持

PCI-E×4 接口，防呆键位于插槽的右方，短边引脚 5 个，理论带宽可达 4GB/s。

图 10-4 SATA 接口

8. USB 接口

USB 是通用串行总线（universal serial bus）的简称，是一种新型的串行接口总线标准，用于 PC 和移动设备等，支持热拔插，现已发展到 3.1 版本，数据传输速度提升至 10Gb/s。

10.3 I/O 数据传输控制方式

随着计算机技术的发展，数据传送的控制方式也经历了从简单到复杂、从低级到高级、从集中管理到分散管理的演变过程，主要有程序直接控制方式、中断方式、直接存储器访问（DMA）方式、I/O 通道方式、I/O 处理机与外围处理机方式 5 种。

10.3.1 程序直接控制方式

程序直接控制方式又称为程序查询方式、直接程序控制方式、程序直接控制传送方式，这种方式最简单，通过 CPU 执行 I/O 指令实现 I/O 数据传送，完全由程序来控制主机与外设之间的数据传送。现以输入数据为例说明主要操作过程。

（1）CPU 执行 I/O 指令，向 I/O 接口发出命令字，用于启动外设以进行输入操作，同时将 I/O 接口中的"忙"标志位置"1"，"就绪"标志位清"0"。

（2）I/O 接口收到 CPU 发来的命令字后，启动外设，开始进行数据输入。

（3）外设启动后将要输入的数据存入 I/O 接口的数据缓冲寄存器。

（4）外设输入数据后，通知 I/O 接口数据输入完毕，并将 I/O 接口中的"就绪"标志位置"1"。

（5）CPU 在发出启动外设命令后，一直在循环检测"就绪"标志位的值，直至变为"1"，说明外设已将要输入的数据存入 I/O 接口的数据缓冲寄存器。

（6）CPU 从 I/O 接口的数据缓冲寄存器中读取数据，同时将 I/O 接口中的"忙"标志位清 0。

输出数据过程与输入数据过程类似。

程序直接控制方式的主要优点是简单、硬件少，同时也存在以下缺点。

（1）主机和外设只能串行工作。外设在输入数据之前，CPU 一直处于循环查询状态，且外设速度慢，导致 CPU 的利用率低。

（2）在一段时间内，CPU 只能和一台外设传输数据，其他外设不能并行工作。

（3）对随机出现的异常不能及时响应。

因此，这种方式仅适用于 CPU 速度不高且外设不多的情况，例如单片机。

10.3.2　中断方式

为使计算机各部件能并行工作，提高系统的工作效率、CPU 的利用率和 CPU 响应事件的速度，提出了中断方式。

中断方式又称为程序中断传送方式、程序中断方式、中断驱动方式。当外设比较多时，不适合使用程序直接控制方式，应该使用中断方式。

1. 中断的概念

中断是指当计算机执行程序时，系统出现某些急需处理的事件（如输入、输出请求），CPU 暂停当前程序的执行，转去执行请求中断的某个事件对应的服务程序，处理完毕后，CPU 又自动恢复执行原先程序的过程。

中断系统是计算机实现中断功能的软、硬件的总称。响应中断的过程类似子程序调用，只是从主程序的什么位置转去调用子程序是由程序员事先安排好的，是显式调用，而中断事先无法预测会从主程序的什么位置转去调用中断服务程序，是隐式调用，且子程序调用一定有一条 CALL 指令转去执行子程序，而中断没有 CALL 指令。有的系统会提供软中断给程序员使用，例如 INT　21H，这时比较类似子程序调用。

2. 中断源及其分类

一般把能够引起中断的事件或能够发生中断请求的来源称为中断源。常见的中断源有如下几种。

（1）外设引起的中断。外设要求 CPU 执行 I/O 操作，例如接口数据缓冲寄存器已经准备好接收或发送数据、I/O 出错等情况都能引起中断。

（2）运算器产生的中断。主要是运算过程中出现的错误，例如溢出、除数为零、非法数据格式等。

（3）存储器产生的中断。主要是影响程序正常运行的情况，例如动态存储刷新、出现非法地址、校验出错等。

（4）系统时钟中断。系统定时/计数器产生的中断。

（5）电源故障中断。例如电源掉电等。

3. 中断源的设置

为区分不同的中断源，系统一般会为每个中断源设置一个触发器（称为中断触发器或中断请求触发器），用来记录中断源的状态。当某个中断源有中断请求时，由中断源将其中断触发器设置为 1，否则设置为 0。

系统一般将多个中断触发器组成中断寄存器（或中断请求寄存器），其中每一位对应一个中断源，称为中断位。整个中断寄存器的内容称为中断字或中断码。一般 CPU 会在指令周期结束时检查中断字，若不全为 0，则说明有中断请求，然后根据值为 1 的位的位置，转去执行相应的中断服务程序。

当有多个中断源同时发出中断请求时，CPU 应先响应哪个中断请求呢？一般将全部中断源按中断的性质和处理的轻重缓急进行排队并分配优先级。优先级就是多个中断源同时发出中断请求时，CPU 对中断源响应的次序。

确定中断优先级的原则是，对那些一旦提出请求需要立即响应处理，否则就会造成严重后果的中断源，分配最高的优先级；而对那些可以延迟响应和处理的中断源，则分配较低的优先级。一般硬件故障中断的优先级最高，其次是软件故障中断和 I/O 中断。

为保证程序执行的完整性，有的系统采用了禁止中断或屏蔽中断。

所谓禁止中断，就是在 CPU 内部设置一个中断允许触发器，只有该触发器为 1 时，才允许 CPU 响应中断，即允许中断，否则 CPU 将不响应任何中断，即禁止中断。例如，80386 标志寄存器 EFlags 中的中断允许标志位 IF 就是用来决定是否允许中断的，若 IF=1 即执行 STI 指令开中断，则允许中断；若 IF=0 即执行 CLI 指令关中断，则禁止中断。

在计算机系统中，让部分中断源可以产生中断请求信号，而另一部分中断源不可以产生中断请求信号，这就是中断屏蔽。中断屏蔽的实现方法是为每个中断源设置一个中断屏蔽触发器，当该触发器为 1 时，封闭相应中断源的中断请求信号，否则允许相应中断源发出中断请求信号。

在计算机系统中，大部分中断是可以屏蔽的，一般称之为可屏蔽中断；少数中断是不能屏蔽的，称之为不可屏蔽中断，例如电源掉电等就是不可屏蔽中断。

4. 中断响应

当外设向 CPU 发出中断请求后，CPU 中止当前程序的执行，转去执行该外设对应的中断服务程序，这个过程称为中断响应。

CPU 响应中断必须同时满足以下 3 个条件。

（1）中断源能发出中断请求。若某中断源的中断屏蔽触发器为 1，则该中断源无法发出中断请求信号，对应的中断请求触发器无法置 1，CPU 无法感知该中断。

（2）CPU 内部允许中断请求。若 CPU 内部禁止中断，即执行了关中断指令 CLI，此时中断允许标志位 IF=0，CPU 也不会响应中断。

（3）一条指令执行完毕。一般 CPU 会在指令周期结束时检查中断字，然后才会响应中断。有的系统（如 8051 单片机）还会要求有同级或高级中断时不响应，且执行完中断返回 RETI 指令、开/关中断指令、设置中断优先级指令之后，至少还要再执行一条指令才会响应中断。

CPU 响应中断后、程序切换前，必须先保护中断现场，然后切换到中断服务程序。所谓现场，是指 CPU 执行当前程序时所有软、硬件的状态，例如断点地址（当前 PC 或 EIP 的值）、程序状态字 PSW、通用寄存器的内容等。

由于中断请求具有随机性，CPU 一旦发现有中断请求，应立即响应中断，转去执行相应的中断服务程序，这通常由硬件机构直接形成一条中断隐指令（8051 单片机称为硬件长调用指令 LCALL）。中断隐指令并不是一条由程序员安排的真正的指令，更不可能把它预先编入程序中，只能在响应中断时由硬件直接控制执行。

中断隐指令的主要功能如下。

（1）中止当前程序的运行，并保存断点（当前 PC 或 EIP 的值）。

（2）保存当前的程序状态字 PSW 等。

（3）取出相应中断服务程序的程序状态字并存入标志寄存器 EFlags 等。

（4）取出相应中断服务程序的入口地址并存入指令指针寄存器 EIP。

计算机中通常用堆栈来保存断点和现场，具体保存的内容和顺序因系统而异。

5. 中断处理

不同计算机中断处理的过程略有不同，一般处理过程如下。

（1）关中断。CPU 响应中断后，考虑到下一步要入栈保护断点和现场，在保护过程中不应再响应更高级的中断，否则断点和现场保存不完整，会导致执行完中断服务程序后无法完全恢复原有程序的现场和断点，所以要先关中断。

（2）保护断点和现场。关中断后，首先要保存断点（当前 PC 或 EIP 的值），然后根据中断服务程序对寄存器的可能使用情况进行保护现场。

（3）判断中断源，转相应的中断服务程序。多个中断源同时请求中断时，必须按优先权进一步判断是哪一个中断源发出的中断，并转相应的中断服务程序。

（4）开中断。系统将开始执行中断服务程序，开中断以便更高优先级的中断可以获得 CPU 的响应，实现中断的嵌套。

（5）执行中断服务程序。

（6）为下一步恢复现场进行第二次关中断。执行完中断服务程序后将恢复现场，为避免恢复现场过程中被更高级的中断所中断，因此必须关中断。

（7）恢复现场。按堆栈保护现场后，恢复现场按保护现场相反的顺序进行恢复。

（8）开中断，以便返回原程序后 CPU 能响应新的中断。一般开中断后至少还要再执行一条指令才能响应中断，这样不至于刚开完中断且只差 RETI 指令没执行时又被新的中断所中断。

（9）恢复断点。恢复断点即执行 RETI 指令，返回原程序运行。一般执行完 RETI 指令后至少还要再执行一条指令。

6. 多重中断处理

多重中断处理是指在处理某个中断的过程中又发生了新的更高优先级的中断，导致 CPU 暂停当前执行的中断服务程序，转去执行新的中断处理。这种重叠处理中断的现象称为中断嵌套。

一般情况下，在处理某个中断时，不允许被同级或低级的中断所中断，但允许在开中断时被高级的中断所中断。

例 10-01 某计算机中断系统有 4 级响应优先级，中断的优先级从高到低依次为 1、2、3、4，且各优先级的中断服务程序执行的时间都相同。在主程序执行过程中同时出现 2 和 3 两个优先级的中断请求，在处理 3 级中断的中间时刻又依次出现 1 和 4 两个优先级的中断请求，请画出 CPU 执行过程的轨迹。

在主程序执行过程中同时出现 2 和 3 两个中断请求，因为 2 级中断请求的优先级高于 3 级中断，所以 CPU 先响应 2 级中断请求，返回主程序后再响应 3 级中断；在处理 3 级中断的中间时刻又依次出现 1 和 4 两个中断请求，因为 1 级中断请求的优先级高于 3 级中断，CPU 转去响应 1 级中断请求，处理完 1 级中断后返回 3 级中断，因为 4 级中断请求的优先级低于 3 级中断，所以返回 3 级中断后继续处理直到完成并返回主程序，最后处理 4 级中断，直到处理完成并返回主程序。具体过程如图 10-5 所示。

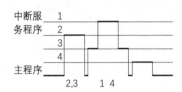

图 10-5　CPU 响应中断处理的轨迹

10.3.3　直接存储器访问方式

1. DMA 的基本概念和特点

中断方式本身的特点使中断控制方式不适用于大批量数据传送的场合。为适应大批量数据传送，提高数据传送的效率，在 I/O 系统中引入了直接存储器访问（DMA）方式进行数据传送。

所谓 DMA 方式，就是在进行数据传送时，CPU 让出总线的控制权，由硬件中的 DMA 控制器接管直接控制总线。在 DMA 控制器的控制下，数据不需要经过 CPU 而是直接在内存和外设之间进行传送，因此提高了数据交换的速度，也提高了计算机系统的数据传输效率。

在 DMA 方式中，CPU 很少干预数据的输入、输出，只是在数据传送开始前，初始化 DMA 控制器中的设备地址寄存器、内存地址寄存器和数据字个数计数器等；在数据传送过程中，在 DMA 控制器的控制下进行数据传送；在数据传送完成后，DMA 通过中断通知 CPU 加以干预。

DMA 的优点是速度快。由于 CPU 基本不干预数据的传送操作，因此 CPU 节省了取指令、取数据、送数据等的操作，也不需要保护现场、恢复现场等工作。内存地址的修改、计数器的操作均由硬件实现，因此降低了系统程序的复杂性。

DMA 的特点主要表现在以下几个方面。

（1）DMA 使内存既可被 CPU 访问，也可被快速的外设直接访问。

（2）在传送数据块时，内存地址的确定、数据的传送、计数控制器的计数等工作均由硬件完成。

（3）需要在内存开设专用缓冲区，及时提供或接收数据。在 DMA 数据传送开始前和结束后，CPU 通过中断方式对缓冲区进行预处理和后处理。

（4）CPU 几乎完全与外设并行工作，提高了系统的效率。

2. CPU 与 DMA 同时访问内存问题

为了有效地利用 DMA 方式进行数据传送，一般采用以下 3 种方法解决 CPU 与 DMA 控制器同时访问内存的问题。

（1）停止 CPU 访问内存的 DMA 传送方式。

（2）周期挪用的 DMA 传送方式。

（3）与 CPU 交替访问内存的 DMA 传送方式。

3．DMA 控制器的组成

DMA 控制器主要由以下几个部件组成。

（1）内存地址计数器，用于存放内存中要交换数据的地址。

（2）字计数器，用于记录传送数据块的长度。

（3）数据缓冲寄存器，用于暂时存放每次传送的数据。

（4）DMA 请求触发器。每当设备准备好一个数据后，外设发给 DMA 请求触发器一个控制信号，通知 DMA 控制器数据已就绪。

（5）控制/状态逻辑，由控制和时序电路以及状态标志触发器等组成。

（6）中断机构。当一组数据交换结束，即字计数器为 0 时，由溢出信号触发中断机构，向 CPU 发出中断请求，要求 CPU 进行 DMA 传送的后处理工作。

4．DMA 控制器的工作原理

DMA 的数据传送可以分为以下 3 个阶段。

（1）DMA 预处理。

在进行 DMA 数据传送之前需要由程序做必要的准备工作。

（2）数据输入/输出操作。

DMA 的数据传送操作是以数据块为基本单位进行的，每次 DMA 占用总线后的输入或输出操作都是通过循环来实现的。

输入操作时，首先从外设中读入一个数据存到接口的数据缓冲寄存器；然后将接口的地址寄存器中的地址送至内存的地址寄存器，将接口的数据缓冲寄存器的数据送至内存的数据寄存器，再发出写内存的操作将此数据写到地址寄存器指定的内存位置；最后接口的地址寄存器中的地址加 1，字计数器的内容减 1；若字计数器的内容变为 0，则停止传送，并向 CPU 发出中断请求，否则进入下一个数据的传送。

输出操作时，首先将接口的地址寄存器中的地址送至内存的地址寄存器；然后将内存的数据缓冲寄存器的数据送至接口的数据寄存器；接着启动外设，将接口的数据缓冲寄存器中的数据传送到外设；最后接口的地址寄存器中的地址加 1，字计数器的内容减 1；若字计数器的内容变为 0，则停止传送，并向 CPU 发出中断请求，否则进入下一个数据的传送。

（3）DMA 后处理。

一旦 DMA 的中断请求得到响应，CPU 将停止当前程序的运行，转向中断服务程序完成 DMA 的结束处理工作。这些工作通常包括对送入内存的数据进行校验，以检查传送过程中是否有错，以及确定是否继续传送数据等。

10.3.4　I/O 通道方式

根据通道独立于主机的程度不同，通道可分为结合型通道和独立型通道。结合型通道在硬件结构上和 CPU 结合在一起，将 CPU 的某些部件作为通道部件来实现外设与 CPU 的数据交换，结构简单，成本较低，功能较弱，适用于中小型计算机系统（这是本小节介绍的内容）。独立型通道完全独立于主机，可独立对外设进行管理与控制，通常称为外围处理机，适用于中大型计算机系统（这是下一小节介绍的内容）。

通道根据主机的委托来管理外设与主机之间的数据交换，可以将每个通道看成一个独立的 I/O 处理机，它能控制若干台外设。通道一旦被启动，就要独立于主机运行，并在完成主机交给的任务后，通过中断向主机报告。

通道通过通道控制器执行通道程序，以此实现数据传送的控制，故通道有更强的独立数据传输功能。

在通道控制方式下，一个主机可以连接多个通道，每个通道又可以连接多台不同速度、不同种类的外设。这种 I/O 系统增强了 CPU 与通道操作的并行能力，也增强了各通道之间和同一通道内部各 I/O 设备之间的并行操作能力。

采用通道方式组织输入/输出系统，多数采用主机—通道—设备控制器—I/O 设备 4 级连接方式。通道通过执行通道程序实施对 I/O 系统的统一管理和控制，是完成 I/O 操作的主要部件。当 CPU 启动通道后，通道自动去内存取出通道指令并执行，直到数据交换结束后向 CPU 发出中断请求，进行通道结束处理工作。

1．通道功能

通道在硬件的基础上，通过一组通道命令与硬件一起完成 I/O 操作，以进一步减少 CPU 的介入，使主机与外设的并行程度更高。具体包括以下几个方面。

（1）通道根据 CPU 要求，选择一个指定的外设。

（2）通道从内存中取出通道指令，经译码后向设备控制器和外设发出操作命令。

（3）指定所要存放数据的外设和主存的地址，同时给出所要传送数据的字数。

（4）控制外设与主存进行数据交换，并完成数据字的分拆与装配。

（5）获得外设状态，与通道本身的状态一起组成一个通道状态字，传送到指定的内存单元，供 CPU 使用。

（6）将外设的中断请求与通道本身的中断请求进行排队，按优先次序及时报告 CPU。

2．通道类型

按工作方式的不同，通道可分为 3 种类型：字节多路通道、选择通道和数组多路通道。

（1）字节多路通道。

字节多路通道是一种简单的共享通道，通过时间分割服务于多台中低速且面向字符的外设。字节多路通道包括多个子通道，每个子通道服务于一个设备控制器，可独立执行通道程序。每个子通道都有字符缓冲寄存器、I/O 请求标志/控制寄存器、主存地址寄存器和字节计数寄存器。所有子通道的控制部分是公共的，为各子通道共享。通常，每个通道的有关指令和参量存放在主存固定的单元中。当通道在逻辑上与某一外设连通时，将这些指令和参量取出来，送入公共控制部分的寄存器中使用。

通道采用时间片轮转法让每一个外设轮流完成数据交换，每一个设备都在各自的时间片内与通道建立传输连接，实现数据传送。

（2）选择通道。

选择通道又称为高速通道，虽然在物理上同时连接多个设备，但不能同时工作。在同一时间段内，通道只能选择一个外设进行数据传送，此时，该设备独占整个通道，当它与主机交换完数据后，才能选择另一个设备，并转去执行该设备的通道程序，为该设备服务。因此，连接在选择通道上的若干设备，只能依次使用通道与内存进行数据交换，数据传送是以成组（数据块）方式进行的，每次传送一个数据块，因此传送速率很高，适用于快速设备，例如磁盘等。

（3）数组多路通道。

数组多路通道将字节多路通道和选择通道的特点相结合。它有多个子通道，既可以像字节多路通道那样执行多路通道程序，所有子通道分时共享总通道；又可以像选择通道那样以成组方式传送数据。

数组多路通道既有多路并行操作能力，又有很高的数据传送速率，可用来连接多台高速外设。

10.3.5　I/O 处理机和外围处理机

随着通道结构的进一步发展，出现了两种处理机。

一种是通道结构的 I/O 处理机，又称为通道型 I/O 处理机、输入/输出处理机（IOP）。IOP 可以和 CPU 并行工作，提供高速的 DMA 处理能力，实现数据的高速传送。但它不是独立于 CPU 工作的，而是主机的一个部件。有些 IOP（如 Intel 8089）还具有数据的交换、搜索以及字的装配/分拆功能，这类 IOP 广泛应用于中小型及微型计算机中。

另一种是外围处理机。外围处理机基本独立于主机工作，它有自己的指令系统和存储器，可以完成算术/逻辑运算、读/写内存、与外设交换信息等操作。外围处理机 I/O 方式一般应用于大型、高效率的计算机系统中。

习题 10

习题 10

10-1　填空题

（1）I/O 系统通常包括＿＿＿＿＿＿、＿＿＿＿＿＿以及与 I/O 操作有关的软、硬件。

（2）I/O 设备的编址方式有两种：一种是＿＿＿＿编址方式；另一种是＿＿＿＿编址方式。Intel 80386 采用的是＿＿＿＿编址方式。

（3）Intel 80386 用于区分当前 CPU 是访问内存还是访问 I/O 设备的信号线是＿＿＿＿＿＿＿。

（4）CPU 内部的总线称为＿＿＿＿总线，CPU 与内存及各种 I/O 接口之间的总线称为＿＿＿＿总线，两台计算机之间的总线称为＿＿＿＿总线。

10-2　选择题

（1）下列选项中不是 I/O 接口的基本功能的是（　　　）。

　　A．解决速度不匹配问题　　　　　B．实现数据格式转换

　　C．解决容量不匹配问题　　　　　D．实现电平转换

（2）外设与 CPU 使用同一个时钟信号进行通信的接口是（　　）。

    A．并行接口　　　B．串行接口　　　C．同步接口　　　D．异步接口

（3）专用于显卡的总线是（　　）总线。

    A．ISA　　　　　B．PCI　　　　　C．AGP　　　　　D．SCSI

（4）以下（　　）不是用于硬盘的接口。

    A．IDE　　　　　B．SCSI　　　　C．SATA　　　　D．ISA

（5）（　　）是用于固态硬盘的接口。

    A．IDE　　　　　B．SCSI　　　　C．SATA　　　　D．M.2

（6）通过 CPU 循环判断外设是否有数据，若有数据则进行数据传输的工作方式是（　　）方式。

    A．程序查询　　　B．中断　　　　C．DMA　　　　D．I/O 通道

（7）当外设需要输入、输出数据时，通过产生请求信号向 CPU 反馈以便决定是否进行传输，这种工作方式是（　　）方式。

    A．程序查询　　　B．中断　　　　C．DMA　　　　D．I/O 通道

（8）CPU 将要传输数据的地址、数量等相关信息发送给专门部件，以便进行相应的数据传输，数据传输完成后，由 CPU 进行善后的工作方式是（　　）方式。

    A．程序查询　　　B．中断　　　　C．DMA　　　　D．I/O 通道

（9）通过 CPU 发出数据传输请求，然后由专门部件通过执行指令实现数据传输的工作方式是（　　）方式。

    A．程序查询　　　B．中断　　　　C．DMA　　　　D．I/O 通道

参 考 文 献

[1] 田民格，秦彩杰，吕良智. Win32 位汇编语言程序设计[M]. 北京：清华大学出版社，2017.

[2] Intel(R) 64 and IA-32 Architectures Software Developer Manuals. https://software.intel.com/en-us/articles/intel-sdm.

[3] 钱晓捷. 32 位汇编语言程序设计[M]. 北京：机械工业出版社，2011.

[4] 罗云彬. Windows 环境下 32 位汇编语言程序设计[M]. 2 版. 北京：电子工业出版社，2006.

[5] 马春燕. 微机原理与接口技术（基于 32 位机）[M]. 2 版. 北京：电子工业出版社，2013.

附录 A

附录 A.1　ASCII 值为 00H~1FH 及 7FH 的控制字符

ASCII 值为 00H~1FH 及 7FH 的控制字符如附表 A-1 所示。

附表 A-1　ASCII 值为 00H~1FH 及 7FH 的控制字符

ASCII	缩写	解释	Ctrl+	ASCII	缩写	解释	Ctrl+	ASCII	缩写	解释	Ctrl+
00	NUL	串结束标志，'\0'	@	0B	VT	垂直制表符，'\v'	K	16	SYN	同步空闲	V
01	SOH	标题开始	A	0C	FF	换页键，'\f'	L	17	ETB	传输块结束	W
02	STX	正文开始	B	0D	CR	回车，'\r'	M	18	CAN	取消	X
03	ETX	正文结束	C	0E	SO	不用切换	N	19	EM	介质中断	Y
04	EOT	传输结束	D	0F	SI	启用切换	O	1A	SUB	文件结束	Z
05	ENQ	请求	E	10	DLE	数据链路转义	P	1B	ESC	Esc 键	[
06	ACK	收到通知	F	11	DC1	设备控制 1	Q	1C	FS	文件分割符	/
07	BEL	响铃，'\a'	G	12	DC2	设备控制 2	R	1D	GS	分组符	]
08	BS	退格键，'\b'	H	13	DC3	设备控制 3	S	1E	RS	记录分离符	^
09	HT	Tab 键，'\t'	I	14	DC4	设备控制 4	T	1F	US	单元分隔符	_
0A	LF	换行，'\n'	J	15	NAK	拒绝接收	U	7F	Del	Delete 键	

附录 A.2　ASCII 值为 20H~7FH 的西文字符

ASCII值为20H~7FH的西文字符如附表A-2所示。

附表 A-2　ASCII 值为 20H~7FH 的西文字符

	0	1	2	3	4	5	6	7	8	9	A	B	C	D	E	F
2	SP	!	"	#	$	%	&	'	(	)	*	+	,	-	.	/
3	0	1	2	3	4	5	6	7	8	9	:	;	<	=	>	?
4	@	A	B	C	D	E	F	G	H	I	J	K	L	M	N	O
5	P	Q	R	S	T	U	V	W	X	Y	Z	[	\	]	^	_
6	`	a	b	c	d	e	f	g	h	i	j	k	l	m	n	o
7	p	q	r	s	t	u	v	w	x	y	z	{	|	}	~	Del

附录 A.3　用 C 程序输出 GB 2312 汉字

附录 A.3

按 GB 2312 编码输出所有 GB 2312 汉字的 C 源程序如下：

```
#include "stdio.h"
void   main()
{
    int q,w;
    printf("  ");
    for(w=1;w<=94;w++)    printf("%02d",w);
    printf("\n");
    for(q=16;q<=87;q++)
    {
        printf("%02d",q);
        for(w=1;w<=94;w++)
            printf("%c%c",q+160,w+160);
        printf("\n");
    }
}
```

输出结果为（限于显示页面问题，省略中间的汉字，详见电子文档或程序运行结果，下同）：

```
   0102030405060708091011121314151617181920...80818283848586878889909192939
16 啊阿埃挨哎唉哀皑癌蔼矮艾碍爱隘鞍氨安俺按...梆榜膀绑棒磅蚌镑傍谤苞胞包褒剥
......
87 鳌鳍鳎鳏鳐鳓鳔鳕鳗鳘鳙鳚鳛鳜鳝鳞鳟鳠觋觌觎觏觐觑...黪黟黠黯黵黲黳黯黾鼋鼍鼎鼐鼒
```

附录 A.4　用 C 程序输出 GB 2312 特殊符号

附录 A.4

按 GB 2312 编码输出所有 GB 2312 特殊符号的 C 源程序如下：

```
#include "stdio.h"
void   main()
{
    int q,w;
    printf("  ");
    for(w=1;w<=94;w++)    printf("%02d",w);
    printf("\n");
    for(q=1;q<=9;q++)
    {
        printf("%02d",q);
        for(w=1;w<=94;w++)
            printf("%c%c",q+160,w+160);
```

```
        printf("\n");
    }
}
```

输出结果为（由于字符宽度不同，以下输出的特殊符号没有对齐；另外由于字符较多，这里只列出部分内容）：

```
    0102030405060708091011121314151617181920...767778798081828384858687888990919293 94
01  、。·ˉˇ¨〃々—～‖…''""〔〕〈〉《》...★○●◎◇◆□■△▲※→←↑↓≡
02 i ii iii iv v vi vii viii ix x                    1.2.3.4...㈥㈦㈧㈨㈩  Ⅰ ⅡⅢⅣⅤ ⅥⅦⅧⅨⅩ ⅪⅫ
03 ! " # ¥ % & ' ( ) * + , - . / 0 1 2 3 4 ... l m n o p q r s t u v w x y z { | }
04 ぁあぃいぅうぇえぉおかがきぎくぐけげこご...ょよらりるれろゎわゐゑをん
05 ァアィイゥウェエォオカガキギクグケゲコゴ...ユョヨラリルレロヮワヰエヲンヴヵヶ
06 ΑΒΓΔΕΖΗΘΙΚΛΜΝΞΟΠΡΣΤΥ...︽︾︿﹀︹︺︷︸︱ │ ┃ ┃
07 АБВГДЕЁЖЗИЙКЛМНОПРСТ...ф х ц ч ш щ ъ ы ь э ю я
08 ãáǎàēéěèīíǐìōóǒòūúǔùǖǘǚǜêɑ̄ḿ̀ńňńg           ...
09        ─ ━ │ │ ┄ ┅ ┆ ┇ ┈ ┉ ┊ ┋ ┌ ┍ ┎ ┏ ... ┴ ┵ ┶ ┷ ┸ ┹ ┺ ┻ ┼ ┽ ┾ ┿
```

附录 A.5　用 C 程序输出 Unicode 汉字

附录 A.5

按 Unicode 编码输出所有 Unicode 汉字的 C 源程序如下：

```c
#include <stdio.h>
#include <locale.h>//或#include<clocale>
void main()
{
    int i,j;
    setlocale(LC_ALL,"chinese");/*配置地域化信息*/
    printf("  ");
    for(j=0;j<=0xff;j++)printf("%02x",j);
    printf("\n");
    for(i=0x4e;i<=0x9f;i++)
    {//0x4E00~0x9FA5
        wprintf(L"%02x",i);
        for(j=0;j<=0xff;j++)
            wprintf(L"%c",wchar_t(i*256+j));
        wprintf(L"\n");
    }
}
```

输出结果为（由于字符较多，这里只列出部分内容，若要查看完整内容，可在 VC 上运行以上程序）：

```
    000102030405060708090a0b0c0d0e0f...f0f1f2f3f4f5f6f7f8f9fafbfcfdfeff
4e 一丁丂七丄丅丆万丈三上下丌不与丏...仰伱仲伳伴伵伶伷伸伹伺伻似伽伾伿
......
9f 黿鼀鼁鼂鼃鼄鼅鼆鼇鼈鼉鼊鼋鼌鼍鼎鼏...
```

附录 A.6　Unicode 转 UTF-8

输入 Unicode 编码转换为 UTF-8 编码的 C 源程序如下:

```
#include "stdio.h"
#include <locale.h>
void main()
{
    wchar_t unc;                    /*声明宽字符变量 a*/
    int utf8;
    setlocale(LC_ALL,"chinese");    /*配置地域化信息并指定为中文*/
    wscanf(L"%4x",&unc);            /*按宽字符输入一个 Unicode 汉字*/
    __asm
    {
    MOVZX       EAX,unc
    MOV         EBX,1110B
    SHLD        BX,AX,4
    SHL         EBX,16
    SHL         AX,4
    SHR         AX,2
    SHR         AL,2
    OR          AX,1000000010000000B
    MOV         BX,AX
    MOV         utf8,EBX
    }
    wprintf(L"'%c'Unicode 编码为%04X\n'%c'UTF-8 编码为%06X\n",unc,unc,unc,utf8);
}
```

运行后输入:

```
6C49
```

则结果输出:

```
'汉'Unicode 编码为 6C49
'汉'UTF-8 编码为 E6B189
```

附录 A.7　将矢量字体解析为位图

在 VS 2022 中将矢量字体解析为位图的 C++源程序如下:

```
#define _CRT_SECURE_NO_WARNINGS
#include"stdio.h"//#include"stdlib.h"//#include <ft2build.h>//#include FT_FREETYPE_H
#include <freetype\\ftglyph.h>
#include<freetype\\freetype.h>
#include<stdint.h>
#include <locale.h>
```

```
//字体数据
typedef struct _ft_fontinfo{
    FT_Face         face;                   //FreeType 库句柄对象
    FT_Library   library;                   //外观对象，例如斜体等
    int32_t         mono;                   //是否为二值化模式
}ft_fontinfo;
//字模格式常量
typedef enum _glyph_format_t {
    GLYPH_FMT_ALPHA,                        //每个像素占用 1 个字节
    GLYPH_FMT_MONO,                         //每个像素占用 1 个比特位
}glyph_format_t;
//字模位图
typedef struct _glyph_t {
    int16_t       x,y;                      //左上角
    uint16_t      w,h;                      //宽度高度
    uint16_t      advance;                  //占位宽度
    uint8_t       format;                   //字模格式
    uint8_t       pitch;                    //跨距（每行像素个数×单个像素所占字节数）
    uint8_t       *data;                    //字模数据：每个像素点占用 1 个字节
    void*         handle;                   //保存需要释放的句柄
}glyph_t;
//获取二值化位图像素点的值
uint8_t bitmap_mono_get_pixel(const uint8_t* buff,uint32_t w,uint32_t h,uint32_t x,uint32_t y) {
    uint32_t line_length = ((w + 15) >> 4) << 1;    //求每行字节数，取偶字节数
    uint32_t offset = y * line_length + (x >> 3);    //计算字节偏移
    uint32_t offset_bit = 7 - (x % 8);               //求位偏移，第 0~7 位对应字节的第 7~0 位
    const uint8_t* data = buff + offset;             //指向第 offset 字节//printf("%d", h);
    if (buff == NULL || (x > w && y > h))return 0;   //无点阵信息或越界返回 0
    return (*data >> offset_bit) & 0x1;
}
//获取字模
static int font_ft_get_glyph(ft_fontinfo *font_info,wchar_t c,float font_size,glyph_t* g) {
    FT_Glyph glyph;
    FT_GlyphSlot glyf;
    FT_Int32 flags = FT_LOAD_DEFAULT | FT_LOAD_RENDER;
    if (font_info->mono) flags |= FT_LOAD_TARGET_MONO;
    //设置字体大小
    FT_Set_Char_Size(font_info->face, 0, FT_F26Dot6(font_size * 64), 0, 96);
    //FT_Set_Pixel_Sizes(font_info->face, 0, font_size);
    //通过编码字形将其转化为位图，保存于 face->glyph->bitmap 中
    if (!FT_Load_Char(font_info->face, c, flags)) {
        glyf = font_info->face->glyph;//glyf->linearHoriAdvance
        FT_Get_Glyph(glyf, &glyph);
        g->format = GLYPH_FMT_ALPHA;
        g->h = glyf->bitmap.rows;
        g->w = glyf->bitmap.width;
        g->pitch = glyf->bitmap.pitch;
        g->x = glyf->bitmap_left;
        g->y = glyf->bitmap_top;
```

```
            g->data = (uint8_t*)glyf->bitmap.buffer;
            g->advance = uint16_t(glyf->metrics.horiAdvance);
            if (g->data != NULL) {
                if (glyf->bitmap.pixel_mode == FT_PIXEL_MODE_MONO)
                    g->format = GLYPH_FMT_MONO;
                g->handle = glyph;
            }
        }
        return g->data != NULL || c == ' ' ? 1 : 0;
}

int main()
{
        ft_fontinfo         font_info;                      //字库信息
        long int         size = 0;                          //字库文件大小
        unsigned char* font_buf = NULL;                     //字库文件数据，另外下载
        FILE* font_file = fopen("c:\\default.ttf","rb");     //加载字库文件并存入 font_buf
        if (font_file == NULL) {
            printf("不能打开 ttf 文件\n");return 0;
        }
        fseek(font_file,0,SEEK_END);                        //设置文件指针到文件尾，文件尾偏移 0 字节
        size = ftell(font_file);                            //文件大小=文件尾-文件头
        fseek(font_file, 0, SEEK_SET);                      //文件指针指向文件头
        font_buf = (unsigned char*)calloc(size, sizeof(unsigned char));
        fread(font_buf, size, 1, font_file);
        fclose(font_file);
        font_info.mono = 1;                                 //设置为二值化模式
        FT_Init_FreeType(&(font_info.library));
        //要用 VS 编译\builds\windows\visualc\freetype.sln 生成 freetype.libt freetype.dll
        FT_New_Memory_Face(font_info.library, font_buf, size, 0, &(font_info.face));
        FT_Select_Charmap(font_info.face,FT_ENCODING_UNICODE);//FT_ENCODING_PRC
        glyph_t g;
        wchar_t c = L'啊';
        setlocale(LC_ALL, "chinese");                       //配置地域化信息并指定为中文
        wscanf(L"%c",&c);
        float font_size = 36;                               //设置字体大小
        font_ft_get_glyph(&font_info, c, font_size, &g);//printf("%d\n",g.w);
        int i = 0, j = 0;                                   //打印字模信息
        if (g.format = GLYPH_FMT_MONO) {
            for (j = 0; j < g.h; j++) {
                for (i = 0; i < g.w; i++) {
                    uint8_t pixel = bitmap_mono_get_pixel(g.data,g.w,g.h,i,j);
                    if (pixel)printf("*");else printf(".");
                }
                printf("\n");
            }
        }
        else if (g.format == GLYPH_FMT_ALPHA) {
            for (j = 0; j < g.h; j++) {
```

```
            for (i = 0; i < g.w; i++)
                putchar(" .:ioVM@"[g.data[j * g.w + i] >> 5]);
            printf("\n");
        }
    }
    FT_Done_Glyph(FT_Glyph(g.handle));          //释放资源
    FT_Done_FreeType(font_info.library);
    free(font_buf);
    return 0;
}
```